ZENYANG FENXI
DIANLI XITONG GUZHANG LUBOTU

怎样分析
电力系统故障录波图

薛　峰　编著

内 容 提 要

本书从提高电力系统继电保护专业人员故障录波分析能力的角度出发，结合实际案例从录波图的幅值阅读、相位阅读、时间阅读、开关量阅读等方面对典型的故障录波进行了解读分析，对一些疑难案例的录波也进行了定量计算分析。同时，作者结合实际工作经验，表述了故障录波分析方面的一些技巧和心得。

本书可作为现场继电保护工作人员及基层的专业管理人员的工具书。

图书在版编目（CIP）数据

怎样分析电力系统故障录波图 / 薛峰编著. —北京：中国电力出版社，2014.12（2025.3重印）

ISBN 978-7-5123-7156-9

Ⅰ. ①怎… Ⅱ. ①薛… Ⅲ. ①电力系统–故障录波–图集 Ⅳ. ①TM711-64

中国版本图书馆 CIP 数据核字（2015）第 017514 号

中国电力出版社出版、发行

（北京市东城区北京站西街 19 号 100005 http://www.cepp.sgcc.com.cn）

北京九州迅驰传媒文化有限公司印刷

各地新华书店经售

*

2014 年 12 月第一版 2025 年 3 月北京第十四次印刷

787 毫米×1092 毫米 16 开本 13.5 印张 296 千字

印数 12101—12600 册 定价 **68.00** 元

前　言

保护装置及专用故障录波器的录波信息是进行电力系统故障分析、判断的重要数据，如何对故障录波的数据进行分析，从而正确、快速地判断出系统的故障类型、故障位置，是对继电保护专业人员的重要技能要求。提高继电保护专业人员的故障录波分析能力，对于快速判断故障，正确处理电网事故意义重大。

根据现场的调查发现，现场的继电保护工作人员及基层的专业管理人员对于故障录波分析的技能掌握不够全面，对故障录波图的读图、识图存在一定困难。本书编著的目的就是帮助提高继电保护专业人员的故障录波分析能力。

本书共分五章，第一章为概述，主要阐述了故障录波分析的重要意义及对故障录波设备的前景展望。

第二章为故障录波图阅读与分析，主要阐述了录波图的基本构成及幅值、相位、时间量值的阅读方法，同时结合作者自身工作经验，提出了故障录波分析过程中需要注意的细节及心得体会。

第三章为大电流接地系统输电线路故障录波分析，主要为大电流接地系统输电线路常见类型故障的理论分析，并对应各类故障录波图进行相量分析。本章的故障录波分析与其他故障分析资料最大的不同是：结合故障录波图，注重对故障时保护安装处的电气量变化特点进行分析、讨论，并用表格形式归纳总结。

第四章为 Ynd11 联结组别变压器故障录波分析，主要针对电网中的 Ynd11 联结组别变压器的各类常见故障进行理论分析，并对应各类故障录波图进行相量分析。同时对各侧电气量的变化特点进行了归纳总结。本章节故障分析的特点是首次运用了变压器故障的序网图分析方法。

第五章为故障录波案例分析，主要将现场发生的典型故障案例与故障录波图结合进行分析。通过提出问题、分析问题的方法，结合理论计算、逻辑推理来解释录波图的各种变化特点。

吴奕高级工程师、刘永高级工程师审阅了全书，并提出很多宝贵的意见。本书在编写过程中还得到了高中德教授的指点。在此一并表示由衷地感谢！

由于编者水平有限，书中难免存在疏漏和不妥之处，恳请广大读者批评、指正。

作　者

2014年10月　苏州

目 录

第一章
概　述

近年来，随着国民经济的快速发展，社会对于电力能源的容量需求和可靠性要求不断提高，各种新能源大规模地接入电网，促使电力系统的规模迅速扩大，运行和控制的手段也越来越复杂，再加上自然灾害、设备老化及各种人为原因导致电力系统事故发生的风险也随之提高，事故波及范围也相应增大，对经济发展和社会稳定造成了较大影响。因此，分析、研究故障发生的规律，并采取相应的措施，从而有效地减少事故的发生，对于提高电网安全稳定运行水平，保障经济社会发展意义重大。

故障录波设备可以记录下故障发生前、发生时、发生后的波形和数据，是进行故障规律分析研究的依据，被称为电力系统的“黑匣子”。因此，分析故障录波也是研究现代电网的一种方法，是评价继电保护动作行为，分析设备故障性质，查找事故原因的有效手段。

一、故障录波分析的重要意义

1. 正确分析事故的原因并研究对策

当系统发生故障时，继电保护和自动装置动作切除故障后，还需尽快查明故障原因，以便采取相应的防范措施。但是如无故障录波，就不可能得到可靠的直接数据，因此，在分析事故时，不得不进行假设或推测，这样常常前后矛盾，难以解释。特别是当保护装置发生拒动或误动而扩大了事故时，情况就更加复杂。同时，发生事故时，如果现场值班人员忙于处理事故，未能正确地记录继电保护和自动装置的动作情况，就会给事故分析增加困难甚至造成混乱。而当有了故障录波后，通过对录取的波形、数据的分析，可以准确地反映故障类型、相别、故障电流、电压的数值及断路器的跳合闸时间和重合闸动作情况等，这样就可以正确分析和确定事故的原因，研究有效的防范措施。

2. 正确评价继电保护及安全自动装置的动作行为

在电力系统发生事故时，继电保护装置动作跳闸，切除故障，但有时可能出现几套保护装置同时动作的情况，其中有的保护装置是正确动作，而有的则可能是误动作。如无故障录波分析而仅凭保护装置的信号，有时并不能正确评价继电保护和自动装置的动作行为。而通过对专用故障录波设备的录波分析就可以正确评价或验算继电保护装置动作的正确性。特别是当发生复杂故障或区域性电网事故时，更需要通过录波分析来正确评价继电保护及安全自动装置的动作行为。

3. 准确定位线路故障，缩小巡线范围

高压输电线路上每次发生故障后，一般均需及时巡线找到故障点并进行处理，以保证线路安全运行。而对于长距离的输电线路，没有针对性的全线巡线效率很低，人员的劳动强度极大，特别是在特殊的地理环境及恶劣的气候条件下，这种巡线的劳动强度将倍增。因此，缩小巡线范围对于减轻巡线人员的劳动强度，提高巡线效率，加快事故处理速度，以及保障电网安全运行意义重大。

有了故障录波装置，不仅可以通过查阅录波图迅速判明故障类型和相别，而且还可以利用录波数据自动或人工计算出故障距离，这样巡线人员就可以有的放矢，缩小了巡线范围，大大减轻了巡线的劳动强度，同时有利于迅速寻找故障点并消除故障，及时恢复供电，减小经济损失。

4. 发现二次回路的缺陷，及时消除隐患

二次回路的缺陷可能导致保护及自动装置的拒动或误动，这些缺陷主要存在于二次直流操作回路中和 TA、TV 的二次交流回路中，有的是设计遗留问题，有的是施工工艺问题，有的是运行维护问题，有的是投退操作问题，有的是产品质量问题。如果只从故障的一次现象分析，这类问题有时在短暂的故障过程中很容易被掩盖而未被反映出来，极可能成为今后更大事故的隐患。但是，这些缺陷往往会在故障录波上留下蛛丝马迹，可以通过对各类录波数据的时间对比、波形阅读、谐波计算、逻辑反演等发现二次回路缺陷所在的部位，指导检修人员及时查找缺陷，消除隐患。

5. 发现一次设备缺陷，及时消除隐患

在电力系统中，有的一次设备（如高压断路器）存在缺陷，平时很难发现，而这些缺陷将在不同程度上危及电力系统的安全运行。故障录波可以反映断路器一些重要的技术指标，如分合闸时间、合闸同期性，以及断口是否存在电弧重燃、是否存在纵向击穿、是否有跳跃现象、操作循环是否正常等问题。因此，故障录波可以反映一次设备的运行状况，指导状态检修。

6. 为系统复杂故障的分析提供有力支撑

电力系统故障的形式多种多样，某些复杂故障（如断线又接地、非全相又故障、单相故障转多相故障、振荡又故障等）都是在短时间内发生并转换的，而且往往在这些复杂故障发生的过程中掺杂了继电保护的不正确动作，如果没有故障录波则无法进行有效分析。而故障录波装置可以将故障前、故障时、故障后不同时段的电气量、开关量的变化全景展示，为正确分析复杂故障提供有力保障。同时，随着电网的不断发展，这些本来难得一见的故障，现在越发多见，因此更加体现出故障录波分析的重要性。

7. 验证系统运行方式的合理性，及时调整系统运行方式

系统运行方式安排是否合理，关系到系统运行的稳定性，也关系到电网运行的安全。通过对故障录波的分析可以知道系统运行方式安排是否合理，如故障时电流幅值的阅读可以知道该处短路容量是否超标，电压幅值的阅读可以知道系统是否存在过电压，以及断路器单相跳闸后非全相期间是否存在振荡，重合成功后或重合于故障后系统是否稳定，事故跳闸后潮流分布是否合理，安全稳定装置动作是否正确等都可以从录波数据中得到答案，从而验证当前运行方式的合理性，及时调整运行方式，提高电力系统安全稳定运行的水平。

8. 实测系统参数，验算保护定值

电力系统中一般元件都可以用试验方法测得其参数。但有的元件如部分全星形变压器的零序阻抗，因是非线性值，故其参数很难用一般试验方法测得，此时可利用故障录波设备在故障时记录的相关电气量（零序电流和零序电压）来实测其零序阻抗值，并且从录波图上也可直接看到由于零序阻抗非线性而造成的零序电压波形的畸变。因此在系统故障时故障录波提供的各电气量数值，不仅可以用来核对系统参数和短路电流计算值的正确性，而且还可以用来实测某些难以用普通试验方法得到的元件参数，以便及时修正相关计算模型参数，为继电保护整定计算及系统稳定计算提供可靠数据。

9. 分析研究系统振荡问题

电力系统由于动态稳定破坏、静态稳定破坏、非同期合闸未能拖入同步及发电机失磁等原因均可能引起系统振荡。当系统发生振荡时，发电厂或变电站内的仪表虽有摆动反映，但不能留下具体数据，更不能显示一些参数的变化规律。而故障录波装置的录波图则可提供系统振荡从发生、失步、同步振荡、异步振荡和再同步的全过程数据以及振荡周期、电流、电压等参数的特征和变化规律。因此，利用录波资料，可帮助分析和研究系统振荡问题，以确定处理方法，缩短振荡时间，实现快速再同步，尽快平息振荡，提高电力系统安全稳定运行水平。同时，从系统振荡过程的分析、研究中，可提供出供设计和继电保护装置改进的依据。

10. 研究电力系统内部过电压

电力系统由于故障和操作常常引起内部过电压。很多内部过电压的发生具有随机性质，难以预测和准确计算。内部过电压一旦发生常常造成严重后果。而过电压的出现，有的持续时间较长，有的持续时间则较短，特别是伴随电力系统故障持续的内部过电压，具有突发事故性质，既不能事故前做好试验准备，也难以事故后模拟，因此很难得到发生内部过电压时的真实数据。而利用快速的故障录波则可记录发生内部过电压时的波形曲线，为分析、研究系统内部过电压问题，确定限制内部过电压的措施提供依据，以保证电力系统的安全运行。

二、故障录波设备的前景和展望

1. 联网运行

随着电网的不断发展，区域电网的故障录波设备联网运行，实现数据共享，对于提高事故处理速度，及时恢复供电，保障电网安全意义深远。

在我国还有不少地区的故障录波设备处于单机运行状态。故障发生后，录波数据都是由运维人员现场调取，然后传真给调度部门和专业班组，或者由运维护人员通过电话线在远端拨号调取，成功率低，调取速度慢，一般需要几个小时才能得到报告，效率很低。而且部分主要变电站目前已经实现无人值守，有时故障后必须由专业人员驱车前往变电站调取录波数据，延长了故障分析时间，系统发生故障后难以做到快速判断、快速处理、快速恢复，严重影响了事故处理速度。

光纤通信技术的飞速发展使得绝大多数变电站已经具备光纤网络通信条件，尤其是调度数据网的建成，为实现区域电网的故障录波设备联网运行创造了条件。故障录波设备联网运行，实现远程快速调取，实现多层面的数据共享已势在必行。

2. 智能化

随着智能电网的不断发展，智能化变电站不断推陈出新。一方面，智能化电气设备，特别是智能化断路器、光电式互感器纷纷涌现，另一方面，IEC 61850 协议为变电站自动化系统定义了统一的标准信息模型和信息交换模型，实现了智能设备的互操作，实现了变电站数据信息共享。因数据采集模式和数据同步模式等特性的不同，常规的微机型故障录波装置已无法应用于智能化变电站，故障录波设备将面临智能化变革。

近年来，全国范围内掀起 IEC 61850 协议在电力系统中的研究与应用热潮，国内已有多座支持 IEC 61850 协议的智能化变电站投入运行，智能化录波器的研究与应用迫在眉睫。为此，需要针对智能化变电站模拟量和开关量的数据特性进行录波记录原理和接入方式的研究，从而实现对电气量和 GOOSE 跳闸方式的保护动作及断路器分合等状态量的录波，并可实时在线监测网络中各 IED 设备运行状态。

从 20 世纪 60 年代末开始，我国电力系统中最早应用的以光电转换为原理、120 胶片为记录载体的光线故障录波器，到 20 世纪 80 年代中期，随着计算机技术被引入继电保护领域而迅速成为主力的微机型故障录波器，在许多重大事故的调查分析中均发挥了重要作用。而今天，智能化故障录波设备的诞生，标志着电力系统故障录波的应用与发展进入了一个新的时代。但是，无论如何发展，故障录波设备的“黑匣子”功能将永远不会改变。

第二章 故障录波图阅读与分析

第一节 故障录波图的基本构成

变电站的故障录波图一般分为两种，一种是保护及自动装置的录波图，另一种是专用故障录波器的录波图。虽然不同的装置所形成的录波图在图形格式上略有区别，但是各类故障录波图的基本格式是相同的，图 2-1 所示的专用故障录波器的录波图主要由五个方面的内容构成：① 文字信息部分；② 录波图比例标尺部分；③ 通道注解部分；④ 时间刻度部分；⑤ 录波波形部分。

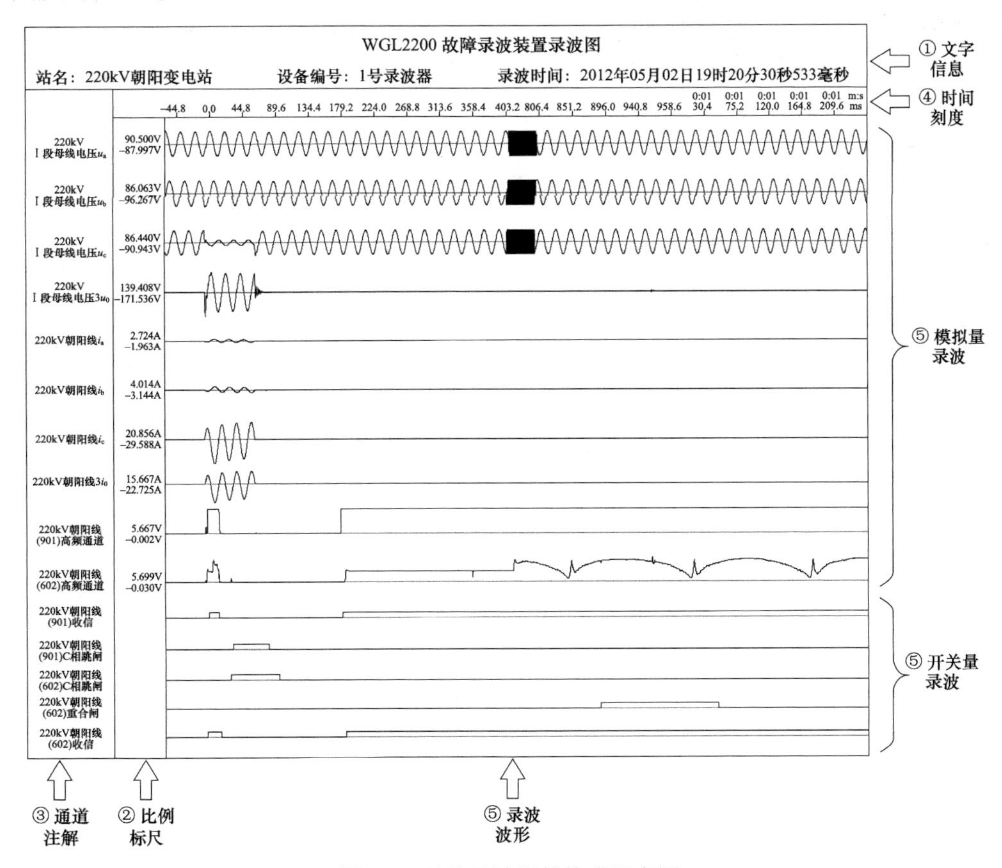

图 2-1 故障录波图的构成示意图

一、文字信息部分

录波图的文字信息主要描述故障录波设备安装地点，被录波的相关设备的名称，以及故障发生时录波启动的绝对时间等。文字信息的格式，不同的录波装置各不相同。有的故障录波图的文字信息部分相当于一份简单的故障报告，还反映了故障相别、故障电流、故障电压、故障测距等。

在故障分析、处理中，可以通过阅读录波图的文字信息，简单地对故障的总体情况做一个了解。但是录波图的文字信息内容不能作为最后对故障的定性分析结果。

二、录波图比例标尺部分

录波图比例标尺有电流比例标尺、电压比例标尺、时间比例标尺，是对录波图进行量化阅读的重要工具，比例标尺由录波装置自动生成，一般同一张录波图同一电气量使用的比例标尺相同。录波图的电流、电压比例尺可以是瞬时值标尺，也可以是有效值标尺，可以是一次值标尺，也可以是二次值标尺，以二次瞬时值比例标尺最为常见。实际应用中可以通过录波图中故障前的正常电压、电流幅值来推算当前使用的标尺的类别。

电流、电压通道的比例标尺主要有两种模式，一种标尺为最大值法，如图 2-1 中的标尺模式，该种标尺方法是在录波通道中显示当前通道中所录波形的正半周最大值和负半周最大值，然后可通过与最大值波形的幅值比例关系去阅读该通道中其他各点波形的幅值。另一种为平均刻度值法，如图 2-2 中的标尺模式，即利用图中统一定义了单位幅值量的刻度格来充当标尺，通过阅读波形所占格数来阅读幅值量。以上两种标尺模式最为常见，此外现场也有少量录波装置，其标尺定义为以标准纸打印输出后的实际单位长度作为比例标尺刻度，如 1kV/mm、100A/mm 等。

三、录波图通道注解部分

录波图通道注解即对所录波形的内容进行定义，标明当前通道中所录波形的对象名称。录波图的录波通道内容注解一般有两种模式，一种是在各录波通道附近对应位置注解，如图 2-1 中的注解模式，该种模式多见于专用故障录波器；另一种模式是在录波图中对各录波通道进行编号，然后集中对各通道进行注解定义，如图 2-2 中的注解模式，多见于保护装置打印输出波形。

四、时间刻度部分

录波图时间刻度一般以 s（秒）或 ms（毫秒）作为刻度单位，以 0 时刻为故障突变时刻，要求误差不超过 1ms。同时要求 0ms 前输出不小于 40ms 的正常波形。实际现场的很多故障录波器并不完全是以 0 时刻为故障突变时刻，因此在分析录波图时要注意区分。

在录波图打印输出过程中，为了减小篇幅，方便阅读，一般会将录波图中电气量较长时间无明显变化的录波段省略输出，如图 2-1 中时间刻度 403.2～806.4ms 段为省略输出段。保护装置录波省略输出比较常见。有时省略输出的波形的包络线也可以反映录波的幅值变化。

五、录波波形部分

1. 模拟量录波

模拟量录波主要为电流量录波、电压量录波、高频通道录波等。

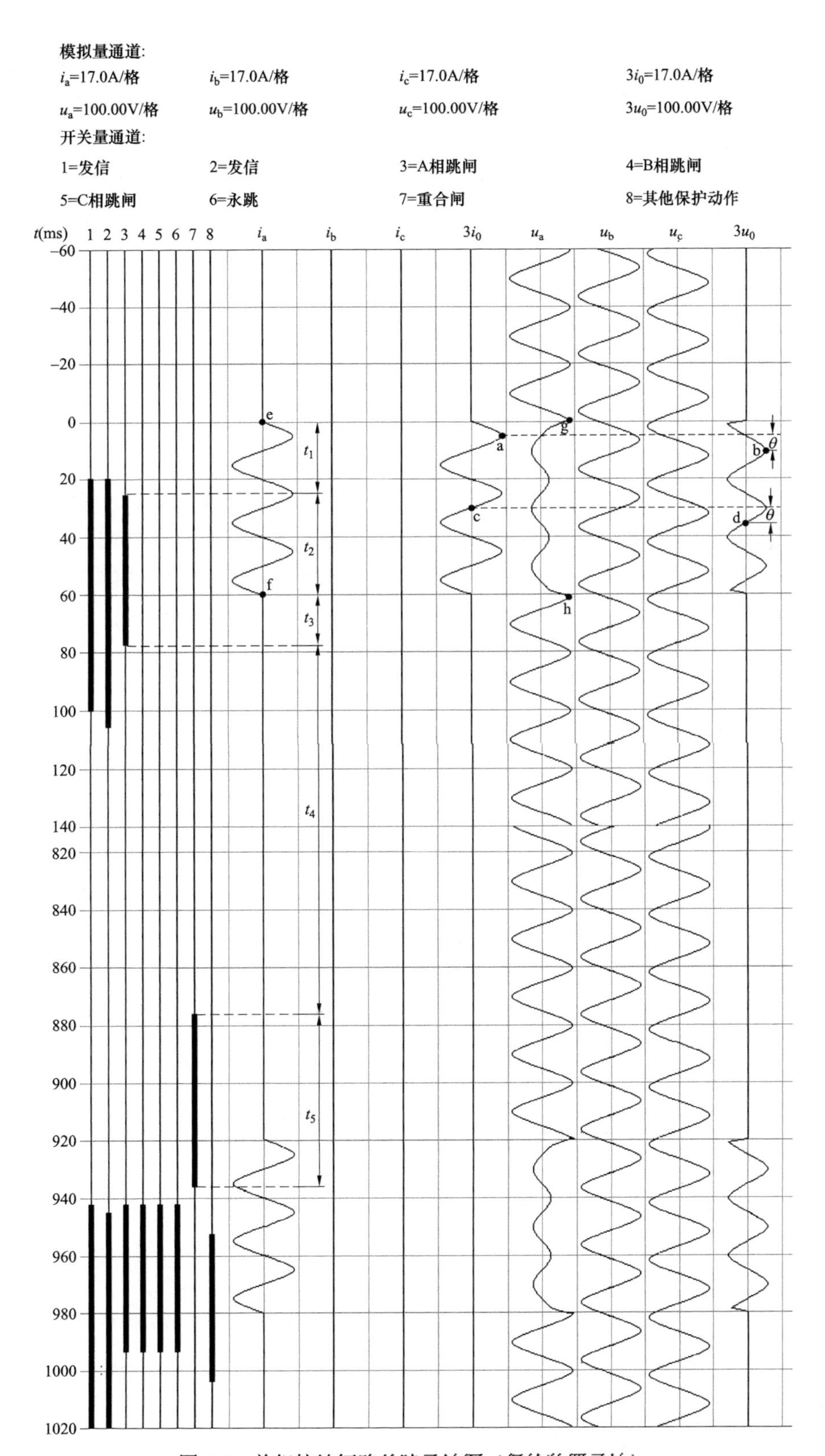

图 2-2　单相接地短路故障录波图（保护装置录波）

（1）电流量录波主要为 A、B、C 三相电流及 $3i_0$ 零序电流，其中 A、B、C 三相电流一般有条件的均要求使用保护安装处 TA 的录波专用二次绕组，现场也有与保护装置合用一个 TA 二次绕组的情况，此时要求录波装置电流回路串接于保护装置之后。$3i_0$ 录波电流量一般为录波装置内部的零序电流采样回路（即 N 线上的小 TA 的二次量），属于物理合成的零序电流。当无零序采样回路小 TA 时，也有使用自产 $3i_0$ 方式录波的，此时属于数字合成的零序电流。有的保护装置习惯将 $3i_0$ 录波与实际零序电流反相，在阅读时需要注意区分。

（2）电压量录波主要为 A、B、C 三相电压及 $3u_0$ 零序电压，其中 A、B、C 三相电压来自 TV 二次绕组，与保护合用。$3u_0$ 零序电压录波量对于专用故障录波器，一般使用来自 TV 的二次开口三角绕组，属于物理合成的零序电压。保护装置录波主要为自产 $3u_0$ 电压，属于数字合成的零序电压。

（3）高频通道录波量来自高频保护收发信机背板端子上的专用录波输出量，不允许将录波通道直接并接于高频保护通道上，以防止录波通道故障而导致高频保护的不正确动作。高频保护通道录波的作用主要是在故障分析时，查看收发信机的停发信是否正常，收发信波形幅值是否正常，波形是否完整连续，有无缺口等，为事故分析提供依据。

2. 开关量录波

开关量录波主要为保护信号录波、断路器位置录波。

（1）保护信号录波主要包括保护装置跳闸出口信号（对于分相操作的断路器应为分相跳令信号）、重合闸动作出口信号、纵联保护收发信信号、重要的告警信号等。

（2）断路器位置录波量有条件的应直接采用断路器辅助触点信号，分相操作的断路器应为分相位置信号。现场不少录波中的断路器位置量录波使用的是分、合闸位置继电器的触点信号，在事故分析时应考虑其在时间上的误差。

保护装置录波中的开关量录波内容比较详细，可以将保护动作过程中关键点逻辑电平的变化情况记录下来，而且保护装置录波中的保护动作类开关量录波往往要比专用录波器中的保护动作类开关量录波的时效性强。

第二节　故障录波图的阅读方法

这里所指的录波图的阅读是指对纸质录波图的目测估算阅读，旨在快速阅读，及时分析、处理事故，因此所得数据主要作为定性分析用和简单定量分析用，一般不做深层次定量计算用。需要深层次定量分析的场合，可借助专门的录波分析软件从录波装置电子文档中提取精确数值进行分析计算。

故障录波图的阅读主要包括幅值阅读、相位关系阅读、时间阅读、开关量阅读。

一、录波图的幅值阅读

录波图的幅值阅读主要分为交流峰值阅读、交流有效值阅读和非周期分量阅读。

（一）无非周期分量的录波图幅值阅读

图 2-2 所示录波图为一典型的大电流接地系统的单相接地故障录波图。从图 2-2 中可看出，以 0ms 为故障发生的零时刻，–60～0ms 为故障前正常状态，此时三相电压幅值正常，三相电流幅值略有起伏，为较小的负荷电流。在 0ms 时刻开始发生了 A 相单相接地短路故障，A 相电流由较小的负荷电流突变成故障电流，如图 e～f 段电流波形。A 相电压幅值下降，如图 g～h 段电压波形。同时出现 $3i_0$ 零序电流和 $3u_0$ 零序电压。

图 2-2 所录波形的特点是故障期间电流波形的正负半周幅值相等，波形基本不含非周期分量。从录波图中可以知道电流标尺为 17.0A/格（二次瞬时值），电压标尺为 100.00V/格（二次瞬时值），若已知 TA 变比 1200/5，则幅值阅读方法如下：

（1）A 相故障电流 i_A 的有效值阅读，从图中可以看出 e～f 段电流波形峰值处约占 0.9 格，所以其有效值估算如下：

$$二次有效值=(0.9格\times 17A/格)\div\sqrt{2}=10.82（A）$$

$$一次有效值=10.82\times(1200/5)=2596.5（A）$$

（2）A 相故障时 u_A 残压幅值阅读，从图中可以看出 g～h 段电压波形峰值处约占 0.3 格，所以其有效值估算如下：

$$二次有效值=(0.3格\times 100V/格)\div\sqrt{2}=21.2（V）$$

$$一次有效值=21.2\times(220/0.1)=46.64（kV）$$

（3）零序电流 $3i_0$ 的有效值阅读，从图中可以看出零序电流 $3i_0$ 的波形中峰值点 a 约占 0.9 格，其有效值估算如下：

$$二次有效值=(0.9格\times 17A/格)\div\sqrt{2}=10.82（A）$$

$$一次有效值=10.82\times(1200/5)=2596.5（A）$$

（4）零序电压 $3u_0$ 的有效值阅读，从图中可以看出零序电压 $3u_0$ 的波形中峰值点 b 约占 0.7 格，其有效值估算如下：

$$二次有效值=(0.7格\times 100V/格)\div\sqrt{2}=49.5（V）$$

$$一次有效值=49.5\times(220/0.1)=108.9（kV）$$

（二）含有非周期分量的录波图幅值阅读

图 2-3 所示录波图中，A 相故障电流 i_A 的波形明显偏向时间轴上方，波形中含有一定的非周期分量。从图中可以看出，录波图显示的是一次值，使用的标尺为 10kA/格（一次峰值），若已知 TA 变比 1250/5，TV 变比 220/0.1，则阅读方法如下：

1. 最大峰值电流阅读

从图 2-3 中可以看出波形最大峰值在 a 点，a 点处约占 2.15 格，所以最大峰值估算如下：

$$一次最大峰值=2.15格\times 10kA/格=21.5（kA）$$

$$二次最大峰值=21.5kA\div(1250/5)=86（A）$$

2. 最大非周期分量电流阅读

从图 2-3 中可以看出波形第一个周波最大峰值点在 a 点，第一个周波另一峰值点在 b

点，a 点处约占 2.15 格，b 点处约占 1.75 格。所以，非周期分量值估算如下：

$$一次最大非周期分量值=(2.15格-1.75格)\div 2\times 10\text{kA}/格=7（\text{kA}）$$

$$二次最大非周期分量值=7\text{kA}\div(1250/5)=28（\text{A}）$$

3. 交流有效值阅读

当波形有非周期分量时，为了提高有效值估算的精度，应尽量使用故障波形中最后几个周波的波形进行估算，目的是让非周期分量衰减至最小，从而对有效值的估算影响最小，但是也不宜使用故障电流消失前的最后一个峰值点，主要考虑电路换路过程的暂态影响，以及负荷电流、电压叠加所造成的影响。因此，图 2-3 的有效值阅读采用 c 点和 d 点的峰值来进行估算。从图中可以看出 c 点处约占 1.45 格，d 点处约占 1.2 格，所以有效值估算如下：

$$一次有效值=(1.45格+1.2格)\times 10\text{kA}/格\div 2\div\sqrt{2}=9.37（\text{kA}）$$

$$二次有效值=9.37\text{kA}\div(1250/5)=37.48（\text{A}）$$

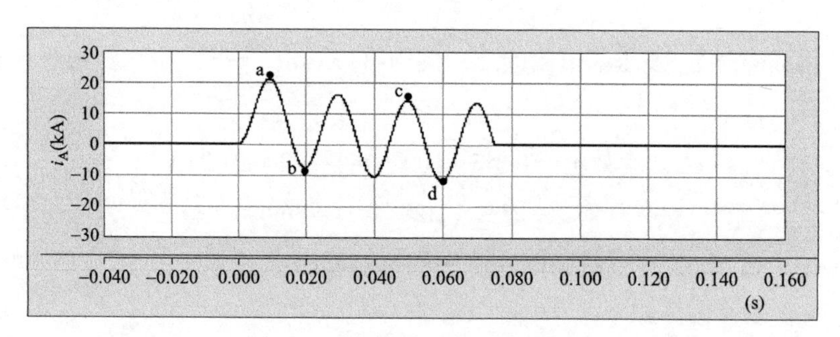

图 2-3　含非周期分量的电流波形图

二、录波图的相位关系阅读

录波图的相位关系阅读主要有两种情况，一是不同电气量之间的相位关系（超前或滞后角度）阅读，二是同一电气量故障前与故障期间的相位关系阅读。

1. 不同电气量之间的相位关系阅读

图 2-2 中零序电流 $3i_0$ 与零序电压 $3u_0$ 相位关系阅读方法如下：

在图中可以通过加辅助线来帮助阅读，一般利用两波形的特殊点进行比较，如波形的峰值点、过零点，图 2-2 中 a 点与 b 点的比较是利用的峰值点，c 点和 d 点的比较是利用的过零点。其中，θ 为 $3i_0$ 与 $3u_0$ 的相位角度差。这里可观察两峰值点或两过零点之间的角度差值，图 2-2 中两峰值点或两过零点之间的角度为 1/4 个周波多一点，一个周波为 360°，因此 1/4 个周波多一点，估计的角度在 100°～110° 之间。

这里需要注意的问题是过零点与峰值点的方向问题，波形的过零点有正向过零点和负向过零点，峰值点有正峰值点和负峰值点。因此在选择过零点或峰值点的时候，要注意两个波形的两个对应点的一致性，要选择同方向最近的点进行比较。

相位关系阅读的具体方法：先确定被比较的两个波形中一个波形的过零点（或峰值点），然后通过该点作垂直于时间轴的辅助线去交需要比较的另一个波形，在辅助线与另一波形的交点的前后找同方向的最近的过零点（或峰值点），如果该点所在的时间刻度比辅助线所在的时间刻度小，则所得的θ角为后一波形超前前一波形的相位角；如果该点所在的时间刻度比辅助线所在的时间刻度大，则所得的θ角为前一波形超前后一波形的相位角；如果该点正好在辅助线上，则两个波形同相位。

2. 同一电气量故障前与故障期间的相位关系阅读

同一电气量故障前与故障期间的相位关系阅读，主要应用在电压量波形的阅读上，如图 2-4 所示的一组电压录波。

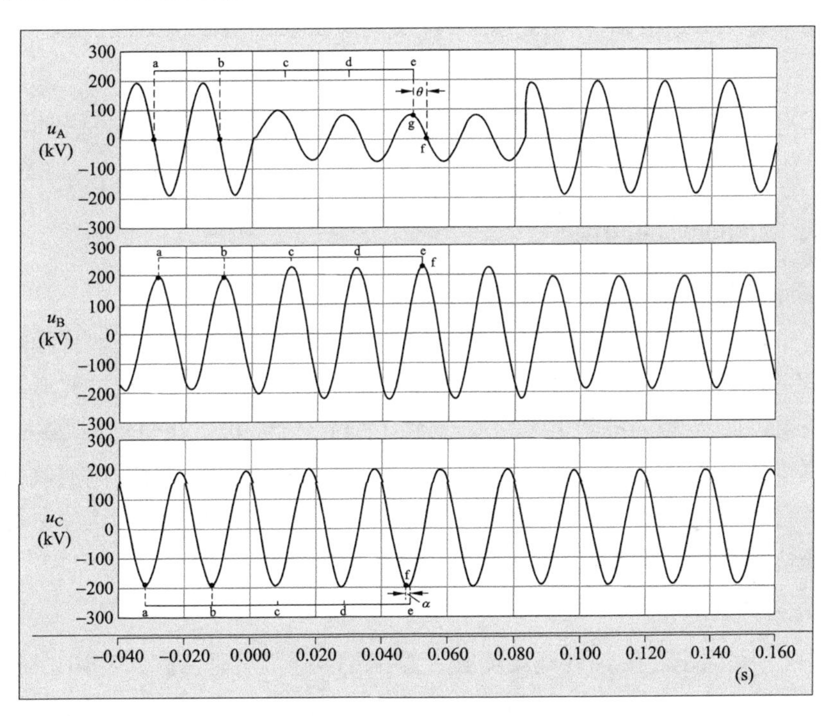

图 2-4　一组电压波形图

从图 2-4 可以看出，故障从 0ms 开始，共持续了 85ms 左右。故障前 40ms 为正常电压波形。现需比较故障期间各相电压与各自故障前电压的相位关系，方法如下：

利用故障前电压波形中两个同方向的峰值点（过零点），在图中作出两峰值（过零点）点间的水平距离，如图 2-4 中的 ab 线段，然后按 ab 长度等幅向故障时间区域延长 ab 线段，得到了 ae 线段（其中 ab=bc=cd=de），在 e 点作垂直于时间轴的辅助线交于故障期间的电压波形于 g 点，比较辅助线与其最临近的同方向峰值点（过零点）f 的相位即可得到故障电压与故障前电压的相位关系。

从图 2-4 可以看出：

（1）A 相电压故障前的过零点的延伸点 e 与故障期间电压过零点 f 的相位关系为：故障电压滞后故障前电压一个θ角。得到 e 和 f 之间的水平距离后，可以通过两种方法估算角度，一是通过两点在故障电压波形上的落点段波形所占周波数来确定，如 gf 段波形约占 1/6 个周波，因此角度为 60° 左右；二是通过时间轴的刻度读出 ef 之间的水平距离对应的时间，然后转换成角度。

（2）B 相电压故障前的峰值延伸点 e 与故障期间电压峰值 f 点基本同相，即故障电压与故障前电压基本同相。

（3）C 相电压故障前的峰值延伸点 e 与故障期间电压峰值 f 点的相位关系为：故障电压超前故障前电压一个 α 角，为 10°～15°。

相位关系阅读中需要注意的是，当被比较的两个电气量中含有非周期分量时，不宜使用过零点法比较相位，尽量使用峰值点法，同时要用非周期分量衰减至最小后的波形进行相位比较。与幅值阅读一样，也不宜使用故障波形消失前的最后一个峰值点（过零点）。

当被比较的电气量幅值较小，峰值处比较平坦时，为了减小阅读误差，此时尽量使用过零点进行阅读。

三、录波图的时间阅读

1. 故障电流持续时间阅读

图 2-2 中，A 相故障电流从 0ms 时开始突变，至约 60ms 时结束，持续的时间约为 60ms。时间的阅读可以通过波形图中的时间轴的刻度获得，也可以通过波形本身的周波数来计算获得，如 A 相的故障电流的波形持续了约 3 个周波，按每周波 20ms 计算，因此故障电流持续了约 60ms。当系统频率变化时，利用故障波形本身的周波数来计算时间的方法可能会有偏差，但一般情况下的定性分析均可忽略这种偏差，这种利用波形本身的周波数来估算时间的方法是录波图阅读中常用的方法。

2. 保护动作时间阅读

从图 2-2 中可看出，在 A 相电流发生突变后约$1\frac{1}{4}$个周波时保护 A 相出口跳闸（图 2-2 中 3 号通道的粗黑线出现），可以知道保护的动作时间约为 25ms（图 2-2 中时间 t_1）。

3. 断路器开断时间阅读

从保护出口跳闸到故障电流消失约为$1\frac{3}{4}$个周波，可以知道断路器的开断时间约为 35ms（图 2-2 中时间 t_2）。

4. 保护返回时间阅读

A 相故障电流约在 60ms 时消失，保护 A 相跳闸出口命令返回（3 号通道的粗黑线消失）时刻约在 77ms，因此可以知道保护的返回时间约为 17ms（图 2-2 中 t_3）。

5. 重合闸延时时间阅读

保护 A 相跳闸出口命令返回时刻约在 77ms，重合闸脉冲命令发出（7 号通道的粗黑线出现）约在 877ms，因此可以知道重合闸延时时间约为 800ms（图 2-2 中 t_4）。

6. 保护重合闸脉冲宽度阅读

重合闸脉冲命令发出时刻约为 877ms，脉冲消失（7 号通道的粗黑线消失）时刻约在 937ms，因此可以知道重合闸脉冲宽度约为 60ms（图 2-2 中 t_5）。

注意，不能将重合闸脉冲发出时刻到第二次故障电流出现时刻定义为断路器的合闸时间。一是重合闸回路要经操作箱合闸保持继电器才能去断路器合闸线圈，因此存在继电器动作时间的延时；二是断路器重合后，第二次故障不一定是立刻发生的。

四、录波图的开关量阅读

开关量的阅读主要为开关量发生时刻、返回时刻的阅读，如图 2-2 中保护 A 相跳闸出口命令发出时刻约在 25ms，返回时刻约在 77ms。

开关量的阅读与保护动作逻辑需紧密结合，如图 2-2 中通道 1、2 为该线路保护中允许式方向纵联保护的收发信开关量录波，可以看出约在 20ms 时，通道 1、2 开关量几乎同时发生变化，即纵联保护有发信又有收信，满足正方向区内故障特征，约 5ms 后线路保护 A 相跳闸出口（该跳令可以是纵联保护发出的，也可以是线路保护中距离或零序保护发出的）。而图 2-2 中在重合闸出口合闸于永久性故障时，约在 942ms 时纵联保护有发信，945ms 时纵联保护有收信，但是线路保护已在 942ms 时三相跳闸出口、永跳出口（图 2-2 中通道 3、4、5、6 出现跳闸出口命令），可见 942ms 时的三相跳闸、永跳命令不是纵联保护发出的，而是距离保护或零序保护的加速段发出的跳令。通过开关量录波的阅读，可以知道第一次保护动作可能是线路纵联保护出口的，但是重合于故障后的第二次保护动作肯定不是纵联保护最先出口的。

第三节　故障录波分析需要注意的几个问题

一、不能用保护装置录波取代专用故障录波器录波

1. 两者功能作用上的区别

保护装置的首要任务是在系统发生故障时能快速可靠地切除故障，保证系统安全稳定运行，现代的微机保护中均有一定的录波功能，但只是记录与该保护动作情况相关的少数电气量，且记录长度有限。正确动作的保护故障录波可以作为单一故障的分析依据，但不能完全作为分析电力系统故障发展和演变过程的依据，尤其是遇有保护装置不正确动作时，更需要由专用故障录波器的录波数据来分析保护的动作行为。专用故障录波器实际上应命名为电力系统故障动态记录仪。电力系统故障动态过程记录的主要任务是，记录系统大扰动，如短路故障、系统振荡、频率崩溃、电压崩溃等发生后的有关系统电参量的变化过程及继电保护与安全自动装置的动作行为。而保护装置不反映除短路故障以外的其他系统动态变化过程，因此保护装置无法记录除短路故障以外的其他系统动态变化过程。

2. 两者在前置滤波、采样频率上的区别

各电气量进入保护装置被用于计算前，都要滤除高频分量、非周期分量等，因此保护装置的故障录波已不是系统故障时的真实波形。由于部分高次谐波与非周期分量被滤除，因此其录波波形一般毛刺较少，比较光滑。而专用故障录波器旨在真实反映系统的动态

变化过程，其所录各电气量波形力求真实，一般不经特殊的滤波处理。保护装置的采样频率一般为 1.2～2.4kHz，专用故障录波器采样频率为 3.2～5kHz。因此专用故障录波器的录波波形真实性比保护装置录波高，但波形的暂态分量、谐波分量较重，波形毛刺较多。

3. 两者在启动方式上的区别

保护装置一般使用电流的突变量启动以及零序或负序电流辅助启动，不使用稳态的正序电流启动或单一的正、负、零序电压启动。而专用故障录波器上述的启动方式可以全部使用，还可以使用开关量启动和遥控、手动启动等。

由于专用故障录波器在采样频率、前置滤波、启动方式等方面与保护装置存在较大的区别，因此保护装置的故障录波信息不能替代专用故障录波器的信息。特别是在高压电网一些复杂的事故分析、处理中，专用故障录波器信息是事故分析的首要信息。例如高压系统的暂态问题分析、谐波问题分析、振荡问题分析，主要的依据就是专用故障录波器的录波信息。

但是保护装置录波信息量丰富，录波图获取便捷，阅读简单，在一般性单一事故的分析、处理方面有其独到之处。因此需要全面掌握各类保护装置的基本原理和其在故障录波方面的特殊点，以便故障分析时能正确判断。

由上可知，正确引用各类故障录波信息，去伪存真，是事故分析、处理的一个关键点。

二、要保障录波设备的运行工况良好

当代的微机保护都具有良好的事件记录功能和故障录波功能，专用故障录波器更是功能强大。如何让这些设备在事故后的调查处理中发挥作用，取决于它们在事故发生时工况是否正常。保护装置运行工况的重要性不言而喻，而专用故障录波器的运行工况是否良好对于一些复杂事故的分析也至关重要。

保护装置往往很重视装置的异常、闭锁等告警问题，一旦保护装置的巡检程序检测到软件或硬件的故障，都会向监控系统发告警信号，以提醒运维人员注意。运维人员也对此类故障告警信息很重视，所以保护装置运行工况比较好。而专用故障录波器的侧重点是录波，现场很多的故障录波器的软、硬件故障告警能力远不如保护装置，特别是软件故障告警能力，软件程序“走死”后能可靠发告警信号的能力一直不理想，使得录波器的运行工况无法得到有效监控，给事故分析带来困难。

此外，综合自动化变电站应重视各类二次设备的 GPS 对时问题，精确而统一的事故发生的绝对时间，对于正确、快速地阅读各类装置的报文、录波信息，以及快速处理事故是极其重要的，特别是对分析、处理区域性电网事故意义更大。

因此，专用故障录波器及各类监控、保护等装置的良好运行工况，是获取足够准确的事故信息、录波信息的保障。

三、提高故障录波图阅读、分析能力的方法

故障录波图是电网事故处理的入手点，是建立事故分析、处理整体思路所需的重要信息。如何从录波图上去寻找事故分析的突破口，对于迅速判断故障性质、故障位置非常

关键。这要求分析者有一定的系统故障分析理论水平，掌握一定的系统知识，还要有丰富的现场经验。

正确阅读、分析故障录波图是继电保护专业人员的一项重要技能，如何提高阅读、分析能力，主要有以下几个要点。

（1）继电保护专业人员要多看故障录波图，特别是正确动作的录波图，只有对各种故障情况下正确动作的录波图的特点能熟练掌握，才能对异常情况下的录波图有敏锐的洞察力，从而快速找到事故处理的入手点和突破口。

（2）要善于将录波图中获取的信息与自己掌握的系统知识、故障分析知识、保护装置原理、保护整定定值、一次设备基本原理等相互关联起来，往往在关联过程中就能发现异常情况。

例如，在图 2-2 中可以知道断路器开断时间 t_2 约为 35ms，这和一般断路器的分闸时间是相符的，如果时间偏长，就可能是异常点。又如，重合闸延时时间 t_4 约为 800ms，此时可以查看与保护定值整定是否相符。

再如，故障期间 A 相电压下降，但是非故障的 B、C 相电压幅值与相位基本保持不变，由此可以从故障分析的理论知识知道保护安装处的零序等值阻抗与正负序等值阻抗接近。A 相的残压相位与零序电压的相位基本反相，可以说明故障点发生的是 A 相的金属性接地短路故障，基本无过渡电阻。故障分析的理论知识，不能只停留在掌握故障点的电气量变化特点，更应掌握故障情况下保护安装处电气量变化的特点，这是重中之重。本书的第三章内容也正是遵循这个原则来展开分析讨论的。

（3）故障录波图的分析阅读要和系统的运行方式相结合，切忌生搬硬套，同样类型的故障在不同的运行方式下，产生的录波波形会有区别，不能脱离系统运行方式，孤立地去分析、阅读录波图，这样很有可能会造成误导。

（4）可以把同一故障下不同装置的录波图进行比较，如可以把双套保护配置的保护装置录波图进行比较，也可以把保护装置的录波图与专用故障录波器的录波图进行比较，还可以把上游设备的录波图与下游设备录波图进行比较。进行比较的目的是发现异常点，找到事故处理的突破口。在比较时应注意不同保护装置原理导致的录波差异，还要注意不同装置的录波 TA、TV 安装位置的不同而导致的录波差异（如专用录波 TA 与保护装置 TA 的位置不同，又如母线 TV 与线路 TV 的不同等）。

（5）要会使用专用故障录波分析软件对电子文档的故障录波图进行细化阅读，以满足在特定的事故分析场合进行深层次的量化分析的需要。这也是继电保护专业人员需要掌握的一项技能。

（6）在分析故障录波时，有时需要进行一定的定量计算来帮助定性判断，因此有两点需要引起重视，一是要熟练掌握故障分析计算的基本方法，如对称分量法、故障分量法、电路迭代原理等；二是在计算时要擅于灵活、合理地运用假设、忽略、等效等方法，目的在于简化计算，提高分析、判断的速度。

第三章
大电流接地系统输电线路故障录波分析

单相接地短路故障、两相相间短路故障及两相接地短路故障是大电流接地系统输电线路主要的几种故障类型，其中以单相接地短路故障最为常见，约占输电线路故障的 75%以上。由于三相短路故障比较少见，且故障时各电气量变化仍然保持对称，无零序、负序分量，分析比较简单，因此本书不再将输电线路的三相短路故障列为专门的章节进行分析、阐述。

故障录波的分析需要结合系统运行方式进行，因此本章将输电导线在馈供线（单电源线路）运行方式下和联络线（双电源线路）运行方式下的各类常见故障类型分别进行分析、推导，同时在分析时重点突出输电线路两侧保护安装处的电气量变化特点，并结合相量图及保护安装处故障录波图进行对比分析。

第一节　馈供线单相接地短路故障的录波图分析

一、系统接线

大电流接地系统的馈供线系统接线如图 3-1 所示。

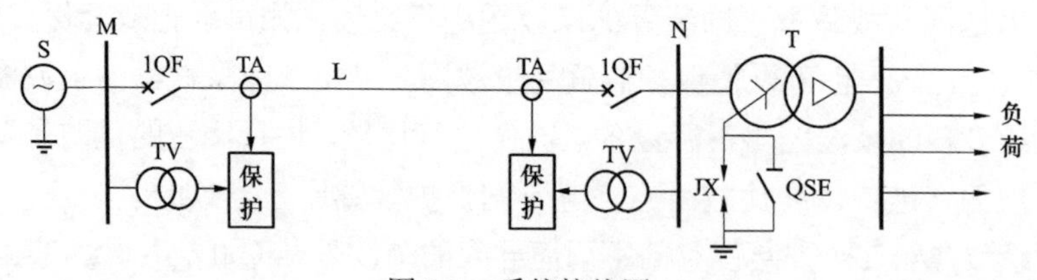

图 3-1　系统接线图

图 3-1 中 S 为系统，L 为线路，T 为变压器，M、N 为线路两侧母线，TA 为电流互感器，TV 为电压互感器，1QF、2QF 为断路器，QSE 为变压器中性点接地刀闸，JX 为变压器间隙。

二、理论分析

图 3-1 所示系统中，线路 L 发生 A 相接地短路故障时的复合序网图如图 3-2 所示。其中：

（1）Z_{MS1}、Z_{MS2}、Z_{MS0} 为 M 母线侧系统正序、负序、零序等值阻抗。

（2）$\dot{I}_{KA1}$、$\dot{I}_{KA2}$、$\dot{I}_{KA0}$ 为故障点 A 相短路电流的正序、负序、零序分量电流。

（3）$\dot{I}_{KA}$ 为故障点故障相电流。

（4）$\dot{U}_{KA1}$、$\dot{U}_{KA2}$、$\dot{U}_{KA0}$ 为故障点 A 相电压的正序、负序、零序分量电压。

（5）$\dot{I}_{MA1}$、$\dot{I}_{MA2}$、$\dot{I}_{MA0}$ 为故障点 M 母线侧 A 相电流的正序、负序、零序分量电流。

（6）$\dot{I}_{NA1}$、$\dot{I}_{NA2}$、$\dot{I}_{NA0}$ 为故障点 N 母线侧 A 相电流的正序、负序、零序分量电流。

（7）$\dot{U}_{MA1}$、$\dot{U}_{MA2}$、$\dot{U}_{MA0}$ 为 M 母线处 A 相电压的正序、负序、零序分量电压。

（8）Z_{ML1}、Z_{ML2}、Z_{ML0}、Z_{NL1}、Z_{NL2}、Z_{NL0} 为故障点至两侧保护安装处的正序、负序、零序阻抗。

（9）Z_{T1}、Z_{T2}、Z_{T0} 为变压器正序、负序、零序阻抗。

（10）Z_{F1}、Z_{F2} 为负荷正序、负序阻抗。

（11）$\dot{E}_{SA}$ 为系统 S 的 A 相等值电源电动势。

（12）$\dot{U}_{MA|0|}$ 为 M 母线故障前 A 相电压。

（13）$\dot{U}_{KA|0|}$ 为故障点故障前 A 相电压。

（14）$\dot{U}_{NA|0|}$ 为 N 母线故障前 A 相电压。

（15）R_g 为故障点过渡电阻。

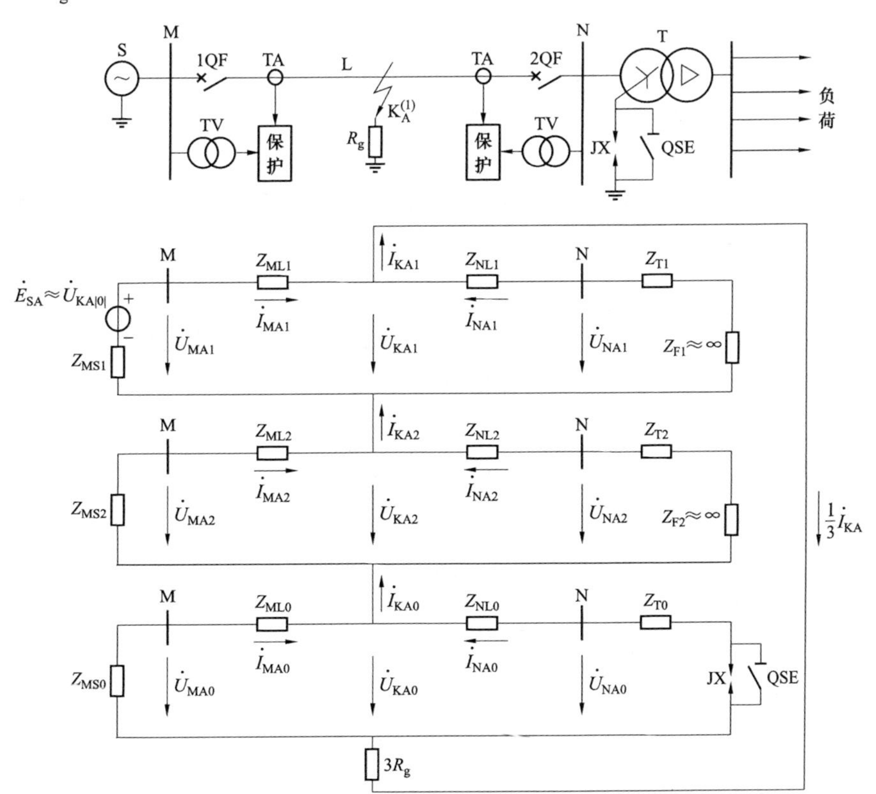

图 3-2　线路 A 相接地短路故障复合序网图

为了便于分析，忽略负荷电流，认为系统各点正、负序阻抗相等，正、负序阻抗角与零序阻抗角相等，这里均近似取用 80° 计算分析。

忽略负荷电流，$Z_{F1}\approx\infty$、$Z_{F2}\approx\infty$，则 $\dot{I}_{NA1}=0$、$\dot{I}_{NA2}=0$，因此可认为故障点 N 侧正、负序网络无通路。

忽略负荷电流认为：

$\dot{E}_{\mathrm{Sph}} \approx \dot{U}_{\mathrm{Mph}|0|} \approx \dot{U}_{\mathrm{Kph}|0|} \approx \dot{U}_{\mathrm{Nph}|0|}$，其中 ph = A、B、C 。

以上理论分析的条件虽与实际略有偏差，但是运用于定性的故障录波图分析，已完全能满足要求，因此在后面的理论分析中，若无特殊说明，均遵循以上假设条件。

在图 3-2 中当变压器中性点 QSE 闭合时，变压器中性点直接接地运行，则故障点两侧零序电流分配系数为

$$\left.\begin{aligned} C_{0\mathrm{M}} &= \frac{\dot{I}_{\mathrm{MA0}}}{\dot{I}_{\mathrm{KA0}}} = \frac{Z_{\mathrm{NL0}} + Z_{\mathrm{T0}}}{Z_{\mathrm{ML0}} + Z_{\mathrm{MS0}} + Z_{\mathrm{NL0}} + Z_{\mathrm{T0}}} \\ C_{0\mathrm{N}} &= \frac{\dot{I}_{\mathrm{NA0}}}{\dot{I}_{\mathrm{KA0}}} = \frac{Z_{\mathrm{ML0}} + Z_{\mathrm{MS0}}}{Z_{\mathrm{ML0}} + Z_{\mathrm{MS0}} + Z_{\mathrm{NL0}} + Z_{\mathrm{T0}}} \\ C_{0\mathrm{M}} &+ C_{0\mathrm{N}} = 1 \end{aligned}\right\} \tag{3-1}$$

由式（3-1）可知，若认为系统各点阻抗角相等，则故障点两侧零序电流分配系数为不大于 1 的正实数。

当变压器中性点 QSE 打开时，变压器中性点通过间隙接地运行，故障点 N 侧零序电流无通路，$\dot{I}_{\mathrm{NA0}} = 0$，此时 $C_{0\mathrm{M}} = 1$、$C_{0\mathrm{N}} = 0$ 。

（一）线路故障点电流、电压分析

（1）单相接地短路故障时，故障点 A 相正序、负序、零序分量电流相等，通过序网图可得到

$$\dot{I}_{\mathrm{KA1}} = \dot{I}_{\mathrm{KA2}} = \dot{I}_{\mathrm{KA0}} = \frac{1}{3}\dot{I}_{\mathrm{KA}} = \frac{\dot{U}_{\mathrm{KA}|0|}}{2(Z_{\mathrm{ML1}} + Z_{\mathrm{MS1}}) + 3R_{\mathrm{g}} + C_{0\mathrm{M}}(Z_{\mathrm{ML0}} + Z_{\mathrm{MS0}})} \tag{3-2}$$

（2）根据对称分量法可得故障点各相电压为

$$\dot{U}_{\mathrm{KA}} = \dot{I}_{\mathrm{KA}} R_{\mathrm{g}} = \frac{3R_{\mathrm{g}}}{2(Z_{\mathrm{ML1}} + Z_{\mathrm{MS1}}) + 3R_{\mathrm{g}} + C_{0\mathrm{M}}(Z_{\mathrm{ML0}} + Z_{\mathrm{MS0}})}\dot{U}_{\mathrm{KA}|0|} \tag{3-3}$$

$$\begin{aligned} \dot{U}_{\mathrm{KB}} &= \alpha^2\dot{U}_{\mathrm{KA1}} + \alpha\dot{U}_{\mathrm{KA2}} + \dot{U}_{\mathrm{KA0}} \\ &= \alpha^2[\dot{U}_{\mathrm{KA}|0|} - \dot{I}_{\mathrm{KA1}}(Z_{\mathrm{ML1}} + Z_{\mathrm{MS1}})] + \alpha[-\dot{I}_{\mathrm{KA2}}(Z_{\mathrm{ML2}} + Z_{\mathrm{MS2}})] + [-\dot{I}_{\mathrm{KA0}}C_{0\mathrm{M}}(Z_{\mathrm{ML0}} + Z_{\mathrm{MS0}})] \\ &= \dot{U}_{\mathrm{KB}|0|} + \frac{Z_{\mathrm{ML1}} + Z_{\mathrm{MS1}} - C_{0\mathrm{M}}(Z_{\mathrm{ML0}} + Z_{\mathrm{MS0}})}{2(Z_{\mathrm{ML1}} + Z_{\mathrm{MS1}}) + 3R_{\mathrm{g}} + C_{0M}(Z_{\mathrm{ML0}} + Z_{\mathrm{MS0}})}\dot{U}_{\mathrm{KA}|0|} \end{aligned} \tag{3-4}$$

$$\begin{aligned} \dot{U}_{\mathrm{KC}} &= \alpha\dot{U}_{\mathrm{KA1}} + \alpha^2\dot{U}_{\mathrm{KA2}} + \dot{U}_{\mathrm{KA0}} \\ &= \alpha[\dot{U}_{\mathrm{KA}|0|} - \dot{I}_{\mathrm{KA1}}(Z_{\mathrm{ML1}} + Z_{\mathrm{MS1}})] + \alpha^2[-\dot{I}_{\mathrm{KA2}}(Z_{\mathrm{ML2}} + Z_{\mathrm{MS2}})] + [-\dot{I}_{\mathrm{KA0}}C_{0\mathrm{M}}(Z_{\mathrm{ML0}} + Z_{\mathrm{MS0}})] \\ &= \dot{U}_{\mathrm{KC}|0|} + \frac{Z_{\mathrm{ML1}} + Z_{\mathrm{MS1}} - C_{0\mathrm{M}}(Z_{\mathrm{ML0}} + Z_{\mathrm{MS0}})}{2(Z_{\mathrm{ML1}} + Z_{\mathrm{MS1}}) + 3R_{\mathrm{g}} + C_{0\mathrm{M}}(Z_{\mathrm{ML0}} + Z_{\mathrm{MS0}})}\dot{U}_{\mathrm{KA}|0|} \end{aligned} \tag{3-5}$$

由式（3-3）可知，故障点故障相电压为过渡电阻上的电压，若故障点发生的是金属性接地短路故障，即 $R_{\mathrm{g}} = 0$，则故障点 $\dot{U}_{\mathrm{KA}} = 0$ 。

由式（3-4）、式（3-5）可知，当故障点等值阻抗 $Z_{\mathrm{ML1}} + Z_{\mathrm{MS1}} = C_{0\mathrm{M}}(Z_{\mathrm{ML0}} + Z_{\mathrm{MS0}})$ 时，故障点非故障相电压较故障前电压保持不变。

（二）线路两侧保护安装处电压、电流分析

1. 线路M侧电流、电压分析

（1）根据复合序网图可得M侧三相电流及零序电流为

$$\left.\begin{aligned}
\dot{I}_{MA}&=\dot{I}_{MA1}+\dot{I}_{MA2}+\dot{I}_{MA0}=\dot{I}_{KA1}+\dot{I}_{KA2}+C_{0M}\dot{I}_{KA0}=\frac{2+C_{0M}}{3}\dot{I}_{KA}\\
\dot{I}_{MB}&=\alpha^2\dot{I}_{MA1}+\alpha\dot{I}_{MA2}+\dot{I}_{MA0}=\frac{C_{0M}-1}{3}\dot{I}_{KA}\\
\dot{I}_{MC}&=\alpha\dot{I}_{MA1}+\alpha^2\dot{I}_{MA2}+\dot{I}_{MA0}=\frac{C_{0M}-1}{3}\dot{I}_{KA}\\
3\dot{I}_{M0}&=\dot{I}_{MA}+\dot{I}_{MB}+\dot{I}_{MC}=C_{0M}\dot{I}_{KA}
\end{aligned}\right\}\tag{3-6}$$

由式（3-6）可知，线路M侧各相电流、零序电流的幅值及相位特点如下：

1）变压器中性点刀闸QSE打开时，即$C_{0M}=1$，M侧保护安装处故障相电流$\dot{I}_{MA}$与零序电流$3\dot{I}_{M0}$幅值相等、相位相同，且都等于$\dot{I}_{KA}$；两非故障相电流$\dot{I}_{MB}$与$\dot{I}_{MC}$均为零。

2）变压器中性点刀闸QSE闭合时，即$0\leqslant C_{0M}<1$，M侧保护安装处故障相电流$\dot{I}_{MA}$与零序电流$3\dot{I}_{M0}$幅值不相等，但相位相同；两非故障相电流$\dot{I}_{MB}$与$\dot{I}_{MC}$不为零，但幅值相等，相位相同，与$\dot{I}_{MA}$反相。

3）当$C_{0M}\neq 1$时，由式（3-6）可得

$$\dot{I}_{KA}=\frac{3}{2+C_{0M}}\dot{I}_{MA}=\frac{3}{C_{0M}-1}\dot{I}_{MB}=\frac{3}{C_{0M}-1}\dot{I}_{MC}=\frac{3}{C_{0M}}\dot{I}_{M0}\tag{3-7}$$

（2）根据复合序网图及对称分量法，可得M母线处各相电压及零序电压为

$$\begin{aligned}
\dot{U}_{MA}&=\dot{U}_{MA1}+\dot{U}_{MA2}+\dot{U}_{MA0}\\
&=\dot{I}_{MA1}Z_{ML1}+\dot{U}_{KA1}+\dot{I}_{MA2}Z_{ML2}+\dot{U}_{KA2}+\dot{I}_{MA0}Z_{ML0}+\dot{U}_{KA0}\\
&=\dot{I}_{KA1}Z_{ML1}+\dot{I}_{KA2}Z_{ML2}+C_{0M}\dot{I}_{KA0}Z_{ML0}+\dot{U}_{KA}\\
&=\frac{1}{3}\dot{I}_{KA}(2Z_{ML1}+C_{0M}Z_{ML0})+\dot{I}_{KA}R_g\\
&=\frac{1}{3}\dot{I}_{KA}(2Z_{ML1}+C_{0M}Z_{ML0}+3R_g)
\end{aligned}\tag{3-8}$$

$$\begin{aligned}
\dot{U}_{MB}&=\alpha^2\dot{U}_{MA1}+\alpha\dot{U}_{MA2}+\dot{U}_{MA0}\\
&=\alpha^2\dot{I}_{MA1}Z_{ML1}+\alpha^2\dot{U}_{KA1}+\alpha\dot{I}_{MA2}Z_{ML2}+\alpha\dot{U}_{KA2}+\dot{I}_{MA0}Z_{ML0}+\dot{U}_{KA0}\\
&=\dot{I}_{MB1}Z_{ML1}+\dot{I}_{MB2}Z_{ML2}+\dot{I}_{MB0}Z_{ML0}+\dot{U}_{KB}\\
&=\dot{I}_{KB1}Z_{ML1}+\dot{I}_{KB2}Z_{ML2}+\dot{I}_{KB0}Z_{ML1}-\dot{I}_{KB0}Z_{ML1}+C_{0M}\dot{I}_{KB0}Z_{ML0}+\dot{U}_{KB}\\
&=\dot{I}_{KA0}(C_{0M}Z_{ML0}-Z_{ML1})+\dot{U}_{KB}\\
&=\dot{I}_{KA0}(C_{0M}Z_{ML0}-Z_{ML1})+\dot{U}_{KB|0|}+\frac{Z_{ML1}+Z_{MS1}-C_{0M}(Z_{ML0}+Z_{MS0})}{2(Z_{ML1}+Z_{MS1})+3R_g+C_{0M}(Z_{ML0}+Z_{MS0})}\dot{U}_{KA|0|}\\
&=\dot{U}_{KB|0|}+\frac{C_{0M}Z_{ML0}-Z_{ML1}+Z_{ML1}+Z_{MS1}-C_{0M}(Z_{ML0}+Z_{MS0})}{2(Z_{ML1}+Z_{MS1})+3R_g+C_{0M}(Z_{ML0}+Z_{MS0})}\dot{U}_{KA|0|}\\
&=\dot{U}_{KB|0|}+\frac{Z_{MS1}-C_{0M}Z_{MS0}}{2(Z_{ML1}+Z_{MS1})+3R_g+C_{0M}(Z_{ML0}+Z_{MS0})}\dot{U}_{KA|0|}
\end{aligned}\tag{3-9}$$

同理可得

$$\begin{aligned}\dot{U}_{MC} &= \alpha\dot{U}_{MA1}+\alpha^2\dot{U}_{MA2}+\dot{U}_{MA0}\\ &= \dot{I}_{KA0}(C_{0M}Z_{ML0}-Z_{ML1})+\dot{U}_{KC}\\ &= \dot{U}_{KC|0|}+\frac{Z_{MS1}-C_{0M}Z_{MS0}}{2(Z_{ML1}+Z_{MS1})+3R_g+C_{0M}(Z_{ML0}+Z_{MS0})}\dot{U}_{KA|0|}\end{aligned} \tag{3-10}$$

$$\begin{aligned}3\dot{U}_{M0} &= 3(-\dot{I}_{MA0}Z_{MS0})=-3C_{0M}\dot{I}_{KA0}Z_{MS0}=-C_{0M}\dot{I}_{KA}Z_{MS0}\\ &= \frac{-3C_{0M}Z_{MS0}}{2(Z_{ML1}+Z_{MS1})+3R_g+C_{0M}(Z_{ML0}+Z_{MS0})}\dot{U}_{KA|0|}\end{aligned} \tag{3-11}$$

将式（3-2）代入式（3-8）得

$$\dot{U}_{MA}=\frac{2Z_{ML1}+C_{0M}Z_{ML0}+3R_g}{2(Z_{ML1}+Z_{MS1})+3R_g+C_{0M}(Z_{ML0}+Z_{MS0})}\dot{U}_{KA|0|} \tag{3-12}$$

由式（3-12）可知，M 母线处故障相电压幅值、相位特点如下：

1）线路 M 侧出口处发生 A 相金属性接地短路故障时，$Z_{ML1}=0$、$Z_{ML0}=0$、$R_g=0$，则 M 母线侧故障相电压$\dot{U}_{MA}$幅值为零。

2）线路非 M 侧出口处发生 A 相金属性接地短路故障时，$Z_{ML1}\neq 0$、$Z_{ML0}\neq 0$、$R_g=0$，则$\dot{U}_{MA}$幅值不为零，因为C_{0M}为实数，且系统各处各序等值阻抗认为相等，所以$\dot{U}_{MA}$与$\dot{U}_{KA|0|}$同相，忽略负荷电流$\dot{U}_{MA|0|}\approx\dot{U}_{KA|0|}$，则$\dot{U}_{MA}$与$\dot{U}_{MA|0|}$同相。

3）线路非 M 侧出口处发生 A 相经过渡电阻的接地短路故障时，$Z_{ML1}\neq 0$、$Z_{ML0}\neq 0$、$R_g\neq 0$，则$\dot{U}_{MA}$幅值不为零，$\dot{U}_{MA}$与$\dot{U}_{KA|0|}$（$\dot{U}_{MA|0|}$）不同相，$\dot{U}_{MA}$滞后$\dot{U}_{MA|0|}$。

4）线路 M 侧出口处发生 A 相经过渡电阻的接地短路故障时，$Z_{ML1}=0$、$Z_{ML0}=0$、$R_g\neq 0$，则$\dot{U}_{MA}$幅值不为零，$\dot{U}_{MA}$与$\dot{U}_{KA|0|}$（$\dot{U}_{MA|0|}$）不同相，$\dot{U}_{MA}$滞后$\dot{U}_{MA|0|}$。但当R_g为有限值，而 M 母线为无穷大系统母线（$Z_{MS1}\approx 0$、$Z_{MS0}\approx 0$）时，此时$\dot{U}_{MA}$与$\dot{U}_{MA|0|}$也趋向于同相。

将式（3-7）代入式（3-8）可得

$$\dot{U}_{MA}=\dot{I}_{MA}\frac{2Z_{ML1}+C_{0M}Z_{ML0}+3R_g}{2+C_{0M}} \tag{3-13}$$

由式（3-13）可知，线路 M 侧保护安装处故障相电流$\dot{I}_{MA}$滞后故障相电压$\dot{U}_{MA}$的角度$\varphi=\arg\dfrac{2Z_{ML1}+C_{0M}Z_{ML0}+3R_g}{2+C_{0M}}$变化特点如下：

1）线路 M 侧出口处发生 A 相经过渡电阻的接地短路故障时，$Z_{ML1}=0$、$Z_{ML0}=0$、$R_g\neq 0$，则$\varphi=\arg\dfrac{3R_g}{2+C_{0M}}=0°$，$\dot{I}_{MA}$与$\dot{U}_{MA}$同相。

2）线路非 M 侧出口处发生 A 相金属性接地短路故障时，$Z_{ML1}\neq 0$、$Z_{ML0}\neq 0$、$R_g=0$，则$\varphi=\arg\dfrac{2Z_{ML1}+C_{0M}Z_{ML0}}{2+C_{0M}}\approx 80°$，$\dot{I}_{MA}$滞后$\dot{U}_{MA}$约 80°。

3）线路非 M 侧出口处发生 A 相经过渡电阻接地短路故障时，$Z_{ML1}\neq 0$、$Z_{ML0}\neq 0$、

$R_g \neq 0$，则此时 $\varphi = \arg\dfrac{2Z_{ML1} + C_{0M}Z_{ML0} + 3R_g}{2 + C_{0M}}$，$\varphi$ 可能的变化范围为 $0° < \varphi < 80°$。

判断故障相电压与故障相电流之间的角度关系，可以得知故障的性质，这在录波图阅读中经常运用。

由式（3-8）、式（3-11）可得 M 母线处故障相电压 $\dot{U}_{MA}$ 与零序 $3\dot{U}_{M0}$ 的相位关系为

$$\arg\frac{\dot{U}_{MA}}{3\dot{U}_{M0}} = \arg\frac{2Z_{ML1} + C_{0M}Z_{ML0} + 3R_g}{-C_{0M}Z_{MS0}} \tag{3-14}$$

由式（3-14）可知：

1）线路非 M 侧出口处发生 A 相金属性接地短路故障时，$R_g = 0$，则 $\arg\dfrac{\dot{U}_{MA}}{3\dot{U}_{M0}} = \arg\dfrac{2Z_{ML1} + C_{0M}Z_{ML0}}{-C_{0M}Z_{MS0}} = 180°$，即 $\dot{U}_{MA}$ 与 $3\dot{U}_{M0}$ 反相（出口处故障时，因 $\dot{U}_{MA}$ 为零，所以无法比较）。

2）线路发生 A 相经过渡电阻接地短路故障时，$R_g \neq 0$，则 $\arg\dfrac{\dot{U}_{MA}}{3\dot{U}_{M0}} = \arg\dfrac{2Z_{ML1} + C_{0M}Z_{ML0} + 3R_g}{-C_{0M}Z_{MS0}} < 180°$，$\dot{U}_{MA}$ 与 $3\dot{U}_{M0}$ 不是反相关系。

判别线路单相接地故障期间 $\dot{U}_{MA}$ 与 $3\dot{U}_{M0}$ 是否反相，是鉴别故障点是否存在过渡电阻比较直观的方法，在录波图阅读时经常使用。

由式（3-9）、式（3-10）可知，M 母线处两非故障相电压变化特点如下：

1）当 $Z_{MS1} = C_{0M}Z_{MS0}$，线路发生 A 相接地短路故障时（不论是否存在过渡电阻），两非故障相电压 $\dot{U}_{MB}$、$\dot{U}_{MC}$ 与故障前电压 $\dot{U}_{MB|0|}$、$\dot{U}_{MC|0|}$ 保持不变（忽略负荷电流可认为 $\dot{U}_{MB|0|} \approx \dot{U}_{KB|0|}$、$\dot{U}_{MC|0|} \approx \dot{U}_{KC|0|}$）。

2）当 $Z_{MS1} > C_{0M}Z_{MS0}$，线路发生 A 相金属性接地短路故障时，两非故障相电压 $\dot{U}_{MB}$、$\dot{U}_{MC}$ 幅值等幅对称减小，相位差增大（大于 120°），但两非故障相电压差与故障前保持不变。

3）当 $Z_{MS1} < C_{0M}Z_{MS0}$，线路发生 A 相金属性接地短路故障时，两非故障相电压 $\dot{U}_{MB}$、$\dot{U}_{MC}$ 幅值等幅对称增大，相位差减小（小于 120°），但两非故障相电压差与故障前保持不变。

4）当 $Z_{MS1} > C_{0M}Z_{MS0}$，线路发生 A 相经过渡电阻接地短路故障时，两非故障相电压 $\dot{U}_{MB}$、$\dot{U}_{MC}$ 幅值不再等幅对称减小，滞后相电压 $\dot{U}_{MB}$ 的幅值随 R_g 数值的变化始终减小，超前相电压 $\dot{U}_{MC}$ 的幅值随 R_g 数值的变化有可能增大也有可能减小，两非故障相相位差增大（大于 120°），但两非故障相电压差仍与故障前保持不变。

5）当 $Z_{MS1} < C_{0M}Z_{MS0}$，线路发生 A 相经过渡电阻接地短路故障时，两非故障相电压 $\dot{U}_{MB}$、$\dot{U}_{MC}$ 幅值也不再等幅对称增大，滞后相电压 $\dot{U}_{MB}$ 的幅值随 R_g 数值的变化始终增大，超前相电压 $\dot{U}_{MC}$ 的幅值随 R_g 数值的变化有可能增大也有可能减小，两非故障相相位差减小（小于 120°），但两非故障相电压差仍与故障前保持不变。

线路发生单相接地故障时，观察两非故障相电压幅值是否等幅对称变化，也是利用录波图来判断故障点是否存在过渡电阻的一种方法。

2. 线路N侧电流、电压分析

（1）根据复合序网图可得线路N侧三相电流及零序电流为

$$\left.\begin{aligned}
\dot{I}_{NA} &= \dot{I}_{NA1}+\dot{I}_{NA2}+\dot{I}_{NA0}=C_{0N}\dot{I}_{KA0}=\frac{C_{0N}}{3}\dot{I}_{KA}=\frac{1-C_{0M}}{3}\dot{I}_{KA}\\
\dot{I}_{NB} &= \alpha^2\dot{I}_{NA1}+\alpha\dot{I}_{NA2}+\dot{I}_{NA0}=C_{0N}\dot{I}_{KA0}=\frac{C_{0N}}{3}\dot{I}_{KA}=\frac{1-C_{0M}}{3}\dot{I}_{KA}\\
\dot{I}_{NC} &= \alpha\dot{I}_{NA1}+\alpha^2\dot{I}_{NA2}+\dot{I}_{NA0}=C_{0N}\dot{I}_{KA0}=\frac{C_{0N}}{3}\dot{I}_{KA}=\frac{1-C_{0M}}{3}\dot{I}_{KA}\\
3\dot{I}_{N0} &= 3C_{0N}\dot{I}_{KA0}=C_{0N}\dot{I}_{KA}=(1-C_{0M})\dot{I}_{KA}
\end{aligned}\right\} \tag{3-15}$$

由式（3-15）可知，线路N侧各相电流、零序电流的幅值及相位特点如下：

1）变压器中性点接地刀闸QSE打开时，即$C_{0N}=0$，则N侧保护安装处各相电流及零序电流均为零。

2）变压器中性点接地刀闸QSE闭合时，即$C_{0N}\neq 0$，则N侧保护安装处各相电流及零序电流不为零，且三相电流幅值相等、相位相同，零序电流幅值是各相电流幅值的3倍，相位相同。

由式（3-6）、式（3-15）可知：

1）当变压器中性点接地刀闸QSE闭合时，$\dot{I}_{MB}=-\dot{I}_{NB}$、$\dot{I}_{MC}=-\dot{I}_{NC}$，线路非故障相为穿越性质电流。

2）$3\dot{I}_{M0}+3\dot{I}_{N0}=\dot{I}_{KA}$，因此两侧零序电流之和等于故障点故障相入地电流。

（2）根据复合序网图及对称分量法，可得N母线处各相电压及零序电压为

$$\begin{aligned}
\dot{U}_{NA} &= \dot{U}_{NA1}+\dot{U}_{NA2}+\dot{U}_{NA0}\\
&= \dot{I}_{NA1}Z_{NL1}+\dot{U}_{KA1}+\dot{I}_{NA2}Z_{NL2}+\dot{U}_{KA2}+\dot{I}_{NA0}Z_{NL0}+\dot{U}_{KA0}\\
&= \dot{I}_{NA1}Z_{NL1}+\dot{I}_{NL2}Z_{NL2}+\dot{I}_{NA0}Z_{NL0}+\dot{U}_{KA}\\
&= \frac{1}{3}\dot{I}_{KA}(C_{0N}Z_{NL0}+3R_g)\\
&= \frac{C_{0N}Z_{NL0}+3R_g}{2(Z_{ML1}+Z_{MS1})+3R_g+C_{0M}(Z_{ML0}+Z_{MS0})}\dot{U}_{KA|0|}
\end{aligned} \tag{3-16}$$

$$\begin{aligned}
\dot{U}_{NB} &= \alpha^2\dot{U}_{NA1}+\alpha\dot{U}_{NA1}+\dot{U}_{NA0}\\
&= \alpha^2\dot{I}_{NA1}Z_{NL1}+\alpha^2\dot{U}_{KA1}+\alpha\dot{I}_{NA2}Z_{NL2}+\alpha\dot{U}_{KA2}+\dot{I}_{NA0}Z_{NL0}+\dot{U}_{KA0}\\
&= \alpha^2\dot{I}_{NA1}Z_{NL1}+\alpha\dot{I}_{NA2}Z_{NL2}+\dot{I}_{NA0}Z_{NL0}+\dot{U}_{KB}
\end{aligned} \tag{3-17}$$

同理可得

$$\dot{U}_{NC}=\alpha\dot{I}_{NA1}Z_{NL1}+\alpha^2\dot{I}_{NA2}Z_{NL2}+\dot{I}_{NA0}Z_{NL0}+\dot{U}_{KC} \tag{3-18}$$

$$\begin{aligned}
3\dot{U}_{N0} &= -3C_{0N}\dot{I}_{KA0}Z_{T0}\\
&= \frac{-3C_{0N}Z_{T0}}{2(Z_{ML1}+Z_{MS1})+C_{0M}(Z_{ML0}+Z_{MS0})}\dot{U}_{KA|0|}\quad (C_{0N}\neq 0\text{时})
\end{aligned} \tag{3-19}$$

由式（3-16）可知 N 母线处故障相电压幅值及相位特点如下：

1）变压器中性点刀闸 QSE 打开，线路发生 A 相金属性接地短路故障时，$C_{0N}=0$、$R_g=0$，无论故障点在线路何处，N 侧故障相电压$\dot{U}_{NA}$幅值始终为零。

2）变压器中性点刀闸 QSE 打开，线路发生 A 相经过渡电阻接地短路故障时，$C_{0N}=0$、$R_g\neq 0$，无论故障点在线路何处，N 侧故障相电压$\dot{U}_{NA}$幅值均不为零，$\dot{U}_{NA}$与$\dot{U}_{KA|0|}$不同相，$\dot{U}_{NA}$滞后$\dot{U}_{KA|0|}$（$\dot{U}_{NA|0|}$）。

3）变压器中性点刀闸 QSE 闭合，线路发生 N 侧出口处 A 相金属性接地短路故障时，$C_{0N}\neq 0$、$Z_{NL0}=0$、$R_g=0$，则$\dot{U}_{NA}$幅值为零。

4）变压器中性点刀闸 QSE 闭合，线路发生非 N 侧出口处 A 相金属性接地短路故障时，$C_{0N}\neq 0$、$Z_{NL0}\neq 0$、$R_g=0$，则$\dot{U}_{NA}$幅值不为零，相位与$\dot{U}_{KA|0|}$（$\dot{U}_{NA|0|}$）同相。

5）变压器中性点刀闸 QSE 闭合，线路发生非 N 侧出口处 A 相经过渡电阻接地短路故障时，$C_{0N}\neq 0$、$Z_{NL0}\neq 0$、$R_g\neq 0$，则$\dot{U}_{NA}$幅值不为零，相位与$\dot{U}_{KA|0|}$（$\dot{U}_{NA|0|}$）不同相，且$\dot{U}_{NA}$滞后$\dot{U}_{KA|0|}$（$\dot{U}_{NA|0|}$）。

在变压器 QSE 闭合时，即$C_{0M}\neq 1$、$C_{0N}\neq 0$时，由式（3-16）可得

$$\dot{U}_{NA}=\frac{1}{3}\dot{I}_{KA}(C_{0N}Z_{NL0}+3R_g)=\dot{I}_{NA}\frac{C_{0N}Z_{NL0}+3R_g}{C_{0N}} \tag{3-20}$$

由式（3-20）可知，变压器中性点直接接地运行时，N 侧保护安装处故障相电流$\dot{I}_{NA}$滞后故障相电压$\dot{U}_{NA}$的角度$\varphi=\arg\frac{C_{0N}Z_{NL0}+3R_g}{C_{0N}}$的变化特点如下：

1）当线路 N 侧出口处发生 A 相经过渡电阻接地短路故障时，$Z_{NL0}=0$、$R_g\neq 0$，则$\varphi=\arg\frac{3R_g}{C_{0N}}=0°$，$\dot{I}_{NA}$与$\dot{U}_{NA}$同相。

2）当线路非 N 侧出口处发生 A 相金属性接地短路故障时，$Z_{NL0}\neq 0$、$R_g=0$，则$\varphi=\arg Z_{NL0}\approx 80°$，$\dot{I}_{NA}$滞后$\dot{U}_{NA}$约 80°。

3）当线路非 N 侧出口处发生 A 相经过渡电阻接地短路故障时，$Z_{NL0}\neq 0$、$R_g\neq 0$，则$\varphi=\arg\frac{C_{0N}Z_{NL0}+3R_g}{C_{0N}}$，$\varphi$可能的变化范围为$0°<\varphi<80°$。

由以上特点可见变压器中性点刀闸 QSE 闭合时，线路 M、N 两侧故障相电流与故障相电压之间的相位关系变化相同。

变压器中性点刀闸 QSE 打开时，$\dot{I}_{NA1}=0$、$\dot{I}_{NA2}=0$、$\dot{I}_{NA0}=0$，$C_{0M}=1$、$C_{0N}=0$，由式（3-17）、式（3-18）可得 N 母线处两非故障相电压为

$$\begin{aligned}\dot{U}_{NB}&=\alpha^2\dot{I}_{NA1}Z_{NL1}+\alpha\dot{I}_{NA2}Z_{NL2}+\dot{I}_{NA0}Z_{NL0}+\dot{U}_{KB}\\&=\dot{U}_{KB}\\&=\dot{U}_{KB|0|}+\frac{Z_{ML1}+Z_{MS1}-(Z_{ML0}+Z_{MS0})}{2(Z_{ML1}+Z_{MS1})+3R_g+Z_{ML0}+Z_{MS0}}\dot{U}_{KA|0|}\end{aligned} \tag{3-21}$$

$$
\begin{aligned}
\dot{U}_{NC} &= \alpha \dot{I}_{NA1} Z_{NL1} + \alpha^2 \dot{I}_{NA2} Z_{NL2} + \dot{I}_{NA0} Z_{NL0} + \dot{U}_{KC} \\
&= \dot{U}_{KC} \\
&= \dot{U}_{KC|0|} + \frac{Z_{ML1} + Z_{MS1} - (Z_{ML0} + Z_{MS0})}{2(Z_{ML1} + Z_{MS1}) + 3R_g + Z_{ML0} + Z_{MS0}} \dot{U}_{KA|0|}
\end{aligned}
\tag{3-22}
$$

由式（3-21）、式（3-22）可知：当变压器中性点刀闸 QSE 打开，间隙接地运行时，则 N 母线处各相电压等于故障点各相电压，此时两非故障相电压变化特点如下：

1）当 $Z_{ML1}+Z_{MS1}=Z_{ML0}+Z_{MS0}$，线路发生 A 相接地短路故障时（不论是否存在过渡电阻），两非故障相电压 $\dot{U}_{NB}$、$\dot{U}_{NC}$ 与故障前电压 $\dot{U}_{NB|0|}$、$\dot{U}_{NC|0|}$ 保持不变。

2）当 $Z_{ML1}+Z_{MS1}>Z_{ML0}+Z_{MS0}$，线路发生 A 相金属性接地短路故障时，两非故障相电压 $\dot{U}_{NB}$、$\dot{U}_{NC}$ 幅值等幅对称减小，相位差增大（大于 120°），但两非故障相电压差与故障前保持不变。

3）当 $Z_{ML1}+Z_{MS1}<Z_{ML0}+Z_{MS0}$，线路发生 A 相金属性接地短路故障时，两非故障相电压 $\dot{U}_{NB}$、$\dot{U}_{NC}$ 幅值等幅对称增大，相位差减小（小于 120°），但两非故障相电压差与故障前保持不变。

4）当 $Z_{ML1}+Z_{MS1}>Z_{ML0}+Z_{MS0}$，线路发生 A 相经过渡电阻接地短路故障时，两非故障相电压 $\dot{U}_{NB}$、$\dot{U}_{NC}$ 幅值不再等幅对称减小，滞后相电压 $\dot{U}_{NB}$ 的幅值随 R_g 数值的不等始终减小，超前相电压 $\dot{U}_{NC}$ 的幅值随 R_g 数值的不等有可能增大也有可能减小，两非故障相电压相位差增大（大于 120°），但两非故障相电压差仍与故障前保持不变。

5）当 $Z_{ML1}+Z_{MS1}<Z_{ML0}+Z_{MS0}$，线路发生 A 相经过渡电阻接地短路故障时，两非故障相电压 $\dot{U}_{NB}$、$\dot{U}_{NC}$ 幅值也不再等幅对称增大，滞后相电压 $\dot{U}_{NB}$ 的幅值随 R_g 数值的不等始终增大，超前相 $\dot{U}_{NC}$ 的幅值随 R_g 数值的不等有可能增大也有可能减小，两非故障相相位差增大（大于 120°），但两非故障相电压差仍与故障前保持不变。

变压器中性点刀闸 QSE 闭合时，$\dot{I}_{NA1}=0$、$\dot{I}_{NA2}=0$、$\dot{I}_{NA0}\neq 0$，$C_{0M}\neq 1$、$C_{0N}\neq 0$，由式（3-17）、式（3-18）可得两非故障相电压为

$$
\begin{aligned}
\dot{U}_{NB} &= \alpha^2 \dot{I}_{NA1} Z_{NL1} + \alpha \dot{I}_{NA2} Z_{NL2} + \dot{I}_{NA0} Z_{NL0} + \dot{U}_{KB} \\
&= C_{0N} \dot{I}_{KA0} Z_{NL0} + \dot{U}_{KB|0|} + \frac{Z_{ML1} + Z_{MS1} - C_{0M}(Z_{ML0} + Z_{MS0})}{2(Z_{ML1} + Z_{MS1}) + 3R_g + C_{0M}(Z_{ML0} + Z_{MS0})} \dot{U}_{KA|0|} \\
&= C_{0N} \dot{I}_{KA0} Z_{NL0} + \dot{U}_{KB|0|} + \frac{Z_{ML1} + Z_{MS1} - C_{0N}(Z_{NL0} + Z_{T0})}{2(Z_{ML1} + Z_{MS1}) + 3R_g + C_{0M}(Z_{ML0} + Z_{MS0})} \dot{U}_{KA|0|} \\
&= \dot{U}_{KB|0|} + \frac{Z_{ML1} + Z_{MS1} - C_{0N} Z_{T0}}{2(Z_{ML1} + Z_{MS1}) + 3R_g + C_{0M}(Z_{ML0} + Z_{MS0})} \dot{U}_{KA|0|}
\end{aligned}
\tag{3-23}
$$

$$
\begin{aligned}
\dot{U}_{NC} &= \alpha \dot{I}_{NA1} Z_{NL1} + \alpha^2 \dot{I}_{NA2} Z_{NL2} + \dot{I}_{NA0} Z_{NL0} + \dot{U}_{KC} \\
&= C_{0N} \dot{I}_{KA0} Z_{NL0} + \dot{U}_{KC|0|} + \frac{Z_{ML1} + Z_{MS1} - C_{0M}(Z_{ML0} + Z_{MS0})}{2(Z_{ML1} + Z_{MS1}) + 3R_g + C_{0M}(Z_{ML0} + Z_{MS0})} \dot{U}_{KA|0|} \\
&= \dot{U}_{KC|0|} + \frac{Z_{ML1} + Z_{MS1} - C_{0N} Z_{T0}}{2(Z_{ML1} + Z_{MS1}) + 3R_g + C_{0M}(Z_{ML0} + Z_{MS0})} \dot{U}_{KA|0|}
\end{aligned}
\tag{3-24}
$$

由式（3-23）、式（3-24）可知：当变压器中性点刀闸 QSE 闭合，直接接地运行时，此时两非故障相电压变化特点的分析同前面中性点刀闸 QSE 打开时的分析方法相同，这里不再赘述。

变压器中性点刀闸 QSE 闭合时，由式（3-16）、式（3-19）可得 $\dot{U}_{NA}$ 与 $3\dot{U}_{N0}$ 的相位关系为

$$\arg\frac{\dot{U}_{NA}}{3\dot{U}_{N0}}=\arg\frac{C_{0N}Z_{NL0}+3R_g}{-3C_{0N}Z_{T0}} \tag{3-25}$$

由式（3-25）可知：

1）当线路发生 A 相金属性接地短路故障时，$R_g=0$，则 $\arg\frac{\dot{U}_{NA}}{3\dot{U}_{N0}}=\arg\frac{C_{0N}Z_{NL0}}{-3C_{0N}Z_{T0}}=180°$，即 $\dot{U}_{NA}$ 与 $3\dot{U}_{N0}$ 反相。

2）当线路发生 A 相经过渡电阻接地短路故障时，$R_g\neq 0$，则 $\arg\frac{\dot{U}_{NA}}{3\dot{U}_{N0}}=\arg\frac{C_{0N}Z_{NL0}+3R_g}{-3C_{0N}Z_{T0}}$ <180°，$\dot{U}_{NA}$ 与 $3\dot{U}_{N0}$ 不是反相关系。

以上 $\dot{U}_{NA}$ 与 $3\dot{U}_{N0}$ 相位关系特点与 M 侧 $\dot{U}_{MA}$ 与 $3\dot{U}_{M0}$ 相位关系特点情况一致。

三、录波图及相量分析

（一）变压器中性点通过间隙接地运行（QSE 打开）

1. 金属性接地短路故障

（1）线路非出口处 A 相金属性接地短路故障（系统等值阻抗 $Z_{MS1}=Z_{MS0}$、故障点等值阻抗 $Z_{MS1}+Z_{ML1}<Z_{MS0}+Z_{ML0}$、故障点过渡电阻 $R_g=0$）。线路 M、N 两侧保护安装处电压、电流录波如图 3-3 所示，线路两侧断路器均三相跳闸。（标尺刻度为一次值）

1）M 侧录波图阅读。0～40ms，M 侧母线三相电压对称（有效值约为 132.5kV），无零序电流，无零序电压，三相电流为零。在约 40ms 时 A 相电压开始下降（残压有效值约为 90.95kV），同时出现零序电压（有效值约为 41.63kV），且 A 相出现故障电流（最大峰值约为 16.5kA，有效值约为 6.94kA），并出现零序电流（最大峰值约为 16.5kA，有效值约为 6.94kA），B、C 两相电压幅值、相位较故障前基本保持不变（有效值约为 132.5kV），同时 B、C 相电流无明显变化，基本为零。

2）N 侧录波图阅读。0～40ms，N 侧母线三相电压对称（有效值约为 132.5kV），无零序电流，无零序电压，三相电流为零。在约 40ms 时 A 相电压开始下降（残压有效值为 0），同时出现零序电压（有效值约为 189.6kV），三相电流均为零，无零序电流。B、C 两相电压幅值在故障期间略有升高（有效值均约为 148.9kV），B、C 相电压之间相位差减小（相位差约为 100°）。

3）录波图分析。电源端 M 侧录波图显示 A 相电压下降，A 相出现故障电流，同时出现零序电流、零序电压。零序电流幅值、相位与 A 相电流相同。B、C 相电压、电流无明显变化。负载端 N 侧录波图显示 A 相电压下降，出现零序电压，结合系统接线

图及理论分析，可基本判断为线路发生 A 相接地故障。故障从 40ms 时开始，共持续了约 63ms。

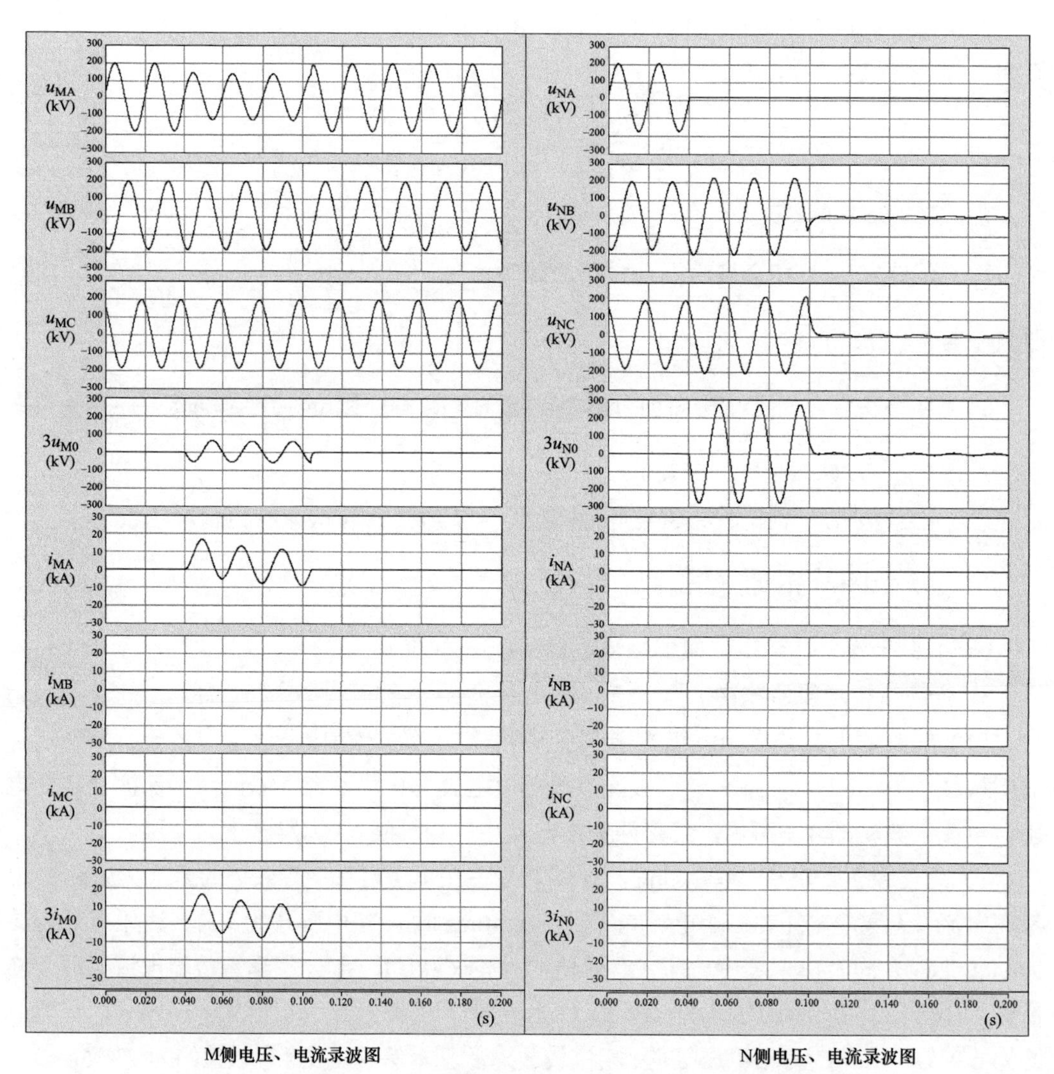

图 3-3　线路 M、N 两侧保护安装处电压、电流录波图（一次值）

由 M 侧 A 相故障电流幅值、相位与零序电流相同，且非故障相未出现故障分量电流，同时 N 侧各相电流为零这几个特点可知，此时图 3-1 系统中变压器中性点刀闸 QSE 是打开的，即变压器是通过间隙接地运行的。

通过 M 侧录波图相位关系阅读，可以得到故障相电流 $\dot{I}_{MA}$ 滞后故障相电压 $\dot{U}_{MA}$ 约 80°，$3\dot{U}_{M0}$ 与 $\dot{U}_{MA}$ 基本反相，通过以上两个特点可以知道线路发生的是金属性接地短路故障。同时故障期间 $\dot{U}_{MA}$ 残压不为零，可以知道是线路非 M 侧出口处发生故障。从 N 侧变压器中性点不接地，而 $\dot{U}_{NA}$ 残压为零，也可以说明故障点发生的是 A 相金属性接地短路故障。

故障期间 M 侧非故障的 B、C 相电压幅值、相位基本保持不变，可知 M 母线处系统等值正序阻抗与零序阻抗接近（$Z_{MS1}=Z_{MS0}$）。

由于线路零序阻抗一般大于正序阻抗，若 M 母线处正序等值阻抗与零序等值阻抗接近，则故障点（非出口处）零序等值阻抗大于正序等值阻抗（$Z_{MS1}+Z_{ML1}<Z_{MS0}+Z_{ML0}$），根据理论分析，此时故障点非故障相电压幅值将上升，非故障相电压之间的相位差减小（小于 120°）。通过 N 侧录波图电压的幅值、相位阅读，并比较 M 侧电压的幅值、相位，可以得出上述结果。

由于 N 侧变压器中性点不直接接地，各相电流均为零，所以 N 母线处各相电压、零序电压等于故障点各相电压、零序电压。因故障点非故障相电压幅值上升，非故障相电压之间的相位差减小，所以 N 母线处零序电压上升超过了相电压。

从录波图 3-3 中还可以得到，零序电压 $3\dot{U}_{M0}$ 滞后零序电流 $3\dot{I}_{M0}$ 约 100°。

4）绘制此时线路 M、N 两侧电压、电流相量图，如图 3-4 所示。

$(Z_{MS1}=Z_{MS0}、Z_{MS1}+Z_{ML1}<Z_{MS0}+Z_{ML0})$

$$\overline{ab}=\overline{cd}=\frac{Z_{MS1}+Z_{ML1}-Z_{MS0}-Z_{ML0}}{2(Z_{MS1}+Z_{ML1})+Z_{MS0}+Z_{ML0}}\dot{U}_{KA|0|}$$

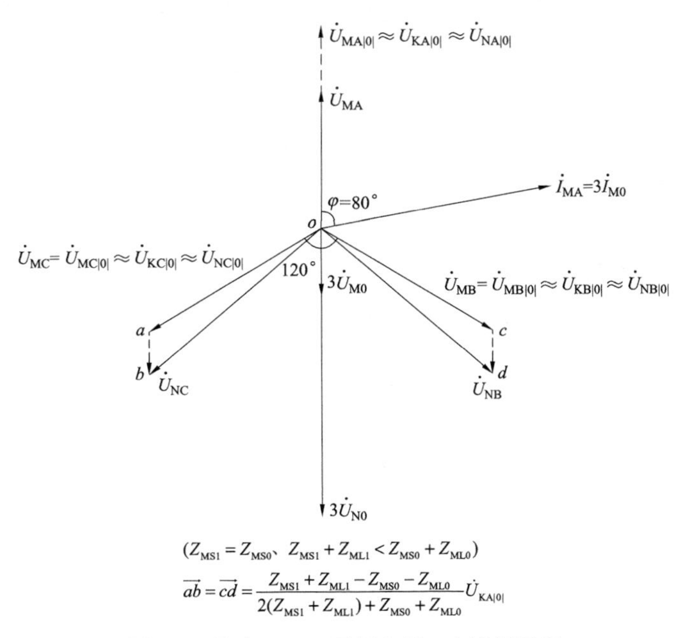

图 3-4　线路 M、N 两侧电压、电流相量图

(2)线路非出口处 A 相金属性接地短路故障（$Z_{MS1}>Z_{MS0}$、$Z_{MS1}+Z_{ML1}>Z_{MS0}+Z_{ML0}$、$R_g=0$）。线路 M、N 两侧保护安装处电压、电流录波如图 3-5 所示，线路两侧断路器均三相跳闸。（标尺刻度为一次值）

图 3-5 录波图的分析方法与图 3-3 相同，录波图主要不同之处是，故障期间 M、N 母线处两非故障相电压幅值均较故障前等幅下降，且相位差增大（大于 120°）。可绘制此时线路 M、N 两侧电压、电流相量图，如图 3-6 所示。

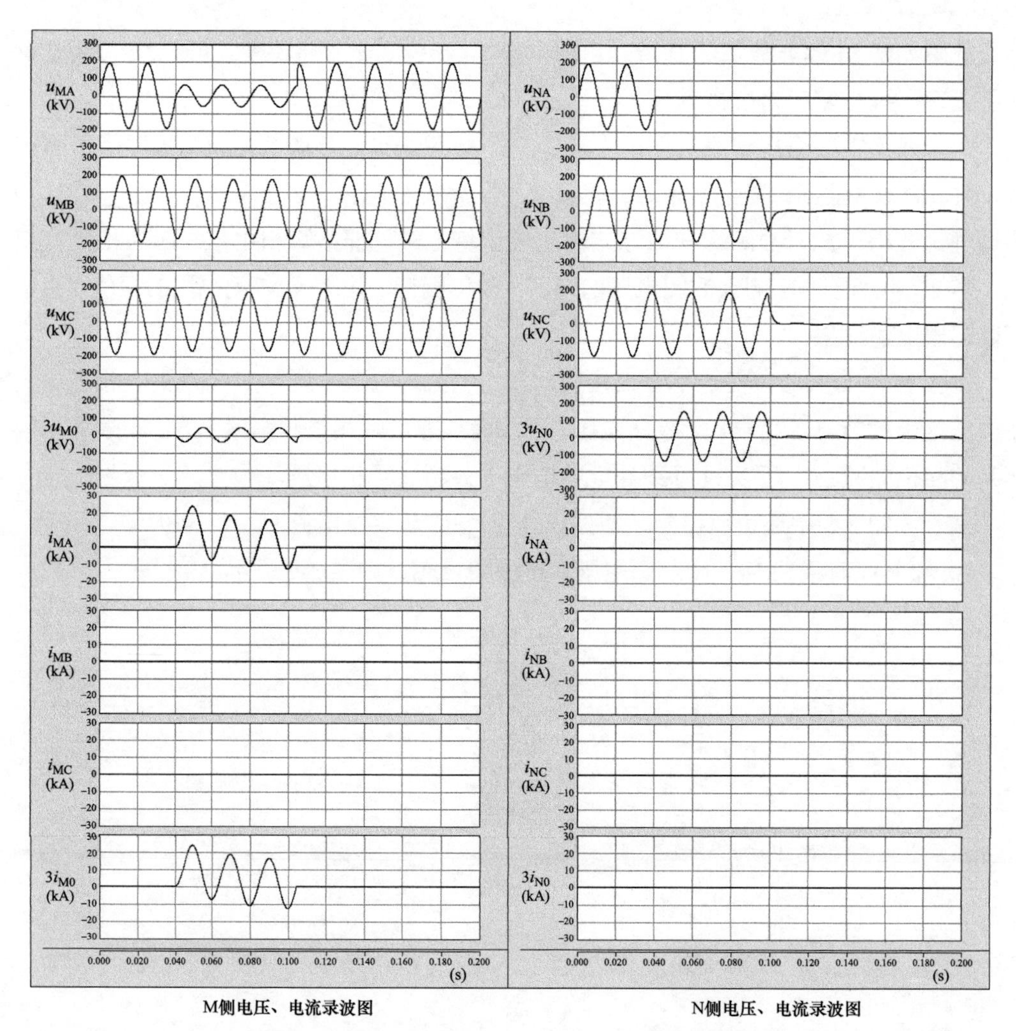

图 3-5　线路 M、N 两侧母线保护安装处电压、电流录波图（一次值）

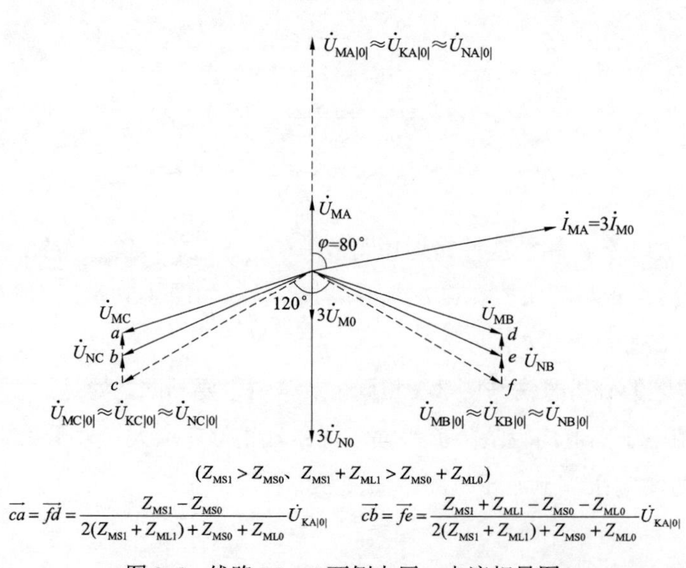

图 3-6　线路 M、N 两侧电压、电流相量图

（3）线路非出口处 A 相金属性接地短路故障（$Z_{MS1} < Z_{MS0}$、$Z_{MS1}+Z_{ML1} < Z_{MS0}+Z_{ML0}$、$R_g = 0$）。线路 M、N 两侧保护安装处电压、电流录波如图 3-7 所示，线路两侧断路器均三相跳闸。（标尺刻度为一次值）

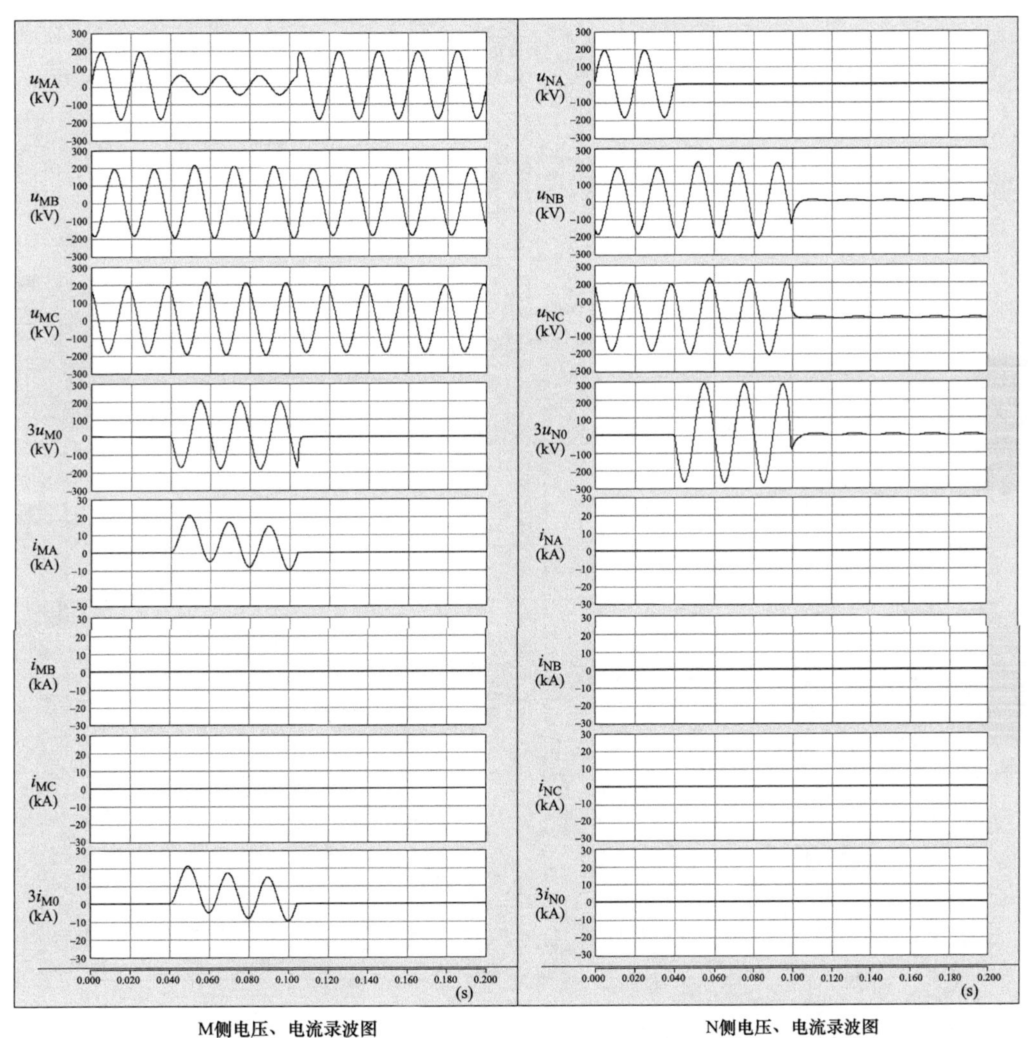

M侧电压、电流录波图　　N侧电压、电流录波图

图 3-7　线路 M、N 两侧保护安装处电压、电流录波图（一次值）

图 3-7 录波图的分析方法与图 3-3 相同，录波图主要不同之处是：故障期间 M、N 母线处两非故障相电压幅值均较故障前等幅上升，且相位差减小（小于 120°）。

绘制此时线路 M、N 两侧电压、电流相量图，如图 3-8 所示。

（4）线路 M 侧出口处 A 相金属性接地短路故障（$Z_{MS1} < Z_{MS0}$、$Z_{ML1} = 0$、$Z_{ML0} = 0$、$R_g = 0$）。线路 M、N 两侧保护安装处电压、电流录波如图 3-9 所示，线路两侧断路器均三相跳闸。（标尺刻度为一次值）

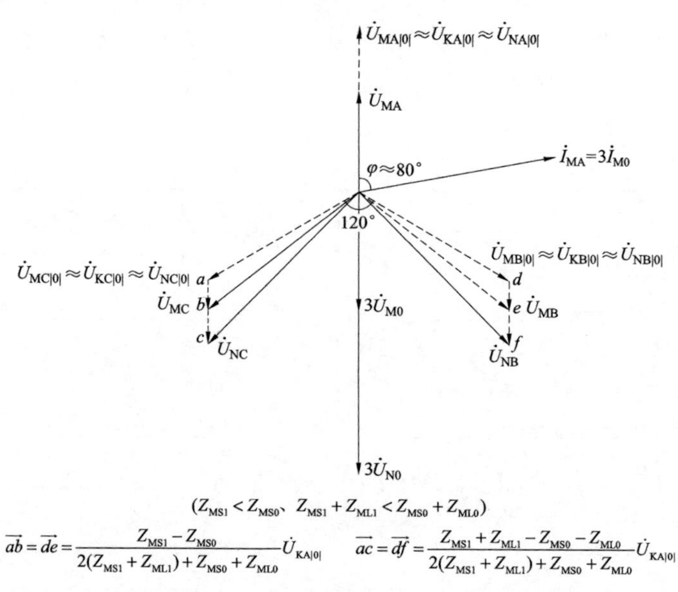

$$(Z_{MS1}<Z_{MS0}、Z_{MS1}+Z_{ML1}<Z_{MS0}+Z_{ML0})$$

$$\overrightarrow{ab}=\overrightarrow{de}=\frac{Z_{MS1}-Z_{MS0}}{2(Z_{MS1}+Z_{ML1})+Z_{MS0}+Z_{ML0}}\dot{U}_{KA|0|}\qquad \overrightarrow{ac}=\overrightarrow{df}=\frac{Z_{MS1}+Z_{ML1}-Z_{MS0}-Z_{ML0}}{2(Z_{MS1}+Z_{ML1})+Z_{MS0}+Z_{ML0}}\dot{U}_{KA|0|}$$

图 3-8　线路 M、N 两侧电压、电流相量图

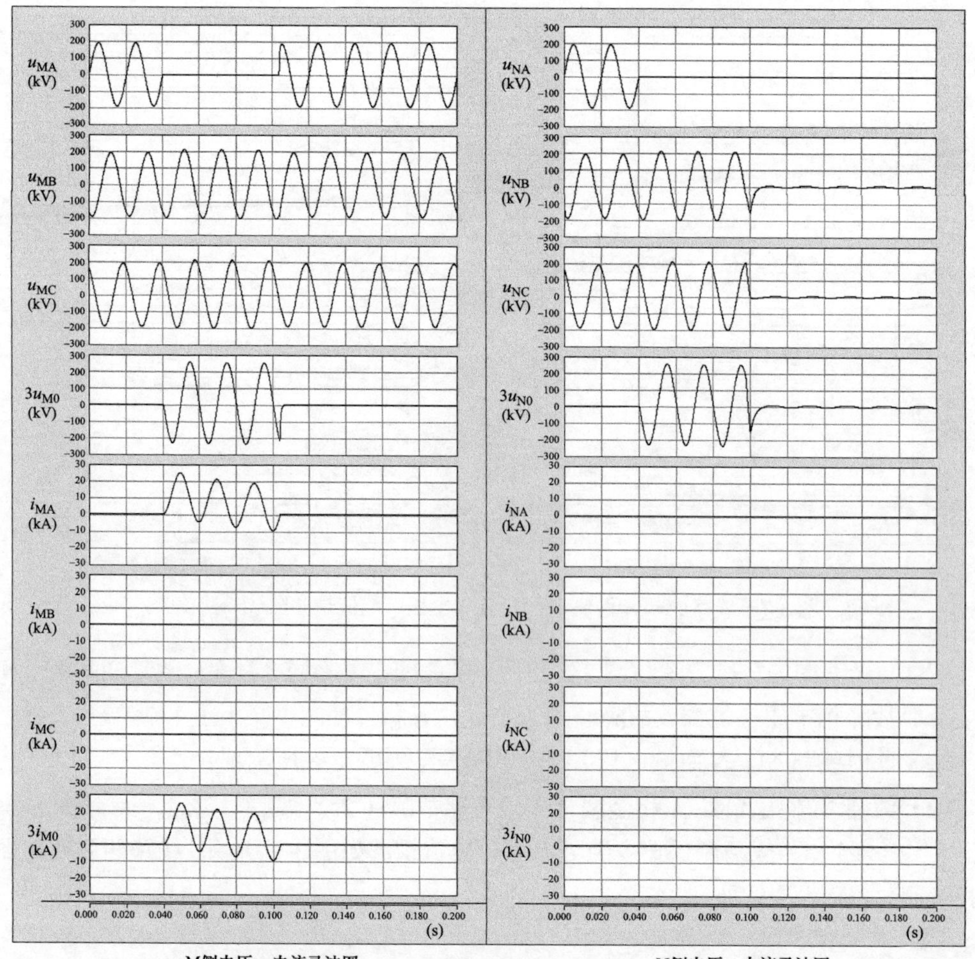

图 3-9　线路 M、N 两侧保护安装处电压、电流录波图（一次值）

对比图 3-3、图 3-5 和图 3-7，图 3-9 录波图的主要特点如下：

1）故障期间 $\dot{U}_{MA}$ 残压为零，因此可以知道是线路 M 侧出口处发生金属性接地短路故障。

2）故障期间 M 母线处非故障的 B、C 相电压幅值在故障期间略有升高、相位差减小，可知 M 母线处系统等值阻抗 $Z_{MS1}<Z_{MS0}$。

3）阅读 N 侧录波图，可以发现其各相电压幅值、相位的变化与 M 侧各相电压基本相等，也可以知道故障点在线路 M 侧的出口处。

绘制线路 M、N 两侧电压、电流相量图，如图 3-10 所示。

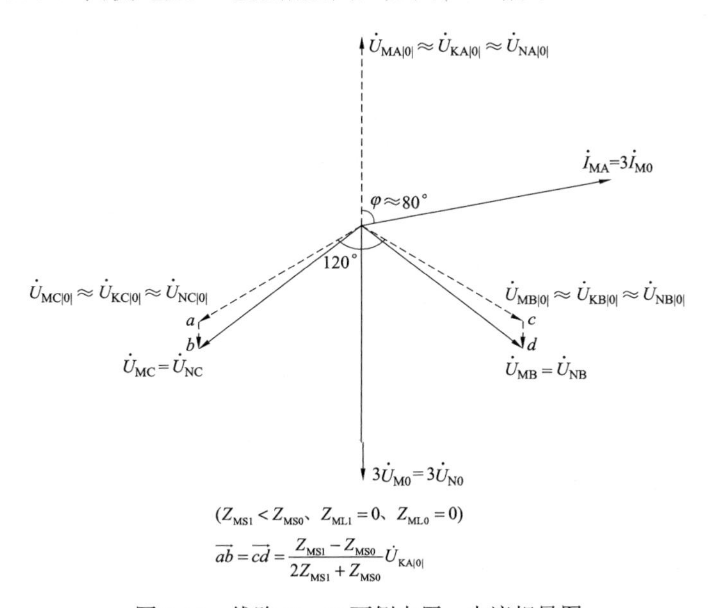

图 3-10　线路 M、N 两侧电压、电流相量图

2. 经过渡电阻接地短路故障

（1）线路非出口处 A 相经过渡电阻接地短路故障（$Z_{MS1}=Z_{MS0}$、$Z_{MS1}+Z_{ML1}<Z_{MS0}+Z_{ML0}$、$R_g\neq0$）。线路 M、N 两侧保护安装处电压、电流录波如图 3-11 所示，线路两侧断路器均三相跳闸。（标尺刻度为一次值）

1）M 侧录波图阅读。0～40ms，M 侧母线三相电压对称（有效值约为 132.5kV），无零序电流，无零序电压，三相电流为零。在约 40ms 时 A 相电压开始下降（残压有效值约为 100.2kV），同时出现零序电压（有效值约为 35.94kV），同时 A 相出现故障电流（最大峰值约为 10.1kA，有效值约为 5.98kA），并出现零序电流（最大峰值约为 10.1kA，有效值约为 5.98kA），B、C 两相电压幅值、相位较故障前基本保持不变（有效值约为 132.5kV），同时 B、C 相电流无明显变化，基本为零。

2）N 侧录波图阅读。0～40ms，N 侧母线三相电压对称（有效值约为 132.5kV），无零序电流，无零序电压，三相电流为零。在约 40ms 时 A 相电压开始下降（残压有效值约为 47.9kV），同时出现零序电压（有效值约为 165.7kV），三相电流均为零，无零序电流。B、C 两相电压幅值在故障期间都有升高（B 相有效值约为 152.74kV、C 相有效值约为

138.76kV），B、C 相电压之间相位差减小（相位差约为 104°）。

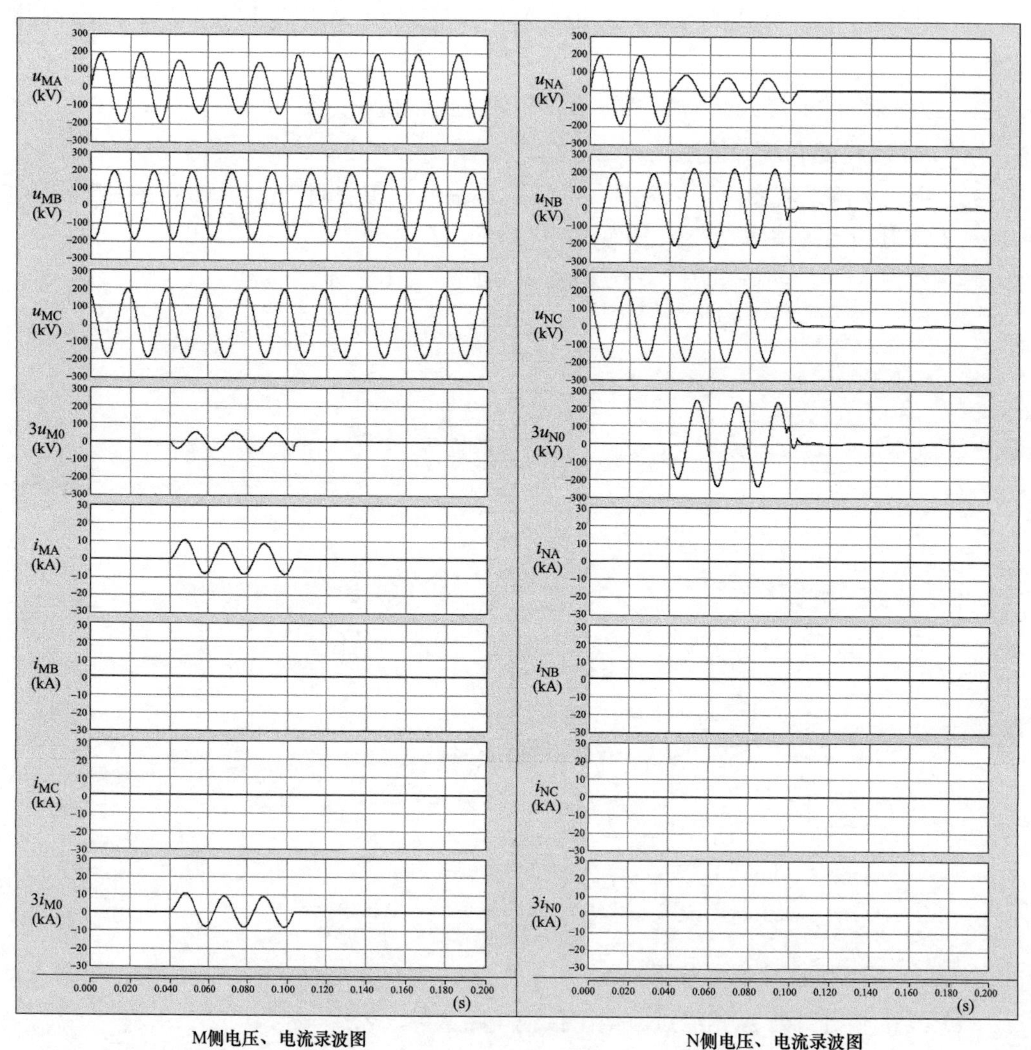

M侧电压、电流录波图　　N侧电压、电流录波图

图 3-11　线路 M、N 两侧保护安装处电压、电流录波图（一次值）

3）录波图分析。通过 M、N 两侧录波图阅读，可以得到：① $\dot{I}_{MA}$ 电流滞后 $\dot{U}_{MA}$ 电压约 50°；② $3\dot{U}_{M0}$ 与 $\dot{U}_{MA}$ 不是反相关系；③ 故障期间 $\dot{U}_{NA}$ 残压不为零。上述三点都可以说明故障点有过渡电阻。因此根据系统接线方式，结合理论分析及两侧录波图的特点，可以知道是线路非出口处 A 相发生经过渡电阻的接地短路故障。故障从 40ms 时开始，共持续了约 63ms。

故障期间 M 侧非故障的 B、C 相电压幅值、相位基本不变，可知 M 母线处系统等值正序阻抗与零序阻抗接近。

由于线路零序阻抗一般大于正序阻抗，若母线处正序阻抗与零序阻抗接近，则故障点等值零序阻抗大于正序阻抗，非故障相电压之间的相位角减小（小于 120°）。B 相幅值上升幅度超过 C 相上升幅度。

图 3-11 中$\dot{U}_{MA}$超前$3\dot{U}_{M0}$约 150°。电源侧故障相电压与零序电压是否反相这个特点是从录波图鉴别故障点是否存在过渡电阻的一个比较直观的方法。

由于变压器中性点刀闸 QSE 打开，所以 N 侧故障相电压反映的是故障点故障相电压。因此故障期间$\dot{U}_{NA}$幅值是否为零也是鉴别故障点是否有过渡电阻的比较直观的方法（即有残压幅值说明故障点有过渡电阻存在，反之则无过渡电阻存在）。

从图 3-11 中还可以得到，零序电压$3\dot{U}_{M0}$滞后零序电流$3\dot{I}_{M0}$约 100°，对比前面金属性短路故障时零序电压与零序电流的角度关系，可以知道零序功率方向的特点，即不受故障点过渡电阻的影响。

绘制线路 M、N 两侧电压、电流相量图，如图 3-12 所示。

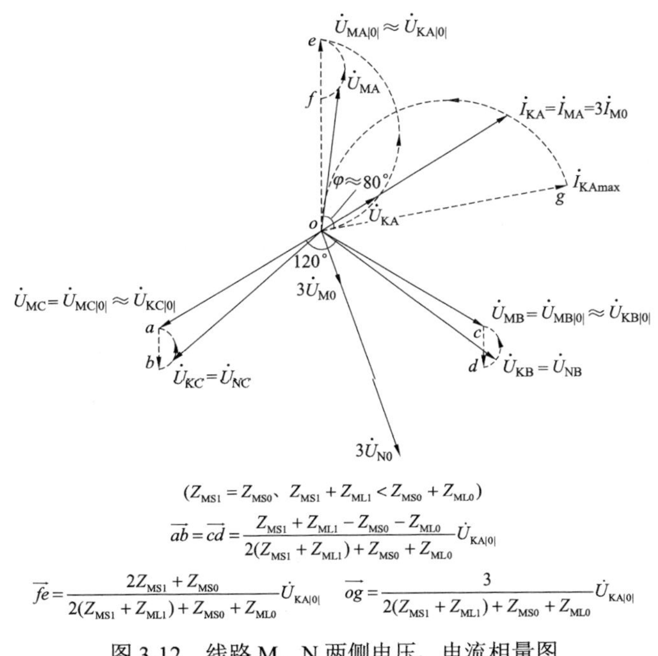

图 3-12　线路 M、N 两侧电压、电流相量图

图 3-12 中各弧线为相关矢量随过渡电阻由 0→∞变化时的轨迹，若忽略系统中各阻抗的电阻分量，则各弧线为半圆；若考虑电阻分量，则其弧线弧度为2φ，其中φ为系统等值阻抗角，依据理论分析的假设条件，认为系统各等值阻抗角为 80°，则各弧线弧度为 160°。（以下相量图中弧线相同）

（2）线路非出口处 A 相经过渡电阻接地短路故障（$Z_{MS1}>Z_{MS0}$、$Z_{MS1}+Z_{ML1}<Z_{MS0}+Z_{ML0}$、$R_g \neq 0$）。线路 M、N 两侧保护安装处电压、电流录波如图 3-13 所示，线路两侧断路器均三相跳闸。（标尺刻度为一次值）

图 3-13 录波的分析方法与图 3-11 相同，波形的主要不同之处是：故障期间 M 母线处两非故障相电压下降，但 B 相电压下降明显，C 相电压变化不明显。N 母线处两非故障相电压上升，但 B 相电压上升明显，C 相电压变化不明显。

绘制此时线路 M、N 两侧电压、电流相量图，如图 3-14 所示。

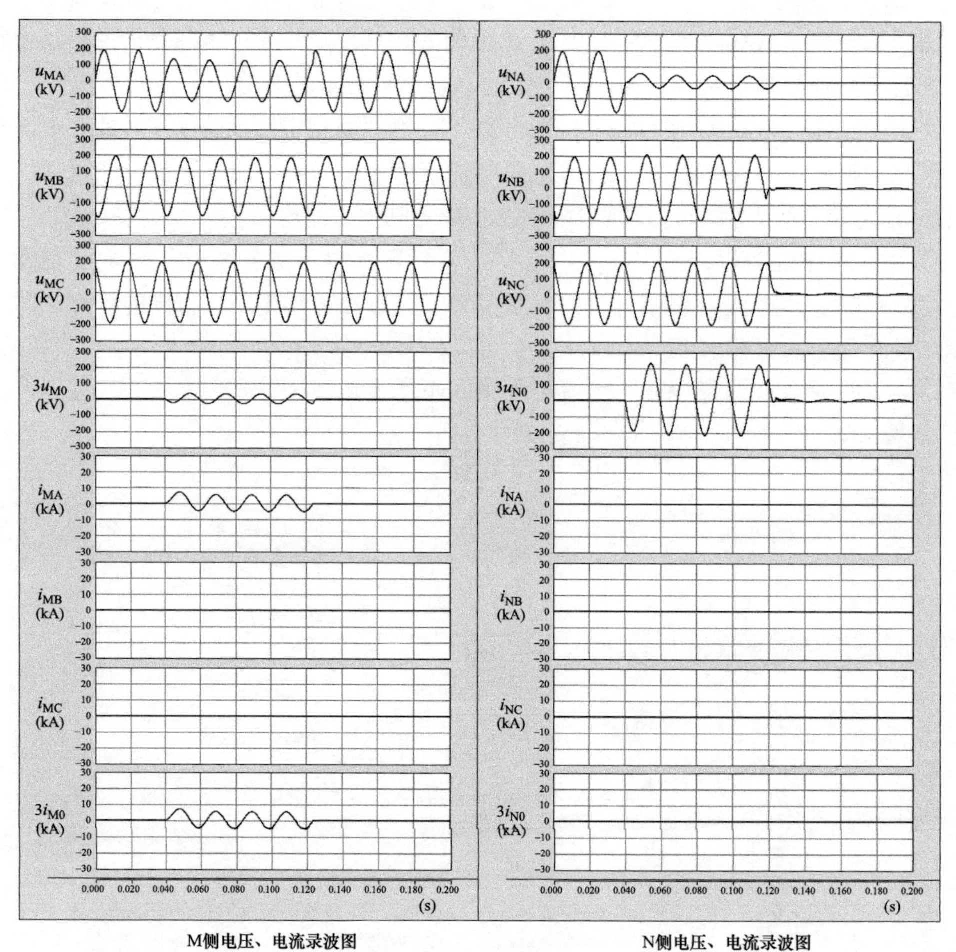

图 3-13　线路 M、N 两侧母线保护安装处电压、电流录波图（一次值）

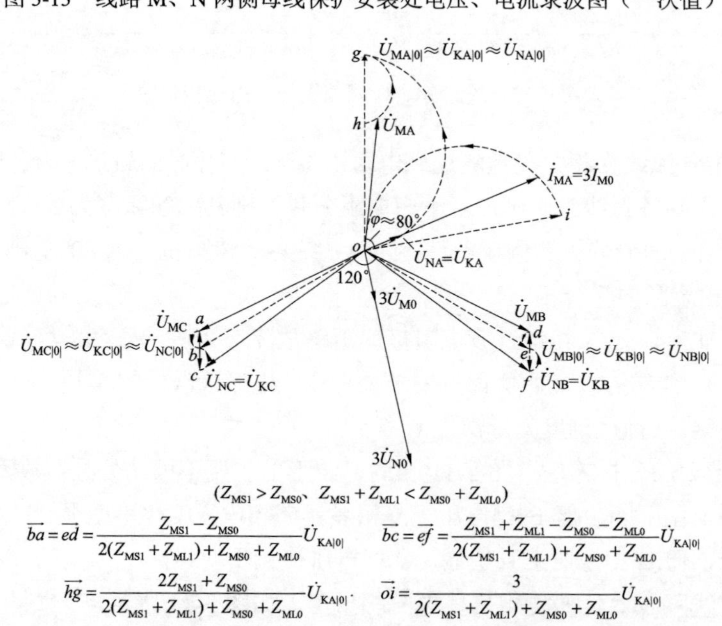

图 3-14　线路 M、N 两侧电压、电流相量图

（3）线路非出口处 A 相经过渡电阻接地短路故障（$Z_{MS1}<Z_{MS0}$、$Z_{MS1}+Z_{ML1}<Z_{MS0}+Z_{ML0}$、$R_g\neq 0$）。线路 M、N 两侧保护安装处电压、电流录波如图 3-15 所示，线路两侧断路器均三相跳闸。（标尺刻度为一次值）

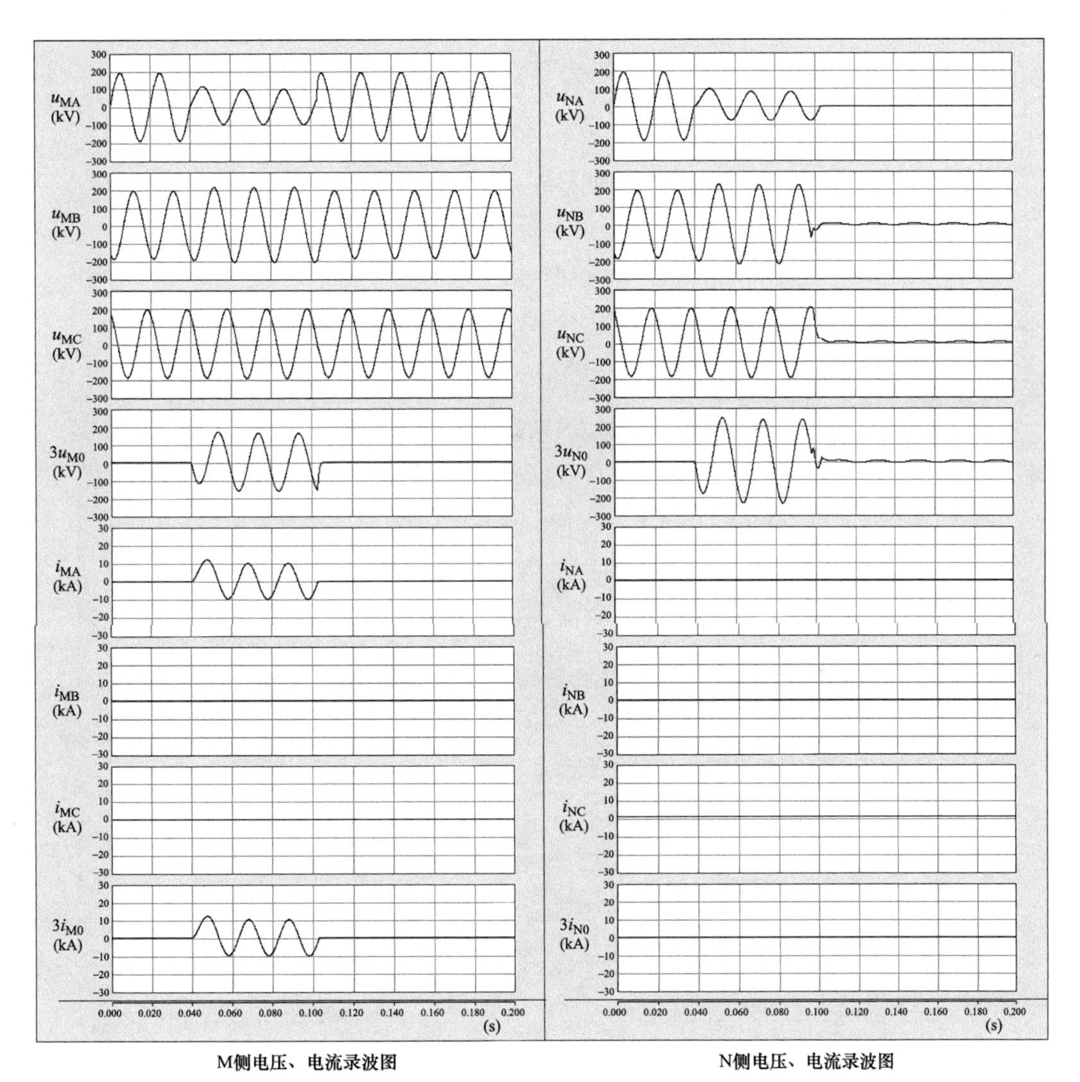

图 3-15　线路 M、N 两侧保护安装处电压、电流录波图（一次值）

图 3-15 录波的分析方法与图 3-11 相同，可以绘制此时线路 M、N 两侧电压、电流相量图，如图 3-16 所示。

（4）线路 M 侧出口处 A 相经过渡电阻短路故障（$Z_{MS1}<Z_{MS0}$、$Z_{ML1}=0$、$Z_{ML0}=0$、$R_g\neq 0$）。线路 M、N 两侧保护安装处电压、电流录波如图 3-17 所示，线路两侧断路器均三相跳闸。（标尺刻度为一次值）

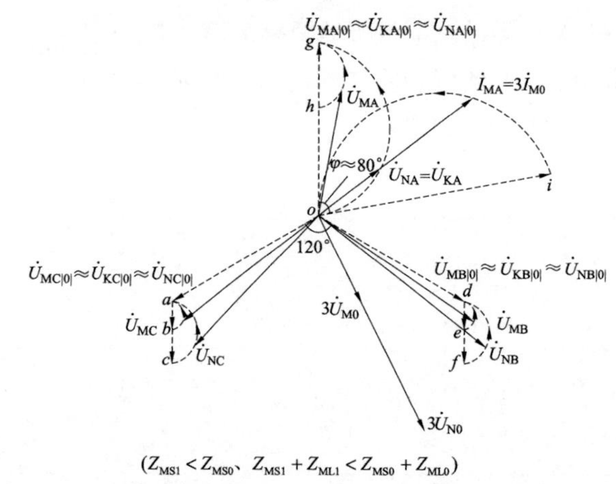

$$(Z_{MS1} < Z_{MS0}、Z_{MS1} + Z_{ML1} < Z_{MS0} + Z_{ML0})$$

$$\overrightarrow{ab} = \overrightarrow{de} = \frac{Z_{MS1} - Z_{MS0}}{2(Z_{MS1} + Z_{ML1}) + Z_{MS0} + Z_{ML0}} \dot{U}_{KA|0|} \quad \overrightarrow{ac} = \overrightarrow{df} = \frac{Z_{MS1} + Z_{ML1} - Z_{MS0} - Z_{ML0}}{2(Z_{MS1} + Z_{ML1}) + Z_{MS0} + Z_{ML0}} \dot{U}_{KA|0|}$$

$$\overrightarrow{hg} = \frac{2Z_{MS1} + Z_{MS0}}{2(Z_{MS1} + Z_{ML1}) + Z_{MS0} + Z_{ML0}} \dot{U}_{KA|0|} \quad \overrightarrow{oi} = \frac{3}{2(Z_{MS1} + Z_{ML1}) + Z_{MS0} + Z_{ML0}} \dot{U}_{KA|0|}$$

图 3-16　线路 M、N 两侧电压、电流相量图

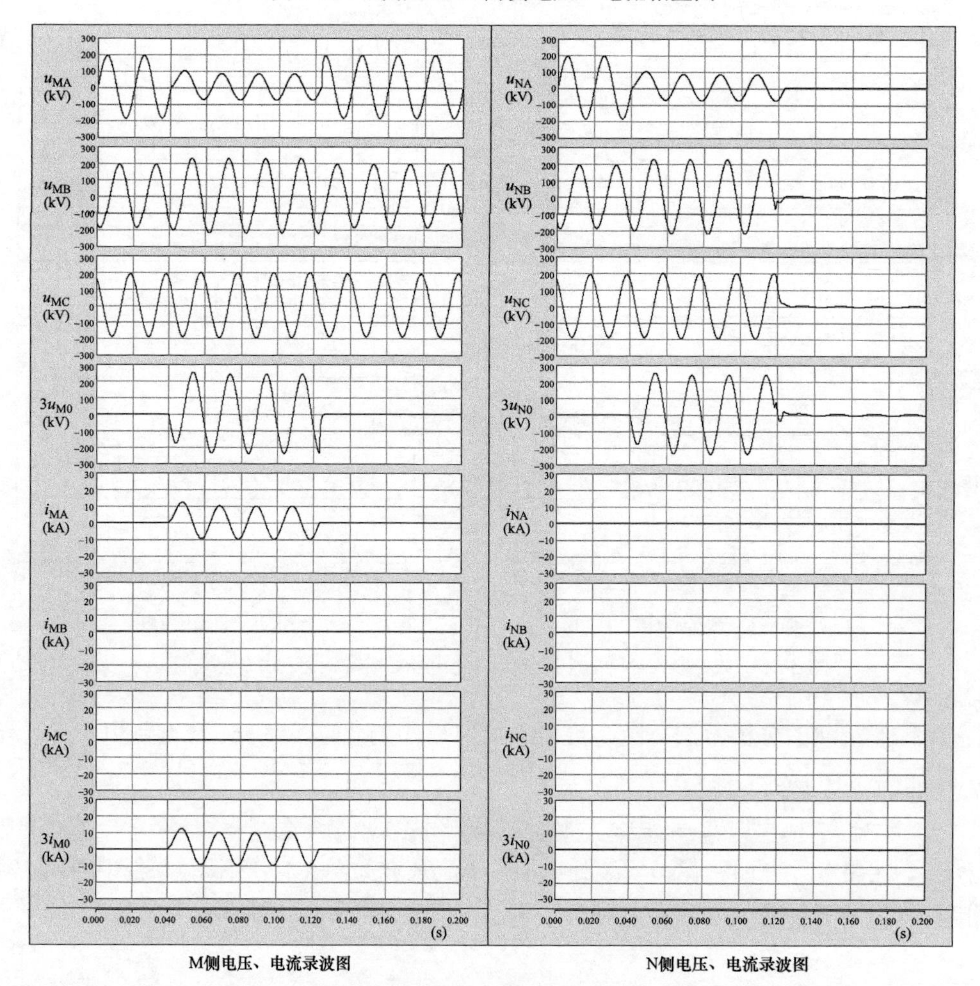

图 3-17　线路 M、N 两侧母线保护安装处电压、电流录波图（一次值）

1）M 侧录波图阅读。0～40ms，M 侧母线三相电压对称（有效值约为 132.5kV），无零序电流，无零序电压，三相电流为零。在约 40ms 时 A 相电压开始下降（残压有效值约为 55.56kV），同时出现零序电压（有效值约为 166.7kV），同时 A 相出现故障电流（最大峰值约为 10.3kA，有效值约为 4.91kA），并出现零序电流（最大峰值约为 10.3kA，有效值约为 4.91kA），B、C 两相电压幅值在故障期间都有升高（B 相有效值约为 156kV、C 相有效值约为 138.1kV），B、C 相电压之间相位差减小（相位差约为 102°）。同时 B、C 相电流无明显变化，基本为零。

2）N 侧录波图阅读。0～40ms，N 侧母线三相电压对称（有效值约为 132.5kV），无零序电流，无零序电压，三相电流为零。在约 40ms 时 A 相电压开始下降（残压有效值约为 55.56kV），同时出现零序电压（有效值约为 166.7kV），三相电流均为零，无零序电流。B、C 两相电压幅值在故障期间都有升高（B 相有效值约为 156kV、C 相有效值约为 138.1kV），B、C 相电压之间相位差减小（相位差约为 102°）。

3）录波图分析。通过 M、N 两侧录波图阅读，可以得到：① $\dot{I}_{MA}$ 与 $\dot{U}_{MA}$ 基本同相；② $3\dot{U}_{M0}$ 与 $\dot{U}_{MA}$ 不是反相关系；③ 故障期间 $\dot{U}_{NA}$ 残压不为零，且 M、N 两侧各相电压波形幅值、相位基本相同。根据上述三个特点，结合系统接线方式及理论分析，可以知道是线路 M 侧出口处 A 相发生经过渡电阻的接地短路故障。故障从 40ms 时开始，共持续了约 83ms。

4）绘制此时线路 M、N 两侧电压、电流相量图，如图 3-18 所示。

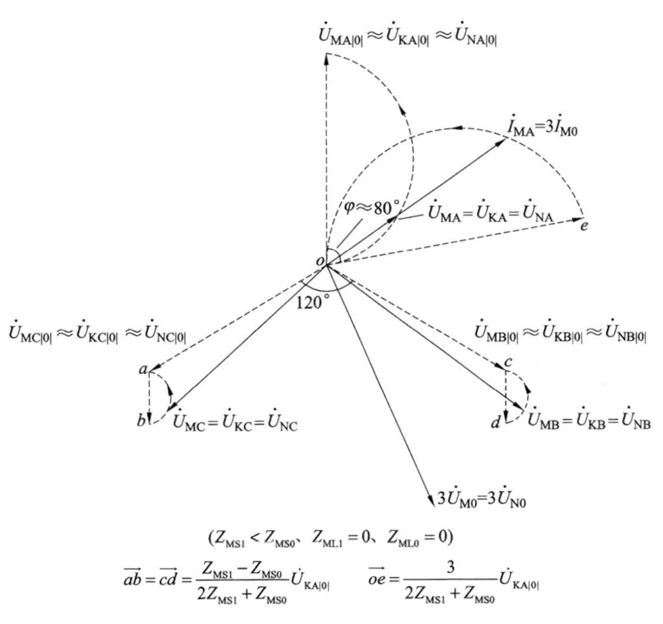

图 3-18 线路 M、N 两侧电压、电流相量图

（二）变压器中性点直接接地运行（QSE 闭合）

1. 金属性接地短路故障

（1）线路非出口处 A 相金属性接地短路故障（$Z_{MS1}=C_{0M}Z_{MS0}$、$Z_{MS1}+Z_{ML1}>C_{0N}Z_{T0}$、

$R_g = 0$）。线路 M、N 两侧保护安装处电压、电流录波如图 3-19 所示，线路两侧断路器均三相跳闸。（标尺刻度为一次值）

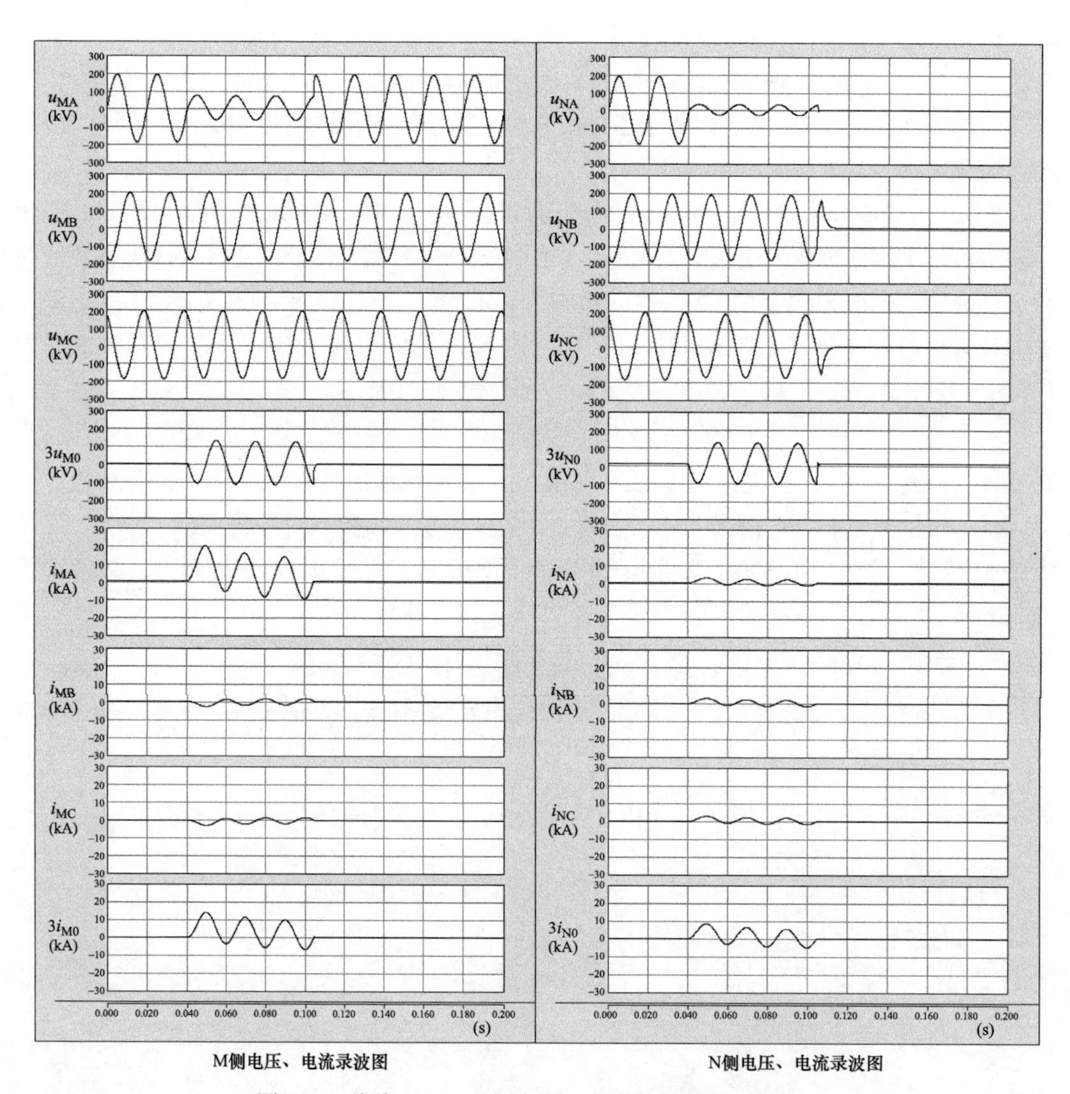

图 3-19　线路 M、N 两侧电压、电流录波图（一次值）

1）M 侧录波图阅读。0～40ms，M 侧母线三相电压对称（有效值约为 132.5kV），无零序电流，无零序电压，三相电流为零。在约 40ms 时 A 相电压开始下降（残压有效值约为 47.9kV），同时出现零序电压（有效值约为 84.7kV），A 相出现故障电流（最大峰值约为 20kA，有效值约为 8.1kA），并出现零序电流（最大峰值约为 13.5kA，有效值约为 5.7kA），B、C 两相电压幅值、相位较故障前基本保持不变（有效值约为 132.5kV），同时 B、C 两相出现电流（有效值均约为 1.2kA）。

2）N 侧录波图阅读。0～40ms，N 侧母线三相电压对称（有效值约为 132.5kV），在约 40ms 时 A 相电压开始下降（残压有效值约为 21.5kV），同时出现零序电压（有效值约为 80.2kV)，三相均出现电流(有效值均约为 1.2kA)，出现零序电流(有效值约为 3.6kA)。B、C 两非故障相电压幅值在故障期间略有下降（有效值约为 125.6kV），B、C 相电压之间相位差增大（相位差约为 132°）。

3）录波图分析。电源端 M 侧录波图显示 A 相电压下降，B、C 相电压无明显变化，出现零序电压。A 相出现故障电流，同时出现零序电流，零序电流相位与 A 相电流相同，但幅值与 A 相电流不等。B、C 两相出现大小相等、方向相同的故障分量电流，相位与 A 相电流相反。

负载端 N 侧录波图显示 A 相电压下降，出现零序电压，零序电压相位与 A 相电压反相。三相出现大小相等、方向相同的故障分量电流(该特征可以表明负载端变压器中性点是接地运行的)，幅值与 M 侧 B、C 相电流相等，相位相反。出现零序电流，幅值是各相电流幅值的 3 倍，相位与各相电流同相。结合系统接线及理论分析，可基本判断为线路发生 A 相接地故障。故障从 40ms 时开始，共持续了约 65ms。

通过 M 侧录波图相位关系阅读，可以得到 $\dot{I}_{MA}$ 电流滞后 $\dot{U}_{MA}$ 电压约 80°，$3\dot{U}_{M0}$ 与 $\dot{U}_{MA}$ 反相，根据理论分析，通过以上两点可以知道线路发生金属性接地短路故障。同时故障期间 $\dot{U}_{MA}$ 残压不为零，可以知道是线路非出口处发生故障。

绘制线路 M、N 两侧电压、电流相量图，如图 3-20 所示。

$$(Z_{MS1}=C_{0M}Z_{MS0}、Z_{MS1}+Z_{ML1}>C_{0N}Z_{T0})$$

$$\overline{ba}=\overline{dc}=\frac{Z_{ML1}+Z_{MS1}-C_{0N}Z_{T0}}{2(Z_{MS1}+Z_{ML1})+C_{0M}(Z_{MS0}+Z_{ML0})}\dot{U}_{KA|0|}$$

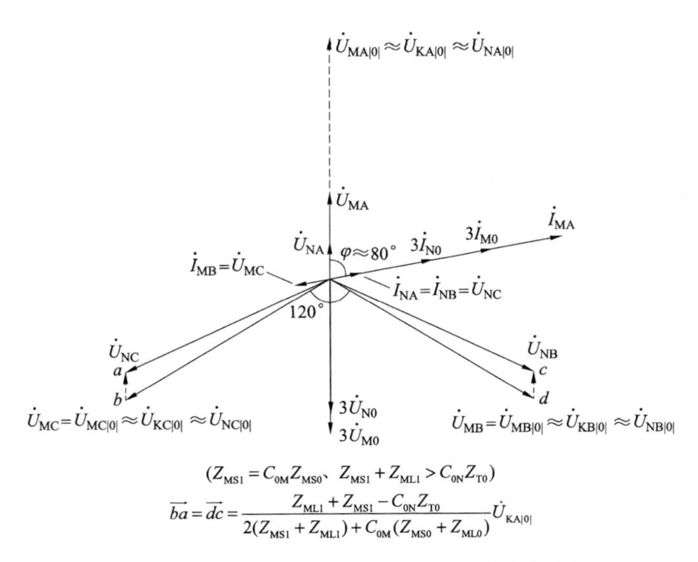

图 3-20　线路 M、N 两侧电压、电流相量图

(2) 线路非出口处 A 相金属性接地短路故障（$Z_{MS1}<C_{0M}Z_{MS0}$、$Z_{MS1}+Z_{ML1}<C_{0N}Z_{T0}$、$R_g=0$）。线路 M、N 两侧保护安装处电压、电流录波如图 3-21 所示，线路两侧断路器均三相跳闸。(标尺刻度为一次值)

图 3-21 录波的分析方法与图 3-19 相同。

绘制此时线路 M、N 两侧电压、电流相量图，如图 3-22 所示。

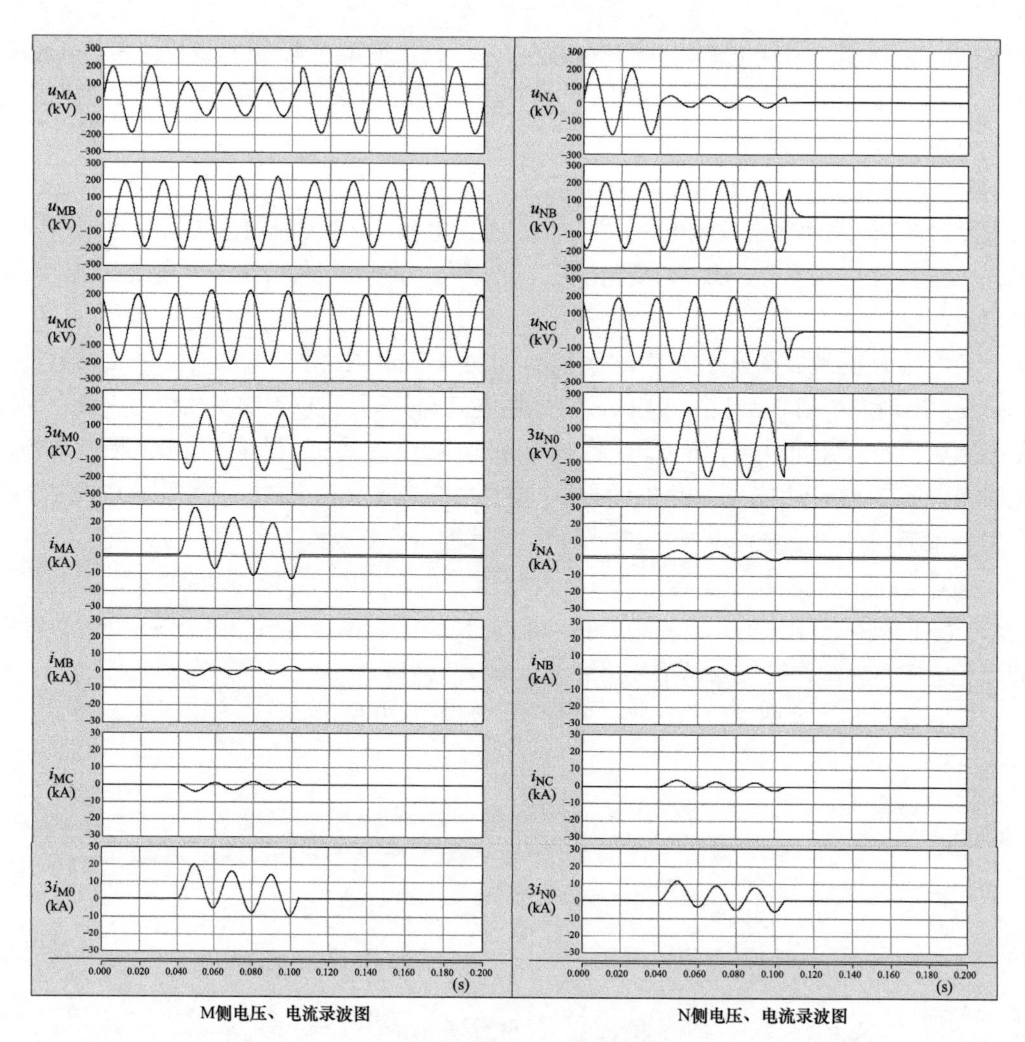

图 3-21 线路 M、N 两侧电压、电流录波图（一次值）

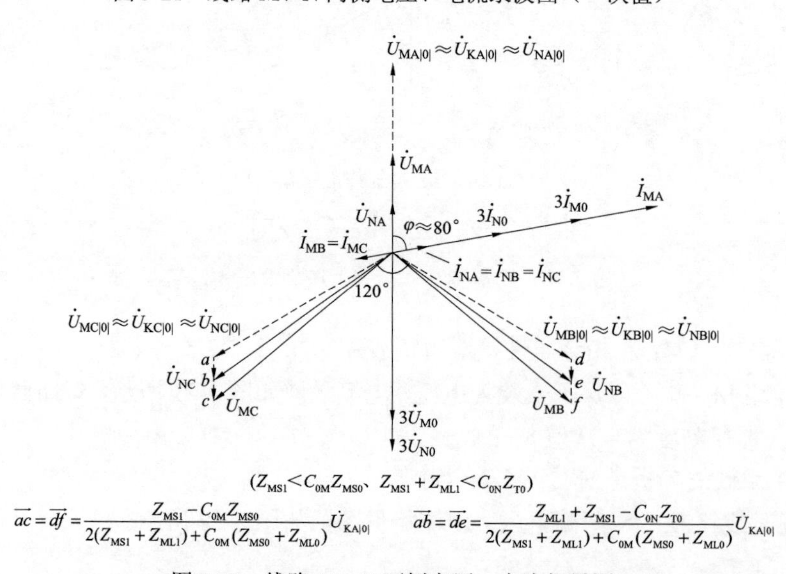

$(Z_{MS1} < C_{0M} Z_{MS0}$、$Z_{MS1} + Z_{ML1} < C_{0N} Z_{T0})$

$$\overrightarrow{ac} = \overrightarrow{df} = \frac{Z_{MS1} - C_{0M} Z_{MS0}}{2(Z_{MS1} + Z_{ML1}) + C_{0M}(Z_{MS0} + Z_{ML0})} \dot{U}_{KA|0|} \quad \overrightarrow{ab} = \overrightarrow{de} = \frac{Z_{ML1} + Z_{MS1} - C_{0N} Z_{T0}}{2(Z_{MS1} + Z_{ML1}) + C_{0M}(Z_{MS0} + Z_{ML0})} \dot{U}_{KA|0|}$$

图 3-22 线路 M、N 两侧电压、电流相量图

（3）线路出口处 A 相金属性接地短路故障（$Z_{MS1}=C_{0M}Z_{MS0}$、$Z_{MS1}>C_{0N}Z_{T0}$、$R_g=0$）。线路 M、N 两侧保护安装处电压、电流录波如图 3-23 所示，线路两侧断路器均三相跳闸。（标尺刻度为一次值）

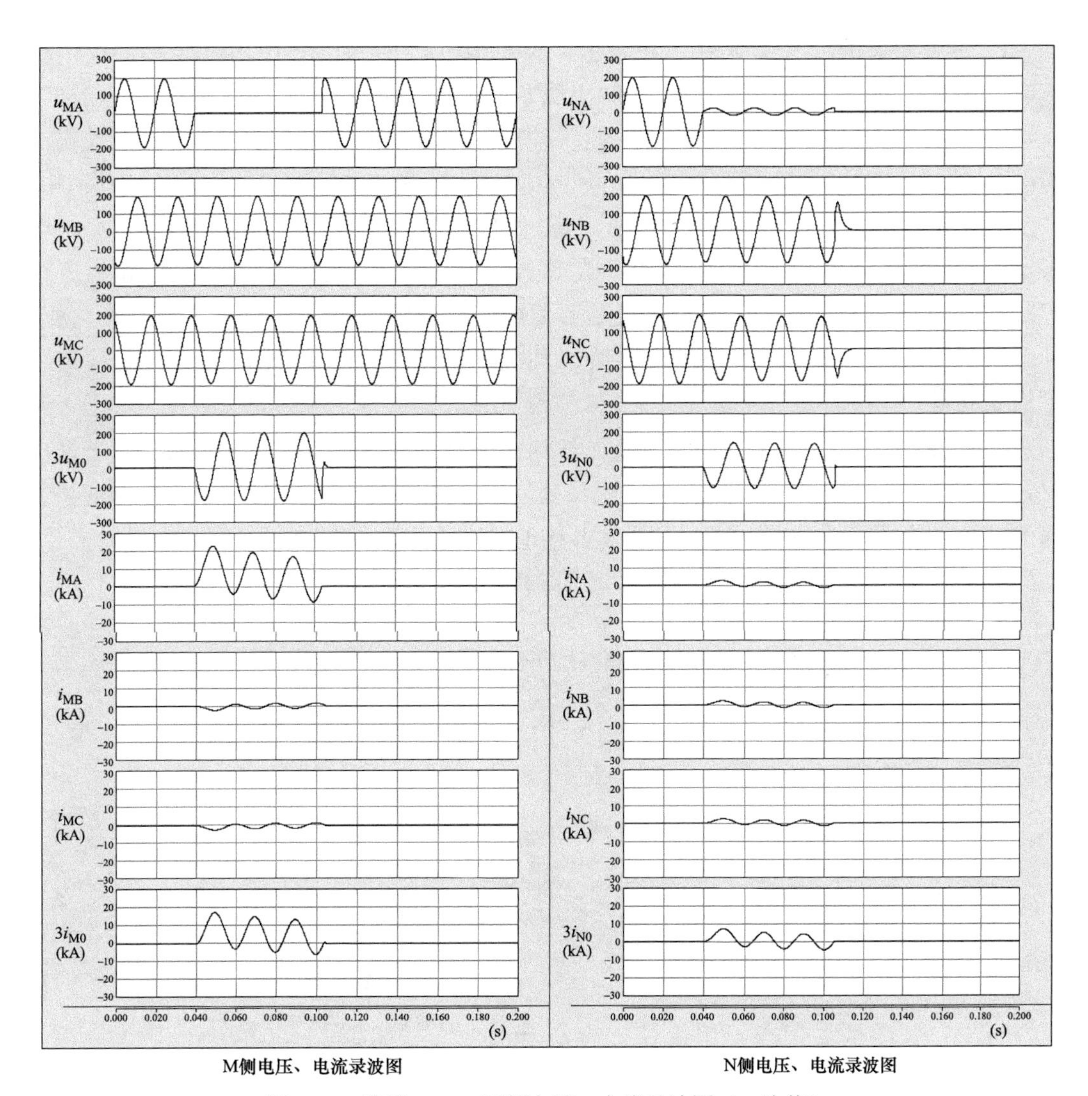

图 3-23　线路 M、N 两侧电压、电流录波图（一次值）

1）M 侧录波图阅读。0～40ms，M 侧母线三相电压对称（有效值约为 132.5kV），无零序电流，无零序电压，三相电流为零。在约 40ms 时 A 相电压开始下降（残压有效值为 0），同时出现零序电压（有效值约为 132.5kV），同时 A 相出现故障电流（最大峰值约为 22kA，有效值约为 8.6kA），并出现零序电流（最大峰值约为 17kA，有效值约为 6.6kA），B、C 两相电压幅值、相位较故障前基本保持不变（有效值约为 132.5kV），同时 B、C 两相出现电流（有效值均约为 1kA）。

2）N 侧录波图阅读。0～40ms，N 侧母线三相电压对称（有效值约为 132.5kV），在约 40ms 时 A 相电压开始下降（残压有效值约为 14.5kV），同时出现零序电压（有效值约为 89kV），三相均出现电流（有效值均约为 1kA），出现零序电流（有效值约为 3kA）。B、C 两相电压幅值在故障期间略有下降（有效值约为 125.9kV），B、C 相电压之间相位差增大（相位差约为 131°）。

3）录波图分析。电源端 M 侧录波图显示 A 相电压下降，B、C 相电压无明显变化，出现零序电压。A 相出现故障电流，同时出现零序电流，零序电流相位与 A 相电流相同，但幅值与 A 相电流不等。B、C 两相出现大小相等、方向相同的故障分量电流，相位与 A 相电流相反。

负载端 N 侧录波图显示 A 相电压下降，出现零序电压，零序电压相位与 A 相电压反相。三相出现大小相等、方向相同的故障分量电流，幅值与 M 侧 B、C 相电流相等，相位相反。出现零序电流，幅值是各相电流幅值的 3 倍，相位与各相电流同相。结合理论分析，可基本判断为线路发生 A 相接地故障。故障从 40ms 时开始，共持续了约 65ms。

故障期间 $\dot{U}_{MA}$ 残压为零，可以知道是线路出口处发生 A 相金属性接地故障（若非出口处金属性故障，则残压不可能为零，出口处经过渡电阻故障则残压也不为零，因此电源侧 A 相残压为零只能是出口处 A 相金属性接地短路故障）。

4）绘制此时线路 M、N 两侧电压、电流相量图，如图 3-24 所示。

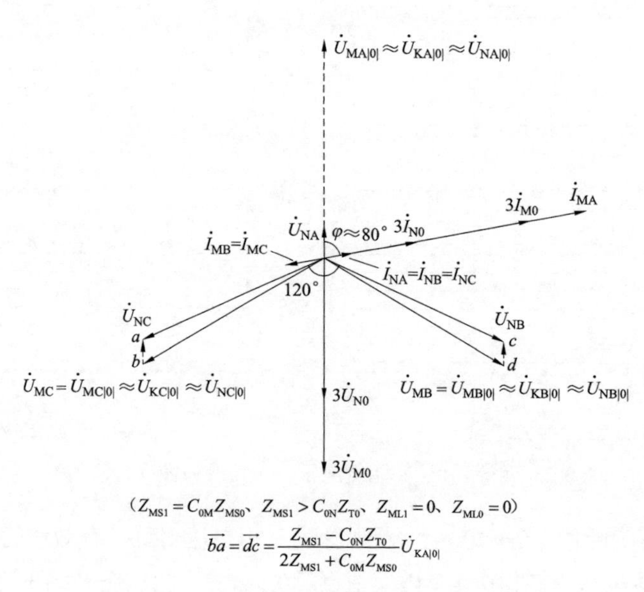

图 3-24　线路 M、N 两侧电压、电流相量图

2. 经过渡电阻接地短路故障

线路非出口处 A 相经过渡电阻接地短路故障（$Z_{MS1}<C_{0M}Z_{MS0}$、$Z_{MS1}+Z_{ML1}<C_{0N}Z_{T0}$、$R_g \neq 0$）。线路 M、N 两侧保护安装处电压、电流录波如图 3-25 所示，线路两侧断路器均三相跳闸。（标尺刻度为一次值）

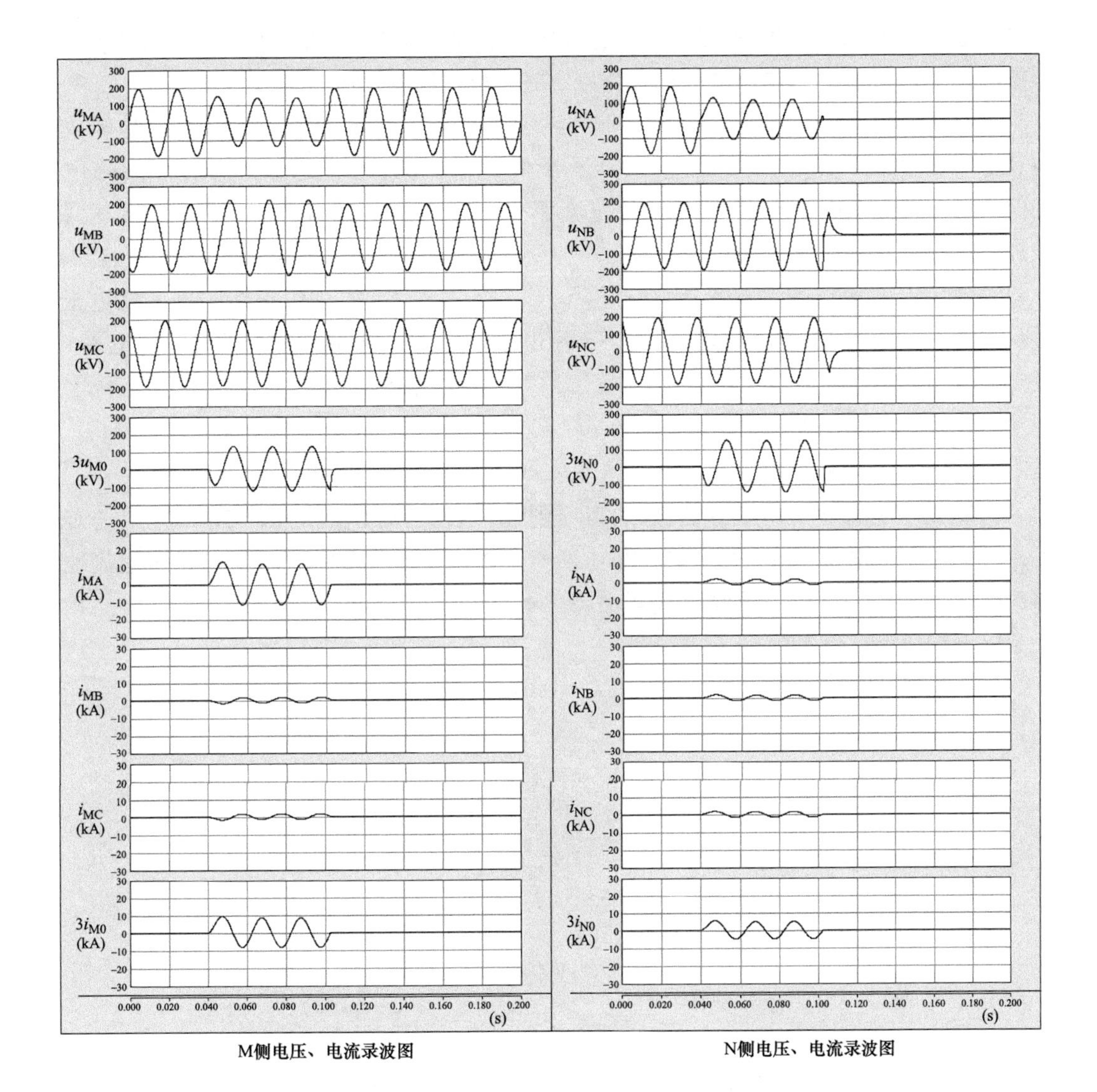

图 3-25　线路 M、N 两侧电压、电流录波图（一次值）

（1）M 侧录波图阅读。0～40ms，M 侧母线三相电压对称（有效值约为 132.5kV），无零序电流，无零序电压，三相电流为零。在约 40ms 时 A 相电压开始下降（残压有效值约为 96.3kV），同时出现零序电压（有效值约为 87.9kV），A 相出现故障电流（最大峰值约为 13kA，有效值约为 8.2kA），并出现零序电流（最大峰值约为 9.9kA，有效值约为 5.9kA），B 相电压幅值在故障期间有明显升高（有效值约为 150.8kV），C 相电压幅值较故障前基本保持不变，两电压之间相位差减小（相位差约为 108°）。同时，B、C 两相出现电流（有效值均约为 1.2kA）。

（2）N 侧录波图阅读。0～40ms，N 侧母线三相电压对称（有效值约为 132.5kV），在约 40ms 时 A 相电压开始下降（残压有效值约为 79.1kV），同时出现零序电压（有效值约为 80.2kV），三相均出现电流（有效值均约为 1.2kA），出现零序电流（有效值约为 3.6kA）。

B 相电压幅值在故障期间有明显升高（有效值约为 141.9kV），C 相电压幅值略有下降（有效值约为 130.8kV），两电压之间相位差减小（相位差约为 113°）。

（3）录波图分析。电源端 M 侧录波图显示 A 相电压下降，B、C 相电压幅值较故障前有不同程度的升高，出现零序电压。A 相出现故障电流，同时出现零序电流，零序电流相位与 A 相电流相同，但幅值与 A 相电流不等。B、C 两相出现大小相等、方向相同的故障分量电流，相位与 A 相电流相反。

负载端 N 侧录波图显示 A 相电压下降，出现零序电压，零序电压相位与 A 相电压不是反相关系（故障点有过渡电阻特征）。三相出现大小相等、方向相同的故障分量电流（负载端变压器中性点接地运行特征），幅值与 M 侧 B、C 相电流相等，相位相反。出现零序电流，幅值是各相电流幅值的 3 倍，相位与各相电流同相。结合系统接线及理论分析，可基本判断为线路发生 A 相接地故障。故障从 40ms 时开始，共持续了约 65ms。

通过 M 侧录波图相位关系阅读，可以得到 $\dot{I}_{MA}$ 电流滞后 $\dot{U}_{MA}$ 电压约 30°，$3\dot{U}_{M0}$ 与 $\dot{U}_{MA}$ 不是反相关系，根据理论分析，通过以上两点可以知道线路发生 A 相经过渡电阻接地短路故障，由于 $\dot{I}_{MA}$ 与 $\dot{U}_{MA}$ 不同相，所以故障点不在 M 侧出口处，同理比较 $\dot{I}_{NA}$ 与 $\dot{U}_{NA}$ 相位关系，可知故障点也不在 N 侧出口处。

（4）绘制此时线路 M、N 两侧电压、电流相量图，如图 3-26 所示。

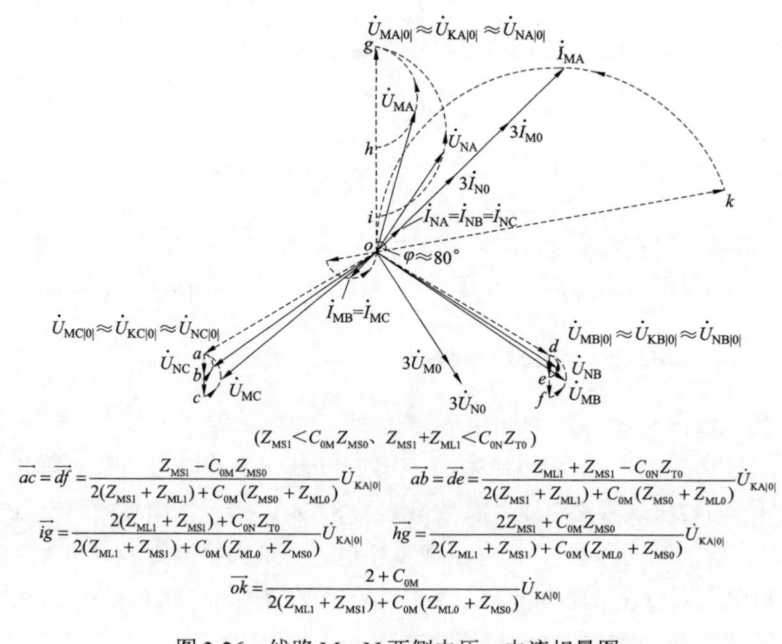

$$(Z_{MS1}<C_{0M}Z_{MS0}、\ Z_{MS1}+Z_{ML1}<C_{0N}Z_{T0})$$

$$\overrightarrow{ac}=\overrightarrow{df}=\frac{Z_{MS1}-C_{0M}Z_{MS0}}{2(Z_{MS1}+Z_{ML1})+C_{0M}(Z_{MS0}+Z_{ML0})}\dot{U}_{KA|0|}\qquad \overrightarrow{ab}=\overrightarrow{de}=\frac{Z_{ML1}+Z_{MS1}-C_{0N}Z_{T0}}{2(Z_{MS1}+Z_{ML1})+C_{0M}(Z_{MS0}+Z_{ML0})}\dot{U}_{KA|0|}$$

$$\overrightarrow{ig}=\frac{2(Z_{ML1}+Z_{MS1})+C_{0N}Z_{T0}}{2(Z_{ML1}+Z_{MS1})+C_{0M}(Z_{ML0}+Z_{MS0})}\dot{U}_{KA|0|}\qquad \overrightarrow{hg}=\frac{2Z_{MS1}+C_{0M}Z_{MS0}}{2(Z_{ML1}+Z_{MS1})+C_{0M}(Z_{ML0}+Z_{MS0})}\dot{U}_{KA|0|}$$

$$\overrightarrow{ok}=\frac{2+C_{0M}}{2(Z_{ML1}+Z_{MS1})+C_{0M}(Z_{ML0}+Z_{MS0})}\dot{U}_{KA|0|}$$

图 3-26　线路 M、N 两侧电压、电流相量图

四、小结

（1）大电流接地系统，馈供线发生单相接地短路故障时，线路电源侧（M 侧）电流、电压特点见表 3-1。

表 3-1　　线路电源侧（M 侧）电流、电压特点

内　容		负荷侧变压器中性点不接地运行		负荷侧变压器中性点接地运行	
		单相金属性接地故障	单相经过渡电阻接地故障	单相金属性接地故障	单相经过渡电阻接地故障
故障相电流	幅值	（1）上升突变，同等条件下故障点离本侧母线越近，幅值越高，反之越低。（2）与零序电流幅值相等	（1）上升突变，同等条件下故障点离本侧母线越近，幅值越高，反之越低。（2）R_g越大，幅值越低；R_g越小，幅值越高。（3）与零序电流幅值相等	（1）上升突变，同等条件下故障点离本侧母线越近，幅值越高，反之越低。（2）与零序电流幅值不相等	（1）上升突变，同等条件下故障点离本侧母线越近，幅值越高，反之越低。（2）R_g越大，幅值越低；R_g越小，幅值越高。（3）与零序电流幅值不相等
	相位	（1）与零序电流同相。（2）滞后故障相电压（或故障相的故障前电压）一个系统阻抗角，约 80°	（1）与零序电流同相。（2）滞后故障相电压一个阻抗角（随过渡电阻及故障点的等值阻抗不等，可能的范围为 0°～80°）	（1）与零序电流同相。（2）滞后故障相电压（或故障相的故障前电压）一个系统阻抗角，约 80°	（1）与零序电流同相。（2）滞后故障相电压一个阻抗角（随过渡电阻及故障点的等值阻抗不等，可能的范围为 0～80°）
非故障相电流	幅值	无	无	两非故障相出现等幅故障分量电流	两非故障相出现等幅故障分量电流
	相位	无	无	两非故障相电流同相，与故障相电流反相	两非故障相电流同相，与故障相电流反相
零序电流	幅值	上升突变，与故障相电流幅值相等	上升突变，与故障相电流幅值相等	上升突变，与故障相电流幅值不相等	上升突变，与故障相电流幅值不相等
	相位	（1）与故障相电流同相。（2）超前零序电压约 100°	（1）与故障相电流同相。（2）超前零序电压约 100°	（1）与故障相电流同相。（2）超前零序电压约 100°	（1）与故障相电流同相。（2）超前零序电压约 100°
故障相电压	幅值	（1）出口处故障时，残压幅值为零。（2）非出口处故障时，残压幅值不为零。（3）故障点离本侧母线越远残压幅值越高，反之越低	（1）出口处故障时，残压幅值不为零。（2）故障点离本侧母线越远，残压幅值越高，反之越低	（1）出口处故障时，残压幅值为零。（2）非出口处故障时，残压幅值不为零。（3）故障点离本侧母线越远，残压幅值越高，反之越低	（1）出口处故障时，残压幅值不为零。（2）故障点离本侧母线越远，残压幅值越高，反之越低
	相位	与故障前本相电压同相	滞后故障前本相电压	与故障前本相电压同相	滞后故障前本相电压
非故障相电压	幅值	（1）上升、下降或不变（取决于此处的正序等值阻抗与零序等值阻抗的关系）。（2）两相同幅对称变化。（3）非故障相之间的电压差与故障前始终保持不变	（1）上升、下降或不变（取决于此处的正序等值阻抗与零序等值阻抗的关系）。（2）两相不是同幅对称变化，故障相的滞后相电压幅值变化大于超前相。（3）非故障相之间的电压差与故障前保持不变	（1）上升、下降或不变（取决于此处的正序等值阻抗与零序等值阻抗的关系）。（2）两相同幅对称变化。（3）非故障相之间的电压差与故障前始终保持不变	（1）上升、下降或不变（取决于此处的正序等值阻抗与零序等值阻抗的关系）。（2）两相不是同幅对称变化，故障相的滞后相电压幅值变化大于超前相。（3）非故障相之间的电压差与故障前保持不变
	相位	幅值上升相位差变大，幅值下降相位差变小	滞后相幅值上升时，两非故障相之间的相位差变小，反之变大	幅值上升相位差变大，幅值下降相位差变小	滞后相幅值上升时，两非故障相之间的相位差变小，反之变大
零序电压	幅值	故障点离本侧母线越远，幅值越低，反之越高	故障点离本侧母线越远，幅值越低，反之越高。R_g越大，幅值越低，反之越高	故障点离本侧母线越远，幅值越低，反之越高	故障点离本侧母线越远，幅值越低，反之越高。R_g越大，幅值越低，反之越高
	相位	与故障相电压（或故障相的故障前电压）反相关系	与故障相电压不是反相关系	与故障相电压（或故障相的故障前电压）反相关系	与故障相电压不是反相关系

（2）大电流接地系统，馈供线发生单相接地短路故障时，线路负荷侧（N 侧）电流、电压特点见表 3-2。

表 3-2　　线路负荷侧（N 侧）电流、电压特点

内容		负荷侧变压器中性点不接地运行		负荷侧变压器中性点接地运行	
		单相金属性接地故障	单相经过渡电阻接地故障	单相金属性接地故障	单相经过渡电阻接地故障
故障相电流	幅值	无	无	出现小幅故障分量电流，与非故障相电流幅值相等	出现小幅故障分量电流，与非故障相电流幅值相等
	相位	无	无	滞后故障相电压一个线路阻抗角约 80°，与非故障相电流同相	（1）与零序电流同相。（2）滞后故障相电压一个阻抗角（随过渡电阻及故障点的等值阻抗不等，可能的范围为 0～80°）
非故障相电流	幅值	无	无	出现小幅故障分量电流，与故障相电流幅值相等，与对侧同相电流幅值相等	出现小幅故障分量电流，与故障相电流幅值相等，与对侧同相电流幅值相等
	相位	无	无	与故障相电流同相，与对侧同相电流反相	与故障相电流同相，与对侧同相电流反相
零序电流	幅值	无	无	是各相电流幅值的 3 倍	是各相电流幅值的 3 倍
	相位	无	无	与本侧各相电流同相，超前零序电压约 100°	与本侧各相电流同相，超前零序电压约 100°
故障相电压	幅值	下降突变为零	下降突变，幅值不为零，幅值始终等于故障点故障相电压幅值	下降突变，残压不为零	下降突变，残压不为零
	相位	无	无	与故障前电压同相	与故障前本相电压不同相
非故障相电压	幅值	等幅上升或下降，非故障相之间的电压差与故障前保持不变	（1）上升、下降或不变。（2）两相不是等幅对称变化，故障相的滞后相电压幅值变化大于超前相。（3）非故障相之间的电压差与故障前保持不变	等幅上升或下降。非故障相之间的电压差与故障前保持不变	（1）上升、下降或不变。（2）两相不是等幅对称变化，故障相的滞后相电压幅值变化大于超前相。（3）非故障相之间的电压差与故障前保持不变
	相位	幅值上升相位差变小，幅值下降相位差变大	相位差变小或变大	幅值上升，相位差变小；幅值下降，相位差变大	相位差变小或变大
零序电压	幅值	一般情况下，故障点离本侧母线越近，幅值越高，反之越低，极限为 3 倍正常相电压值	一般情况下幅值都较高，对侧母线出口处故障时，本侧零序电压与对侧母线零序电压幅值相等	故障点离本侧母线越近，幅值越高，反之越低	故障点离本侧母线越近，幅值越高，反之越低
	相位	与对侧零序电压同相	与对侧零序电压同相	与故障相电压反相	与故障相电压不是反相关系，与对侧零序电压同相

第二节　馈供线两相相间短路故障的录波图分析

一、系统接线

系统接线同图 3-1。

二、理论分析

图 3-1 所示系统中，线路 L 发生 B、C 相间短路故障时的复合序网图如图 3-27 所示，其中各参数定义同图 3-2。

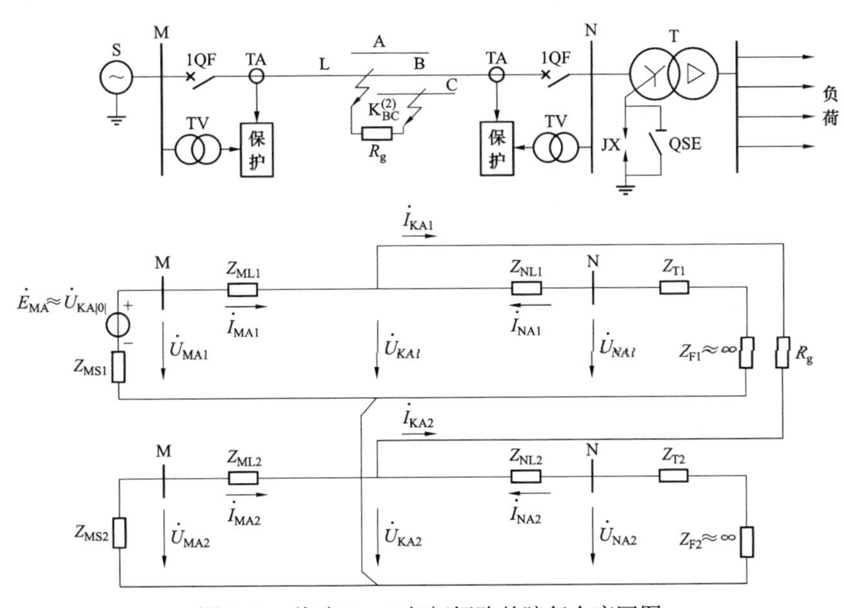

图 3-27　线路 B、C 相间短路故障复合序网图

两相相间短路故障的复合序网图特点是不涉及零序网络，线路 M、N 两侧均无零序电流、电压，因此变压器中性点接地刀闸 QSE 的状态不影响两侧电流、电压变化。忽略负荷电流，$\dot{I}_{NA1} \approx 0$、$\dot{I}_{NA2} \approx 0$。

1. 线路故障点电流、电压分析

设：$Z_{M\Sigma1} = Z_{ML1} + Z_{MS1}$

$Z_{M\Sigma2} = Z_{ML2} + Z_{MS2}$

（1）根据对称分量法，A 相为特殊相，A 相电流的正序、负序分量通过序网图可得到

$$\dot{I}_{KA1} = -\dot{I}_{KA2} = \frac{\dot{U}_{KA|0|}}{Z_{M\Sigma1} + Z_{M\Sigma2} + R_g} = \frac{\dot{U}_{KA|0|}}{2Z_{M\Sigma1} + R_g} \tag{3-26}$$

$$\left.\begin{aligned} &\dot{I}_{KA} = 0 \\ &\dot{I}_{KB} = -\dot{I}_{KC} = \alpha^2 \dot{I}_{KA1} + \alpha \dot{I}_{KA2} = (\alpha^2 - \alpha)\dot{I}_{KA1} = \frac{-j\sqrt{3}}{2Z_{M\Sigma1} + R_g}\dot{U}_{KA|0|} \end{aligned}\right\} \tag{3-27}$$

（2）根据对称分量法，A 相为特殊相，A 相电压的正序、负序、分量通过序网图可得到

$$\left.\begin{aligned}\dot{U}_{KA1}&=\dot{U}_{KA|0|}-\dot{I}_{KA1}Z_{M\Sigma1}\\\dot{U}_{KA2}&=-\dot{I}_{KA2}Z_{M\Sigma2}=\dot{I}_{KA1}Z_{M\Sigma1}\end{aligned}\right\}\tag{3-28}$$

$$\dot{U}_{KA}=\dot{U}_{KA1}+\dot{U}_{KA2}=\dot{U}_{KA|0|}\tag{3-29}$$

$$\begin{aligned}\dot{U}_{KB}&=\alpha^2\dot{U}_{KA1}+\alpha\dot{U}_{KA2}=\alpha^2(\dot{U}_{KA|0|}-\dot{I}_{KA1}Z_{M\Sigma1})+\alpha\dot{I}_{KA1}Z_{M\Sigma1}\\&=\alpha^2\dot{U}_{KA|0|}-\alpha^2\dot{I}_{KA1}Z_{M\Sigma1}+\alpha\dot{I}_{KA1}Z_{M\Sigma1}\\&=\dot{U}_{KB|0|}+\frac{\mathrm{j}\sqrt{3}Z_{M\Sigma1}}{2Z_{M\Sigma1}+R_g}\dot{U}_{KA|0|}\end{aligned}\tag{3-30}$$

$$\begin{aligned}\dot{U}_{KC}&=\alpha\dot{U}_{KA1}+\alpha^2\dot{U}_{KA2}=\alpha(\dot{U}_{KA|0|}-\dot{I}_{KA1}Z_{M\Sigma1})+\alpha^2\dot{I}_{KA1}Z_{M\Sigma1}\\&=\alpha\dot{U}_{KA|0|}-\alpha\dot{I}_{KA1}Z_{M\Sigma1}+\alpha^2\dot{I}_{KA1}Z_{M\Sigma1}\\&=\dot{U}_{KC|0|}-\frac{\mathrm{j}\sqrt{3}Z_{M\Sigma1}}{2Z_{M\Sigma1}+R_g}\dot{U}_{KA|0|}\end{aligned}\tag{3-31}$$

2. 线路两侧保护安装处电压、电流分析

（1）线路 M 侧电流、电压分析。

1）根据复合序网图可得 M 侧三相电流为

$$\left.\begin{aligned}\dot{I}_{MA}&=\dot{I}_{KA1}+\dot{I}_{KA2}=0\\\dot{I}_{MB}&=\alpha^2\dot{I}_{KA1}+\alpha\dot{I}_{KA2}=(\alpha^2-\alpha)\dot{I}_{KA1}=\frac{-\mathrm{j}\sqrt{3}}{2Z_{M\Sigma1}+R_g}\dot{U}_{KA|0|}\\\dot{I}_{MC}&=\alpha\dot{I}_{KA1}+\alpha^2\dot{I}_{KA2}=(\alpha-\alpha^2)\dot{I}_{KA1}=\frac{\mathrm{j}\sqrt{3}}{2Z_{M\Sigma1}+R_g}\dot{U}_{KA|0|}\end{aligned}\right\}\tag{3-32}$$

由式（3-32）可知，M 侧各相电流的幅值及相位特点如下：

a）非故障相电流 $\dot{I}_{MA}$ 幅值为零。

b）两故障相电流 $\dot{I}_{MB}$、$\dot{I}_{MC}$ 幅值相等、相位相反。

c）金属性短路故障时，$R_g=0$，由式（3-32）可得

$$\dot{I}_{MB}=\dot{I}_{KB}=\frac{-\mathrm{j}\sqrt{3}}{2Z_{M\Sigma1}}\dot{U}_{KA|0|}\tag{3-33}$$

$$\dot{I}_{MC}=\dot{I}_{KC}=\frac{\mathrm{j}\sqrt{3}}{2Z_{M\Sigma1}}\dot{U}_{KA|0|}\tag{3-34}$$

由式（3-33）、式（3-34）可知，$\dot{I}_{MB}$ 滞后 $\dot{U}_{MA}$（$\dot{U}_{MA}\approx\dot{U}_{KA|0|}$，认为系统各点阻抗角约为 80°）约 170°，$\dot{I}_{MC}$ 则超前 $\dot{U}_{MA}$ 约 10°。

d）非金属性短路故障时（$R_g\neq0$），则随过渡电阻 R_g=0→∞的变化，$\dot{I}_{MB}$ 滞后 $\dot{U}_{MA}$ 的角度范围约是 170°→90°，$\dot{I}_{MC}$ 超前 $\dot{U}_{MA}$ 的角度范围约是 10°→90°。

2）根据复合序网图及对称分量法，可得 M 母线处各相电压为

$$\begin{aligned}\dot{U}_{MA} &= \dot{U}_{MA1} + \dot{U}_{MA2} \\ &= \dot{I}_{KA1}Z_{ML1} + \dot{U}_{KA1} + \dot{I}_{KA2}Z_{ML1} + \dot{U}_{KA2} \\ &= \dot{U}_{KA|0|}\end{aligned} \tag{3-35}$$

$$\begin{aligned}\dot{U}_{MB} &= \alpha^2\dot{U}_{MA1} + \alpha\dot{U}_{MA2} \\ &= \alpha^2\dot{I}_{KA1}Z_{ML1} + \alpha^2\dot{U}_{KA1} + \alpha\dot{I}_{KA2}Z_{ML1} + \alpha\dot{U}_{KA2} \\ &= (\alpha^2 - \alpha)\dot{I}_{KA1}Z_{ML1} + \dot{U}_{KB} \\ &= -\frac{j\sqrt{3}Z_{ML1}}{2Z_{M\Sigma1} + R_g}\dot{U}_{KA|0|} + \dot{U}_{KB|0|} + \frac{j\sqrt{3}Z_{M\Sigma1}}{2Z_{M\Sigma1} + R_g}\dot{U}_{KA|0|} \\ &= \dot{U}_{KB|0|} + \frac{j\sqrt{3}Z_{MS1}}{2Z_{M\Sigma1} + R_g}\dot{U}_{KA|0|}\end{aligned} \tag{3-36}$$

$$\begin{aligned}\dot{U}_{MC} &= \alpha\dot{U}_{MA1} + \alpha^2\dot{U}_{MA2} \\ &= \dot{U}_{KC|0|} - \frac{j\sqrt{3}Z_{MS1}}{2Z_{M\Sigma1} + R_g}\dot{U}_{KA|0|}\end{aligned} \tag{3-37}$$

由式（3-35）～式（3-37）可知，M 母线处各相电压幅值及相位特点如下：

a）非故障相电压 $\dot{U}_{MA}$ 与故障前本相电压 $\dot{U}_{MA|0|}$ 基本保持不变（$\dot{U}_{MA|0|} \approx \dot{U}_{KA|0|}$），此特点与故障点位置及故障点是否存在过渡电阻无关。

b）线路 M 侧出口处发生 B、C 相金属性相间短路故障时，将 $Z_{M\Sigma1} = Z_{MS1}$、$R_g = 0$，代入式（3-36）、式（3-37）可得 $\dot{U}_{MB} = \dot{U}_{MC} = -\frac{1}{2}\dot{U}_{KA|0|} = -\frac{1}{2}\dot{U}_{MA}$，两故障相电压 $\dot{U}_{MB}$、$\dot{U}_{MC}$ 幅值、相位相等，幅值为非故障相电压 $\dot{U}_{MA}$ 的一半，相位与 $\dot{U}_{MA}$ 反相。

c）线路非 M 侧出口处发生 B、C 相金属性相间短路故障时，$Z_{M\Sigma1} \neq Z_{MS1}$、$R_g = 0$，此时 $\dot{U}_{MB} = \dot{U}_{KB|0|} + \frac{j\sqrt{3}Z_{MS1}}{2(Z_{MS1} + Z_{ML1})}\dot{U}_{KA|0|}$、$\dot{U}_{MC} = \dot{U}_{KC|0|} - \frac{j\sqrt{3}Z_{MS1}}{2(Z_{MS1} + Z_{ML1})}\dot{U}_{KA|0|}$，随 Z_{ML1} 数值由小到大的变化（即故障点离 M 母线的由近到远的变化），两故障相电压 $\dot{U}_{MB}$、$\dot{U}_{MC}$ 幅值始终相等，极端最大幅值可接近故障前的电压幅值，但不会超过故障前的电压幅值。

此时 $\dot{U}_{MB}$、$\dot{U}_{MC}$ 相位不同，随 Z_{ML1} 数值由小到大的变化，$\dot{U}_{MB}$ 滞后 $\dot{U}_{MA}$ 可能的角度变化范围约为 180°→120°，$\dot{U}_{MC}$ 超前 $\dot{U}_{MA}$ 可能的角度变化范围约为 180°→120°，可以看出 $\dot{U}_{MB}$、$\dot{U}_{MC}$ 是关于 $\dot{U}_{MA}$ 对称的。实际上，线路正序阻抗 Z_{ML1} 为有限值，因此一般情况下两故障相电压不会出现 120° 极端相位差值，在无穷大系统（$Z_{MS1} \approx 0$）时，线路较远处发生金属性相间短路故障时，会出现接近 120° 的极端相位差值、极端最大幅值，此时两故障相电压与故障前电压基本保持不变。

d）线路发生 B、C 相经过渡电阻短路故障时，$R_g \neq 0$，随 Z_{ML1} 及 R_g 的数值变化，$\dot{U}_{MB}$、$\dot{U}_{MC}$ 相量不再关于 $\dot{U}_{MA}$ 对称，$\dot{U}_{MB}$、$\dot{U}_{MC}$ 幅值不相等，相位也不同。其中，$\dot{U}_{MB}$ 的极端最大幅值可能超过故障前电压幅值，$\dot{U}_{MB}$ 滞后 $\dot{U}_{MA}$ 可能的角度变化范围仍约为 180°→120°。$\dot{U}_{MC}$ 的幅值不会超过故障前的电压幅值，但 $\dot{U}_{MC}$ 超前 $\dot{U}_{MA}$ 的可能的角度变化范围

不再为 180°→120°，超前角度可能小于 120°。当在无穷大系统（$Z_{MS1}\approx 0$）时，上述特点不明显。

（2）线路 N 侧电流、电压分析。

1）根据复合序网图可得 N 侧三相电流为

$$\left.\begin{aligned}\dot{I}_{NA}&=\dot{I}_{NA1}+\dot{I}_{NA2}=0\\\dot{I}_{NB}&=\alpha^2\dot{I}_{NA1}+\alpha\dot{I}_{NA2}=0\\\dot{I}_{NC}&=\alpha\dot{I}_{NA1}+\alpha^2\dot{I}_{NA2}=0\end{aligned}\right\}\tag{3-38}$$

由式（3-38）可知，N 侧各相电流为零。

2）根据复合序网图及对称分量法，可得 N 母线处各相电压为

$$\left.\begin{aligned}\dot{U}_{NA}&=\dot{U}_{NA1}+\dot{U}_{NA2}\\&=\dot{I}_{NA1}Z_{NL1}+\dot{U}_{KA1}+\dot{I}_{NL2}Z_{NL2}+\dot{U}_{KA2}\\&=\dot{U}_{KA}\\&=\dot{U}_{KA|0|}\\\dot{U}_{NB}&=\alpha^2\dot{U}_{NA1}+\alpha\dot{U}_{NA1}\\&=\alpha^2\dot{I}_{NA1}Z_{NL1}+\alpha^2\dot{U}_{KA1}+\alpha\dot{I}_{NA2}Z_{NL2}+\alpha\dot{U}_{KA2}\\&=\dot{U}_{KB}\\&=\dot{U}_{KB|0|}+\frac{j\sqrt{3}Z_{M\Sigma1}}{2Z_{M\Sigma1}+R_g}\dot{U}_{KA|0|}\\\dot{U}_{NC}&=\alpha\dot{U}_{NA1}+\alpha^2\dot{U}_{NA1}+\dot{U}_{NA0}\\&=\alpha\dot{I}_{NA1}Z_{NL1}+\alpha\dot{U}_{KA1}+\alpha^2\dot{I}_{NA2}Z_{NL2}+\alpha^2\dot{U}_{KA2}\\&=\dot{U}_{KC}\\&=\dot{U}_{KC|0|}-\frac{j\sqrt{3}Z_{M\Sigma1}}{2Z_{M\Sigma1}+R_g}\dot{U}_{KA|0|}\end{aligned}\right\}\tag{3-39}$$

由式（3-39）可知，N 侧各相电压幅值及相位特点如下：

a）N 侧母线处各相电压与故障点各相电压相等。

b）非故障相电压 $\dot{U}_{NA}$ 与故障前本相电压 $\dot{U}_{NA|0|}$ 基本保持不变（$\dot{U}_{NA|0|}\approx\dot{U}_{KA|0|}$），此特点与故障点位置及故障点是否存在过渡电阻无关。

c）线路发生 B、C 相金属性相间短路故障时，$R_g=0$，无论故障点在什么位置，$\dot{U}_{NB}=\dot{U}_{NC}=-\frac{1}{2}\dot{U}_{KA|0|}\approx-\frac{1}{2}\dot{U}_{NA|0|}$，两故障相电压 $\dot{U}_{NB}$、$\dot{U}_{NC}$ 幅值、相位相等，幅值始终为非故障相电压 $\dot{U}_{NA}$ 的一半，相位与 $\dot{U}_{NA}$ 反相。

d）线路发生 B、C 相经过渡电阻短路故障时，$R_g\neq 0$，随 Z_{ML1} 及 R_g 的数值变化，$\dot{U}_{NB}$、$\dot{U}_{NC}$ 幅值不相等，相位也不同。$\dot{U}_{NB}$ 的幅值大于 $\dot{U}_{NC}$ 的幅值，其中 $\dot{U}_{NB}$ 的幅值可能超过故障前电压幅值，$\dot{U}_{NB}$ 滞后 $\dot{U}_{NA}$ 可能的角度变化范围约为 180°→120°。$\dot{U}_{NC}$ 的幅值不会超过故障前的电压幅值，但 $\dot{U}_{NC}$ 超前 $\dot{U}_{NA}$ 的角度可能小于 120°。

三、录波图及相量分析

1. 金属性相间短路故障

（1）线路非出口处 B、C 相金属性相间短路故障（$Z_{ML1} \neq 0$ 、 $R_g = 0$ ）。线路 M、N 两侧保护安装处电压、电流录波如图 3-28 所示，线路两侧断路器均三相跳闸。（标尺刻度为一次值）

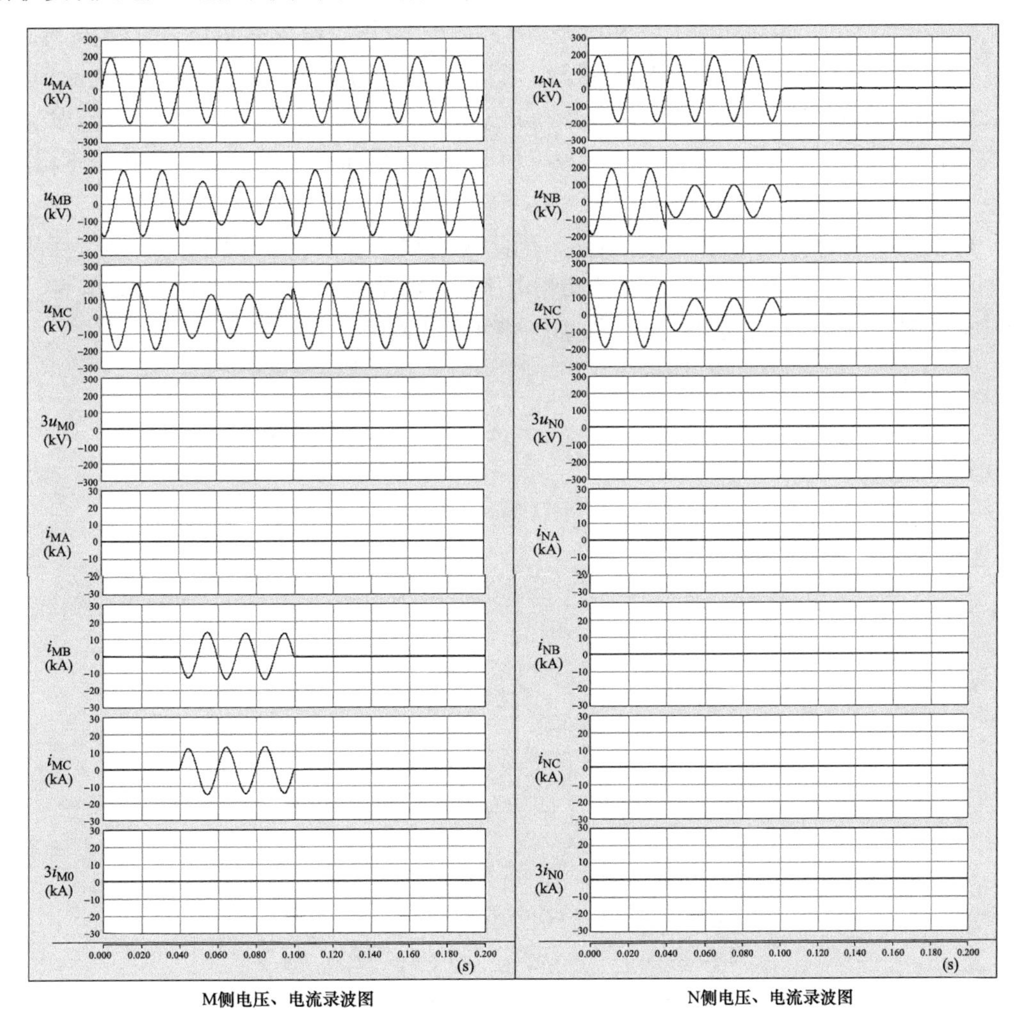

M侧电压、电流录波图　　　　N侧电压、电流录波图

图 3-28　线路 M、N 两侧电压、电流录波图（一次值）

1）M 侧录波图阅读。0～40ms，M 侧母线三相电压对称（有效值约为 132.5kV），无零序电流，无零序电压，三相电流为零。在约 40ms 时 B、C 两相电压开始下降（B 相残压有效值约为 87.9kV、C 相残压有效值为 87.9kV），A 相电压较故障前基本保持不变，无零序电压。同时 B、C 相出现故障电流（B 相最大峰值约为 15kA，有效值约为 9.5kA，C 相最大峰值约为 14.5kA，有效值约为 9.5kA），无零序电流。

2）N 侧录波图阅读。0～40ms，N 侧母线三相电压对称（有效值约为 132.5kV），在约 40ms 时 B、C 两相电压开始下降（B 相残压有效值约为 66.3kV、C 相残压有效值为

66.3kV），A 相电压较故障前基本保持不变，无零序电压。

3）录波图分析。电源端 M 侧录波图显示故障期间 B、C 相电压下降，幅值相等，但相位不同。A 相电压较故障前保持不变，无零序电压。B、C 相出现幅值相等、方向相反的故障电流，同时无零序电流（此特点是两相相间短路故障的显著特征）。

负载端 N 侧录波图显示 A 相电压较故障前保持不变，故障期间 B、C 相电压下降，且幅值相等、相位相同，无零序电压。三相电流及零序电流均为零。结合系统接线及理论分析，基本可以判断为线路发生 B、C 相间短路故障。故障从 40ms 时开始，共持续了约 65ms。

电源端 M 侧录波显示，两故障相电压$\dot{U}_{MB}$、$\dot{U}_{MC}$幅值相等，可以说明故障点发生是 B、C 相金属性相间短路故障。同时两故障相电压幅值大于 0.5 倍$\dot{U}_{MA}$，且相位不相同，则说明故障点不在 M 侧出口处。

由于负载端 N 母线处各相电流为零，因此 N 母线处各相电压与故障点一致，两故障相电压$\dot{U}_{NB}$、$\dot{U}_{NC}$幅值相等，均为非故障相电压$\dot{U}_{NA}$幅值的一半，且相位与$\dot{U}_{NA}$反相，该特征也说明故障点发生的是 B、C 相金属性相间短路故障。

4）绘制此时线路 M、N 两侧电压、电流相量图，如图 3-29 所示。

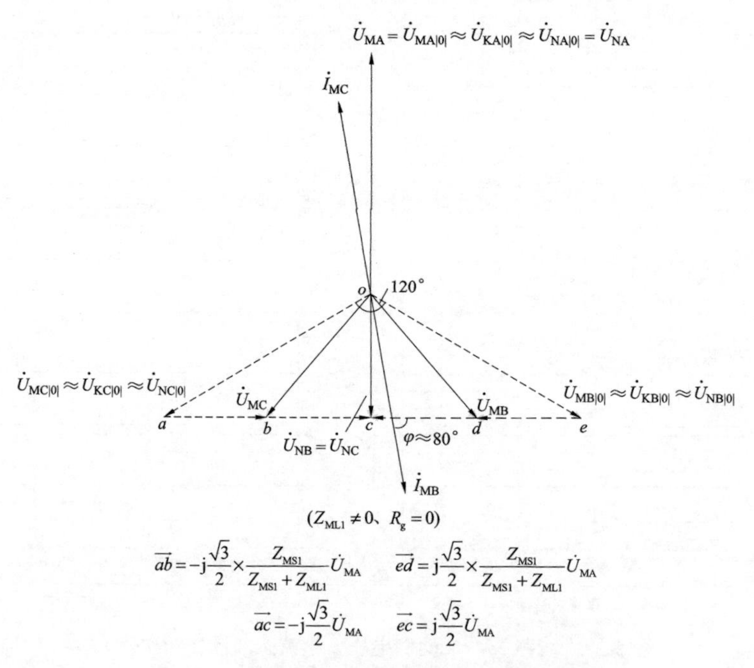

图 3-29　线路 M、N 两侧电压、电流相量图

（2）线路 M 侧出口处 B、C 相金属性相间短路故障（$Z_{ML1}=0$、$R_g=0$）。线路 M、N 两侧保护安装处电压、电流录波如图 3-30 所示，线路两侧断路器均三相跳闸。（标尺刻度为一次值）

对比图 3-30 与图 3-28，图 3-30 主要的特点是：故障期间电源端 M 侧两故障相电压$\dot{U}_{MB}$、$\dot{U}_{MC}$幅值与 N 侧两故障相电压$\dot{U}_{NB}$、$\dot{U}_{NC}$相等，均为本侧非故障相电压的一半，且相位均与本侧非故障相电压反相，因此可以判断线路发生 B、C 相金属性相间短路故障，且故障点发生在电源端 M 侧出口处。

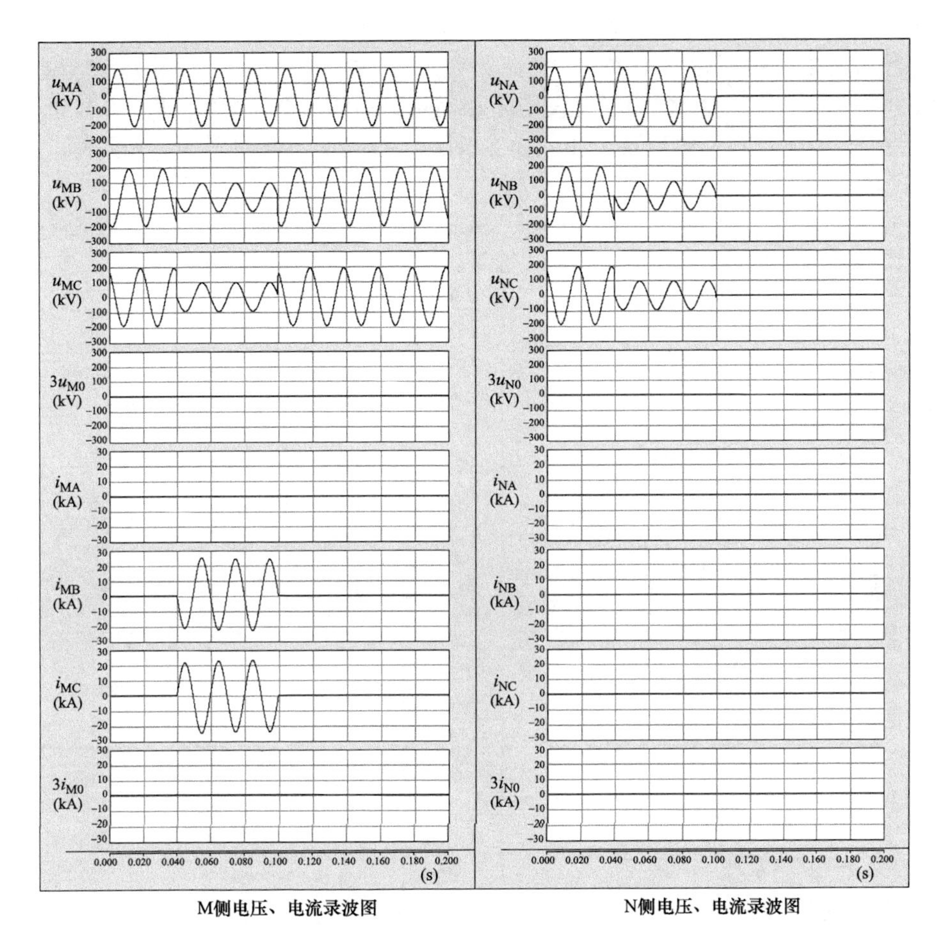

图 3-30　线路 M、N 两侧电压、电流录波图（一次值）

绘制此时线路 M、N 两侧电压、电流相量图，如图 3-31 所示。

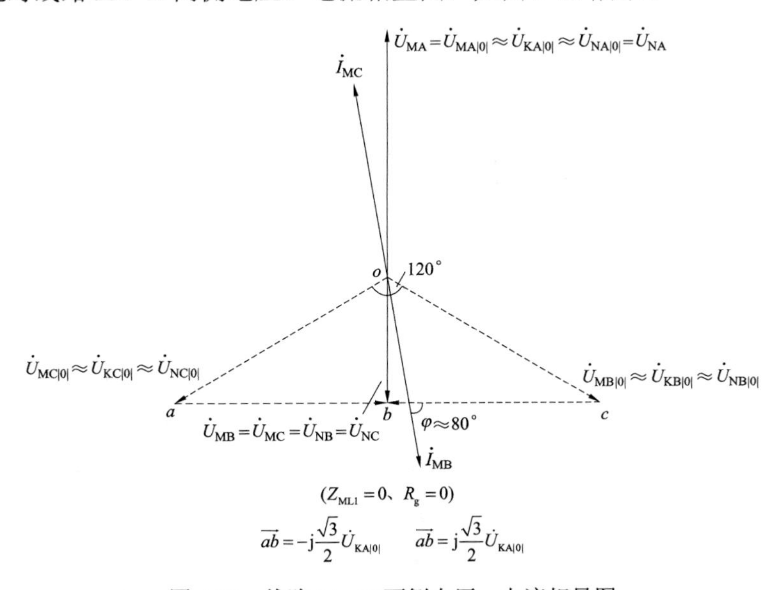

图 3-31　线路 M、N 两侧电压、电流相量图

2. 经过渡电阻的相间短路故障

（1）线路非出口处 B、C 相经过渡电阻相间短路故障（$Z_{ML1} \neq 0$、$R_g \neq 0$）。线路 M、N 两侧保护安装处电压、电流录波如图 3-32 所示，线路两侧断路器均三相跳闸。（标尺刻度为一次值）

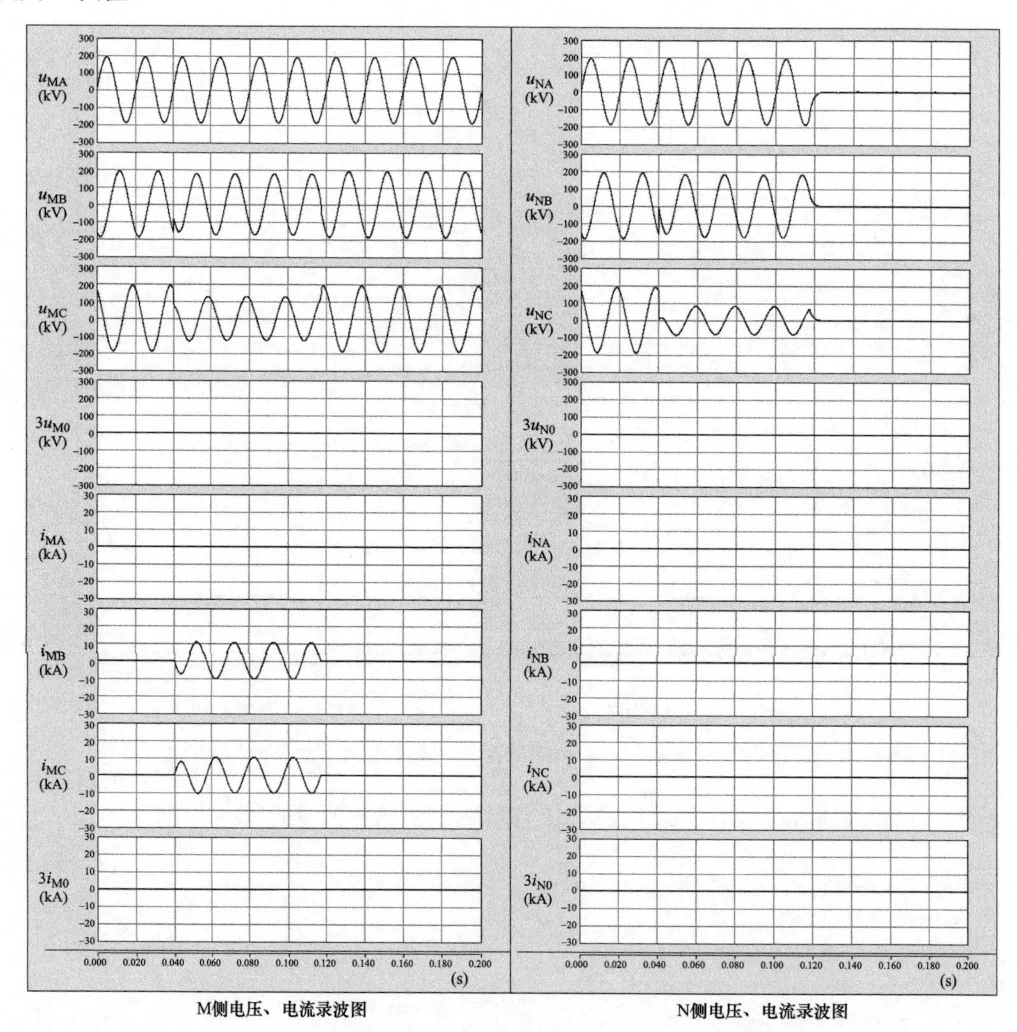

图 3-32　线路 M、N 两侧电压、电流录波图（一次值）

1）M 侧录波图阅读。0～40ms，M 侧母线三相电压对称（有效值约为 132.5kV），无零序电流，无零序电压，三相电流为零。在约 40ms 时 B、C 两相电压开始下降（B 相残压有效值约为 123.6kV、C 相残压有效值为 89.6kV，两电压相位差约为 105°），A 相电压较故障前基本保持不变，无零序电压。同时 B、C 相出现故障电流（B 相最大峰值约为 10.5kA，有效值约为 7.3kA，C 相最大峰值约为 10.2kA，有效值约为 7.3kA），无零序电流。

2）N 侧录波图阅读。0～40ms，N 侧母线三相电压对称（有效值约为 132.5kV），在约 40ms 时 B、C 两相电压开始下降（B 相残压有效值约为 126.8kV、C 相残压有效值为 57.7kV，两电压相位差约为 97°），A 相电压较故障前基本保持不变，无零序电压。

3）录波图分析。电源端 M 侧录波图显示故障期间 B、C 相电压下降，但幅值不相等，B 相电压幅值变化小于 C 相电压的变化，两故障相电压相位差减小。A 相电压较故障前保持不变，无零序电压。B、C 相出现幅值相等、方向相反的故障电流，无零序电流。

负载端 N 侧录波图显示，故障期间 B、C 相电压下降，但幅值不相等，B 相电压幅值变化小于 C 相电压变化，两故障相电压相位差明显减小。A 相电压较故障前保持不变，无零序电压。三相电流及零序电流均为零。结合系统接线及理论分析，基本可以判断为线路发生 B、C 相间短路故障。故障从 40ms 时开始，共持续了约 75ms。

故障期间线路 M、N 两侧两故障相电压幅值不相等，可以说明故障点发生的是 B、C 相经过渡电阻的相间短路故障，且 M、N 两侧同名故障相残压幅值不相等（特别是 C 相），说明故障点不在电源端 M 侧出口处。

4）绘制此时线路 M、N 两侧电压、电流相量图，如图 3-33 所示。

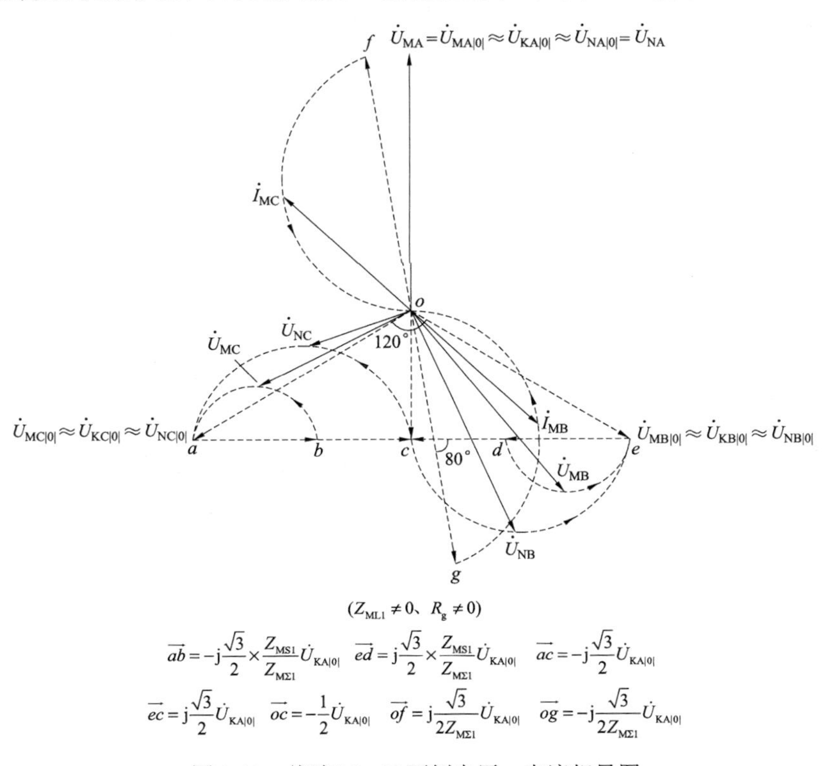

图 3-33　线路 M、N 两侧电压、电流相量图

（2）线路 M 侧出口处 B、C 相经过渡电阻相间短路故障（$Z_{ML1}=0$、$R_g\neq 0$）。线路 M、N 两侧保护安装处电压、电流录波如图 3-34 所示，线路两侧断路器均三相跳闸。（标尺刻度为一次值）

对比图 3-32，图 3-34 中的主要区别是：故障期间 M 母线处各相电压幅值与 N 母线处对应各相电压幅值、相位相等，从这一点便可知道线路发生的是电源端 M 母线出口处相间短路故障。同时两故障相电压幅值不相等，从该点可以知道故障点有过渡电阻。

绘制此时线路 M、N 两侧电压、电流相量图，如图 3-35 所示。

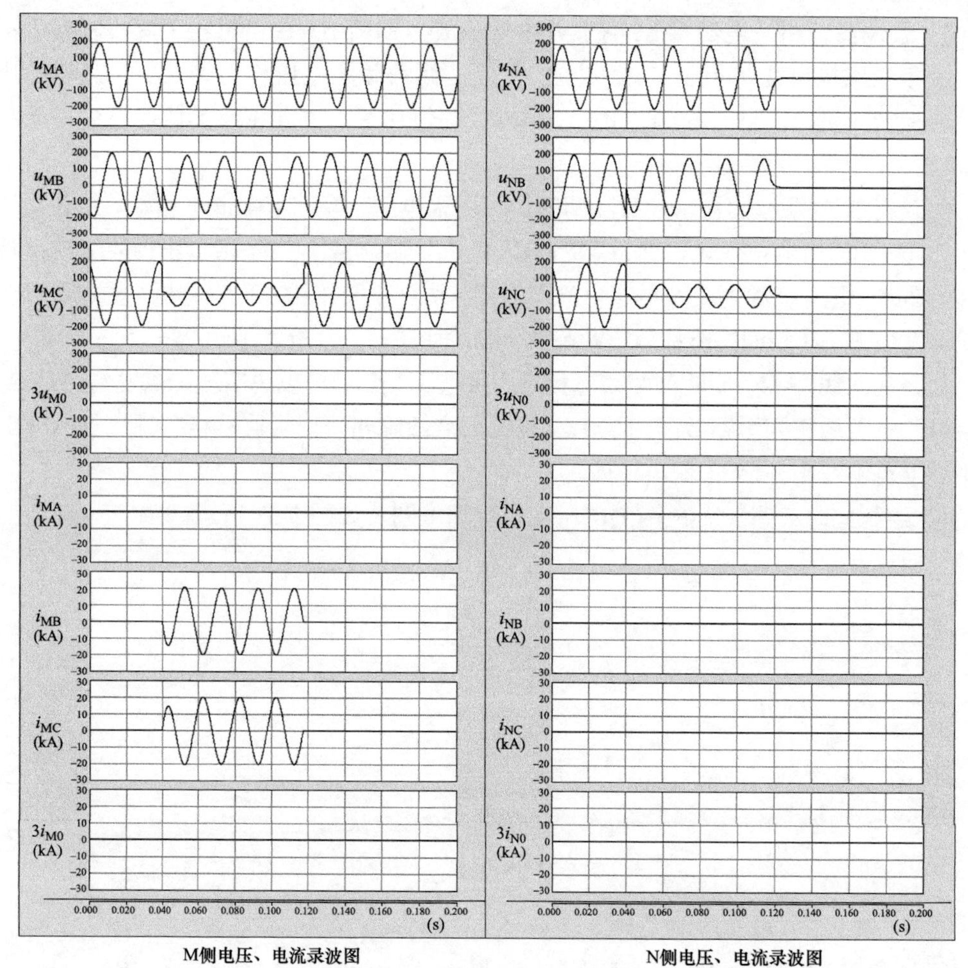

图 3-34　线路 M、N 两侧电压、电流录波图（一次值）

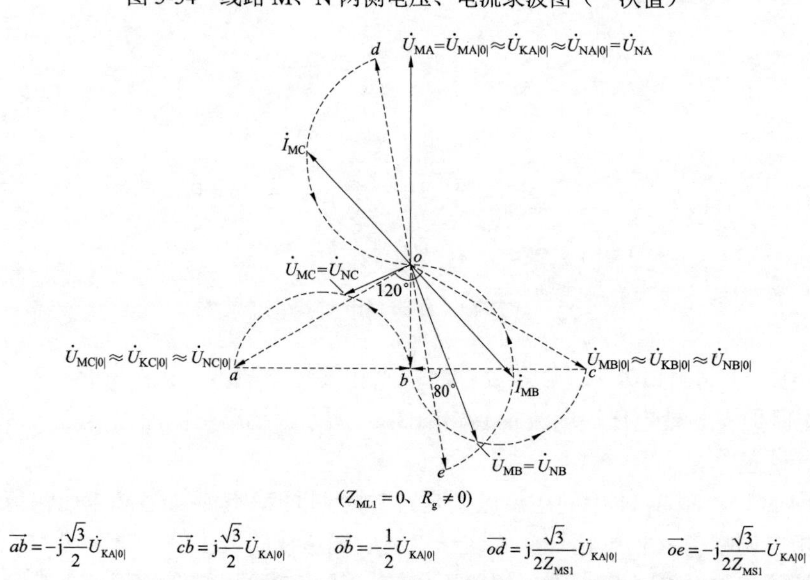

图 3-35　线路 M、N 两侧电压、电流相量图

四、小结

大电流接地系统，馈供线发生两相相间短路故障时，线路两侧电流、电压特点见表 3-3。

表 3-3　　　　线路两侧电流、电压特点

内　容		电源侧（M 侧）		负荷侧（N 侧）	
		两相金属性相间短路故障	两相经过渡电阻相间短路故障	两相金属性相间短路故障	两相经过渡电阻相间短路故障
故障相电流	幅值	两故障相电流幅值相等	两故障相电流幅值相等	无	无
	相位	（1）两故障相电流相位相反。 （2）两故障相电流中的滞后相电流超前非故障相电压约 10°。两故障相电流中的超前相电流滞后非故障相电压约 170°	（1）两故障相电流相位相反。 （2）两故障相电流中的滞后相电流随过渡电阻及故障点远近变化超前非故障相电压为 10°～90°。两故障相电流中的超前相电流随过渡电阻及故障点远近变化滞后非故障相电压为 170°～90°	无	无
非故障相电流	幅值	无	无	无	无
	相位	无	无	无	无
零序电流	幅值	无	无	无	无
	相位	无	无	无	无
故障相电压	幅值	（1）两故障相电压幅值下降，且相等。 （2）故障点离本侧母线越远，幅值越高，反之越低。 （3）出口处故障有极限最小幅值，为非故障相相电压值的一半	（1）两故障相电压幅值不相等。 （2）两故障相电压中的超前相电压幅值大于滞后相电压幅值。 （3）两故障相电压中的超前相电压幅值随过渡电阻不等，幅值可能下降也可能上升(较小过渡电阻时一般下降，较大过渡电阻时一般会上升)，但滞后相电压幅值只会下降	两故障相电压幅值下降，且始终相等，为非故障相电压幅值的一半，与故障点远近无关	（1）两故障相电压幅值不相等。 （2）两故障相电压中的超前相电压幅值大于滞后相电压幅值。 （3）两故障相电压中的超前相电压幅值随过渡电阻不等幅值可能下降也可能上升（较小过渡电阻时一般下降，较大过渡电阻时一般上升），但滞后相电压幅值只会下降。 （4）对侧母线出口处故障时，与对侧故障相电压相等
	相位	（1）两故障相电压相位始终关于非故障相电压对称。 （2）两故障相电压相位差变小，随故障点离本侧母线距离而变化，距离越远，角度差越大，反之越小，变化范围为 0°～120°。 （3）出口处故障时两电压同相且与非故障相电压反相	两故障相电压相位差变小，随故障点离本侧母线距离及过渡电阻的大小而变化，距离越远，角度差越大，过渡电阻越大角度差也越大，反之越小，角度变化范围为 0°～120°	两故障相电压始终同相，且与非故障相电压反相	（1）两故障相电压相位差变小，随故障点离对侧母线距离及过渡电阻的大小而变化，距离越远，角度差越大，过渡电阻越大，角度差也越大，反之越小，角度变化范围为 0°～120°。 （2）对侧母线出口处故障时与对侧侧故障相电压同相
非故障相电压	幅值	与故障前电压幅值保持不变	与故障前电压幅值保持不变	与故障前电压幅值保持不变	与故障前电压幅值保持不变
	相位	与故障前电压相位保持不变	与故障前电压相位保持不变	与故障前电压相位保持不变	与故障前电压相位保持不变
零序电压	幅值	无	无	无	无
	相位	无	无	无	无

第三节　馈供线两相接地短路故障的录波图分析

一、系统接线

系统接线同图 3-1。

二、理论分析

图 3-1 所示系统中，线路 L 发生 B、C 相接地短路故障时的复合序网图如图 3-36 所示，其中各参数定义同图 3-2。

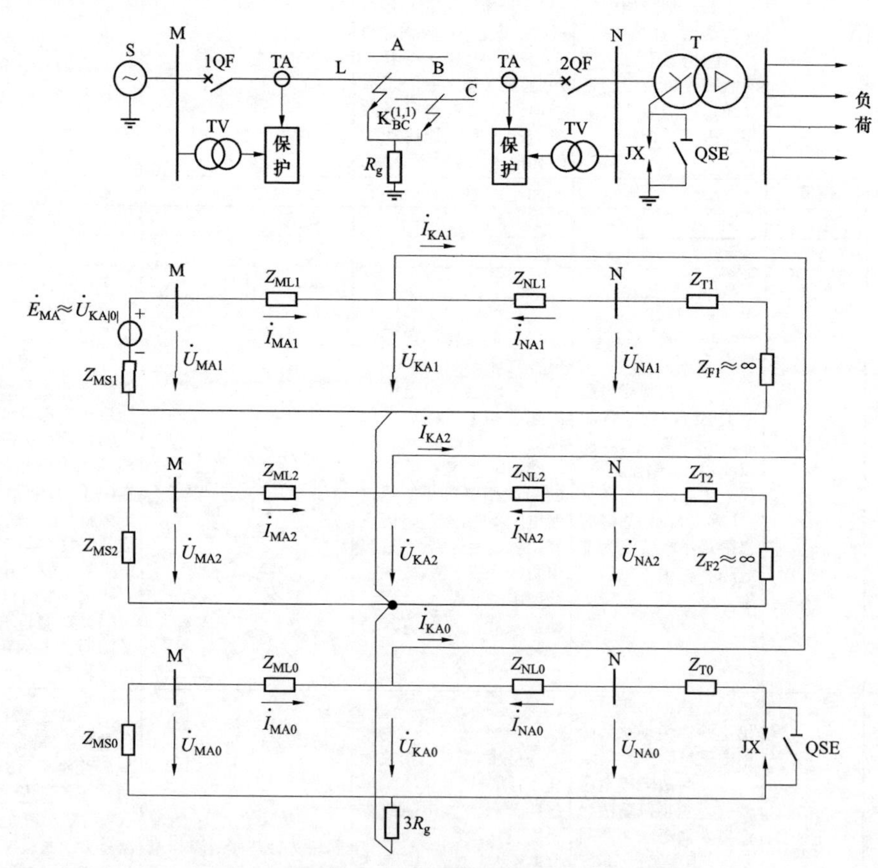

图 3-36　线路 B、C 相间接地短路故障复合序网图

1. 线路故障点电流、电压分析

设：$Z_{M\Sigma1}=Z_{ML1}+Z_{MS1}$

$$Z_{M\Sigma2}=Z_{ML2}+Z_{MS2}$$

$$Z_{M\Sigma0}=Z_{ML0}+Z_{MS0}$$

（1）根据对称分量法，A 相为特殊相，A 相电流的正序、负序、零序分量通过序网图可得到

$$\dot{I}_{KA1}=\frac{\dot{U}_{KA|0|}}{Z_{M\Sigma1}+Z_{M\Sigma2}//(3R_g+C_{0M}Z_{M\Sigma0})}$$

$$=\frac{\dot{U}_{KA|0|}}{Z_{M\Sigma1}}\left(\frac{Z_{M\Sigma1}+3R_g+C_{0M}Z_{M\Sigma0}}{Z_{M\Sigma1}+6R_g+2C_{0M}Z_{M\Sigma0}}\right) \tag{3-40}$$

$$\dot{I}_{KA2}=-\dot{I}_{KA1}\frac{3R_g+C_{0M}Z_{M\Sigma0}}{Z_{M\Sigma1}+3R_g+C_{0M}Z_{M\Sigma0}}$$

$$=-\frac{\dot{U}_{KA|0|}}{Z_{M\Sigma1}}\left(\frac{3R_g+C_{0M}Z_{M\Sigma0}}{Z_{M\Sigma1}+6R_g+2C_{0M}Z_{M\Sigma0}}\right) \tag{3-41}$$

$$\dot{I}_{KA0}=-\dot{I}_{KA1}\frac{Z_{M\Sigma1}}{Z_{M\Sigma1}+3R_g+C_{0M}Z_{M\Sigma0}}$$

$$=-\frac{\dot{U}_{KA|0|}}{Z_{M\Sigma1}+6R_g+2C_{0M}Z_{M\Sigma0}} \tag{3-42}$$

（2）根据对称分量法，A 相为特殊相，A 相电压的正序、负序、零序分量通过序网图可得到

$$\dot{U}_{KA1}=\dot{U}_{KA2}=-\dot{I}_{KA0}(3R_g+C_{0M}Z_{M\Sigma0})=\frac{3R_g+C_{0M}Z_{M\Sigma0}}{Z_{M\Sigma1}+6R_g+2C_{0M}Z_{M\Sigma0}}\dot{U}_{KA|0|} \tag{3-43}$$

$$\dot{U}_{KA0}=-\dot{I}_{KA0}C_{0M}Z_{M\Sigma0}=\frac{C_{0M}Z_{M\Sigma0}}{Z_{M\Sigma1}+6R_g+2C_{0M}Z_{M\Sigma0}}\dot{U}_{KA|0|} \tag{3-44}$$

$$\left.\begin{aligned}\dot{U}_{KA}&=\dot{U}_{KA1}+\dot{U}_{KA2}+\dot{U}_{KA0}\\&=\frac{6R_g+3C_{0M}Z_{M\Sigma0}}{Z_{M\Sigma1}+6R_g+2C_{0M}Z_{M\Sigma0}}\dot{U}_{KA|0|}\\&=\dot{U}_{KA|0|}+\frac{C_{0M}Z_{M\Sigma0}-Z_{M\Sigma1}}{Z_{M\Sigma1}+6R_g+2C_{0M}Z_{M\Sigma0}}\dot{U}_{KA|0|}\\\dot{U}_{KB}=\dot{U}_{KC}&=\alpha^2\dot{U}_{KA1}+\alpha\dot{U}_{KA2}+\dot{U}_{KA0}=\frac{-3R_g}{Z_{M\Sigma1}+6R_g+2C_{0M}Z_{M\Sigma0}}\dot{U}_{KA|0|}\end{aligned}\right\} \tag{3-45}$$

2. 线路两侧保护安装处电压、电流分析

（1）线路 M 侧电流、电压分析。

1）根据复合序网图可得 M 侧三相电流及零序电流为

$$\dot{I}_{MA}=\dot{I}_{MA1}+\dot{I}_{MA2}+\dot{I}_{MA0}=\dot{I}_{KA1}+\dot{I}_{KA2}+C_{0M}\dot{I}_{KA0}$$

$$=-\dot{I}_{KA0}+C_{0M}\dot{I}_{KA0}$$

$$=\frac{(1-C_{0M})\dot{U}_{KA|0|}}{Z_{M\Sigma1}+6R_g+2C_{0M}Z_{M\Sigma0}} \tag{3-46}$$

$$\begin{aligned}\dot{I}_{MB} &= \dot{I}_{MB1} + \dot{I}_{MB2} + \dot{I}_{MB0} = \alpha^2 \dot{I}_{KA1} + \alpha \dot{I}_{KA2} + C_{0M} \dot{I}_{KA0} \\ &= \alpha^2 \frac{\dot{U}_{KA|0|}}{Z_{M\Sigma1}} \left(\frac{Z_{M\Sigma1} + 3R_g + C_{0M} Z_{M\Sigma0}}{Z_{M\Sigma1} + 6R_g + 2C_{0M} Z_{M\Sigma0}} \right) - \alpha \frac{\dot{U}_{KA|0|}}{Z_{M\Sigma1}} \left(\frac{3R_g + C_{0M} Z_{M\Sigma0}}{Z_{M\Sigma1} + 6R_g + 2C_{0M} Z_{M\Sigma0}} \right) - \\ &\quad \frac{C_{0M} \dot{U}_{KA|0|}}{Z_{M\Sigma1} + 6R_g + 2C_{0M} Z_{M\Sigma0}} \\ &= -j\frac{\sqrt{3}}{2} \frac{\dot{U}_{KA|0|}}{Z_{M\Sigma1}} - \left(C_{0M} + \frac{1}{2} \right) \frac{\dot{U}_{KA|0|}}{Z_{M\Sigma1} + 6R_g + 2C_{0M} Z_{M\Sigma0}} \end{aligned} \tag{3-47}$$

$$\begin{aligned}\dot{I}_{MC} &= \dot{I}_{MC1} + \dot{I}_{MC2} + \dot{I}_{MC0} = \alpha \dot{I}_{KA1} + \alpha^2 \dot{I}_{KA2} + C_{0M} \dot{I}_{KA0} \\ &= \alpha \frac{\dot{U}_{KA|0|}}{Z_{M\Sigma1}} \left(\frac{Z_{M\Sigma1} + 3R_g + C_{0M} Z_{M\Sigma0}}{Z_{M\Sigma1} + 6R_g + 2C_{0M} Z_{M\Sigma0}} \right) - \alpha^2 \frac{\dot{U}_{KA|0|}}{Z_{M\Sigma1}} \left(\frac{3R_g + C_{0M} Z_{M\Sigma0}}{Z_{M\Sigma1} + 6R_g + 2C_{0M} Z_{M\Sigma0}} \right) - \\ &\quad \frac{C_{0M} \dot{U}_{KA|0|}}{Z_{M\Sigma1} + 6R_g + 2C_{0M} Z_{M\Sigma0}} \\ &= j\frac{\sqrt{3}}{2} \frac{\dot{U}_{KA|0|}}{Z_{M\Sigma1}} - \left(C_{0M} + \frac{1}{2} \right) \frac{\dot{U}_{KA|0|}}{Z_{M\Sigma1} + 6R_g + 2C_{0M} Z_{M\Sigma0}} \end{aligned} \tag{3-48}$$

$$\begin{aligned}3\dot{I}_{M0} &= \dot{I}_{MA} + \dot{I}_{MB} + \dot{I}_{MC} \\ &= \frac{-3C_{0M} \dot{U}_{KA|0|}}{Z_{M\Sigma1} + 6R_g + 2C_{0M} Z_{M\Sigma0}} \end{aligned} \tag{3-49}$$

由式（3-46）可知，M 侧非故障相电流的幅值及相位特点如下：

a）变压器中性点刀闸 QSE 打开时，即 $C_{0M} = 1$，M 侧保护安装处非故障相电流 $\dot{I}_{MA}$ 幅值为零。

b）变压器中性点刀闸 QSE 闭合时，即 $C_{0M} \neq 1$，M 侧保护安装处非故障相电流 $\dot{I}_{MA}$ 幅值不为零。当线路发生 B、C 两相金属性的接地短路故障时，非故障相电流 $\dot{I}_{MA}$ 滞后非故障相电压 $\dot{U}_{KA|0|}$ 一个系统阻抗角约 80°；当线路发生 B、C 两相经过渡电阻的接地短路故障时，$\dot{I}_{MA}$ 滞后 $\dot{U}_{KA|0|}$ 的角度随过渡电阻 R_g=0→∞的变化可能的变化范围为 80°→0°。

由式（3-47）、式（3-48）可知，M 侧故障相电流的幅值及相位特点如下：

a）由两故障相电流的表达式不难看出，当故障点过渡电阻 R_g→∞时，式（3-47）、式（3-48）与式（3-33）、式（3-34）是相等的，此时等同于金属性两相相间短路故障，此时 $\dot{I}_{MB}$ 超前 $\dot{U}_{KA|0|}$ 约 190°，$\dot{I}_{MC}$ 则超前 $\dot{U}_{KA|0|}$ 约 10°，$\dot{I}_{MB}$ 与 $\dot{I}_{MC}$ 幅值相等、相位相反。

b）当线路 M 侧出口处发生 B、C 相金属性接地短路故障时，$Z_{ML1} = 0$、$Z_{ML0} = 0$、$R_g = 0$，若系统等值阻抗 $Z_{MS0} = Z_{MS1}$ 时，由式（3-47）、式（3-48）可得

$$\left.\begin{aligned}\dot{I}_{MB} &= -j\frac{\sqrt{3}}{2} \times \frac{\dot{U}_{KA|0|}}{Z_{MS1}} - \frac{1}{2} \times \frac{\dot{U}_{KA|0|}}{Z_{MS1}} = \frac{\dot{U}_{KA|0|}}{Z_{MS1}} e^{j240^\circ} \\ \dot{I}_{MC} &= +j\frac{\sqrt{3}}{2} \times \frac{\dot{U}_{KA|0|}}{Z_{MS1}} - \frac{1}{2} \times \frac{\dot{U}_{KA|0|}}{Z_{MS1}} = \frac{\dot{U}_{KA|0|}}{Z_{MS1}} e^{j120^\circ} \end{aligned}\right\} \tag{3-50}$$

由式(3-50)可知,此时两故障相电流$\dot{I}_{MB}$、$\dot{I}_{MC}$幅值相等,但相位不同,相位差120°。$\dot{I}_{MB}$超前$\dot{U}_{KA|0|}$约160°，$\dot{I}_{MC}$超前$\dot{U}_{KA|0|}$约40°，C_{0M}数值不影响分析结果。

c）当线路M侧出口处发生B、C相金属性接地短路故障时，$Z_{ML1}=0$、$Z_{ML0}=0$、$R_g=0$，若考虑系统等值阻抗的极值关系为$Z_{MS0}=\frac{1}{2}Z_{MS1}$，在$C_{0M}=1$时，由式（3-47)、式（3-48）可得

$$\left.\begin{aligned}\dot{I}_{MB}&=-j\frac{\sqrt{3}}{2}\times\frac{\dot{U}_{KA|0|}}{Z_{MS1}}-\frac{3}{4}\times\frac{\dot{U}_{KA|0|}}{Z_{MS1}}=\frac{\sqrt{21}}{4}\times\frac{\dot{U}_{KA|0|}}{Z_{MS1}}e^{j229.11^\circ}\\ \dot{I}_{MC}&=+j\frac{\sqrt{3}}{2}\times\frac{\dot{U}_{KA|0|}}{Z_{MS1}}-\frac{3}{4}\times\frac{\dot{U}_{KA|0|}}{Z_{MS1}}=\frac{\sqrt{21}}{4}\times\frac{\dot{U}_{KA|0|}}{Z_{MS1}}e^{j130.89^\circ}\end{aligned}\right\}\tag{3-51}$$

由式（3-51）可知，此时两故障相电流$\dot{I}_{MB}$、$\dot{I}_{MC}$幅值相等、相位不同。$\dot{I}_{MB}$超前$\dot{U}_{KA|0|}$约149.11°（$Z_{MS0}=\frac{1}{2}Z_{MS1}$，$C_{0M}<1$时，该角度大于149.11°），$\dot{I}_{MC}$超前$\dot{U}_{KA|0|}$约50.89°（$Z_{MS0}=\frac{1}{2}Z_{MS1}$，$C_{0M}<1$时，该角度小于50.89°）。

d）由上述a)、c）分析可知，当线路发生B、C两相经过渡电阻接地短路故障时，随R_g=0→∞时，此时$\dot{I}_{MB}$、$\dot{I}_{MC}$幅值不再相等，一般情况下其可能的角度变化范围约为：$\dot{I}_{MB}$超前$\dot{U}_{KA|0|}$约149.11°→190°，$\dot{I}_{MC}$超前$\dot{U}_{KA|0|}$约50.89°→10°。

由式（3-46)、式（3-49）可知，M侧非故障相电流与零序电流相位特点为

$$\arg\frac{\dot{I}_{MA}}{3\dot{I}_{M0}}=\arg\frac{1-C_{0M}}{-3C_{0M}}=180^\circ\ （C_{0M}\neq1）\tag{3-52}$$

由式（3-52）可知，当$C_{0M}\neq1$时，线路发生B、C两相接地短路故障时，非故障相电流$\dot{I}_{MA}$与零序电流$3\dot{I}_{M0}$反相，该特点与故障点位置及故障点是否存在过渡电阻无关。

2）根据复合序网图及对称分量法，可得M母线处各相电压及零序电压为

$$\begin{aligned}\dot{U}_{MA}&=\dot{U}_{MA1}+\dot{U}_{MA2}+\dot{U}_{MA0}\\ &=\dot{I}_{KA1}Z_{ML1}+\dot{U}_{KA1}+\dot{I}_{KA2}Z_{ML2}+\dot{U}_{KA2}+C_{0M}\dot{I}_{KA0}Z_{ML0}+\dot{U}_{KA0}\\ &=\dot{I}_{KA1}Z_{ML1}+\dot{I}_{KA2}Z_{ML1}+C_{0M}\dot{I}_{KA0}Z_{ML0}+\dot{U}_{KA}\\ &=-\dot{I}_{KA0}(Z_{ML1}-C_{0M}Z_{ML0})+\dot{U}_{KA}\\ &=\frac{\dot{U}_{KA|0|}(Z_{ML1}-C_{0M}Z_{ML0})}{Z_{M\Sigma1}+6R_g+2C_{0M}Z_{M\Sigma0}}+\frac{6R_g+3C_{0M}Z_{M\Sigma0}}{Z_{M\Sigma1}+6R_g+2C_{0M}Z_{M\Sigma0}}\dot{U}_{KA|0|}\\ &=\frac{Z_{ML1}-C_{0M}Z_{ML0}+6R_g+3C_{0M}Z_{M\Sigma0}}{Z_{M\Sigma1}+6R_g+2C_{0M}Z_{M\Sigma0}}\dot{U}_{KA|0|}\\ &=\dot{U}_{KA|0|}+\frac{C_{0M}Z_{MS0}-Z_{MS1}}{Z_{M\Sigma1}+6R_g+2C_{0M}Z_{M\Sigma0}}\dot{U}_{KA|0|}\end{aligned}\tag{3-53}$$

$$\dot U_{MB}=\alpha^2\dot U_{MA1}+\alpha\dot U_{MA2}+\dot U_{MA0}$$

$$=\alpha^2\dot I_{MA1}Z_{ML1}+\alpha^2\dot U_{KA1}+\alpha\dot I_{MA2}Z_{ML2}+\alpha\dot U_{KA2}+C_{0M}\dot I_{MA0}Z_{ML0}+\dot U_{KA0}$$

$$=\left(-\frac{1}{2}-j\frac{\sqrt3}{2}\right)\dot I_{KA1}Z_{ML1}+\left(-\frac{1}{2}+j\frac{\sqrt3}{2}\right)\dot I_{KA2}Z_{ML1}+C_{0M}\dot I_{KA0}Z_{ML0}+\dot U_{KB}$$

$$=\dot I_{KA0}\left(\frac{1}{2}Z_{ML1}+C_{0M}Z_{ML0}\right)+j\frac{\sqrt3}{2}(\dot I_{KA2}-\dot I_{KA1})(Z_{M\Sigma1}-Z_{MS1})+\dot U_{KB}$$

$$=-\frac{\frac{1}{2}\dot U_{KA|0|}(Z_{ML1}+2C_{0M}Z_{ML0})}{Z_{M\Sigma1}+6R_g+2C_{0M}Z_{M\Sigma0}}-j\frac{\sqrt3}{2}\dot U_{KA|0|}+j\frac{\sqrt3}{2}\times\frac{\dot U_{KA|0|}}{Z_{M\Sigma1}}Z_{MS1}+$$

$$\frac{-3R_g}{Z_{M\Sigma1}+6R_g+2C_{0M}Z_{M\Sigma0}}\dot U_{KA|0|}$$

$$=-\frac{1}{2}\dot U_{KA|0|}-j\frac{\sqrt3}{2}\dot U_{KA|0|}+j\frac{\sqrt3}{2}\times\frac{\dot U_{KA|0|}}{Z_{M\Sigma1}}Z_{MS1}+\frac{\dot U_{KA|0|}\left(\frac{1}{2}Z_{MS1}+C_{0M}Z_{MS0}\right)}{Z_{M\Sigma1}+6R_g+2C_{0M}Z_{M\Sigma0}}$$

$$=\dot U_{KB|0|}+j\frac{\sqrt3}{2}\times\frac{\dot U_{KA|0|}}{Z_{M\Sigma1}}Z_{MS1}+\left(\frac{1}{2}Z_{MS1}+C_{0M}Z_{MS0}\right)\frac{\dot U_{KA|0|}}{Z_{M\Sigma1}+6R_g+2C_{0M}Z_{M\Sigma0}} \quad (3\text{-}54)$$

$$\dot U_{MC}=\alpha\dot U_{MA1}+\alpha^2\dot U_{MA2}+\dot U_{MA0}$$

$$=\alpha\dot I_{MA1}Z_{ML1}+\alpha\dot U_{KA1}+\alpha^2\dot I_{MA2}Z_{ML2}+\alpha^2\dot U_{KA2}+C_{0M}\dot I_{MA0}Z_{ML0}+\dot U_{KA0}$$

$$=\left(-\frac{1}{2}+j\frac{\sqrt3}{2}\right)\dot I_{KA1}Z_{ML1}+\left(-\frac{1}{2}-j\frac{\sqrt3}{2}\right)\dot I_{KA2}Z_{ML1}+C_{0M}\dot I_{KA0}Z_{ML0}+\dot U_{KB}$$

$$=\dot U_{KC|0|}-j\frac{\sqrt3}{2}\times\frac{\dot U_{KA|0|}}{Z_{M\Sigma1}}Z_{MS1}+\left(\frac{1}{2}Z_{MS1}+C_{0M}Z_{MS0}\right)\frac{\dot U_{KA|0|}}{Z_{M\Sigma1}+6R_g+2C_{0M}Z_{M\Sigma0}} \quad (3\text{-}55)$$

$$3\dot U_{M0}=-3\dot I_{M0}Z_{MS0}=\frac{3C_{0M}Z_{MS0}}{Z_{M\Sigma1}+6R_g+2C_{0M}Z_{M\Sigma0}}\dot U_{KA|0|} \quad (3\text{-}56)$$

由式（3-53）可知，M 母线处非故障相电压的幅值及相位特点如下：

a）当线路发生 B、C 相接地短路故障，$C_{0M}Z_{MS0}=Z_{MS1}$ 时，M 侧非故障相电压 $\dot U_{MA}$ 较故障前本相电压 $\dot U_{MA|0|}$（$\dot U_{MA|0|}\approx\dot U_{KA|0|}$）保持不变。此特点与故障点位置及故障点是否存在过渡电阻无关。

b）当线路发生 B、C 相金属性接地短路故障，$C_{0M}Z_{MS0}>Z_{MS1}$ 时，$R_g=0$，M 侧非故障相电压 $\dot U_{MA}$ 较故障前本相电压 $\dot U_{MA|0|}$ 幅值增大，相位保持不变。

c）当线路发生 B、C 相金属性接地短路故障，$C_{0M}Z_{MS0}<Z_{MS1}$ 时，$R_g=0$，M 母线侧非故障相电压 $\dot U_{MA}$ 较故障前本相电压 $\dot U_{MA|0|}$ 幅值减小，相位保持不变。

d）当线路发生 B、C 相经过渡电阻接地短路故障，$C_{0M}Z_{MS0}>Z_{MS1}$ 时，$R_g\neq0$，M 母线侧非故障相电压 $\dot U_{MA}$ 较故障前本相电压 $\dot U_{MA|0|}$ 幅值增大，$\dot U_{MA}$ 相位超前 $\dot U_{MA|0|}$。

e）当线路发生 B、C 相经过渡电阻接地短路故障，$C_{0M}Z_{MS0}<Z_{MS1}$ 时，$R_g\neq0$，M 侧非故障相电压 $\dot U_{MA}$ 较故障前本相电压 $\dot U_{MA|0|}$ 幅值减小，$\dot U_{MA}$ 相位滞后 $\dot U_{MA|0|}$。

由式（3-46）、式（3-52）可知，M 侧非故障相电流与电压之间的相位关系特点为

$$\arg\frac{\dot{U}_{MA}}{\dot{I}_{MA}}=\arg\frac{Z_{ML1}+6R_g+2C_{0M}Z_{M\Sigma0}+C_{0M}Z_{MS0}}{1-C_{0M}} \quad (C_{0M}\neq 1) \tag{3-57}$$

a）由式（3-57）可知，当线路发生 B、C 相金属性接地短路故障时，$R_g=0$，非故障相电流 $\dot{I}_{MA}$ 滞后 $\dot{U}_{MA}$ 一个系统阻抗角约 80°。

b）由式（3-57）可知，当线路发生 B、C 相经过渡电阻接地短路故障时，$R_g\neq 0$，随 $R_g=0\to\infty$ 变化，$\dot{I}_{MA}$ 滞后 $\dot{U}_{MA}$ 的角度可能的变化范围约为 80°～0°。

由式（3-54）、式（3-55）可知，M 母线处故障相电压的幅值及相位特点如下：

a）线路发生 B、C 相金属性接地短路故障时，两故障相电压 $\dot{U}_{MB}$、$\dot{U}_{MC}$ 幅值始终相等，但相位不同，$\dot{U}_{MB}$、$\dot{U}_{MC}$ 相量始终关于 $\dot{U}_{MA}$ 对称。出口处金属性故障时，$\dot{U}_{MB}$、$\dot{U}_{MC}$ 幅值为零。

b）线路非 M 侧出口处发生 B、C 相经过渡电阻接地短路故障时，两故障相电压 $\dot{U}_{MB}$、$\dot{U}_{MC}$ 幅值不再相等，$\dot{U}_{MB}$、$\dot{U}_{MC}$ 相量也不再关于 $\dot{U}_{MA}$ 对称，随 $R_g=0\to\infty$ 变化，$\dot{U}_{MC}$ 幅值大于 $\dot{U}_{MB}$ 幅值。

c）线路 M 侧出口处发生 B、C 相经过渡电阻接地短路故障时，随 $R_g=0\to\infty$ 变化，两故障相电压 $\dot{U}_{MB}$、$\dot{U}_{MC}$ 幅值始终相等，相位始终相同。

d）由两故障相电压的表达式不难看出，当故障点对地过渡电阻 $R_g\to\infty$ 时，式（3-54）、式（3-55）与式（3-36）、式（3-37）是相等的，此时等同于金属性两相相间短路故障。

由式（3-53）、式（3-56）可知，M 母线处非故障相电压与零序电压之间的相位关系特点为

$$\arg\frac{\dot{U}_{MA}}{3\dot{U}_{M0}}=\arg\frac{Z_{ML1}+6R_g+2C_{0M}Z_{M\Sigma0}+C_{0M}Z_{MS0}}{3C_{0M}Z_{MS0}} \tag{3-58}$$

由式（3-58）可知，线路发生 B、C 相接地短路故障，$R_g=0$ 时，M 母线处非故障相电压 $\dot{U}_{MA}$ 与零序电压 $3\dot{U}_{M0}$ 同相。$R_g\neq 0$ 时，则 M 母线处非故障相电压 $\dot{U}_{MA}$ 与零序电压 $3\dot{U}_{M0}$ 不同相。

（2）线路 N 侧电流、电压分析。

1）根据复合序网图可得 N 侧三相电流及零序电流为

$$\left.\begin{aligned}
\dot{I}_{NA}&=\dot{I}_{NA1}+\dot{I}_{NA2}+\dot{I}_{NA0}=C_{0N}\dot{I}_{KA0}=(1-C_{0M})\dot{I}_{KA0}\\
\dot{I}_{NB}&=\alpha^2\dot{I}_{NA1}+\alpha\dot{I}_{NA2}+\dot{I}_{NA0}=C_{0N}\dot{I}_{KA0}=(1-C_{0M})\dot{I}_{KA0}\\
\dot{I}_{NC}&=\alpha\dot{I}_{NA1}+\alpha^2\dot{I}_{NA2}+\dot{I}_{NA0}=C_{0N}\dot{I}_{KA0}=(1-C_{0M})\dot{I}_{KA0}\\
3\dot{I}_{N0}&=3(1-C_{0M})\dot{I}_{KA0}
\end{aligned}\right\} \tag{3-59}$$

由式（3-59）可知，N 侧各相电流及零序电流的幅值、相位特点如下：

a）当变压器中性点接地刀闸打开时，即 $C_{0M}=1$ 时，线路发生 B、C 相接地短路故障，N 侧各相电流及零序电流为零。

b）当变压器中性点接地刀闸闭合时，即 $C_{0M}\neq 1$ 时，线路发生 B、C 相接地短路故障，N 侧各相电流幅值不为零，相位相同。零序电流幅值是各相电流幅值的 3 倍，相位与各相电流相同。

2）根据复合序网图及对称分量法，可得 N 母线处各相电压及零序电压为

$$\begin{aligned}\dot{U}_{NA}&=\dot{U}_{NA1}+\dot{U}_{NA2}+\dot{U}_{NA0}\\&=\dot{I}_{NA1}Z_{NL1}+\dot{U}_{KA1}+\dot{I}_{NL2}Z_{NL2}+\dot{U}_{KA2}+\dot{I}_{NA0}Z_{NL0}+\dot{U}_{KA0}\\&=(1-C_{0M})\dot{I}_{KA0}Z_{NL0}+\dot{U}_{KA}\end{aligned}\tag{3-60}$$

$$\begin{aligned}\dot{U}_{NB}&=\alpha^2\dot{U}_{NA1}+\alpha\dot{U}_{NA1}+\dot{U}_{NA0}\\&=\alpha^2\dot{I}_{NA1}Z_{NL1}+\alpha^2\dot{U}_{KA1}+\alpha\dot{I}_{NA2}Z_{NL2}+\alpha\dot{U}_{KA2}+\dot{I}_{NA0}Z_{NL0}+\dot{U}_{KA0}\\&=(1-C_{0M})\dot{I}_{KA0}Z_{NL0}+\dot{U}_{KB}\end{aligned}\tag{3-61}$$

$$\begin{aligned}\dot{U}_{NC}&=\alpha\dot{U}_{NA1}+\alpha^2\dot{U}_{NA1}+\dot{U}_{NA0}\\&=\alpha\dot{I}_{NA1}Z_{NL1}+\alpha\dot{U}_{KA1}+\alpha^2\dot{I}_{NA2}Z_{NL2}+\alpha^2\dot{U}_{KA2}+\dot{I}_{NA0}Z_{NL0}+\dot{U}_{KA0}\\&=(1-C_{0M})\dot{I}_{KA0}Z_{NL0}+\dot{U}_{KC}\end{aligned}\tag{3-62}$$

$$3\dot{U}_{N0}=-3C_{0N}\dot{I}_{KA0}Z_{T0}=\frac{3C_{0N}Z_{T0}}{Z_{M\Sigma1}+6R_g+2C_{0M}Z_{M\Sigma0}}\dot{U}_{KA|0|}\quad（C_{0N}\neq0\text{时}）\tag{3-63}$$

由式（3-60）可知，N 母线处非故障相电压幅值及相位特点如下：

a）当变压器中性点刀闸打开时，即 $C_{0M}=1$ 时 由式（3-60）可以得到

$$\dot{U}_{NA}=\dot{U}_{KA}=\dot{U}_{KA|0|}+\frac{Z_{M\Sigma0}-Z_{M\Sigma1}}{Z_{M\Sigma1}+6R_g+2C_{0M}Z_{M\Sigma0}}\dot{U}_{KA|0|}\tag{3-64}$$

由式（3-64）可知：

当线路发生 B、C 相金属性接地短路故障时，$R_g=0$，N 母线处非故障相电压 $\dot{U}_{NA}$ 相位始终与本相故障前电压 $\dot{U}_{NA|0|}$（$\dot{U}_{NA|0|}\approx\dot{U}_{KA|0|}$）同相，当 $Z_{M\Sigma0}=Z_{M\Sigma1}$ 时，$\dot{U}_{NA}$ 幅值与 $\dot{U}_{NA|0|}$ 保持不变；当 $Z_{M\Sigma0}<Z_{M\Sigma1}$ 时，$\dot{U}_{NA}$ 幅值减小；当 $Z_{M\Sigma0}>Z_{M\Sigma1}$ 时，$\dot{U}_{NA}$ 幅值增大。

当线路发生 B、C 相经过渡电阻接地短路故障时，$R_g\neq0$，当 $Z_{M\Sigma1}=Z_{M\Sigma0}$ 时，N 母线处非故障相电压 $\dot{U}_{NA}$ 与本相故障前电压 $\dot{U}_{NA|0|}$ 保持不变；当 $Z_{M\Sigma1}>Z_{M\Sigma0}$ 时，$\dot{U}_{NA}$ 幅值减小，相位滞后 $\dot{U}_{NA|0|}$；当 $Z_{M\Sigma1}<Z_{M\Sigma0}$ 时，$\dot{U}_{NA}$ 幅值增大，相位超前 $\dot{U}_{NA|0|}$。

b）当变压器中性点刀闸闭合时，即 $C_{0M}\neq1$ 时，将式（3-42）代入式（3-60）可以得到

$$\begin{aligned}\dot{U}_{NA}&=(1-C_{0M})\dot{I}_{KA0}Z_{NL0}+\dot{U}_{KA|0|}+\frac{C_{0M}Z_{M\Sigma0}-Z_{M\Sigma1}}{Z_{M\Sigma1}+6R_g+2C_{0M}Z_{M\Sigma0}}\dot{U}_{KA|0|}\\&=\frac{-C_{0N}Z_{NL0}}{Z_{M\Sigma1}+6R_g+2C_{0M}Z_{M\Sigma0}}\dot{U}_{KA|0|}+\dot{U}_{KA|0|}+\frac{C_{0M}Z_{M\Sigma0}-Z_{M\Sigma1}}{Z_{M\Sigma1}+6R_g+2C_{0M}Z_{M\Sigma0}}\dot{U}_{KA|0|}\\&=\dot{U}_{KA|0|}+\frac{C_{0N}Z_{N\Sigma0}-Z_{M\Sigma1}-C_{0N}Z_{NL0}}{Z_{M\Sigma1}+6R_g+2C_{0M}Z_{M\Sigma0}}\dot{U}_{KA|0|}\\&=\dot{U}_{KA|0|}+\frac{C_{0N}Z_{T0}-Z_{M\Sigma1}}{Z_{M\Sigma1}+6R_g+2C_{0M}Z_{M\Sigma0}}\dot{U}_{KA|0|}\end{aligned}\tag{3-65}$$

由式（3-65）可知：

当线路发生 B、C 相金属性接地短路故障时，$R_g=0$，N 母线处非故障相电压 $\dot{U}_{NA}$ 相位始终与本相故障前电压 $\dot{U}_{NA|0|}$（$\dot{U}_{NA|0|}\approx\dot{U}_{KA|0|}$）同相，当 $C_{0N}Z_{T0}=Z_{M\Sigma1}$ 时，幅值与故障前保持不变；当 $C_{0N}Z_{T0}<Z_{M\Sigma1}$ 时，幅值减小；当 $C_{0N}Z_{T0}>Z_{M\Sigma1}$ 时，幅值增大。

当线路发生 B、C 相经过渡电阻接地短路故障时，$R_{g}\neq 0$，当 $C_{0N}Z_{T0}=Z_{M\Sigma 1}$ 时，N 母线处非故障相电压 $\dot{U}_{NA}$ 与本相故障前电压 $\dot{U}_{NA|0|}$ 保持不变；当 $C_{0N}Z_{T0}<Z_{M\Sigma 1}$ 时，$\dot{U}_{NA}$ 幅值减小，相位滞后 $\dot{U}_{NA|0|}$；当 $C_{0N}Z_{T0}>Z_{M\Sigma 1}$ 时，$\dot{U}_{NA}$ 幅值增大，相位超前 $\dot{U}_{NA|0|}$。

由式（3-61）、式（3-62）可知，N 母线处两故障相电压幅值及相位特点如下：

a）当变压器中性点刀闸打开时，即 $C_{0M}=1$ 时，由式（3-61）、式（3-62）可以得到

$$\left.\begin{aligned}\dot{U}_{NB}=\dot{U}_{KB}=\frac{-3R_{g}}{Z_{M\Sigma 1}+6R_{g}+2C_{0M}Z_{M\Sigma 0}}\dot{U}_{KA|0|}\\ \dot{U}_{NC}=\dot{U}_{KC}=\frac{-3R_{g}}{Z_{M\Sigma 1}+6R_{g}+2C_{0M}Z_{M\Sigma 0}}\dot{U}_{KA|0|}\end{aligned}\right\}\tag{3-66}$$

由式（3-66）可知：

当线路发生 B、C 相金属性接地短路故障时，$R_{g}=0$，N 母线处两故障相电压 $\dot{U}_{NB}$、$\dot{U}_{NC}$ 幅值为零。

当线路发生 B、C 相经过渡电阻接地短路故障时，N 母线处两故障相电压 $\dot{U}_{NB}$、$\dot{U}_{NC}$ 幅值相等、相位相同，随 R_{g}=0→∞变化，$\dot{U}_{NB}$、$\dot{U}_{NC}$ 超前 $\dot{U}_{NA|0|}$ 的角度范围约为 100°→180°。

b）当变压器中性点刀闸闭合时，即 $C_{0M}\neq 1$ 时，将式（3-42）代入式（3-61）、式（3-62）可以得到

$$\left.\begin{aligned}\dot{U}_{NB}&=\frac{-C_{0N}Z_{NL0}}{Z_{M\Sigma 1}+6R_{g}+2C_{0M}Z_{M\Sigma 0}}\dot{U}_{KA|0|}+\frac{-3R_{g}}{Z_{M\Sigma 1}+6R_{g}+2C_{0M}Z_{M\Sigma 0}}\dot{U}_{KA|0|}\\&=\frac{-(C_{0N}Z_{NL0}+3R_{g})}{Z_{M\Sigma 1}+6R_{g}+2C_{0M}Z_{M\Sigma 0}}\dot{U}_{KA|0|}\\ \dot{U}_{NC}&=\frac{-C_{0N}Z_{NL0}}{Z_{M\Sigma 1}+6R_{g}+2C_{0M}Z_{M\Sigma 0}}\dot{U}_{KA|0|}+\frac{-3R_{g}}{Z_{M\Sigma 1}+6R_{g}+2C_{0M}Z_{M\Sigma 0}}\dot{U}_{KA|0|}\\&=\frac{-(C_{0N}Z_{NL0}+3R_{g})}{Z_{M\Sigma 1}+6R_{g}+2C_{0M}Z_{M\Sigma 0}}\dot{U}_{KA|0|}\end{aligned}\right\}\tag{3-67}$$

由式（3-67）可知：

当线路发生 B、C 相金属性接地短路故障时，$R_{g}=0$，N 母线处两故障相电压 $\dot{U}_{NB}$、$\dot{U}_{NC}$ 电压幅值相等，相位相同且均与 $\dot{U}_{KA|0|}$ 反相。当故障点在 N 侧出口处时，两故障相电压幅值为零。

当线路 N 侧出口处发生 B、C 经过渡电阻接地短路故障时，N 母线处两故障相电压 $\dot{U}_{NB}$、$\dot{U}_{NC}$ 幅值相等、相位相同，随 R_{g}=0→∞变化，$\dot{U}_{NB}$、$\dot{U}_{NC}$ 超前 $\dot{U}_{KA|0|}$ 的角度范围约为 100°→180°。

由式（3-63）、式（3-65）可得

$$\arg\frac{\dot{U}_{NA}}{3\dot{U}_{N0}}=\arg\frac{6R_{g}+2C_{0M}Z_{M\Sigma 0}+C_{0N}Z_{T0}}{3C_{0N}Z_{T0}}\quad (C_{0N}\neq 0)\tag{3-68}$$

由式（3-68）可知，当线路发生 B、C 相金属性接地短路故障时，$R_{g}=0$，N 母线处非故障相电压 $\dot{U}_{NA}$ 与零序电压 $3\dot{U}_{N0}$ 同相。当线路发生 B、C 相经过渡电阻接地短路故障

时，N 母线处非故障相电压$\dot{U}_{NA}$与零序电压$3\dot{U}_{N0}$不再同相，随R_g=0→∞变化，$\dot{U}_{NA}$滞后$3\dot{U}_{N0}$的角度变化范围约为 0°→80°。

三、录波图及相量分析

（一）变压器中性点通过间隙接地运行（QSE 打开）

1. 金属性接地短路故障

（1）线路非出口处 B、C 相金属性接地短路故障（$Z_{MS1}>Z_{MS0}$、$Z_{M\Sigma1}<Z_{M\Sigma0}$、$R_g=0$）。线路 M、N 两侧保护安装处电压、电流录波如图 3-37 所示，线路两侧断路器均三相跳闸。（标尺刻度为一次值）

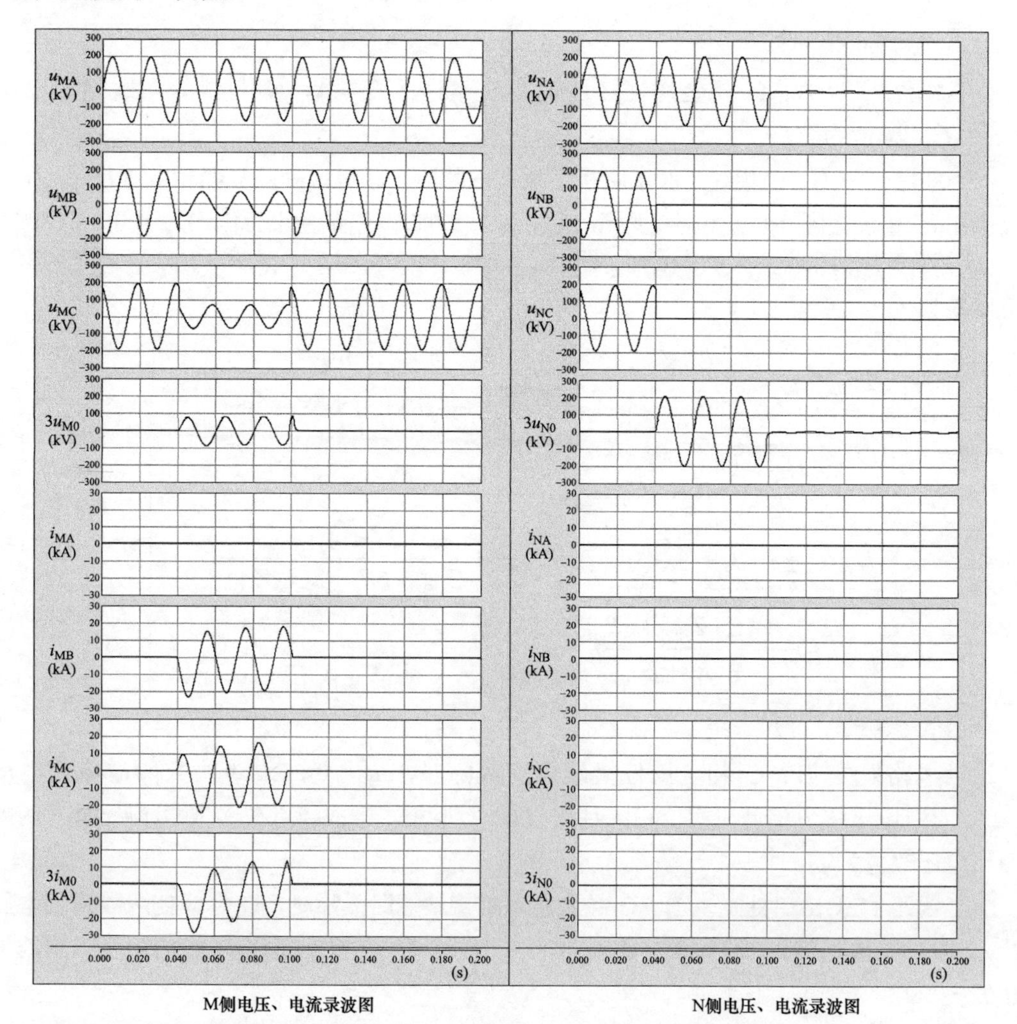

图 3-37　线路 M、N 两侧电压、电流录波图（一次值）

1）M 侧录波图阅读。0～40ms，M 侧母线三相电压对称（有效值约为 132.5kV），无零序电流，无零序电压，三相电流为零。在约 40ms 时 B、C 两相电压开始下降（B 相有效值约为 48.4kV、C 相有效值约为 48.4kV；B、C 两相电压相位差减小（相位差约为 92°），

A 相电压幅值下降（有效值约为 124.9kV），出现零序电压（有效值约为 57.7kV）。同时 B、C 相出现故障电流（B 相最大峰值约为 22kA，有效值约为 12.8kA；C 相最大峰值约为 22.5kA，有效值约为 12.8kA），出现零序电流（最大峰值约为 28.5kA，有效值约为 11.6kA）。

2）N 侧录波图阅读。0～40ms，N 侧母线三相电压对称（有效值约为 132.5kV），在约 40ms 时 B、C 两相电压幅值下降为零，A 相电压较故障前幅值上升（有效值约为 140.9kV），相位不变，出现零序电压（有效值约为 140.9kV）。三相电流为零，零序电流为零。

3）录波图分析。电源端 M 侧录波图显示故障期间 B、C 相电压下降，幅值相等，B、C 相出现故障电流，幅值相等，出现零序电压、电流。

负载端 N 侧录波图显示故障期间 B、C 相电压下降为零，A 相电压较故障前幅值上升，相位保持不变，出现零序电压。三相电流及零序电流均为零。

通过以上特点，结合系统接线及理论分析，基本可以判断为线路发生 B、C 相间接地短路故障。故障从 40ms 时开始，共持续了约 60ms。

故障期间，M 侧两故障相残压 $\dot{U}_{MB}$、$\dot{U}_{MC}$ 幅值相等，零序电压 $3\dot{U}_{M0}$ 与非故障相电压 $\dot{U}_{MA}$ 同相，可以说明线路发生的是 B、C 两相金属性接地短路故障。M 侧 $\dot{U}_{MB}$、$\dot{U}_{MC}$ 残压不为零，说明故障点不在 M 母线出口处。M 母线处非故障相电压 $\dot{U}_{MA}$ 幅值下降，说明 M 母线处系统等值阻抗 $Z_{MS1}>Z_{MS0}$。

由于 N 侧各相电压与故障点各相电压一致，因此 N 侧两故障相 $\dot{U}_{NB}$、$\dot{U}_{NC}$ 残压为零也说明故障点发生的是金属性短路故障。N 母线处非故障相电压 $\dot{U}_{NA}$ 幅值上升，说明故障点等值阻抗 $Z_{M\Sigma1}<Z_{M\Sigma0}$。

4）绘制此时线路 M、N 两侧电压、电流相量图，如图 3-38 所示。

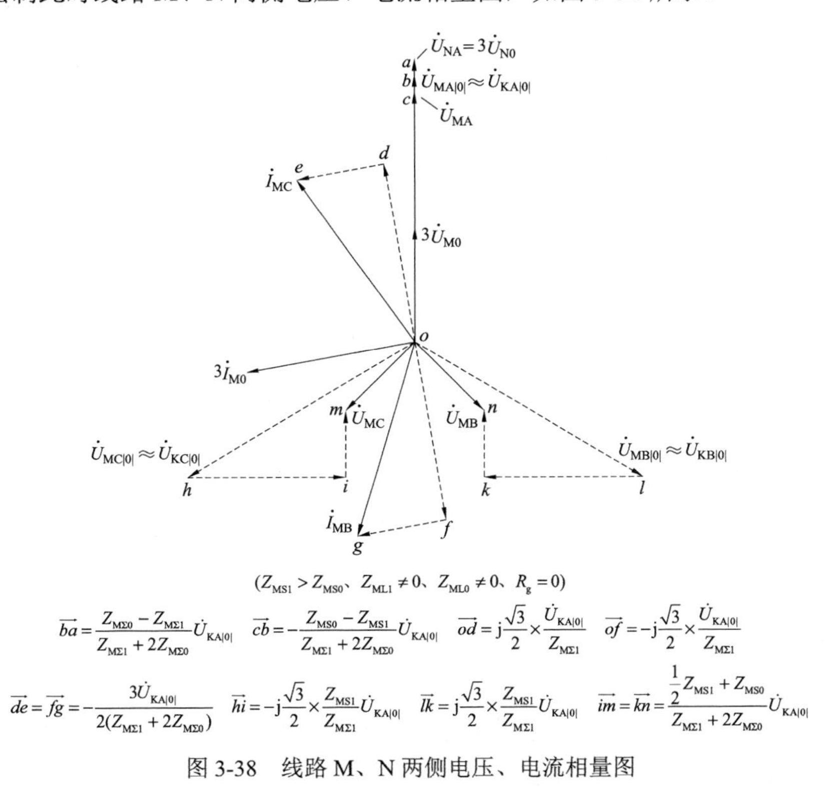

图 3-38　线路 M、N 两侧电压、电流相量图

（2）线路 M 侧出口处 B、C 相金属性接地短路故障（$Z_{MS1}<Z_{MS0}$、$Z_{ML1}=0$、$Z_{ML0}=0$、$R_g=0$）。线路 M、N 两侧保护安装处电压、电流录波如图 3-39 所示，线路两侧断路器均三相跳闸。（标尺刻度为一次值）

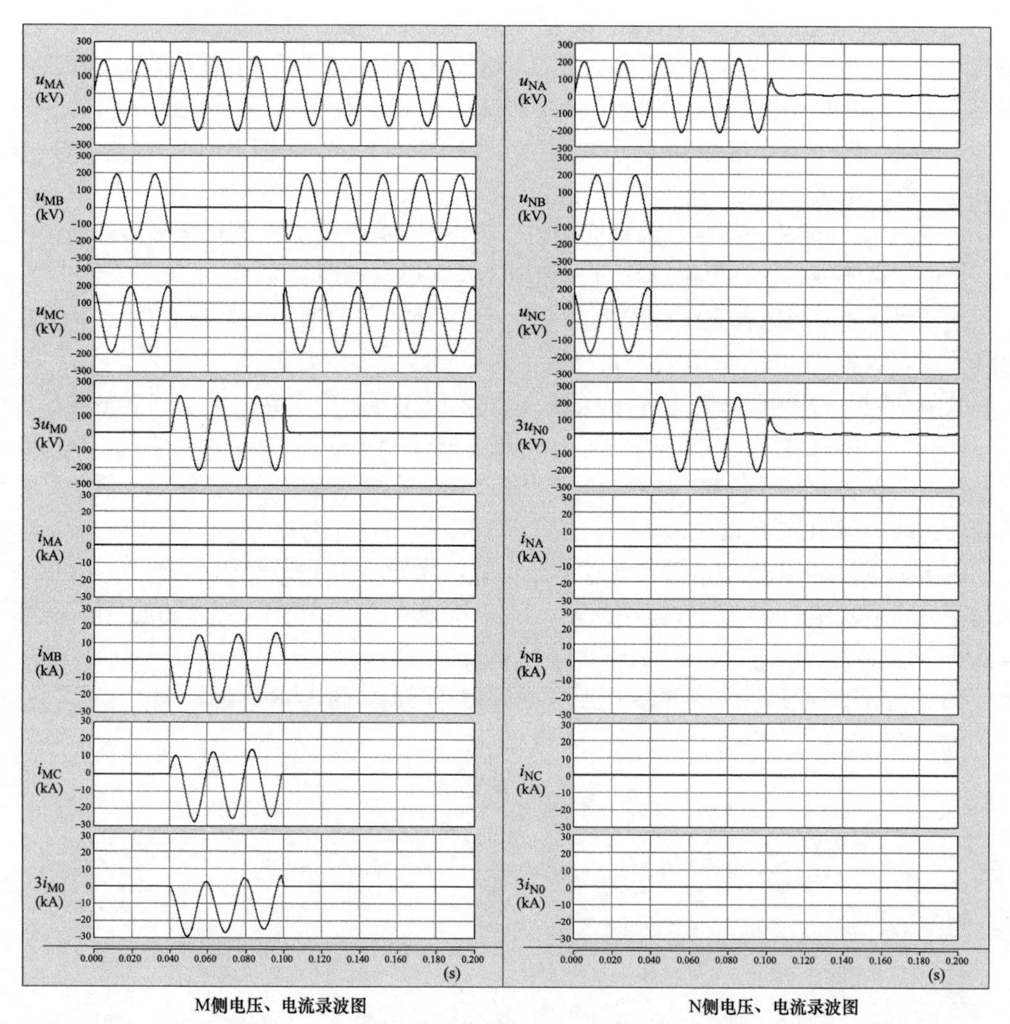

图 3-39　线路 M、N 两侧电压、电流录波图（一次值）

录波图 3-39 分析方法与图 3-37 基本相同，其特点是 M 母线侧两故障相电压 $\dot{U}_{MB}$、$\dot{U}_{MC}$ 残压为零，从该点可以知道线路发生的是 B、C 两相金属性接地短路故障，而且故障点位于 M 侧出口处。

M、N 两侧各相电压在故障期间幅值、相位一致，也说明上述结果。

M、N 两侧非故障相电压幅值在故障期间幅值上升，说明故障点等值阻抗 $Z_{MS1}<Z_{MS0}$。

绘制此时线路 M、N 两侧电压、电流相量图，如图 3-40 所示。

2. 经过渡电阻接地短路故障

（1）线路非出口处 B、C 相经过渡电阻接地短路故障（$Z_{MS1}=Z_{MS0}$、$Z_{ML1}\neq 0$、$Z_{ML0}\neq 0$、$R_g\neq 0$）。线路 M、N 两侧保护安装处电压、电流录波如图 3-41 所示，线路两侧断路器均三相跳闸。（标尺刻度为一次值）

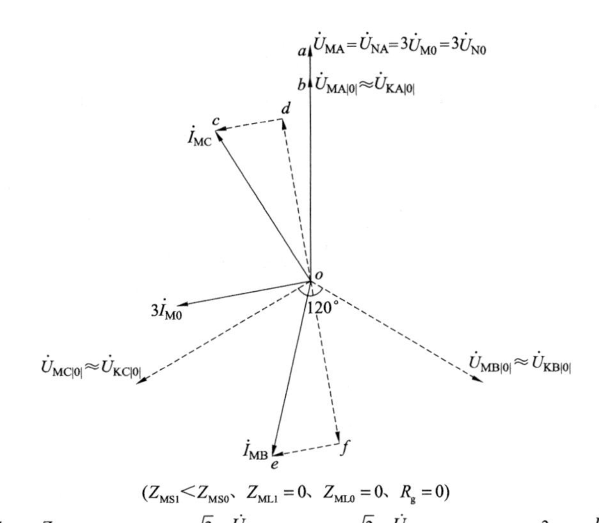

$(Z_{MS1}<Z_{MS0}、Z_{ML1}=0、Z_{ML0}=0、R_g=0)$

$$\overrightarrow{ba}=\frac{Z_{MS0}-Z_{MS1}}{Z_{MS1}+2Z_{MS0}}\dot{U}_{KA|0|}\quad \overrightarrow{od}=\mathrm{j}\frac{\sqrt{3}}{2}\times\frac{\dot{U}_{KA|0|}}{Z_{MS1}}\quad \overrightarrow{of}=-\mathrm{j}\frac{\sqrt{3}}{2}\times\frac{\dot{U}_{KA|0|}}{Z_{MS1}}\quad \overrightarrow{dc}=\overrightarrow{fe}=-\frac{3}{2}\times\frac{\dot{U}_{KA|0|}}{Z_{MS1}+2Z_{MS0}}$$

图 3-40　线路 M、N 两侧电压、电流相量图

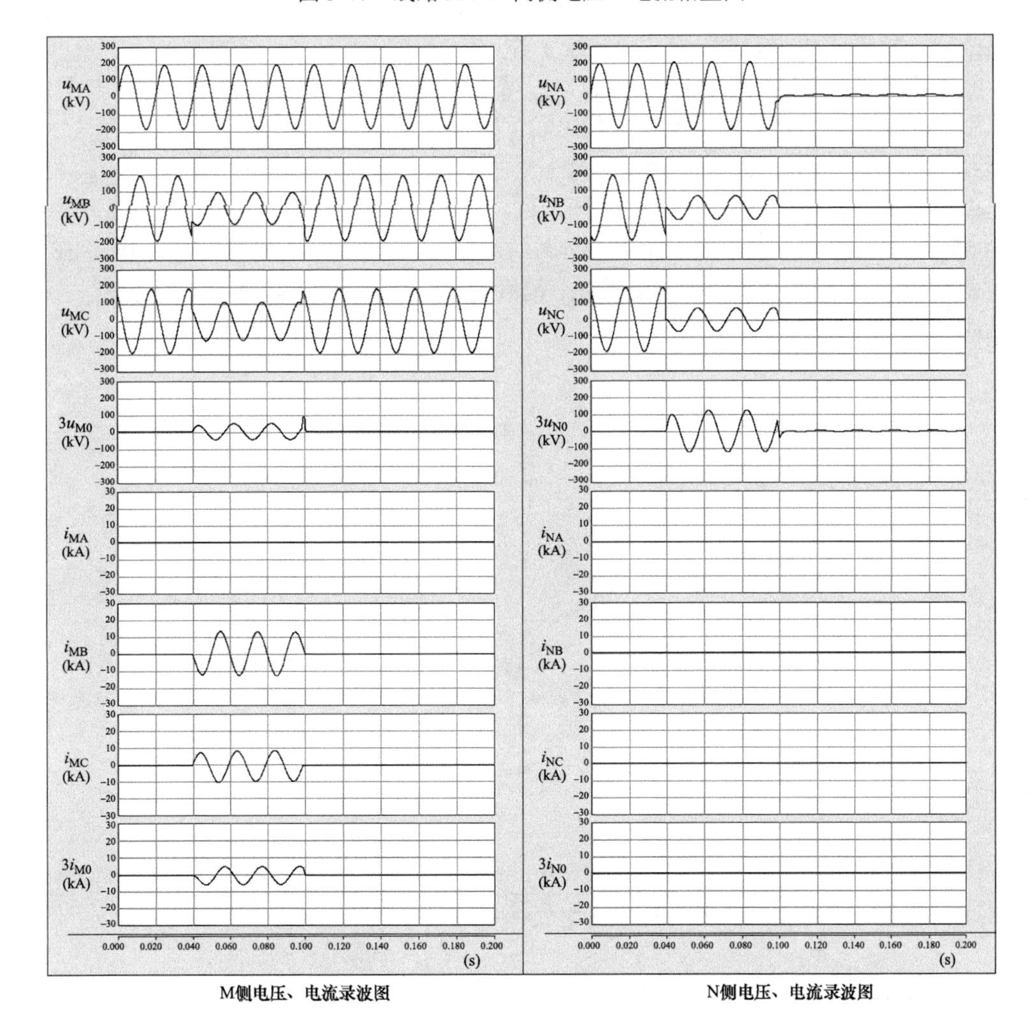

图 3-41　线路 M、N 两侧电压、电流录波图（一次值）

1）M 侧录波图阅读。0～40ms，M 侧母线三相电压对称（有效值约为 132.5kV），无零序电流，无零序电压，三相电流为零。在约 40ms 时 B、C 两相电压开始下降（B 相有效值约为 64.6kV、C 相有效值约为 79.8kV），B、C 两相电压相位差减小（相位差约为 79°），A 相电压幅值较故障前保持不变，出现零序电压（有效值约为 33.2kV）。同时 B、C 相出现故障电流（B 相最大峰值约为 14.5kA，有效值约为 9.1kA；C 相最大峰值约为 9.5kA，有效值约为 6.4kA），出现零序电流（最大峰值约为 5.5kA，有效值约为 3.7kA）。

2）N 侧录波图阅读。0～40ms，N 侧母线三相电压对称（有效值约为 132.5kV），在约 40ms 时 B、C 两相电压开始下降（B 相有效值约为 64.6kV、C 相有效值约为 79.8kV），B、C 两相电压同相，A 相电压较故障前幅值略有上升（有效值约为 139.9kV），出现零序电压（有效值约为 86.5kV）。三相电流为零，零序电流为零。

3）录波图分析。电源端 M 侧录波图显示故障期间 B、C 相电压下降，幅值不为零且幅值不相等，B、C 相出现故障电流，幅值不相等，出现零序电压、电流。

负载端 N 侧录波图显示故障期间 B、C 相电压下降，幅值相等、相位相同。A 相电压较故障前幅值上升，出现零序电压，相位与 A 相电压不是同相关系。三相电流及零序电流均为零。

通过以上特点，结合系统接线及理论分析，基本可以判断为线路发生 B、C 相间接地短路故障。故障从 40ms 时开始，共持续了约 60ms。

故障期间，M 侧两故障相电压 $\dot{U}_{MB}$、$\dot{U}_{MC}$ 残压幅值不为零且幅值不相等，零序电压 $3\dot{U}_{M0}$ 与非故障相电压 $\dot{U}_{MA}$ 不同相，可以说明线路发生的是 B、C 两相经过渡电阻的接地短路故障。M 母线处非故障相电压 $\dot{U}_{MA}$ 较故障前保持不变，说明 M 母线处等值阻抗 $Z_{MS1}=Z_{MS0}$。

由于 N 侧各相电压与故障点各相电压一致，因此 N 侧两故障相 $\dot{U}_{NB}$、$\dot{U}_{NC}$ 残压不为零也说明故障点发生的是经过渡电阻的短路故障，$\dot{U}_{NB}$、$\dot{U}_{NC}$ 电压实际为故障点入地电流在过渡电阻上的压降。N 母线处非故障相电压 $\dot{U}_{NA}$ 幅值上升，说明故障点等值阻抗 $Z_{M\Sigma1}<Z_{M\Sigma0}$。

4）绘制此时线路 M、N 两侧电压、电流相量图，如图 3-42 所示。

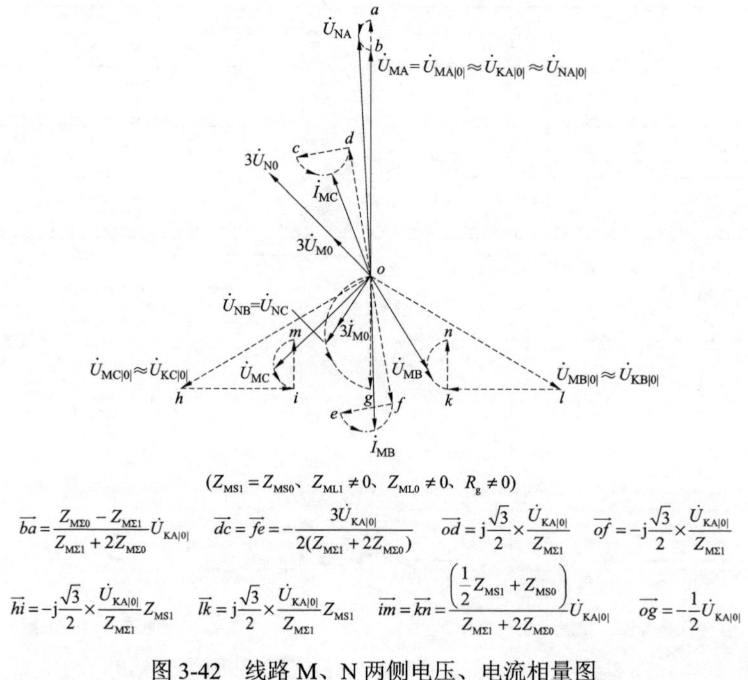

图 3-42　线路 M、N 两侧电压、电流相量图

（2）线路M侧出口处B、C相经过渡电阻接地短路故障（$Z_{MS1}>Z_{MS0}$、$Z_{ML1}=0$、$Z_{ML0}=0$、$R_g\neq0$）。线路M、N两侧保护安装处G电压、电流录波如图3-43所示，线路两侧断路器均三相跳闸。（标尺刻度为一次值）

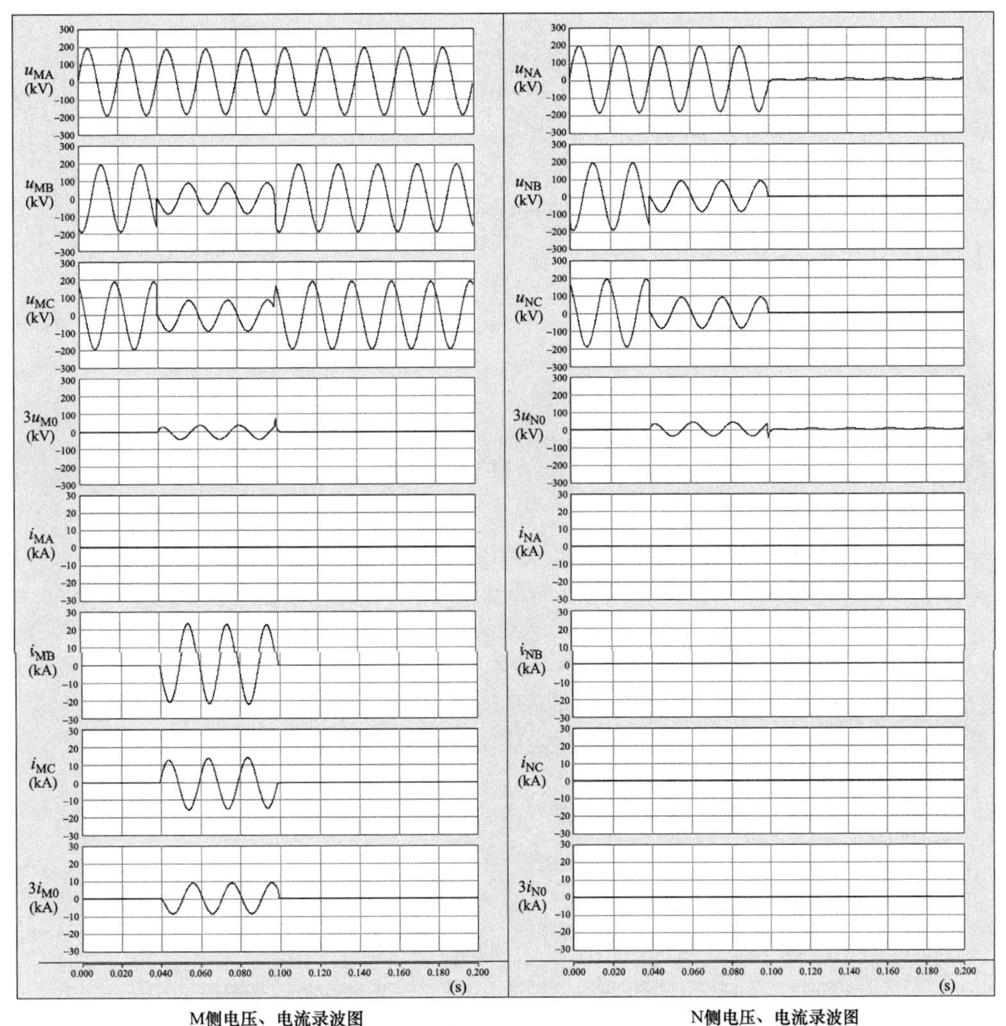

图3-43　线路M、N两侧电压、电流录波图（一次值）

录波图3-43分析方法与图3-41基本相同，主要特点是M、N两侧各相电压在故障期间幅值、相位一致，说明故障点发生在M侧出口处。

M、N两侧非故障相电压幅值在故障期间略有下降，说明故障点等值阻抗$Z_{MS1}>Z_{MS0}$。

绘制此时线路M、N两侧电压、电流相量图，如图3-44所示。

（二）变压器中性点直接接地运行（QSE闭合）

1. 金属性接地短路故障

（1）线路非出口处B、C相金属性接地短路故障（$Z_{MS1}>C_{0M}Z_{MS0}$、$Z_{ML1}\neq0$、$Z_{ML0}\neq0$、$R_g=0$）。线路M、N两侧保护安装处电压、电流录波如图3-45所示，线路两侧断路器均三相跳闸。（标尺刻度为一次值）

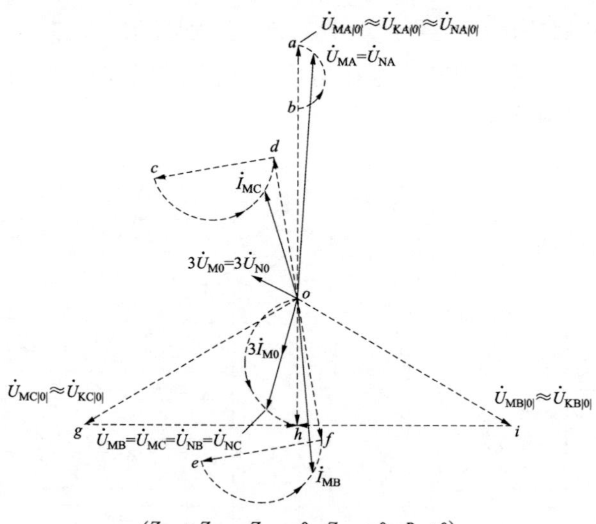

$(Z_{MS1} > Z_{MS0}、Z_{ML1} = 0、Z_{ML0} = 0、R_g \neq 0)$

$$\overrightarrow{ba} = -\frac{Z_{MS0}-Z_{MS1}}{Z_{MS1}+2Z_{MS0}}\dot{U}_{KA|0|} \qquad \overrightarrow{dc} = \overrightarrow{fe} = -\frac{3\dot{U}_{KA|0|}}{2(Z_{MS1}+2Z_{MS0})} \qquad \overrightarrow{od} = \mathrm{j}\frac{\sqrt{3}}{2}\times\frac{\dot{U}_{KA|0|}}{Z_{MS1}}$$

$$\overrightarrow{of} = -\mathrm{j}\frac{\sqrt{3}}{2}\times\frac{\dot{U}_{KA|0|}}{Z_{MS1}} \qquad \overrightarrow{gh} = -\mathrm{j}\frac{\sqrt{3}}{2}\dot{U}_{KA|0|} \qquad \overrightarrow{oh} = -\frac{1}{2}\dot{U}_{KA|0|} \qquad \overrightarrow{ih} = \mathrm{j}\frac{\sqrt{3}}{2}\dot{U}_{KA|0|}$$

图 3-44　线路 M、N 两侧电压、电流相量图

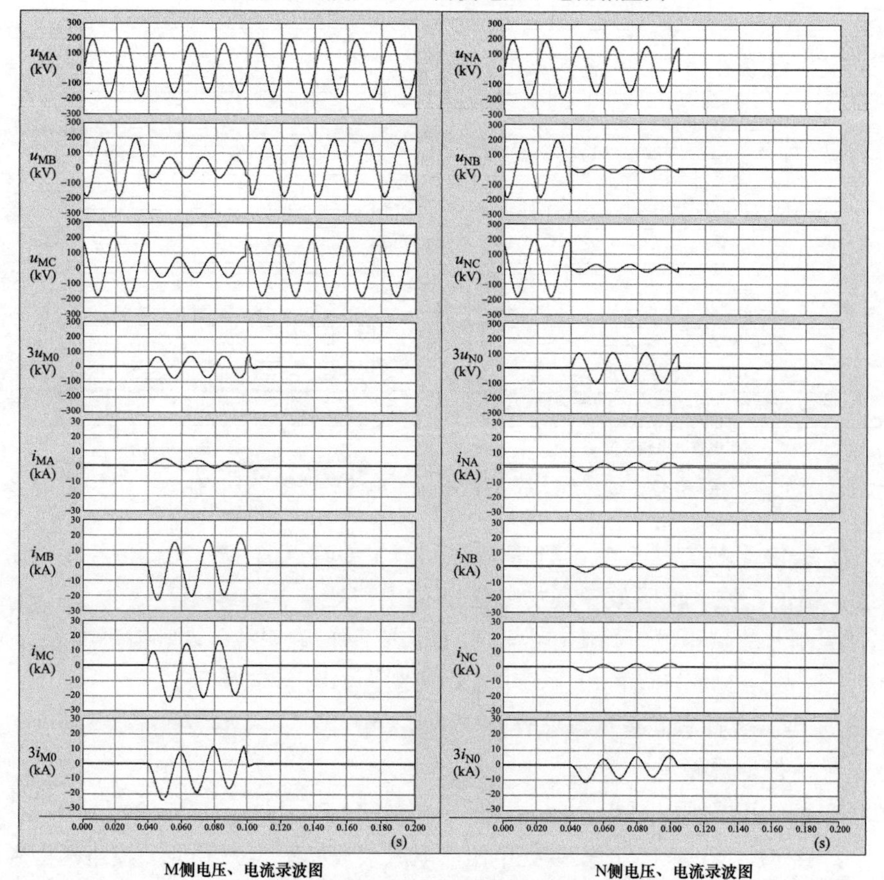

图 3-45　线路 M、N 两侧电压、电流录波图（一次值）

对比图 3-37，图 3-45 的特点是：① M 侧非故障的 A 相出现故障分量电流；② N 侧三相出现幅值相等、方向相同的故障分量电流；③ 两侧非故障的 A 相电流幅值相等，方向相反。

故障期间，M 侧两故障相残压 $\dot{U}_{MB}$、$\dot{U}_{MC}$ 幅值相等，零序电压 $3\dot{U}_{M0}$ 与非故障相电压 $\dot{U}_{MA}$ 同相，可以说明线路发生的是 B、C 两相金属性接地短路故障。M 侧 $\dot{U}_{MB}$、$\dot{U}_{MC}$ 残压不为零，说明故障点不在 M 母线出口处。M 母线处非故障相电压 $\dot{U}_{MA}$ 幅值下降，说明 M 母线处系统等值阻抗 $Z_{MS1} > C_{0M}Z_{MS0}$。

对比图 3-37，此时虽故障点发生的是金属性短路故障，但 N 侧两故障相 $\dot{U}_{NB}$、$\dot{U}_{NC}$ 残压不为零，其残压实际为 N 侧零序电流在线路零序阻抗上产生的压降，因此 $\dot{U}_{NB}$、$\dot{U}_{NC}$ 残压特点是幅值相等、相位相同。N 母线处零序电压 $3\dot{U}_{N0}$ 与非故障相电压 $\dot{U}_{NA}$ 同相，说明线路发生的是金属性短路故障。

M 侧非故障相电流 $\dot{I}_{MA}$ 滞后非故障相电压 $\dot{U}_{MA}$ 约 80°，也可以说明线路发生的是金属性短路故障。

大电流接地系统中的馈供线路发生接地故障时，线路负载端出现三个大小相等、方向相同的故障分量电流，是负载端有变压器中性点接地运行的一个特征。两相接地短路时，非故障相电压也会出现波动，非故障相也会出现故障分量电流，会给正确判断故障类型带来困难。

绘制此时线路 M、N 两侧电压、电流相量图，如图 3-46 所示。

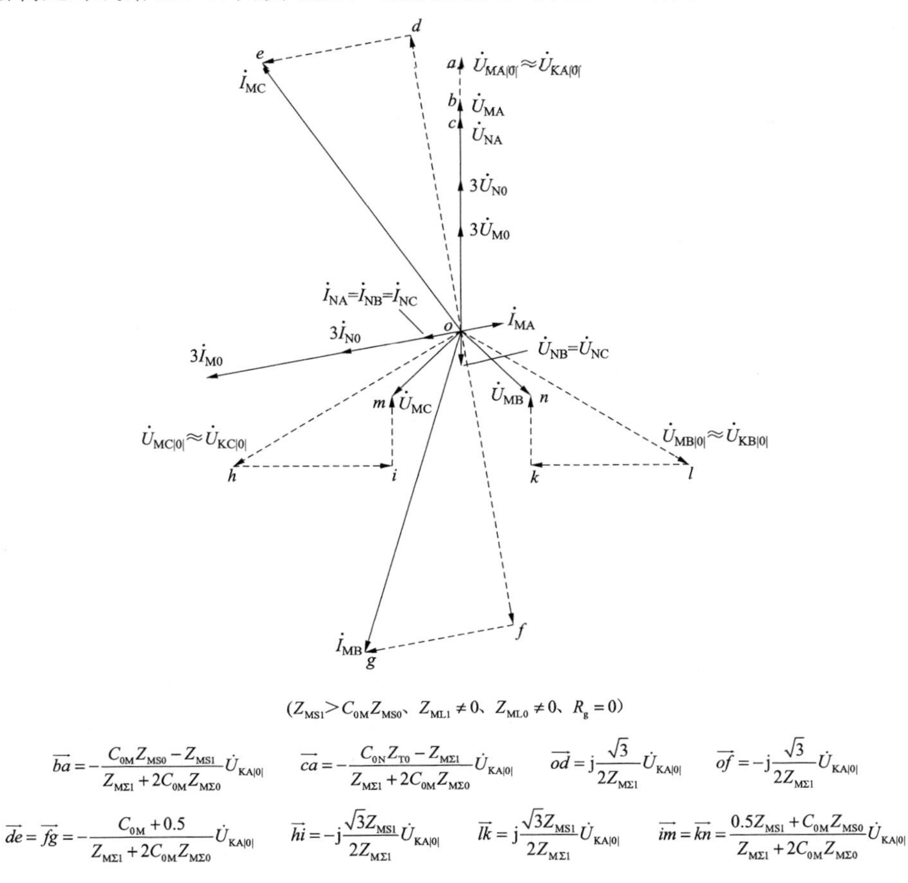

图 3-46 线路 M、N 两侧电压、电流相量图

（2）线路 M 侧出口处 B、C 相金属性接地短路故障（$Z_{MS1}<C_{0M}Z_{MS0}$、$Z_{ML1}=0$、$Z_{ML0}=0$、$R_g=0$）。线路 M、N 两侧保护安装处电压、电流录波如图 3-47 所示，线路两侧断路器均三相跳闸。（标尺刻度为一次值）

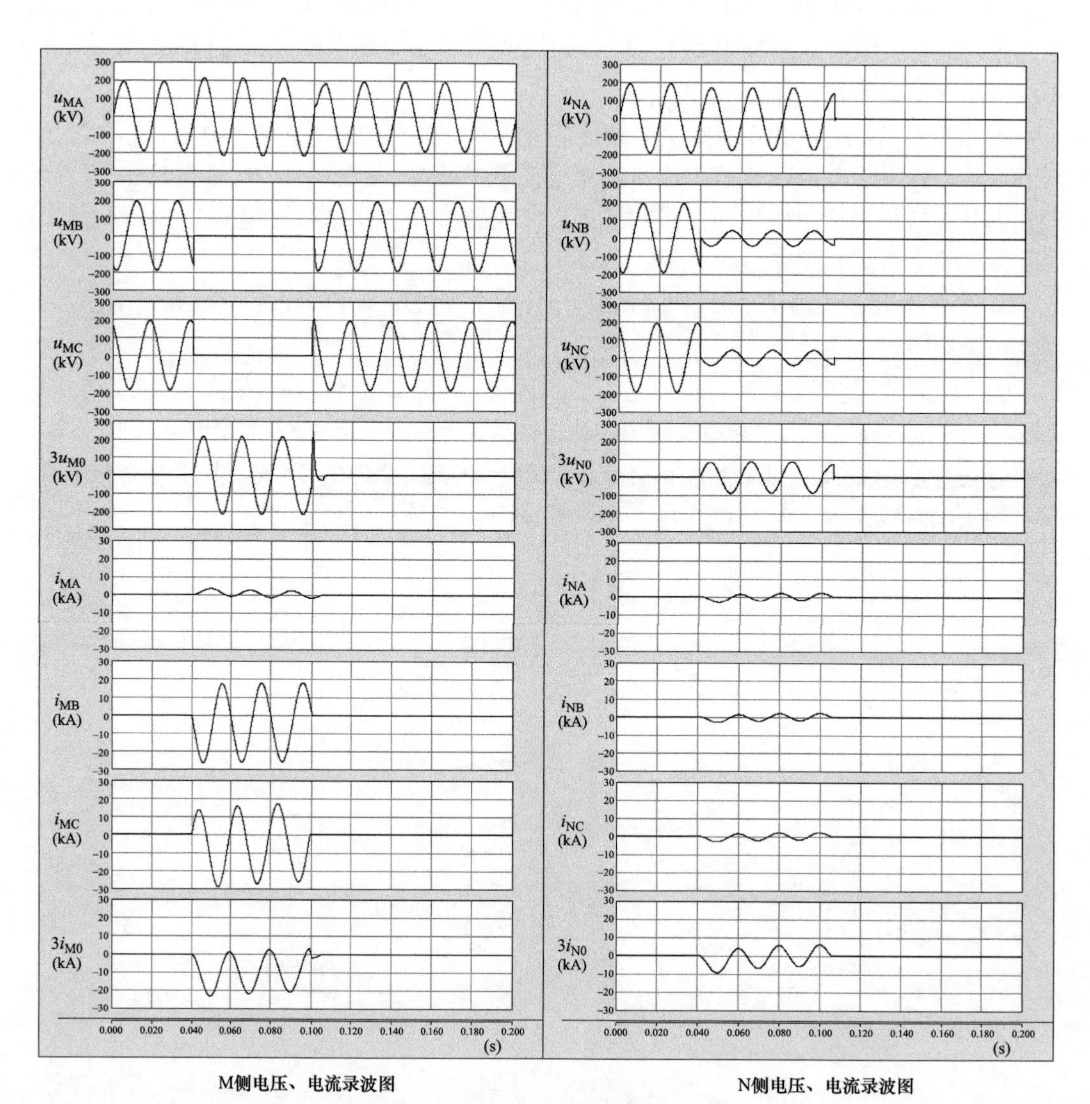

M侧电压、电流录波图　　N侧电压、电流录波图

图 3-47　线路 M、N 两侧电压、电流录波图（一次值）

图 3-47 的特点是故障期间 M 母线处的两故障相电压 $\dot{U}_{MB}$、$\dot{U}_{MC}$ 残压为零，其余特点与图 3-45 基本相同。$\dot{U}_{MB}$、$\dot{U}_{MC}$ 残压为零，即可说明故障点发生在 M 侧出口处，且故障点无过渡电阻。此时 N 侧两故障相电压 $\dot{U}_{NB}$、$\dot{U}_{NC}$ 仍为 N 侧零序电流在线路零序阻抗上产生的压降。

绘制此时线路 M、N 两侧电压、电流相量图，如图 3-48 所示。

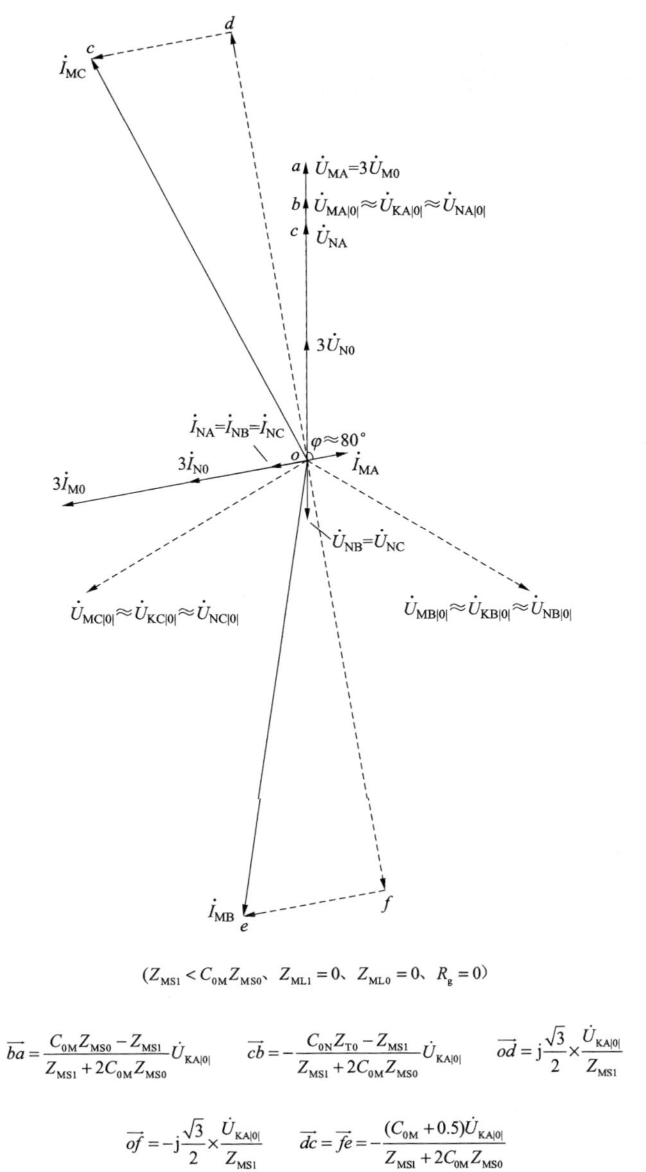

图 3-48 线路 M、N 两侧电压、电流相量图

2. 经过渡电阻接地短路故障

（1）线路非出口处 B、C 相经过渡电阻接地短路故障（$Z_{MS1}<C_{0M}Z_{MS0}$、$Z_{ML1}\neq0$、$Z_{ML0}\neq0$、$R_g\neq0$）。线路 M、N 两侧保护安装处电压、电流录波如图 3-49 所示，线路两侧断路器均三相跳闸。（标尺刻度为一次值）

对比图 3-45，图 3-49 的主要特点是：① M 侧两故障相电压 $\dot{U}_{MB}$、$\dot{U}_{MC}$ 幅值不相等，两故障相电流 $\dot{I}_{MB}$、$\dot{I}_{MC}$ 幅值不相等；② M 侧零序电压 $3\dot{U}_{M0}$ 与非故障相电压 $\dot{U}_{MA}$ 不同相；③ M 侧非故障相电流 $\dot{I}_{MA}$ 滞后非故障相电压 $\dot{U}_{MA}$ 的角度小于 80°；④ N 侧两故障相电压 $\dot{U}_{NB}$、$\dot{U}_{NC}$ 幅值、相位仍相等，零序电压 $3\dot{U}_{N0}$ 与非故障相电压 $\dot{U}_{NA}$ 不再是同相关系。

以上几个特点，都可以说明故障点有过渡电阻。

绘制此时线路 M、N 两侧电压、电流相量图，如图 3-50 所示。

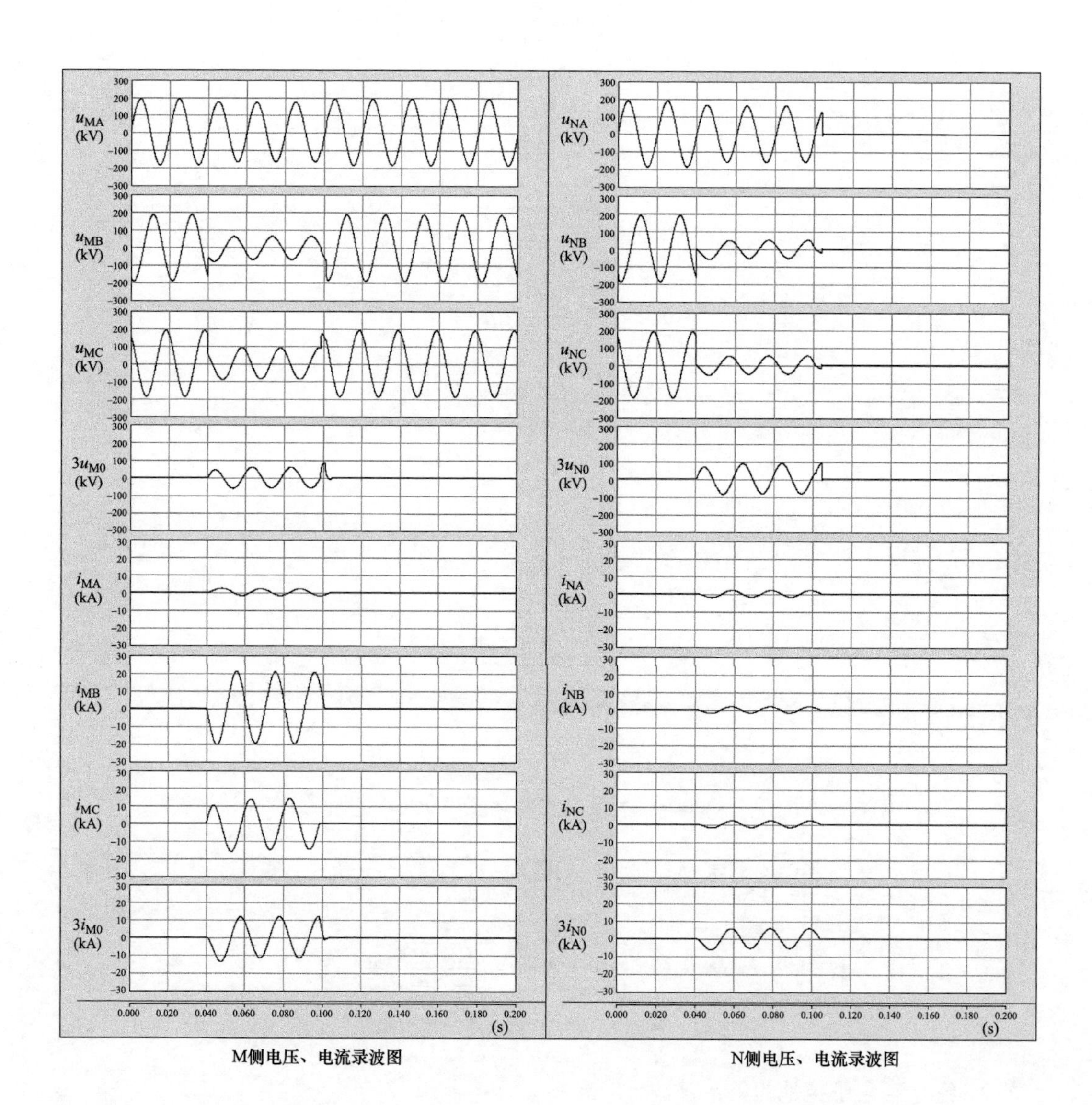

图 3-49　线路 M、N 两侧电压、电流录波图（一次值）

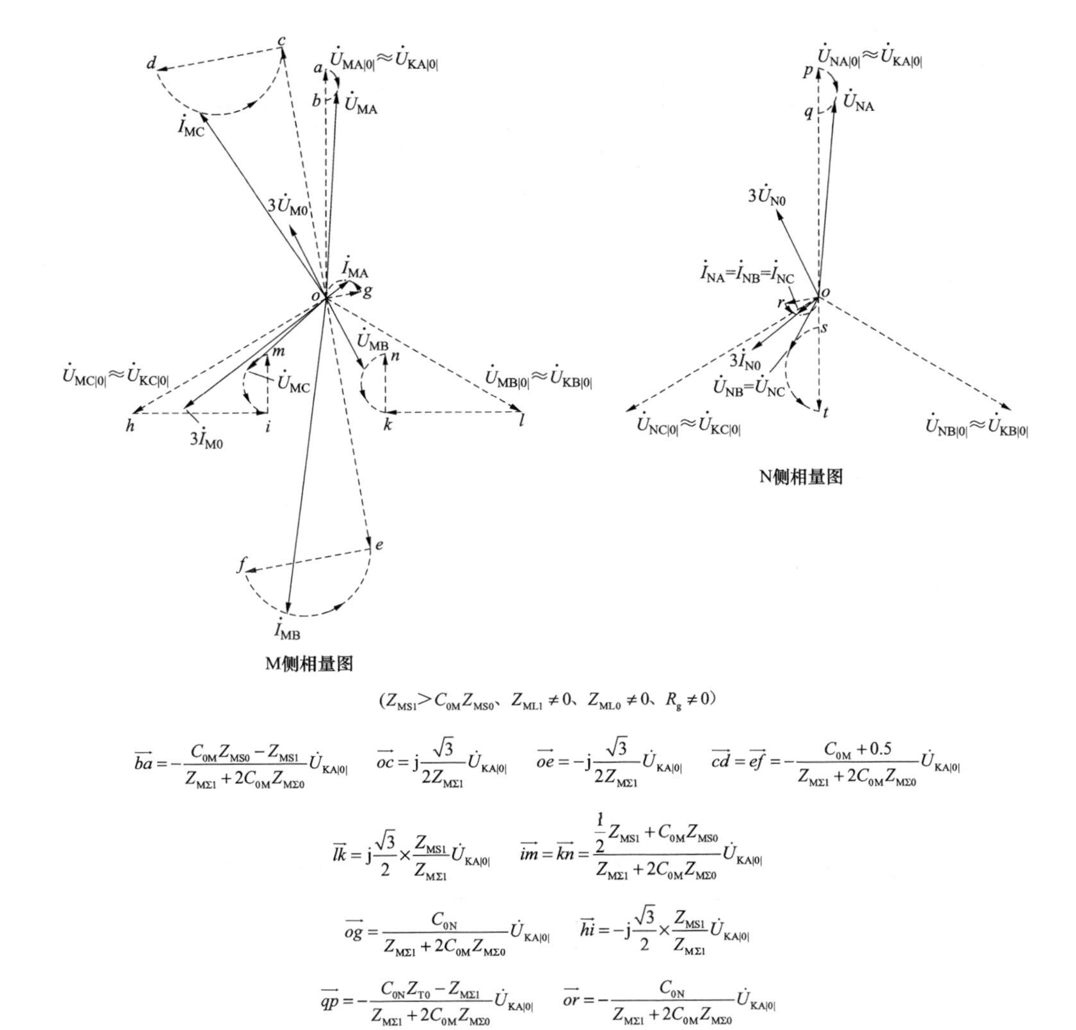

$(Z_{MS1} > C_{0M}Z_{MS0}、Z_{ML1} \neq 0、Z_{ML0} \neq 0、R_g \neq 0)$

$$\overrightarrow{ba} = -\frac{C_{0M}Z_{MS0} - Z_{MS1}}{Z_{M\Sigma1} + 2C_{0M}Z_{M\Sigma0}}\dot{U}_{KA|0|} \quad \overrightarrow{oc} = \mathrm{j}\frac{\sqrt{3}}{2Z_{M\Sigma1}}\dot{U}_{KA|0|} \quad \overrightarrow{oe} = -\mathrm{j}\frac{\sqrt{3}}{2Z_{M\Sigma1}}\dot{U}_{KA|0|} \quad \overrightarrow{cd} = \overrightarrow{ef} = -\frac{C_{0M} + 0.5}{Z_{M\Sigma1} + 2C_{0M}Z_{M\Sigma0}}\dot{U}_{KA|0|}$$

$$\overrightarrow{lk} = \mathrm{j}\frac{\sqrt{3}}{2} \times \frac{Z_{MS1}}{Z_{M\Sigma1}}\dot{U}_{KA|0|} \quad \overrightarrow{im} = \overrightarrow{kn} = \frac{\frac{1}{2}Z_{MS1} + C_{0M}Z_{MS0}}{Z_{M\Sigma1} + 2C_{0M}Z_{M\Sigma0}}\dot{U}_{KA|0|}$$

$$\overrightarrow{og} = \frac{C_{0N}}{Z_{M\Sigma1} + 2C_{0M}Z_{M\Sigma0}}\dot{U}_{KA|0|} \quad \overrightarrow{hi} = -\mathrm{j}\frac{\sqrt{3}}{2} \times \frac{Z_{MS1}}{Z_{M\Sigma1}}\dot{U}_{KA|0|}$$

$$\overrightarrow{qp} = -\frac{C_{0N}Z_{T0} - Z_{M\Sigma1}}{Z_{M\Sigma1} + 2C_{0M}Z_{M\Sigma0}}\dot{U}_{KA|0|} \quad \overrightarrow{or} = -\frac{C_{0N}}{Z_{M\Sigma1} + 2C_{0M}Z_{M\Sigma0}}\dot{U}_{KA|0|}$$

$$\overrightarrow{st} = \left(-\frac{1}{2} + \frac{C_{0N}Z_{NL0}}{Z_{M\Sigma1} + 2C_{0M}Z_{M\Sigma0}}\right)\dot{U}_{KA|0|}$$

图 3-50　线路 M、N 两侧电压、电流相量图

（2）线路 M 侧出口处 B、C 相经过渡电阻接地短路故障（$Z_{MS1} < C_{0M}Z_{MS0}$、$Z_{ML1} = 0$、$Z_{ML0} = 0$、$R_g \neq 0$）。线路 M、N 两侧保护安装处电压、电流录波如图 3-51 所示，线路两侧断路器均三相跳闸。（标尺刻度为一次值）

对比图 3-49，图 3-51 的特点是：M 侧两故障相电压$\dot{U}_{MB}$、$\dot{U}_{MC}$幅值相等、相位相同，且与零序电流$3\dot{I}_{M0}$同相，以上特点可以说明故障点在 M 侧出口处。实际上此时 M 母线处两故障相电压$\dot{U}_{MB}$、$\dot{U}_{MC}$与故障点的$\dot{U}_{KB}$、$\dot{U}_{KC}$是一致的，故障点$\dot{U}_{KB}$、$\dot{U}_{KC}$电压实际为故障点入地电流在过渡电阻上的压降，而入地电流与两侧的零序电流相位相同，所以才会在 M 侧出现$\dot{U}_{MB}$、$\dot{U}_{MC}$与$3\dot{I}_{M0}$同相的现象。若故障点发生在 N 侧出口处，则 N 侧$\dot{U}_{NB}$、$\dot{U}_{NC}$与$3\dot{I}_{N0}$同相。

绘制此时线路 M、N 两侧电压、电流相量图，如图 3-52 所示。

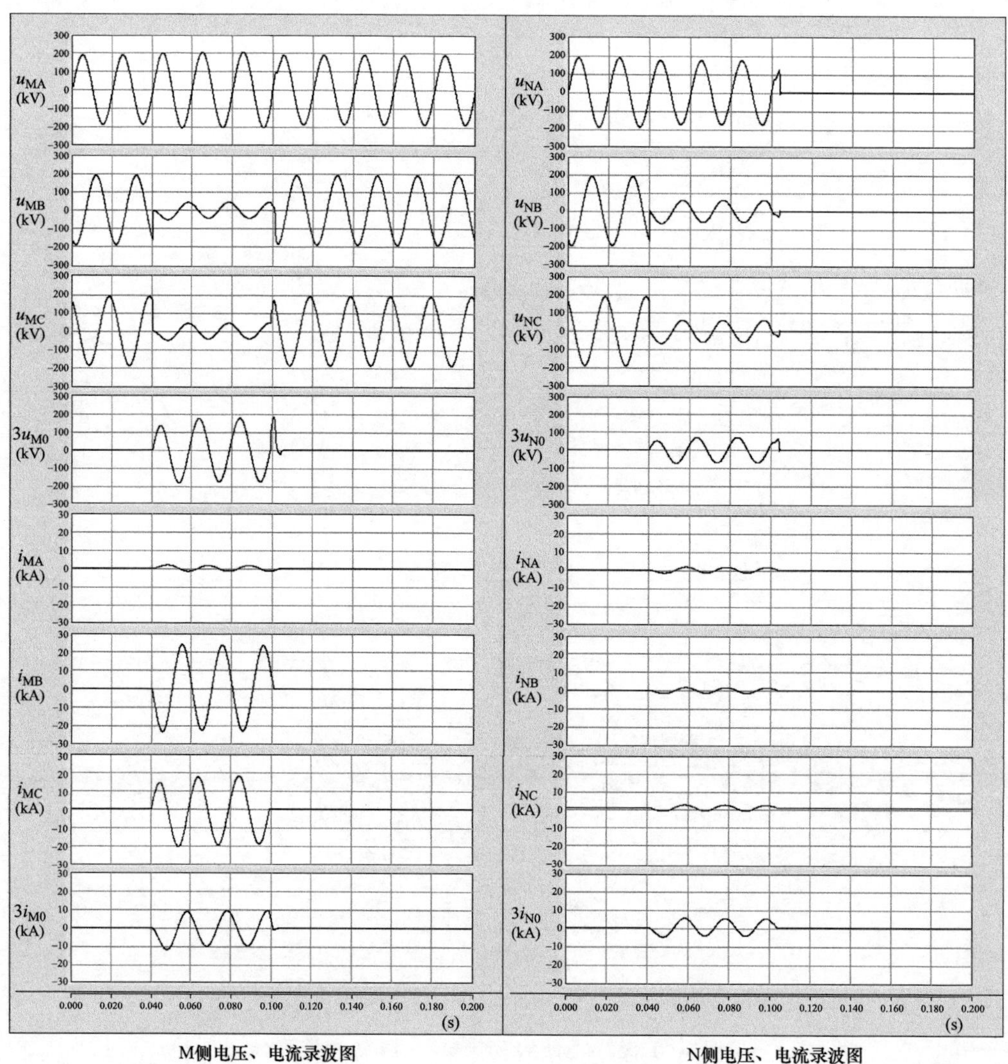

图 3-51　线路 M、N 两侧电压、电流录波图（一次值）

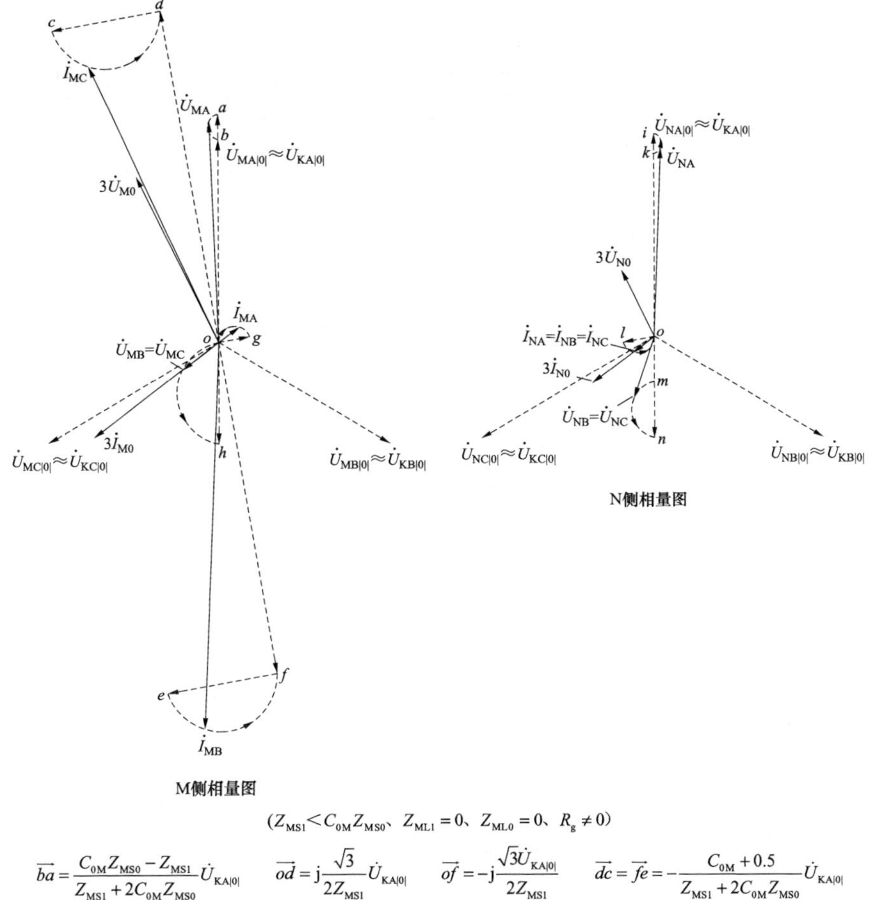

$(Z_{MS1}<C_{0M}Z_{MS0}、Z_{ML1}=0、Z_{ML0}=0、R_g\neq 0)$

$$\overrightarrow{ba}=\frac{C_{0M}Z_{MS0}-Z_{MS1}}{Z_{MS1}+2C_{0M}Z_{MS0}}\dot{U}_{KA|0|}\quad \overrightarrow{od}=\mathrm{j}\frac{\sqrt{3}}{2Z_{MS1}}\dot{U}_{KA|0|}\quad \overrightarrow{of}=-\mathrm{j}\frac{\sqrt{3}\dot{U}_{KA|0|}}{2Z_{MS1}}\quad \overrightarrow{dc}=\overrightarrow{fe}=-\frac{C_{0M}+0.5}{Z_{MS1}+2C_{0M}Z_{MS0}}\dot{U}_{KA|0|}$$

$$\overrightarrow{og}=\frac{C_{0N}}{Z_{MS1}+2C_{0M}Z_{MS0}}\dot{U}_{KA|0|}\quad \overrightarrow{ki}=-\frac{C_{0N}Z_{T0}-Z_{MS1}}{Z_{MS1}+2C_{0M}Z_{MS0}}\dot{U}_{KA|0|}\quad \overrightarrow{oh}=-\frac{1}{2}\dot{U}_{KA|0|}\quad \overrightarrow{ol}=-\frac{C_{0N}}{Z_{MS1}+2C_{0M}Z_{MS0}}\dot{U}_{KA|0|}$$

$$\overrightarrow{mn}=\left(-\frac{1}{2}+\frac{C_{0N}Z_{NL0}}{Z_{MS1}+2C_{0M}Z_{MS0}}\right)\dot{U}_{KA|0|}$$

图 3-52　线路 M、N 两侧电压、电流相量图

四、小结

（1）大电流接地系统，馈供线发生两相接地短路故障时，线路电源侧（M 侧）电流、电压特点见表 3-4。

表 3-4　　线路电源侧（M 侧）电流、电压特点

内容		负荷侧变压器中性点不接地运行		负荷侧变压器中性点接地运行	
		两相金属性接地短路故障	两相经过渡电阻接地短路故障	两相金属性接地短路故障	两相经过渡电阻接地短路故障
故障相电流	幅值	（1）上升突变，同等条件下故障点离本侧母线越近，幅值越高，反之越低。 （2）两故障相电流幅值相等	（1）上升突变，同等条件下故障点离本侧母线越近，幅值越高，反之越低。 （2）两故障相电流幅值不相等，一般超前相幅值大于滞后相幅值	（1）上升突变，同等条件下故障点离本侧母线越近，幅值越高，反之越低。 （2）两故障相电流幅值相等	（1）上升突变，同等条件下故障点离本侧母线越近，幅值越高，反之越低。 （2）两故障相电流幅值不相等，一般超前相幅值大于滞后相幅值

续表

内容		负荷侧变压器中性点不接地运行		负荷侧变压器中性点接地运行	
		两相金属性接地短路故障	两相经过渡电阻接地短路故障	两相金属性接地短路故障	两相经过渡电阻接地短路故障
故障相电流	相位	（1）两故障相中的超前相电流相位超前非故障相电压的角度约为160°（系统等值正序阻抗与零序阻抗相等）。 （2）两故障相中的滞后相电流相位超前非故障相电压的角度约为40°（系统等值正序阻抗与零序阻抗相等）	（1）两故障相中的超前相电流相位超前非故障相电压的角度约为149.11°～190°（系统等值正序阻抗为零序阻抗的两倍）。 （2）两故障相中的滞后相电流相位超前非故障相电压的角度约为50.89°～10°（系统等值正序阻抗为零序等值阻抗的两倍）	（1）两故障相中的超前相电流相位超前非故障相电压的角度约为160°（系统等值正序阻抗与零序阻抗相等）。 （2）两故障相中的滞后相电流相位超前非故障相电压的角度约为40°（系统等值正序阻抗与零序阻抗相等）	（1）两故障相中的超前相电流相位超前非故障相电压的角度约为149.11°～190°（系统等值正序阻抗为零序阻抗的两倍）。 （2）两故障相中的滞后相电流相位超前非故障相电压的角度约为50.89°～10°（系统等值正序阻抗为零序等值阻抗的两倍）
非故障相电流	幅值	无	无	非故障相出现故障分量电流	非故障相出现故障分量电流
	相位	无	无	（1）滞后本侧非故障相电压角度约80°。 （2）与本侧零序电流反相。 （3）与对侧各相电流反相	（1）滞后本侧非故障相电压可能的角度变化范围为0°～80°。 （2）与本侧零序电流反相。 （3）与对侧各相电流反相
零序电流	幅值	上升突变。故障点离本侧母线越远幅值越低，反之越高	上升突变。故障点离本侧母线越远幅值越低，过渡电阻 R_g 越大幅值越低，反之幅值越高	上升突变。故障点离本侧母线越远幅值越低，反之越高	上升突变。故障点离本侧母线越远幅值越低，过渡电阻 R_g 越大幅值越低，反之幅值越高
	相位	（1）超前非故障相电压约100°。 （2）超前本侧零序电压约100°	（1）超前本侧零序电压约100°。 （2）出口处故障时与故障相电压同相	（1）超前非故障相电压约100°。 （2）超前零序电压约100°。 （3）与本侧非故障相电流反相	（1）超前本侧零序电压约100°。 （2）出口处故障时与故障相电压同相
故障相电压	幅值	（1）出口处故障时，残压幅值为零。 （2）非出口处故障时两故障相残压幅值始终相等	（1）出口处故障时，两故障相电压残压幅值不为零，幅值相等，且与对侧非故障相电压幅值相等。 （2）非出口处故障时，两故障相残压幅值不相等。滞后相电压幅值一般大于超前相电压幅值	（1）出口处故障时，残压幅值为零。 （2）非出口处故障时，两故障相残压幅值始终相等	（1）出口处故障时，两故障相电压残压幅值不为零，幅值相等。 （2）非出口处故障时，两故障相残压幅值不相等。滞后相电压幅值一般大于超前相电压幅值
	相位	相位关于非故障相电压对称	（1）相位不再关于非故障相电压对称。 （2）出口处故障时，与零序电流同相，且与对侧故障相电压同相	相位关于非故障相电压对称	（1）相位不再关于非故障相电压对称。 （2）出口处故障时，与零序电流同相
非故障相电压	幅值	上升、下降或不变（取决于此处的正序等值阻抗与零序等值阻抗的关系）	上升、下降或不变（取决于此处的正序等值阻抗与零序等值阻抗的关系）	上升、下降或不变（取决于此处的正序等值阻抗与零序等值阻抗的关系）	上升、下降或不变（取决于此处的正序等值阻抗与零序等值阻抗的关系）

续表

内　容		负荷侧变压器中性点不接地运行		负荷侧变压器中性点接地运行	
		两相金属性接地短路故障	两相经过渡电阻接地短路故障	两相金属性接地短路故障	两相经过渡电阻接地短路故障
非故障相电压	相位	与本相故障前电压同相	相位有可能超前本相故障前电压，也有可能滞后（取决于此处的正序等值阻抗与零序等值阻抗的关系）	与本相故障前电压同相	相位有可能超前本相故障前电压，也有可能滞后（取决于此处的正序等值阻抗与零序等值阻抗的关系）
零序电压	幅值	上升突变	上升突变	上升突变	上升突变
	相位	与非故障相电压同相	超前非故障相电压，极限角度约 80°	与非故障相电压同相	超前非故障相电压，极限角度约 80°

（2）大电流接地系统，馈供线发生两相接地短路故障时，线路负荷侧（N 侧）电流、电压特点见表 3-5。

表 3-5　　线路负荷侧（N 侧）电流、电压特点

内　容		负荷侧变压器中性点不接地运行		负荷侧变压器中性点接地运行	
		两相金属性接地短路故障	两相经过渡电阻接地短路故障	两相金属性接地短路故障	两相经过渡电阻接地短路故障
故障相电流	幅值	无	无	出现故障分量电流，与非故障相电流幅值相等	出现故障分量电流，与非故障相电流幅值相等
	相位	无	无	超前非故障相电压角度约 100°。与非故障相电流同相	两故障相电流与非故障相电流同相
非故障相电流	幅值	无	无	出现故障分量电流，与两故障相电流幅值相等。与对侧非故障相电流幅值相等	出现故障分量电流，与故障相电流幅值相等，与对侧同相电流幅值相等
	相位	无	无	与两故障相电流同相，与对侧非故障相电流反相	与故障相电流同相，与对侧非故障相电流反相
零序电流	幅值	无	无	是各相电流幅值的 3 倍	是各相电流幅值的 3 倍
	相位	无	无	与本侧各相电流同相，超前零序电压约 100°	与本侧各相电流同相，超前零序电压约 100°
故障相电压	幅值	下降突变，幅值为零	下降突变，幅值不为零	下降突变，本侧出口处故障时幅值为零	下降突变，残压幅值不为零
	相位	无	两故障相电压同相，与对侧零序电流同相	两故障相电压同相，与非故障相电压反相	两故障相电压同相
非故障相电压	幅值	上升、下降或不变（取决于故障点的正序等值阻抗与零序等值阻抗的关系）	上升、下降或不变（取决于故障点的正序等值阻抗与零序等值阻抗的关系）	上升、下降或不变	上升、下降或不变

续表

内容		负荷侧变压器中性点不接地运行		负荷侧变压器中性点接地运行	
		两相金属性接地短路故障	两相经过渡电阻接地短路故障	两相金属性接地短路故障	两相经过渡电阻接地短路故障
非故障相电压	相位	与本相故障前电压同相	相位有可能超前本相故障前电压，也有可能滞后（取决于故障点的正序等值阻抗与零序等值阻抗的关系）	与本相故障前电压同相	相位有可能超前本相故障前电压，也有可能滞后
零序电压	幅值	上升突变，幅值与非故障相电压相等	上升突变	上升突变，幅值小于非故障相电压	上升突变，幅值小于非故障相电压
	相位	相位与非故障相电压相同	超前非故障相电压，极限角度约 80°	相位与非故障相电压相同	超前非故障相电压，极限角度约 80°

第四节　联络线单相接地短路故障的录波图分析

一、系统接线

大电流接地系统的接线如图 3-53 所示。

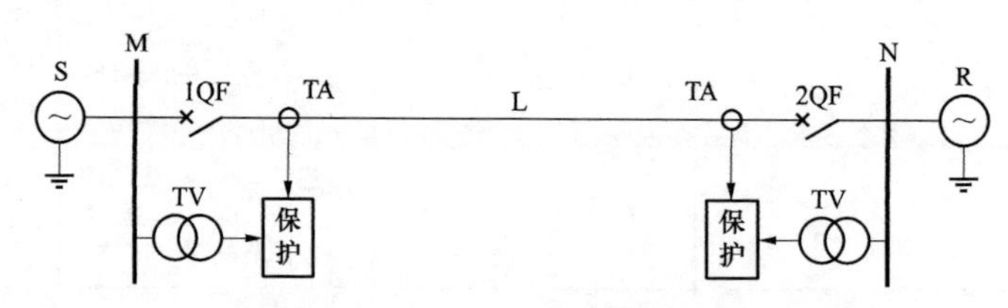

图 3-53　大电流接地系统接线图

图 3-53 中 S、R 为系统，L 为线路，M、N 为线路两侧母线，TA 为电流互感器，TV 为电压互感器，1QF、2QF 为断路器。

二、理论分析

图 3-53 所示系统中，线路 L 发生 A 相单相接地故障时的复合序网图如图 3-54 所示。其中：

（1）Z_{MS1}、Z_{MS2}、Z_{MS0} 为 M 母线侧系统 S 正序、负序、零序等值阻抗。

（2）Z_{NR1}、Z_{NR2}、Z_{NR0} 为 N 母线侧系统 R 正序、负序、零序等值阻抗。

（3）$\dot{I}_{KA1}$、$\dot{I}_{KA2}$、$\dot{I}_{KA0}$ 为故障点 A 相短路电流的正序、负序、零序分量电流。

（4）$\dot{I}_{KA}$ 为故障点故障相电流。

（5）$\dot{U}_{KA1}$、$\dot{U}_{KA2}$、$\dot{U}_{KA0}$ 为故障点 A 相电压的正序、负序、零序分量电压。

（6）$\dot{I}_{MA1}$、$\dot{I}_{MA2}$、$\dot{I}_{MA0}$ 为线路 M 侧 A 相电流的正序、负序、零序分量电流。

（7）$\dot{I}_{NA1}$、$\dot{I}_{NA2}$、$\dot{I}_{NA0}$ 为线路 N 侧 A 相电流的正序、负序、零序分量电流。

（8）$\dot{U}_{\text{MA1}}$、$\dot{U}_{\text{MA2}}$、$\dot{U}_{\text{MA0}}$ 为 M 侧保护安装处 A 相电压的正序、负序、零序分量电压。

（9）$\dot{U}_{\text{NA1}}$、$\dot{U}_{\text{NA2}}$、$\dot{U}_{\text{NA0}}$ 为 N 侧保护安装处 A 相电压的正序、负序、零序分量电压。

（10）Z_{ML1}、Z_{ML2}、Z_{ML0}、Z_{NL1}、Z_{NL2}、Z_{NL0} 为故障点至两侧母线的正序、负序、零序阻抗。

（11）$\dot{E}_{\text{SA}}$ 为系统 S 的 A 相等值电源电动势。

（12）$\dot{E}_{\text{RA}}$ 为系统 R 的 A 相等值电源电动势。

（13）$\dot{U}_{\text{MA|0|}}$ 为 M 母线故障前 A 相电压。

（14）$\dot{U}_{\text{NA|0|}}$ 为 N 母线故障前 A 相电压。

（15）$\dot{U}_{\text{KA|0|}}$ 为故障点故障前 A 相电压。

（16）R_{g} 为故障点过渡电阻。

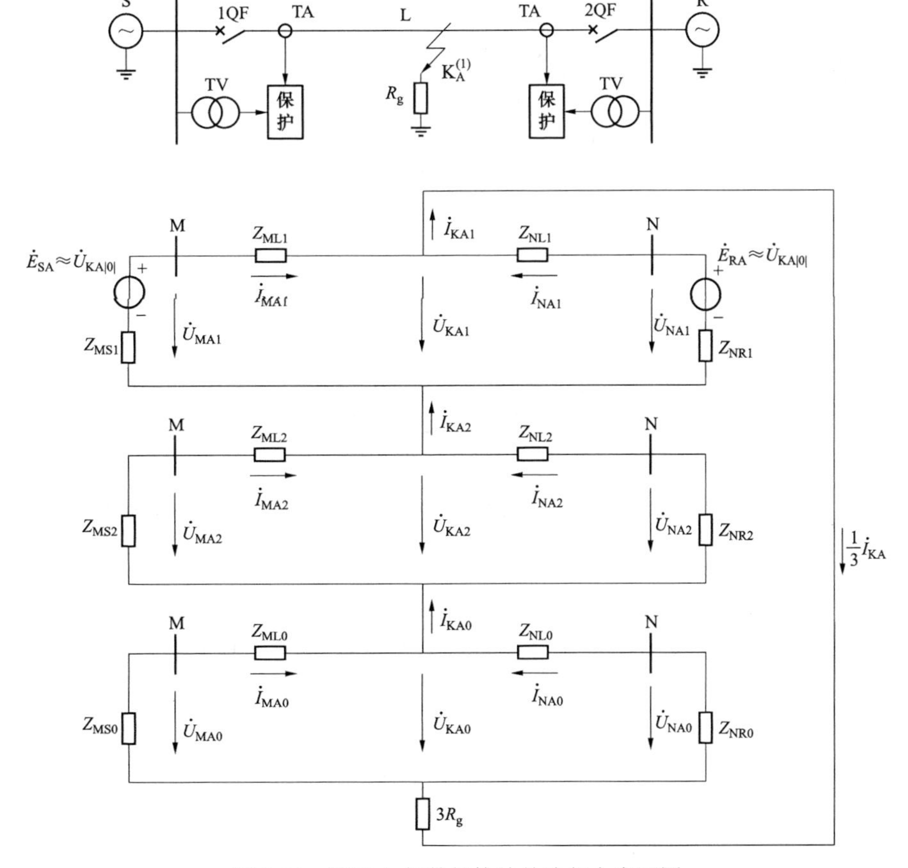

图 3-54　线路 A 相单相接地故障复合序网图

为了便于分析，忽略负荷电流，认为系统各点正、负序阻抗相等，正、负序阻抗角与零序阻抗角相等，这里均近似取用 80° 计算分析。

忽略负荷电流认为：

$\dot{E}_{\text{Sph}} \approx \dot{U}_{\text{Mph|0|}} \approx \dot{U}_{\text{Kph|0|}} \approx \dot{U}_{\text{Nph|0|}} \approx \dot{E}_{\text{Rph}}$，其中 ph＝A、B、C。

在后面的理论分析中，若无特殊说明，均遵循以上假设条件。

设：$Z_{M\Sigma1}=Z_{ML1}+Z_{MS1}$，$Z_{N\Sigma1}=Z_{NL1}+Z_{NR1}$；

$Z_{M\Sigma2}=Z_{ML2}+Z_{MS2}$，$Z_{N\Sigma2}=Z_{NL2}+Z_{NR2}$；

$Z_{M\Sigma0}=Z_{ML0}+Z_{MS0}$，$Z_{N\Sigma0}=Z_{NL0}+Z_{NR0}$。

故障点两侧各序电流分配系数为：

正序分配系数

$$C_{1M}=\frac{\dot{I}_{MA1}}{\dot{I}_{KA1}}=\frac{Z_{N\Sigma1}}{Z_{M\Sigma1}+Z_{N\Sigma1}}$$

$$C_{1N}=\frac{\dot{I}_{NA1}}{\dot{I}_{KA1}}=\frac{Z_{M\Sigma1}}{Z_{M\Sigma1}+Z_{N\Sigma1}}$$

$$C_{1M}+C_{1N}=1$$

负序分配系数

$$C_{2M}=\frac{\dot{I}_{MA2}}{\dot{I}_{KA2}}=\frac{Z_{N\Sigma2}}{Z_{M\Sigma2}+Z_{N\Sigma2}}$$

$$C_{2N}=\frac{\dot{I}_{NA2}}{\dot{I}_{KA2}}=\frac{Z_{M\Sigma2}}{Z_{M\Sigma2}+Z_{N\Sigma2}}$$

$$C_{2M}+C_{2N}=1$$

零序分配系数

$$C_{0M}=\frac{\dot{I}_{MA0}}{\dot{I}_{KA0}}=\frac{Z_{N\Sigma0}}{Z_{M\Sigma0}+Z_{N\Sigma0}}$$

$$C_{0N}=\frac{\dot{I}_{NA0}}{\dot{I}_{KA0}}=\frac{Z_{M\Sigma0}}{Z_{M\Sigma0}+Z_{N\Sigma0}}$$

$$C_{0M}+C_{0N}=1$$

因系统正序、负序阻抗相等，所以$C_{1M}=C_{2M}$、$C_{1N}=C_{2N}$。因系统各点各序阻抗角相等，则故障点两侧各序电流分配系数均为不大于 1 的正实数。

（一）线路故障点电流、电压分析

（1）根据对称分量法，故障点 A 相正序、负序、零序分量电流相等，通过序网图可得

$$\dot{I}_{KA1}=\dot{I}_{KA2}=\dot{I}_{KA0}=\frac{1}{3}\dot{I}_{KA}=\frac{\dot{U}_{KA|0|}}{2C_{1M}Z_{M\Sigma1}+3R_g+C_{0M}Z_{M\Sigma0}} \quad (3\text{-}69)$$

（2）根据对称分量法可得故障点各相电压为

$$\dot{U}_{KA}=\dot{I}_{KA}R_g=\frac{3R_g}{2C_{1M}Z_{M\Sigma1}+3R_g+C_{0M}Z_{M\Sigma0}}\dot{U}_{KA|0|} \quad (3\text{-}70)$$

$$\begin{aligned}\dot{U}_{KB}&=\alpha^2\dot{U}_{KA1}+\alpha\dot{U}_{KA2}+\dot{U}_{KA0}\\&=\alpha^2(\dot{U}_{KA|0|}-\dot{I}_{KA1}C_{1M}Z_{M\Sigma1})+\alpha(-\dot{I}_{KA2}C_{2M}Z_{M\Sigma2})+(-\dot{I}_{KA0}C_{0M}Z_{M\Sigma0})\\&=\dot{U}_{KB|0|}+\frac{C_{1M}Z_{M\Sigma1}-C_{0M}Z_{M\Sigma0}}{2C_{1M}Z_{M\Sigma1}+3R_g+C_{0M}Z_{M\Sigma0}}\dot{U}_{KA|0|}\end{aligned} \quad (3\text{-}71)$$

$$\begin{aligned}\dot{U}_{KC} &= \alpha\dot{U}_{KA1} + \alpha^2\dot{U}_{KA2} + \dot{U}_{KA0} \\ &= \alpha(\dot{U}_{KA|0|} - \dot{I}_{KA1}C_{1M}Z_{M\Sigma1}) + \alpha^2(-\dot{I}_{KA2}C_{2M}Z_{M\Sigma2}) + (-\dot{I}_{KA0}C_{0M}Z_{M\Sigma0}) \\ &= \dot{U}_{KC|0|} + \frac{C_{1M}Z_{M\Sigma1} - C_{0M}Z_{M\Sigma0}}{2C_{1M}Z_{M\Sigma1} + 3R_g + C_{0M}Z_{M\Sigma0}}\dot{U}_{KA|0|}\end{aligned} \tag{3-72}$$

由式（3-70）可知，故障点故障相电压为过渡电阻上的电压，若故障点发生的是金属性接地故障，即 $R_g = 0$，则故障点 $\dot{U}_{KA} = 0$。

由式（3-71）、式（3-72）可知，当故障点等值阻抗 $C_{1M}Z_{M\Sigma1} = C_{0M}Z_{M\Sigma0}$ 时，故障点非故障相电压与故障前电压保持不变。

（二）线路两侧保护安装处电压、电流分析

1. 线路 M 侧电流、电压分析

（1）根据复合序网图，可得 M 侧三相电流及零序电流为

$$\left.\begin{aligned}\dot{I}_{MA} &= \dot{I}_{MA1} + \dot{I}_{MA2} + \dot{I}_{MA0} = C_{1M}\dot{I}_{KA1} + C_{2M}\dot{I}_{KA2} + C_{0M}\dot{I}_{KA0} = \frac{2C_{1M} + C_{0M}}{3}\dot{I}_{KA} \\ \dot{I}_{MB} &= \alpha^2\dot{I}_{MA1} + \alpha\dot{I}_{MA2} + \dot{I}_{MA0} = \frac{C_{0M} - C_{1M}}{3}\dot{I}_{KA} \\ \dot{I}_{MC} &= \alpha\dot{I}_{MA1} + \alpha^2\dot{I}_{MA2} + \dot{I}_{MA0} = \frac{C_{0M} - C_{1M}}{3}\dot{I}_{KA} \\ 3\dot{I}_{M0} &= \dot{I}_{MA} + \dot{I}_{MB} + \dot{I}_{MC} = C_{0M}\dot{I}_{KA}\end{aligned}\right\} \tag{3-73}$$

由式（3-73）可知，M 侧各相电流、零序电流的幅值及相位特点如下：

1）当 $C_{1M} = C_{0M}$ 时，M 侧故障相电流 $\dot{I}_{MA}$ 与零序电流 $3\dot{I}_{M0}$ 幅值相等；两非故障相电流 $\dot{I}_{MB}$ 与 $\dot{I}_{MC}$ 均为零。

2）当 $C_{0M} > C_{1M}$ 时，M 侧故障相电流 $\dot{I}_{MA}$ 与零序电流 $3\dot{I}_{M0}$ 幅值不相等；两非故障相电流 $\dot{I}_{MB}$ 与 $\dot{I}_{MC}$ 幅值相等，相位与故障相电流 $\dot{I}_{MA}$ 同相。

3）当 $C_{0M} < C_{1M}$ 时，M 侧故障相电流 $\dot{I}_{MA}$ 与零序电流 $3\dot{I}_{M0}$ 幅值不相等；两非故障相电流 $\dot{I}_{MB}$ 与 $\dot{I}_{MC}$ 幅值相等，相位与故障相电流 $\dot{I}_{MA}$ 反相。

由式（3-73）可以得到

$$\dot{I}_{KA} = \frac{3}{2C_{1M} + C_{0M}}\dot{I}_{MA} \tag{3-74}$$

（2）根据复合序网图及对称分量法，可得 M 母线处各相电压及零序电压为

$$\begin{aligned}\dot{U}_{MA} &= \dot{U}_{MA1} + \dot{U}_{MA2} + \dot{U}_{MA0} \\ &= \dot{I}_{MA1}Z_{ML1} + \dot{U}_{KA1} + \dot{I}_{MA2}Z_{ML2} + \dot{U}_{KA2} + \dot{I}_{MA0}Z_{ML0} + \dot{U}_{KA0} \\ &= C_{1M}\dot{I}_{KA1}Z_{ML1} + C_{2M}\dot{I}_{KA2}Z_{ML2} + C_{0M}\dot{I}_{KA0}Z_{ML0} + \dot{U}_{KA} \\ &= \frac{1}{3}\dot{I}_{KA}(2C_{1M}Z_{ML1} + C_{0M}Z_{ML0}) + \dot{I}_{KA}R_g \\ &= \frac{1}{3}\dot{I}_{KA}(2C_{1M}Z_{ML1} + C_{0M}Z_{ML0} + 3R_g)\end{aligned} \tag{3-75}$$

$$
\begin{aligned}
\dot{U}_{MB} &= \alpha^2\dot{U}_{MA1} + \alpha\dot{U}_{MA2} + \dot{U}_{MA0} \\
&= \alpha^2\dot{I}_{MA1}Z_{ML1} + \alpha^2\dot{U}_{KA1} + \alpha\dot{I}_{MA2}Z_{ML2} + \alpha\dot{U}_{KA2} + \dot{I}_{MA0}Z_{ML0} + \dot{U}_{KA0} \\
&= \alpha^2C_{1M}\dot{I}_{KA1}Z_{ML1} + \alpha C_{2M}\dot{I}_{KA2}Z_{ML2} + C_{0M}\dot{I}_{KA0}Z_{ML0} + \dot{U}_{KB} \\
&= \frac{1}{3}\dot{I}_{KA}(\alpha^2C_{1M}Z_{ML1} + \alpha C_{1M}Z_{ML2} + C_{0M}Z_{ML0}) + \dot{U}_{KB} \\
&= \frac{1}{3}\dot{I}_{KA}(C_{0M}Z_{ML0} - C_{1M}Z_{ML1}) + \dot{U}_{KB} \\
&= \frac{1}{3}\dot{I}_{KA}(C_{0M}Z_{ML0} - C_{1M}Z_{ML1}) + \dot{U}_{KB|0|} + \frac{C_{1M}Z_{M\Sigma1} - C_{0M}Z_{M\Sigma0}}{2C_{1M}Z_{M\Sigma1} + 3R_g + C_{0M}Z_{M\Sigma0}}\dot{U}_{KA|0|} \\
&= \dot{U}_{KB|0|} + \frac{C_{1M}Z_{MS1} - C_{0M}Z_{MS0}}{2C_{1M}Z_{M\Sigma1} + 3R_g + C_{0M}Z_{M\Sigma0}}\dot{U}_{KA|0|}
\end{aligned} \tag{3-76}
$$

同理可得

$$
\begin{aligned}
\dot{U}_{MC} &= \alpha\dot{U}_{MA1} + \alpha^2\dot{U}_{MA2} + \dot{U}_{MA0} \\
&= \frac{1}{3}\dot{I}_{KA}(C_{0M}Z_{ML0} - C_{1M}Z_{ML1}) + \dot{U}_{KC} \\
&= \dot{U}_{KC|0|} + \frac{C_{1M}Z_{MS1} - C_{0M}Z_{MS0}}{2C_{1M}Z_{M\Sigma1} + 3R_g + C_{0M}Z_{M\Sigma0}}\dot{U}_{KA|0|}
\end{aligned} \tag{3-77}
$$

$$
\begin{aligned}
3\dot{U}_{M0} &= 3(-\dot{I}_{MA0}Z_{MS0}) = -3C_{0M}\dot{I}_{KA0}Z_{MS0} = -C_{0M}\dot{I}_{KA}Z_{MS0} \\
&= \frac{-3C_{0M}Z_{MS0}}{2C_{1M}Z_{M\Sigma1} + 3R_g + C_{0M}Z_{M\Sigma0}}\dot{U}_{KA|0|}
\end{aligned} \tag{3-78}
$$

将式（3-69）代入式（3-75）得

$$
\dot{U}_{MA} = \frac{2C_{1M}Z_{ML1} + C_{0M}Z_{ML0} + 3R_g}{2C_{1M}Z_{M\Sigma1} + 3R_g + C_{0M}Z_{M\Sigma0}}\dot{U}_{KA|0|} \tag{3-79}
$$

由式（3-79）可知，M 母线处故障相电压幅值及相位特点如下：

1） 线路 M 侧出口处发生 A 相金属性接地短路故障时，$Z_{ML1}=0$、$Z_{ML0}=0$、$R_g=0$，则 $\dot{U}_{MA}$ 幅值为零。

2）线路非 M 侧出口处发生 A 相金属性接地短路故障时，$Z_{ML1}\neq 0$、$Z_{ML0}\neq 0$、$R_g=0$，则 $\dot{U}_{MA}$ 幅值不为零，$\dot{U}_{MA}$ 与 $\dot{U}_{KA|0|}$ 同相，忽略负荷电流 $\dot{U}_{MA|0|}\approx\dot{U}_{KA|0|}$，则 $\dot{U}_{MA}$ 与 $\dot{U}_{MA|0|}$ 同相。

3）线路非 M 侧出口处发生 A 相经过渡电阻接地短路故障时，$Z_{ML1}\neq 0$、$Z_{ML0}\neq 0$、$R_g\neq 0$，$\dot{U}_{MA}$ 幅值不为零，$\dot{U}_{MA}$ 与 $\dot{U}_{KA|0|}$（$\dot{U}_{MA|0|}$）不同相，$\dot{U}_{MA}$ 滞后 $\dot{U}_{MA|0|}$。

4）线路 M 母线出口处发生 A 相经过渡电阻接地短路故障时，$Z_{ML1}=0$、$Z_{ML0}=0$、$R_g\neq 0$，$\dot{U}_{MA}$ 幅值不为零，$\dot{U}_{MA}$ 与 $\dot{U}_{KA|0|}$（$\dot{U}_{MA|0|}$）不同相，$\dot{U}_{MA}$ 滞后 $\dot{U}_{MA|0|}$。但当 R_g 为有限值，而 M 母线为无穷大系统母线（$Z_{MS1}\approx 0$、$Z_{MS0}\approx 0$）时，此时 $\dot{U}_{MA}$ 与 $\dot{U}_{MA|0|}$ 也趋向于同相。

将式（3-74）代入式（3-75）可得

$$
\dot{U}_{MA} = \dot{I}_{MA}\frac{2C_{1M}Z_{ML1} + C_{0M}Z_{ML0} + 3R_g}{2C_{1M} + C_{0M}} \tag{3-80}
$$

由式（3-80）可知，M 侧保护安装处故障相电流 $\dot{I}_{MA}$ 滞后故障相电压 $\dot{U}_{MA}$ 的角度

$\varphi = \arg\dfrac{2C_{1M}Z_{ML1} + C_{0M}Z_{ML0} + 3R_g}{2C_{1M} + C_{0M}}$变化特点如下：

1）线路 M 侧出口处发生 A 相经过渡电阻接地短路故障时，$Z_{ML1}=0$、$Z_{ML0}=0$、$R_g \neq 0$，则$\varphi = \arg\dfrac{3R_g}{2C_{1M}+C_{0M}} = 0°$，即$\dot{I}_{MA}$与$\dot{U}_{MA}$同相。

2） 线路非 M 侧出口处发生 A 相金属性接地短路故障时，$Z_{ML1} \neq 0$、$Z_{ML0} \neq 0$、$R_g = 0$，则$\varphi = \arg\dfrac{2Z_{ML1} + C_{0M}Z_{ML0}}{2C_{1M} + C_{0M}} \approx 80°$，即$\dot{I}_{MA}$滞后$\dot{U}_{MA}$约 80°。

3）线路非 M 侧出口处发生 A 相经过渡电阻接地短路故障时，$Z_{ML1} \neq 0$、$Z_{ML0} \neq 0$、$R_g \neq 0$，则此时$\varphi = \arg\dfrac{2C_{1M}Z_{ML1} + C_{0M}Z_{ML0} + 3R_g}{2C_{1M} + C_{0M}}$，$\varphi$可能的变化范围为$0° < \varphi < 80°$。

由式（3-78）、式（3-79）可得，M 母线处故障相电压$\dot{U}_{MA}$与零序$3\dot{U}_{M0}$的相位关系为

$$\arg\frac{\dot{U}_{MA}}{3\dot{U}_{M0}} = \arg\frac{2C_{1M}Z_{ML1} + C_{0M}Z_{ML0} + 3R_g}{-C_{0M}Z_{MS0}} \tag{3-81}$$

由式（3-81）可知：

1）线路非出口处发生 A 相金属性接地短路故障时，$R_g = 0$，则$\arg\dfrac{\dot{U}_{MA}}{3\dot{U}_{M0}} = \arg\dfrac{2C_{1M}Z_{ML1} + C_{0M}Z_{ML0}}{-C_{0M}Z_{MS0}} = 180°$，即$\dot{U}_{MA}$与$3\dot{U}_{M0}$反相。

2） 线路发生 A 相经过渡电阻接地短路时，$R_g \neq 0$，则$\arg\dfrac{\dot{U}_{MA}}{3\dot{U}_{M0}} = \arg\dfrac{2C_{1M}Z_{ML1} + C_{0M}Z_{ML0} + 3R_g}{-C_{0M}Z_{MS0}} < 180°$，$\dot{U}_{MA}$与$3\dot{U}_{M0}$不是反相关系。

由式（3-76）、式（3-77）可知，M 母线处两非故障相电压变化特点如下：

1）当线路发生 A 相接地短路故障，$C_{1M}Z_{MS1} = C_{0M}Z_{MS0}$时（不论是否存在过渡电阻），两非故障相电压$\dot{U}_{MB}$、$\dot{U}_{MC}$与故障前电压$\dot{U}_{MB|0|}$、$\dot{U}_{MC|0|}$保持不变。

2）当线路发生 A 相金属性接地短路故障，$C_{1M}Z_{MS1} > C_{0M}Z_{MS0}$时，两非故障相电压$\dot{U}_{MB}$、$\dot{U}_{MC}$幅值等幅对称减小，相位差增大（大于 120°），但两非故障相电压差与故障前保持不变。

3）当线路发生 A 相金属性接地短路故障，$C_{1M}Z_{MS1} < C_{0M}Z_{MS0}$时，两非故障相电压$\dot{U}_{MB}$、$\dot{U}_{MC}$幅值等幅对称增大，相位差减小（小于 120°），但两非故障相电压差与故障前保持不变。

4）当线路发生 A 相经过渡电阻接地短路故障，$C_{1M}Z_{MS1} > C_{0M}Z_{MS0}$时，两非故障相电压$\dot{U}_{MB}$、$\dot{U}_{MC}$幅值不再等幅对称减小，滞后相$\dot{U}_{MB}$的幅值随$R_g$数值的变化始终减小，超前相$\dot{U}_{MC}$的幅值随$R_g$数值的变化有可能增大也有可能减小，两非故障相电压相位差增大（大于 120°），但两非故障相电压差仍与故障前保持不变。

5）当线路发生 A 相经过渡电阻接地短路故障，$C_{1M}Z_{MS1} < C_{0M}Z_{MS0}$时，两非故障相电压$\dot{U}_{MB}$、$\dot{U}_{MC}$幅值也不再等幅对称减小，滞后相$\dot{U}_{MB}$的幅值随$R_g$数值的变化始终增大，超前相$\dot{U}_{MC}$的幅值随$R_g$数值的变化有可能增大也有可能减小，两非故障相电压相位差减小

（极限值 60°），但两非故障相电压差仍与故障前保持不变。

由上述分析可知，此时线路 M 侧各相电流、电压幅值相位特点与馈供线系统中线路单相接地短路故障时电源侧各相电流、电压幅值相位特点基本相同。

2. 线路 N 侧电流、电压分析

线路 N 侧各相电流、电压幅值相位特点与 M 侧基本相同，唯一不同之处是在非故障相出现故障分量电流时，两侧非故障相电流为穿越性质电流，幅值相等、相位相反。N 侧各相电流、电压幅值、相位特点分析可参照 M 侧的分析方法，这里不再赘述。

三、录波图及相量分析

1. 金属性接地短路故障

（1）线路非出口处 A 相金属性接地短路故障（$C_{1M}Z_{MS1}=C_{0M}Z_{MS0}$、$C_{1N}Z_{NR1}=C_{0N}Z_{MR0}$、$Z_{ML1}\neq 0$、$Z_{NL1}\neq 0$、$R_g=0$）。线路 M、N 两侧保护安装处电压、电流录波如图 3-55 所示，线路两侧断路器均三相跳闸。（标尺刻度为一次值）

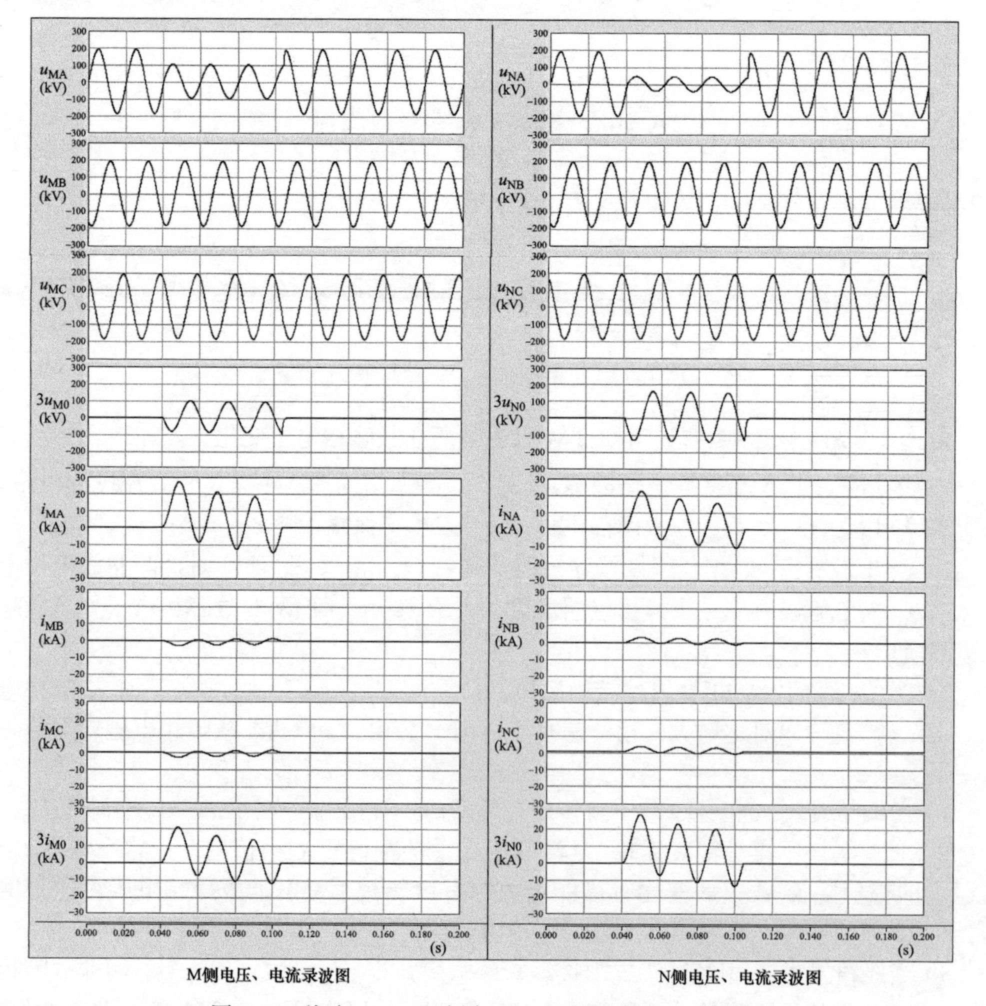

图 3-55 线路 M、N 两侧电压、电流录波图（一次值）

图 3-55 录波图的分析可参照图 3-19 中 M 侧电流、电压的分析，图 3-55 中 M、N 两侧波形特点基本一致，从图中可以看出，两侧非故障相电流幅值相等、相位相反。M 侧两非故障相电流 $\dot{I}_{MB}$、$\dot{I}_{MC}$ 相位与故障相电流 $\dot{I}_{MA}$ 反相，说明 $C_{1M}>C_{0M}$。N 侧两非故障相电流 $\dot{I}_{MB}$、$\dot{I}_{MC}$ 相位与故障相电流 $\dot{I}_{MA}$ 同相，说明 $C_{1N}<C_{0N}$。M 侧两非故障相电压 $\dot{U}_{MB}$、$\dot{U}_{MC}$ 幅值相位较故障前基本保持不变，说明 $C_{1M}Z_{MS1}=C_{0M}Z_{MS0}$。M 侧两非故障相电压 $\dot{U}_{NB}$、$\dot{U}_{NC}$ 幅值、相位较故障前也基本保持不变，说明 $C_{1N}Z_{MS1}=C_{0N}Z_{MS0}$。两侧零序电压与故障相电压相位差约为 180°，两侧故障相电流均滞后故障相电压约 80°，均说明故障点发生的是金属性接地短路故障。

绘制线路 M、N 两侧电压、电流相量图，如图 3-56 所示。

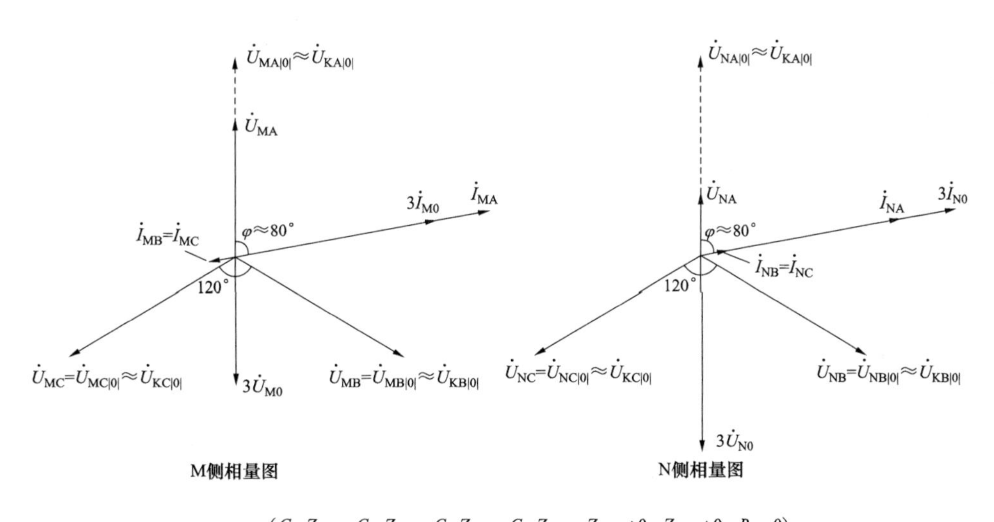

图 3-56　线路 M、N 两侧电压、电流相量图

（2）线路 M 侧出口处 A 相金属性接地短路故障（$C_{1M}Z_{MS1}>C_{0M}Z_{MS0}$、$C_{1N}Z_{NR1}>C_{0N}Z_{MR0}$、$Z_{ML1}=0$、$R_g=0$）。线路 M、N 两侧保护安装处电压、电流录波如图 3-57 所示，线路两侧断路器均三相跳闸。（标尺刻度为一次值）

对比图 3-55，图 3-57 录波图的特点如下：

1）M 侧故障相电压 $\dot{U}_{MA}$ 残压为零，说明故障点在 M 侧出口处，且无过渡电阻。

2）M 侧两非故障相电流 $\dot{I}_{MB}$、$\dot{I}_{MC}$ 相位与故障相电流 $\dot{I}_{MA}$ 同相，说明 $C_{1M}<C_{0M}$；N 侧两非故障相电流 $\dot{I}_{NB}$、$\dot{I}_{NC}$ 相位与故障相电流 $\dot{I}_{NA}$ 反相，说明 $C_{1N}>C_{0N}$。

3）N 侧零序电压与故障相电压相位差约为 180°，N 侧故障相电流 $\dot{I}_{NA}$ 滞后故障相电压 $\dot{U}_{NA}$ 约 80°，说明故障点发生的是金属性接地短路故障。

绘制线路 M、N 两侧电压、电流相量图，如图 3-58 所示。

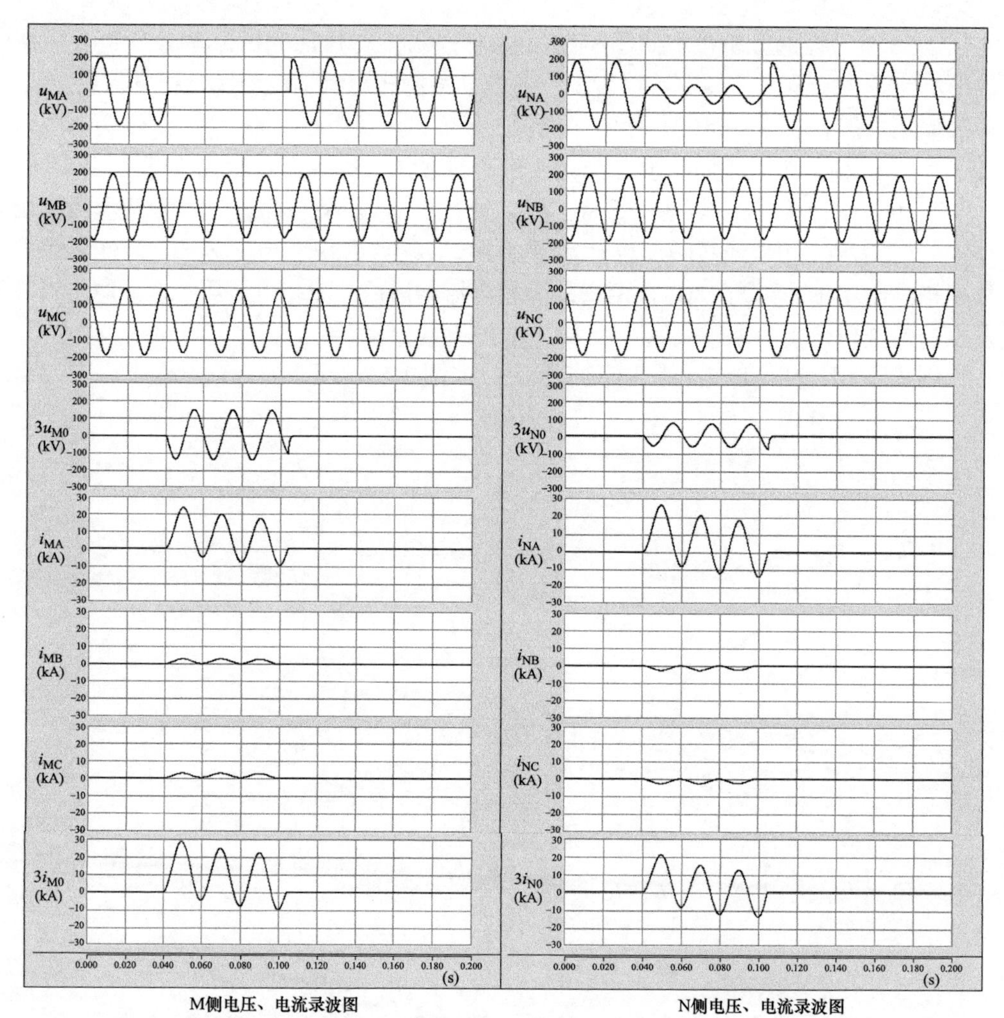

图 3-57　线路 M、N 两侧电压、电流录波图（一次值）

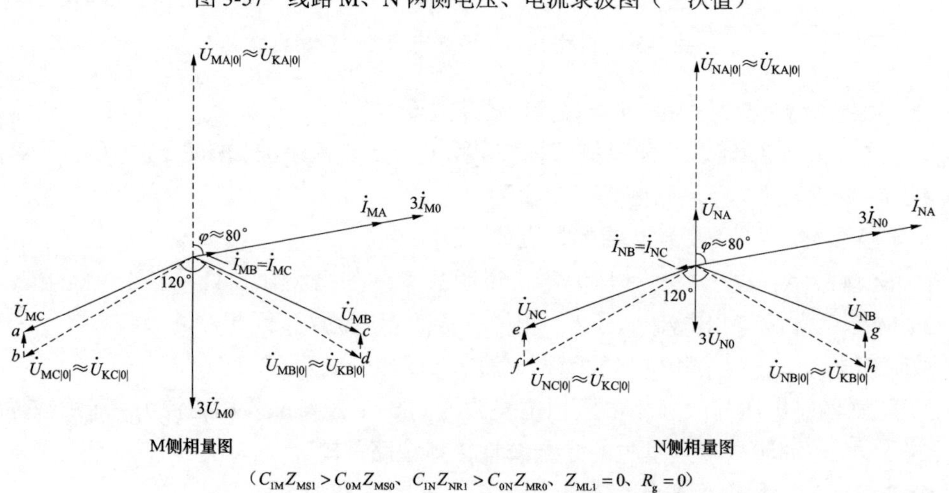

（$C_{1M}Z_{MS1} > C_{0M}Z_{MS0}$、$C_{1N}Z_{NR1} > C_{0N}Z_{MR0}$、$Z_{ML1}=0$、$R_g=0$）

$$\overrightarrow{ba}=\overrightarrow{dc}=\frac{C_{1M}Z_{MS1}-C_{0M}Z_{MS0}}{2C_{1M}Z_{MS1}+C_{0M}Z_{MS0}}\dot{U}_{KA|0|}\qquad \overrightarrow{ef}=\overrightarrow{hg}=\frac{C_{1N}Z_{NR1}-C_{0N}Z_{NR0}}{2C_{1N}Z_{N\Sigma1}+C_{0N}Z_{N\Sigma0}}\dot{U}_{KA|0|}$$

图 3-58　线路 M、N 两侧电压、电流相量图

2. 经过渡电阻的接地短路故障

（1）线路非出口处 A 相经过渡电阻接地短路故障（$C_{1M}Z_{MS1}<C_{0M}Z_{MS0}$、$C_{1N}Z_{NR1}<C_{0N}Z_{MR0}$、$Z_{ML1}\neq0$、$Z_{NL1}\neq0$、$R_g\neq0$）。线路 M、N 两侧保护安装处电压、电流录波如图 3-59 所示，线路两侧断路器均三相跳闸。（标尺刻度为一次值）

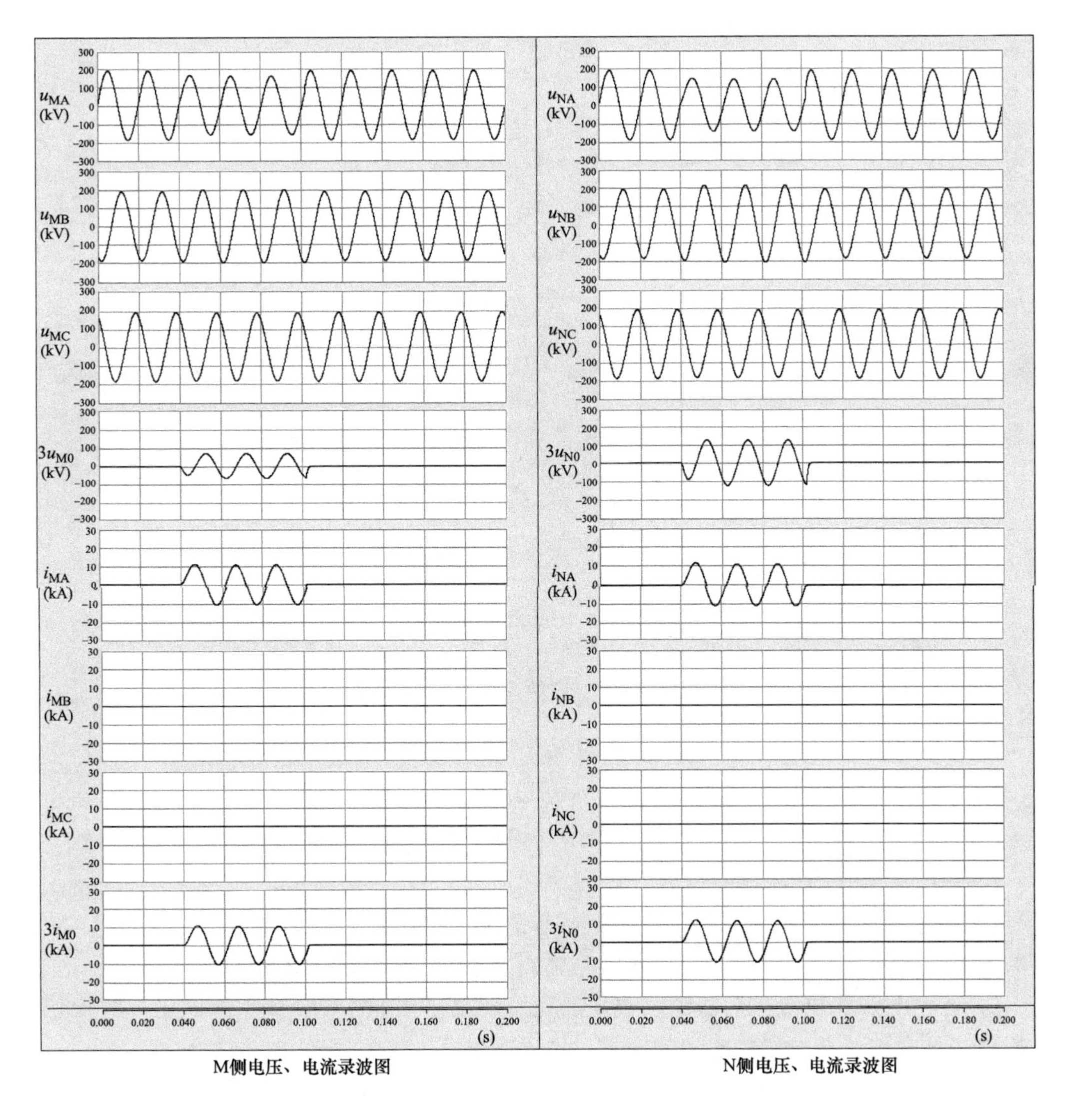

图 3-59 线路 M、N 两侧电压、电流录波图（一次值）

图 3-59 录波图 M、N 两侧波形特点基本一致，主要如下：

1）故障期间两侧非故障相电流为零，说明 $C_{1M}=C_{0M}$、$C_{1N}=C_{0N}$。两侧故障相电流与零序电流幅值相等、相位相同。

2）两侧故障相电流滞后故障相电压的角度明显小于 80°，两侧零序电压与故障相电压明显不是反相关系，都说明故障点有过渡电阻。

3）两侧两非故障相电压中的超前相电压幅值上升，滞后相电压幅值下降，也可以说明故障点存在过渡电阻。

绘制线路 M、N 两侧电压、电流相量图，如图 3-60 所示。

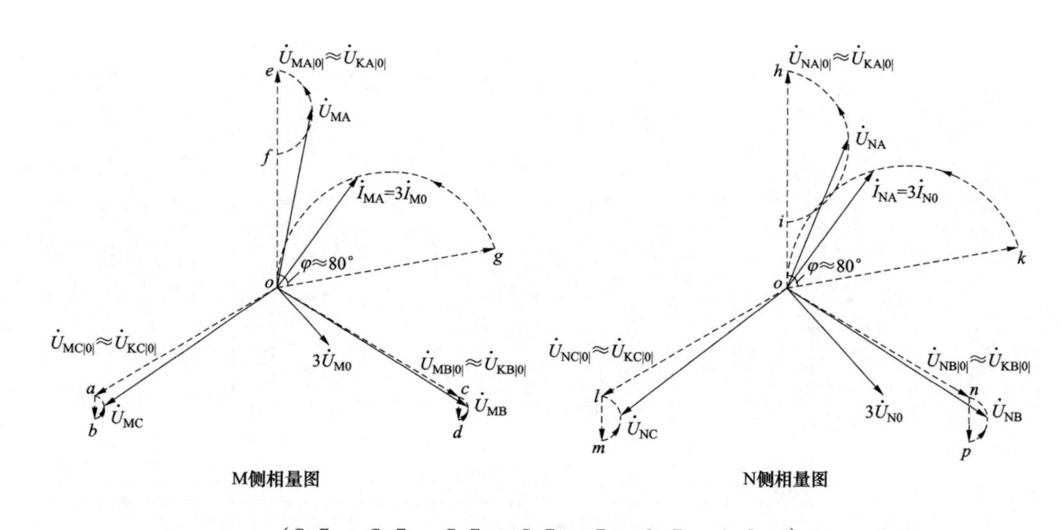

（$C_{1M}Z_{MS1} < C_{0M}Z_{MS0}$、$C_{1N}Z_{NR1} < C_{0N}Z_{MR0}$、$Z_{ML1} \neq 0$、$Z_{NL1} \neq 0$、$R_g \neq 0$）

$$\overrightarrow{ab} = \overrightarrow{cd} = \frac{C_{1M}Z_{MS1} - C_{0M}Z_{MS0}}{2C_{1M}Z_{M\Sigma1} + C_{0M}Z_{M\Sigma0}}\dot{U}_{KA|0|} \qquad \overrightarrow{fe} = \frac{2C_{1M}Z_{MS1} + C_{0M}Z_{MS0}}{2C_{1M}Z_{M\Sigma1} + C_{0M}Z_{M\Sigma0}}\dot{U}_{KA|0|} \qquad \overrightarrow{og} = \frac{2C_{1M} + C_{0M}}{2C_{1M}Z_{M\Sigma1} + C_{0M}Z_{M\Sigma0}}\dot{U}_{KA|0|}$$

$$\overrightarrow{lm} = \overrightarrow{np} = \frac{C_{1N}Z_{NR1} - C_{0N}Z_{NR0}}{2C_{1N}Z_{N\Sigma1} + C_{0N}Z_{N\Sigma0}}\dot{U}_{KA|0|} \qquad \overrightarrow{ih} = \frac{2C_{1N}Z_{MR1} + C_{0N}Z_{MR0}}{2C_{1N}Z_{N\Sigma1} + C_{0N}Z_{N\Sigma0}}\dot{U}_{KA|0|} \qquad \overrightarrow{ok} = \frac{2C_{1N} + C_{0N}}{2C_{1N}Z_{N\Sigma1} + C_{0N}Z_{N\Sigma0}}\dot{U}_{KA|0|}$$

图 3-60　线路 M、N 两侧电压、电流相量图

（2）线路 N 侧出口处 A 相经过渡电阻接地短路故障（$C_{1M}Z_{MS1} > C_{0M}Z_{MS0}$、$C_{1N}Z_{NR1} > C_{0N}Z_{MR0}$、$Z_{ML1} \neq 0$、$Z_{NL1} = 0$、$R_g \neq 0$）。线路 M、N 两侧保护安装处电压、电流录波如图 3-61 所示，线路两侧断路器均三相跳闸。（标尺刻度为一次值）

图 3-61 主要特点如下：

1）M 侧两非故障相电流 $\dot{I}_{MB}$、$\dot{I}_{MC}$ 相位与故障相电流 $\dot{I}_{MA}$ 反相，说明 $C_{1M} > C_{0M}$；N 侧两非故障相电流 $\dot{I}_{NB}$、$\dot{I}_{NC}$ 相位与故障相电流 $\dot{I}_{NA}$ 同相，说明 $C_{1N} < C_{0N}$。

2）M 侧故障相电流滞后故障相电压的角度明显小于 80°，M 侧零序电压与故障相电压明显不是反相关系，都说明故障点有过渡电阻。

3）N 侧故障相残压不为零，但其相位与故障相电流同相，可以说明故障点在 N 侧出口处且故障点有过渡电阻，故障相残压实际为故障点过渡电阻上的电压。

4）两侧两非故障相电压中的超前相电压幅值下降明显，滞后相电压幅值上升，但不明显，也可以说明故障点存在过渡电阻。

绘制线路 M、N 两侧电压、电流相量图，如图 3-62 所示。

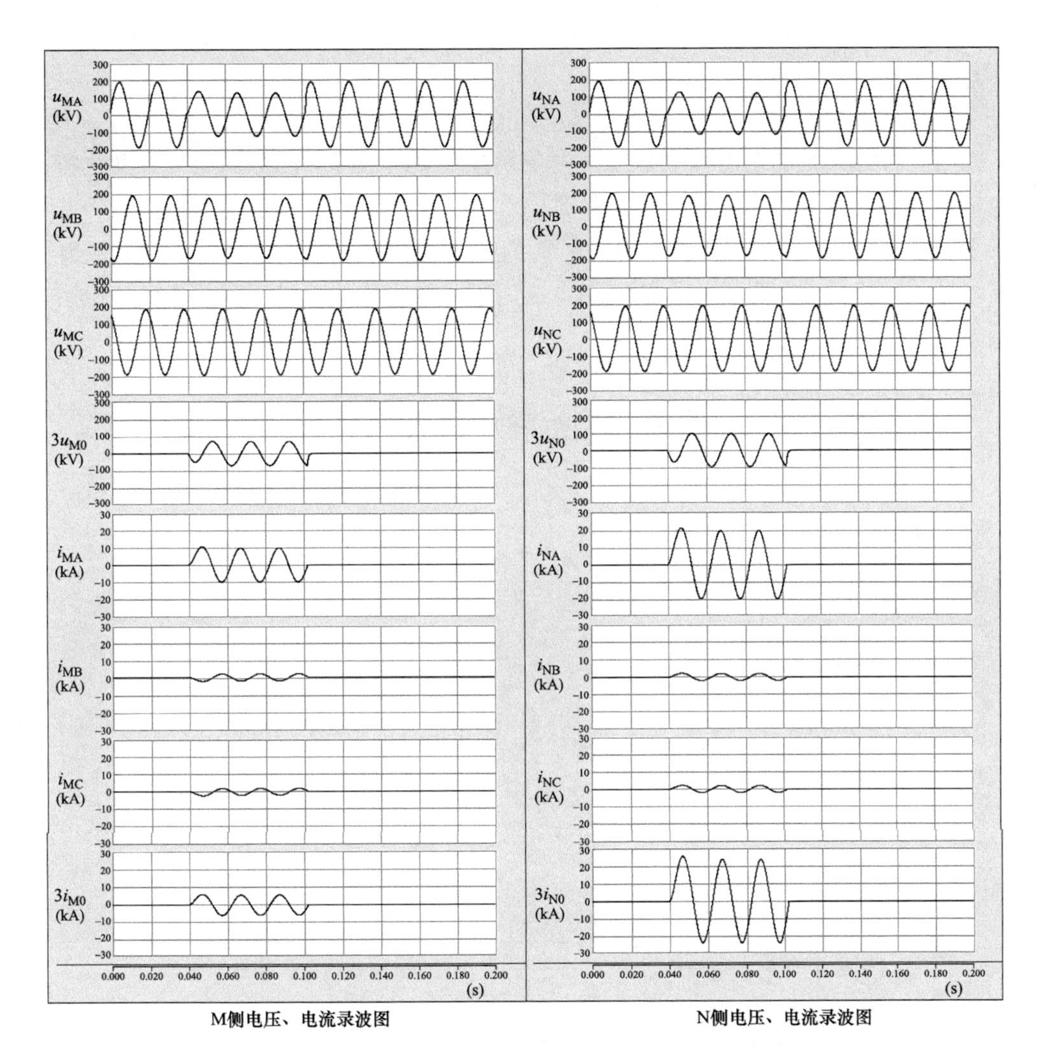

图 3-61　线路 M、N 两侧电压、电流录波图（一次值）

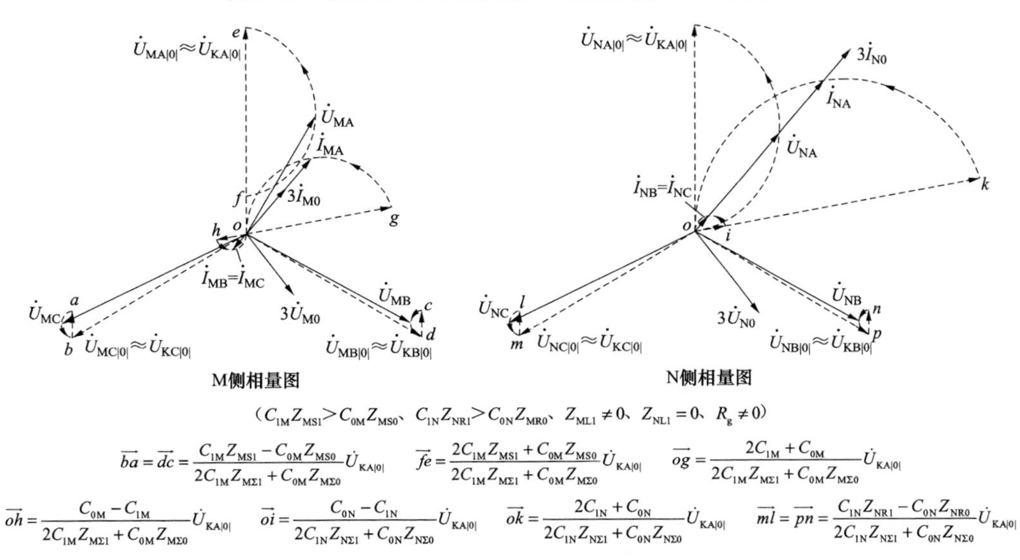

图 3-62　线路 M、N 两侧电压、电流相量图

四、小结

大电流接地系统的双电源联络线发生单相接地短路故障时两侧的电气量变化特点，与单电源馈供线发生单相接地短路故障时电源侧的电气量变化特点基本相似，因此可参照表 3-1 进行分析、总结。需要注意的区别是，非故障相电流的相位可能与故障相同相，也可能与故障相反相，也可能非故障相电流为零，取决于故障点两侧的各序分配系数的关系。

第五节　联络线两相相间短路故障的录波图分析

一、系统接线

系统接线同图 3-53。

二、理论分析

图 3-53 所示系统中，线路 L 发生 B、C 相间短路故障时的复合序网图如图 3-63 所示，其中各参数定义同图 3-54。

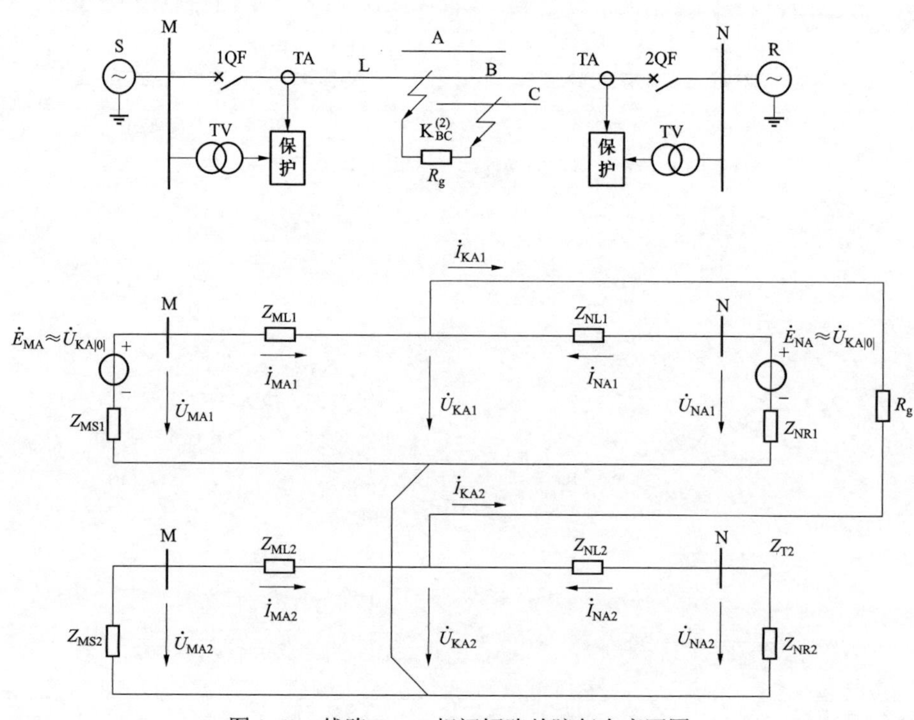

图 3-63　线路 B、C 相间短路故障复合序网图

1. 线路故障点电流、电压分析

（1）根据对称分量法，A 相为特殊相，A 相电流的正序、负序分量通过序网图可得到

$$\begin{aligned}\dot{I}_{\text{KA1}} &= -\dot{I}_{\text{KA2}} \\ &= \frac{\dot{U}_{\text{KA}|0|}}{Z_{\text{M}\Sigma 1}//Z_{\Sigma\text{N1}} + Z_{\text{M}\Sigma 2}//Z_{\Sigma\text{N2}} + R_{\text{g}}} \\ &= \frac{\dot{U}_{\text{KA}|0|}}{C_{1\text{M}}Z_{\text{M}\Sigma 1} + C_{2\text{M}}Z_{\text{M}\Sigma 2} + R_{\text{g}}} \\ &= \frac{\dot{U}_{\text{KA}|0|}}{2C_{1\text{M}}Z_{\text{M}\Sigma 1} + R_{\text{g}}}\end{aligned} \tag{3-82}$$

$$\left.\begin{aligned}&\dot{I}_{\text{KA}} = \dot{I}_{\text{KA1}} + \dot{I}_{\text{KA2}} = 0 \\ &\dot{I}_{\text{KB}} = -\dot{I}_{\text{KC}} = \alpha^2\dot{I}_{\text{KA1}} + \alpha\dot{I}_{\text{KA2}} = (\alpha^2 - \alpha)\dot{I}_{\text{KA1}} = \frac{-\text{j}\sqrt{3}}{2C_{1\text{M}}Z_{\text{M}\Sigma 1} + R_{\text{g}}}\dot{U}_{\text{KA}|0|}\end{aligned}\right\} \tag{3-83}$$

（2）根据对称分量法，A 相为特殊相，A 相电压的正序、负序分量通过序网图可得到

$$\left.\begin{aligned}&\dot{U}_{\text{KA1}} = \dot{U}_{\text{KA}|0|} - \dot{I}_{\text{MA1}}Z_{\text{M}\Sigma 1} = \dot{U}_{\text{KA}|0|} - C_{1\text{M}}\dot{I}_{\text{KA1}}Z_{\text{M}\Sigma 1} \\ &\dot{U}_{\text{KA2}} = -\dot{I}_{\text{MA2}}Z_{\text{M}\Sigma 2} = -C_{2\text{M}}\dot{I}_{\text{KA2}}Z_{\text{M}\Sigma 2} = C_{1\text{M}}\dot{I}_{\text{KA1}}Z_{\text{M}\Sigma 1}\end{aligned}\right\} \tag{3-84}$$

$$\dot{U}_{\text{KA}} = \dot{U}_{\text{KA1}} + \dot{U}_{\text{KA2}} = \dot{U}_{\text{KA}|0|} \tag{3-85}$$

$$\begin{aligned}\dot{U}_{\text{KB}} &= \alpha^2\dot{U}_{\text{KA1}} + \alpha\dot{U}_{\text{KA2}} = \alpha^2(\dot{U}_{\text{KA}|0|} - C_{1\text{M}}\dot{I}_{\text{KA1}}Z_{\text{M}\Sigma 1}) + \alpha C_{1\text{M}}\dot{I}_{\text{KA1}}Z_{\text{M}\Sigma 1} \\ &= \alpha^2\dot{U}_{\text{KA}|0|} - \alpha^2 C_{1\text{M}}\dot{I}_{\text{KA1}}Z_{\text{M}\Sigma 1} + \alpha C_{1\text{M}}\dot{I}_{\text{KA1}}Z_{\text{M}\Sigma 1} \\ &= \dot{U}_{\text{KB}|0|} + \frac{\text{j}\sqrt{3}C_{1\text{M}}Z_{\text{M}\Sigma 1}}{2C_{1\text{M}}Z_{\text{M}\Sigma 1} + R_{\text{g}}}\dot{U}_{\text{KA}|0|}\end{aligned} \tag{3-86}$$

$$\begin{aligned}\dot{U}_{\text{KC}} &= \alpha\dot{U}_{\text{KA1}} + \alpha^2\dot{U}_{\text{KA2}} = \alpha(\dot{U}_{\text{KA}|0|} - \dot{I}_{\text{KA1}}Z_{\text{M}\Sigma 1}) + \alpha^2\dot{I}_{\text{KA1}}Z_{\text{M}\Sigma 1} \\ &= \alpha\dot{U}_{\text{KA}|0|} - \alpha C_{1\text{M}}\dot{I}_{\text{KA1}}Z_{\text{M}\Sigma 1} + \alpha^2 C_{1\text{M}}\dot{I}_{\text{KA1}}Z_{\text{M}\Sigma 1} \\ &= \dot{U}_{\text{KC}|0|} - \frac{\text{j}\sqrt{3}C_{1\text{M}}Z_{\text{M}\Sigma 1}}{2C_{1\text{M}}Z_{\text{M}\Sigma 1} + R_{\text{g}}}\dot{U}_{\text{KA}|0|}\end{aligned} \tag{3-87}$$

2. 线路两侧保护安装处电压、电流分析

（1）线路 M 侧电流、电压分析。

1）根据复合序网图可得 M 侧三相电流为

$$\left.\begin{aligned}&\dot{I}_{\text{MA}} = \dot{I}_{\text{MA1}} + \dot{I}_{\text{MA2}} = C_{1\text{M}}\dot{I}_{\text{KA1}} + C_{2\text{M}}\dot{I}_{\text{KA2}} = 0 \\ &\dot{I}_{\text{MB}} = \alpha^2 C_{1\text{M}}\dot{I}_{\text{KA1}} + \alpha C_{2\text{M}}\dot{I}_{\text{KA2}} = \frac{-\text{j}C_{1\text{M}}\sqrt{3}}{2C_{1\text{M}}Z_{\text{M}\Sigma 1} + R_{\text{g}}}\dot{U}_{\text{KA}|0|} \\ &\dot{I}_{\text{MC}} = \alpha C_{1\text{M}}\dot{I}_{\text{KA1}} + \alpha^2 C_{2\text{M}}\dot{I}_{\text{KA2}} = \frac{\text{j}C_{1\text{M}}\sqrt{3}}{2C_{1\text{M}}Z_{\text{M}\Sigma 1} + R_{\text{g}}}\dot{U}_{\text{KA}|0|}\end{aligned}\right\} \tag{3-88}$$

由式（3-88）可知，M 侧各相电流的幅值及相位特点如下：

a）非故障相电流 $\dot{I}_{MA}$ 幅值为零。

b）两故障相电流 $\dot{I}_{MB}$、$\dot{I}_{MC}$ 幅值相等、相位相反。

c）金属性短路故障时，$R_g = 0$，由式（3-88）可得

$$\dot{I}_{MB} = \frac{-j\sqrt{3}}{2Z_{M\Sigma1}}\dot{U}_{KA|0|} \tag{3-89}$$

$$\dot{I}_{MC} = \frac{j\sqrt{3}}{2Z_{M\Sigma1}}\dot{U}_{KA|0|} \tag{3-90}$$

由式（3-89）、式（3-90）可知，此时 $\dot{I}_{MB}$ 滞后 $\dot{U}_{MA}$（$\dot{U}_{MA} \approx \dot{U}_{KA|0|}$，认为系统各点阻抗角约为 80°）约 170°，$\dot{I}_{MC}$ 则超前 $\dot{U}_{MA}$ 约 10°。可见金属性短路故障时两故障相电流幅值与两侧正、负序电流分配系数无关。

d）非金属性短路故障时（$R_g \neq 0$），则随过渡电阻 R_g=0→∞的变化，$\dot{I}_{MB}$ 滞后 $\dot{U}_{MA}$ 的角度范围约是 170°→90°，$\dot{I}_{MC}$ 超前 $\dot{U}_{MA}$ 的角度范围约是 10°→90°。

2）根据复合序网图及对称分量法，可得 M 母线处各相电压为

$$\begin{aligned}\dot{U}_{MA} &= \dot{U}_{MA1} + \dot{U}_{MA2}\\ &= C_{1M}\dot{I}_{KA1}Z_{ML1} + \dot{U}_{KA1} + C_{2M}\dot{I}_{KA2}Z_{ML1} + \dot{U}_{KA2}\\ &= \dot{U}_{KA|0|}\end{aligned} \tag{3-91}$$

$$\begin{aligned}\dot{U}_{MB} &= \alpha^2\dot{U}_{MA1} + \alpha\dot{U}_{MA2}\\ &= \alpha^2 C_{1M}\dot{I}_{KA1}Z_{ML1} + \alpha^2\dot{U}_{KA1} + \alpha C_{2M}\dot{I}_{KA2}Z_{ML1} + \alpha\dot{U}_{KA2}\\ &= (\alpha^2-\alpha)C_{1M}\dot{I}_{KA1}Z_{ML1} + \dot{U}_{KB}\\ &= -\frac{j\sqrt{3}C_{1M}Z_{ML1}}{2C_{1M}Z_{M\Sigma1}+R_g}\dot{U}_{KA|0|} + \dot{U}_{KB|0|} + \frac{j\sqrt{3}C_{1M}Z_{M\Sigma1}}{2C_{1M}Z_{M\Sigma1}+R_g}\dot{U}_{KA|0|}\\ &= \dot{U}_{KB|0|} + \frac{j\sqrt{3}C_{1M}Z_{MS1}}{2C_{1M}Z_{M\Sigma1}+R_g}\dot{U}_{KA|0|}\end{aligned} \tag{3-92}$$

$$\begin{aligned}\dot{U}_{MC} &= \alpha\dot{U}_{MA1} + \alpha^2\dot{U}_{MA2}\\ &= \dot{U}_{KC|0|} - \frac{j\sqrt{3}C_{1M}Z_{MS1}}{2C_{1M}Z_{M\Sigma1}+R_g}\dot{U}_{KA|0|}\end{aligned} \tag{3-93}$$

由式（3-92）、式（3-93）可知，当线路发生金属性短路故障时，$R_g = 0$，$\dot{U}_{MB}$、$\dot{U}_{MC}$ 与分配系数 C_{1M} 无关。式（3-92）、式（3-93）与式（3-36）、式（3-37）完全相等。

对比式（3-91）～式（3-93）与式（3-35）～式（3-37）可知，此时各相电压表达式中只是多了分配系数 C_{1M}，当认为系统各点阻抗角相等时，该系数为不大于 1 的正实数，因此这里 M 母线侧各相电压的幅值、相位特点与馈供线时两相相间短路 M 母线侧的各相电压幅值、相位特点完全相同，只是相当于缩小了相关参数的比例。所以，双电源联络线两相相间短路故障时的各相电压幅值、相位特点的分析方法可参照前面馈供线两相相间短路故障时电源端 M 侧各相电压幅值、相位特点的分析方法。

（2）N 母线侧电流、电压分析。由于双电源联络线具有对称性，此时 N 侧各相电流、电压幅值相位特点与 M 侧基本相同，因此 N 侧各相电流、电压幅值相位特点分析方法可参照 M 侧的分析方法，这里不再赘述。

三、录波图分析

1．金属性相间短路故障

（1）线路非出口处 B、C 相金属性相间短路故障（$Z_{MS1}=Z_{NR1}$、$Z_{ML1}\neq 0$、$Z_{NL1}\neq 0$、$Z_{ML1}>Z_{NL1}$、$R_g=0$）。线路 M、N 两侧保护安装处电压、电流录波如图 3-64 所示，线路两侧断路器均三相跳闸。（标尺刻度为一次值）

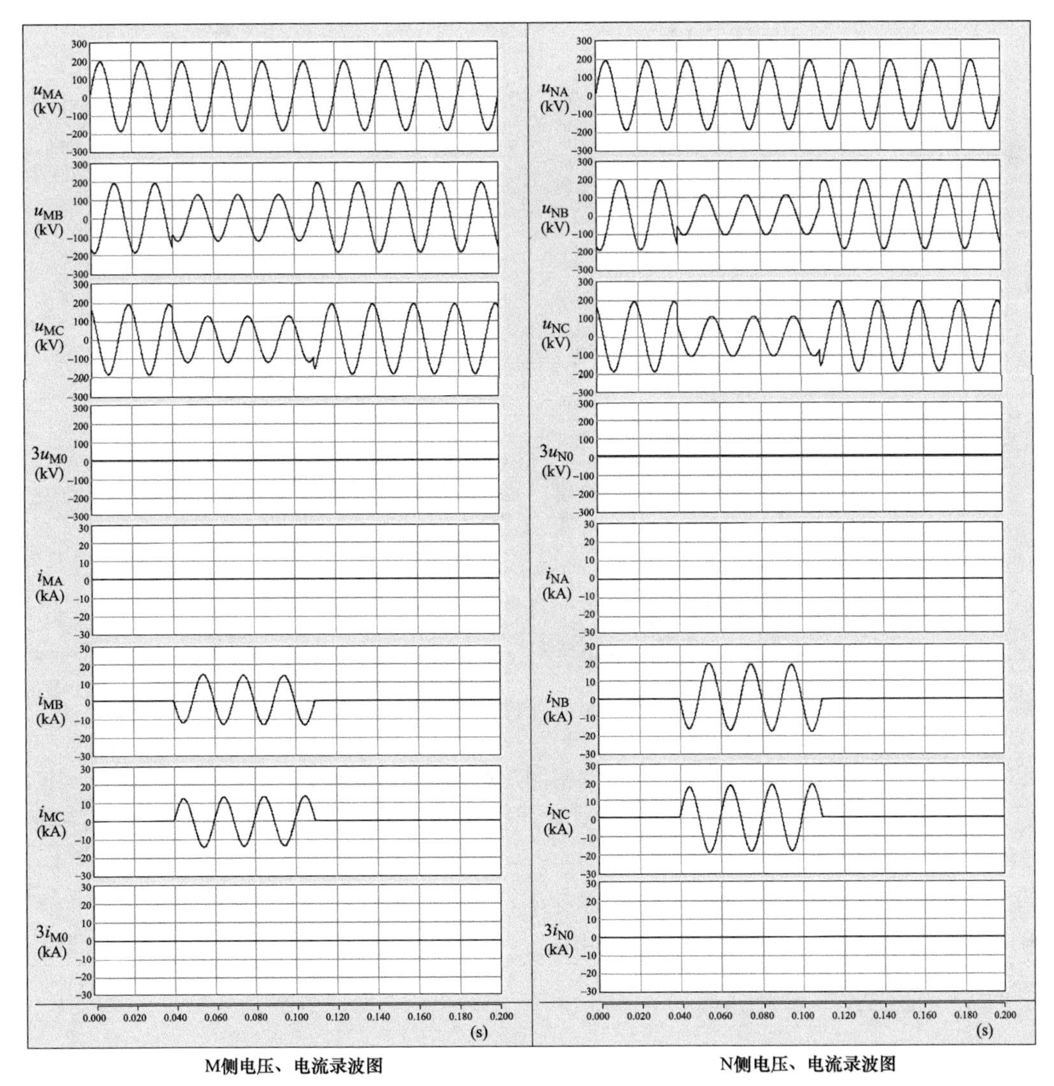

图 3-64 线路 M、N 两侧母线保护安装处电压、电流录波图（一次值）

图 3-64 录波图中 M、N 两侧各相电压、电流特点基本相同，主要特点如下：

1）非故障相电压较故障前保持不变。

2）两故障相电压幅值相等，但相位不同，两故障相电压相位关于非故障相电压对称。

3）两故障相电流幅值相等，相位相反，C 相电流超前 A 相电压约 10°，B 相电流滞后 A 相电压约 170°。

绘制此时线路 M、N 两侧电压、电流相量图，如图 3-65 所示。

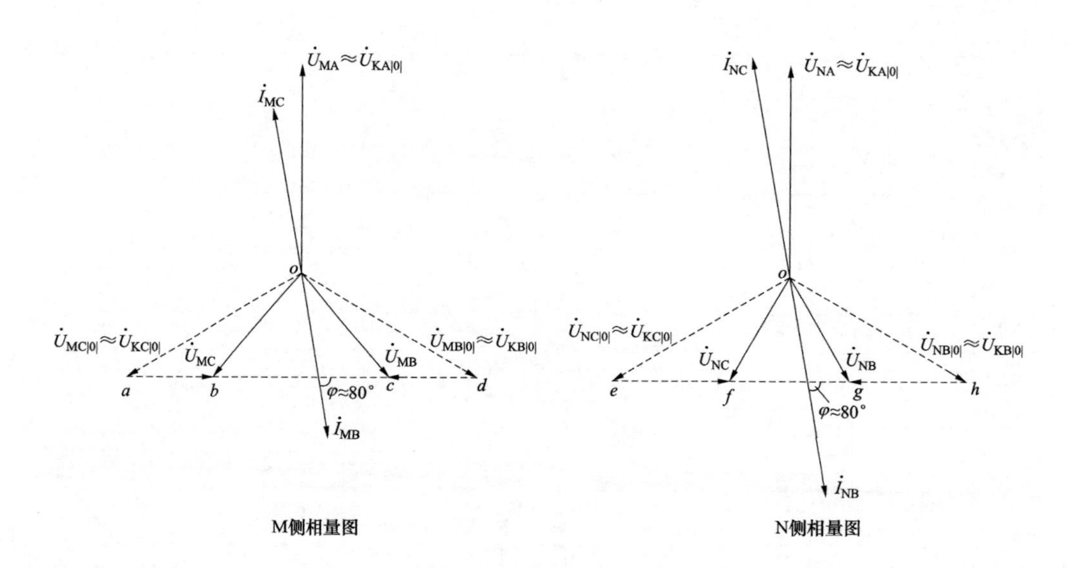

$(Z_{MS1}=Z_{NR1}$、$Z_{ML1}\neq0$、$Z_{NL1}\neq0$、$Z_{ML1}>Z_{NL1}$、$R_g=0)$

$\overrightarrow{ab}=-j\frac{\sqrt{3}}{2}\times\frac{Z_{MS1}}{Z_{M\Sigma1}}\dot{U}_{MA}$ $\overrightarrow{dc}=j\frac{\sqrt{3}}{2}\times\frac{Z_{MS1}}{Z_{M\Sigma1}}\dot{U}_{MA}$ $\overrightarrow{ef}=-j\frac{\sqrt{3}}{2}\times\frac{Z_{NR1}}{Z_{N\Sigma1}}\dot{U}_{NA}$ $\overrightarrow{gh}=j\frac{\sqrt{3}}{2}\times\frac{Z_{NR1}}{Z_{N\Sigma1}}\dot{U}_{NA}$

图 3-65 线路 M、N 两侧电压、电流相量图

（2）线路 M 侧出口处 B、C 相金属性相间短路故障（$Z_{MS1}=Z_{NR1}$、$Z_{ML1}=0$、$Z_{NL1}\neq0$、$R_g=0$）。线路 M、N 两侧保护安装处电压、电流录波如图 3-66 所示，线路两侧断路器均三相跳闸。（标尺刻度为一次值）

对比图 3-64，图 3-66 录波图中 N 侧电压、电流特点基本不变，M 侧录波图中非故障相电压特点相同，两故障相电流特点相同，但两故障相电压特点有明显变化，此时有 $\dot{U}_{MB}=\dot{U}_{MC}\approx-\frac{1}{2}\dot{U}_{MA}$。

绘制此时线路 M、N 两侧电压、电流相量图，如图 3-67 所示。

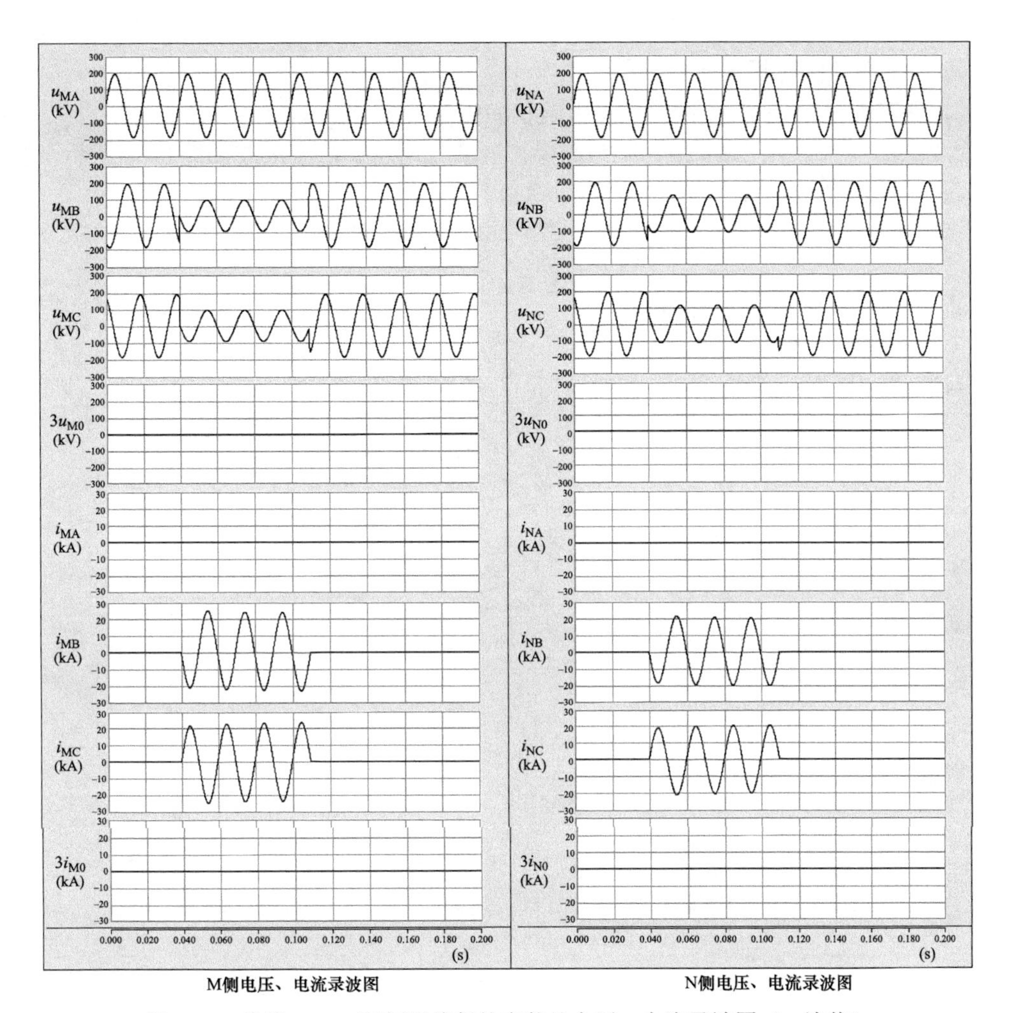

图 3-66　线路 M、N 两侧母线保护安装处电压、电流录波图（一次值）

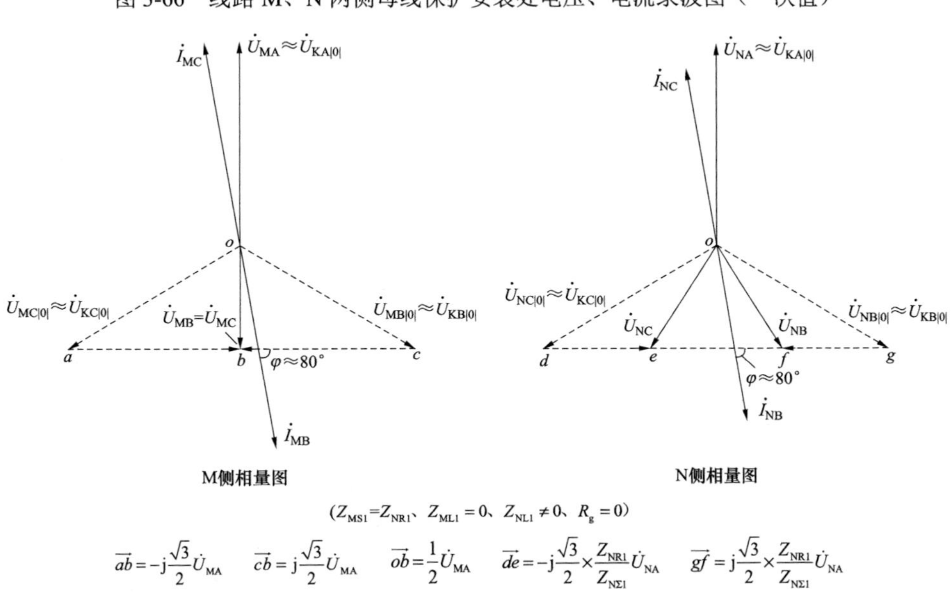

图 3-67　线路 M、N 两侧电压、电流相量图

2. 经过渡电阻的相间短路故障

（1）线路非出口处 B、C 相经过渡电阻相间短路故障（$Z_{MS1}<Z_{NR1}$、$Z_{ML1}\neq 0$、$Z_{NL1}\neq 0$、$Z_{ML1}>Z_{NL1}$、$R_g\neq 0$）。线路 M、N 两侧保护安装处电压、电流录波如图 3-68 所示，线路两侧断路器均三相跳闸。（标尺刻度为一次值）

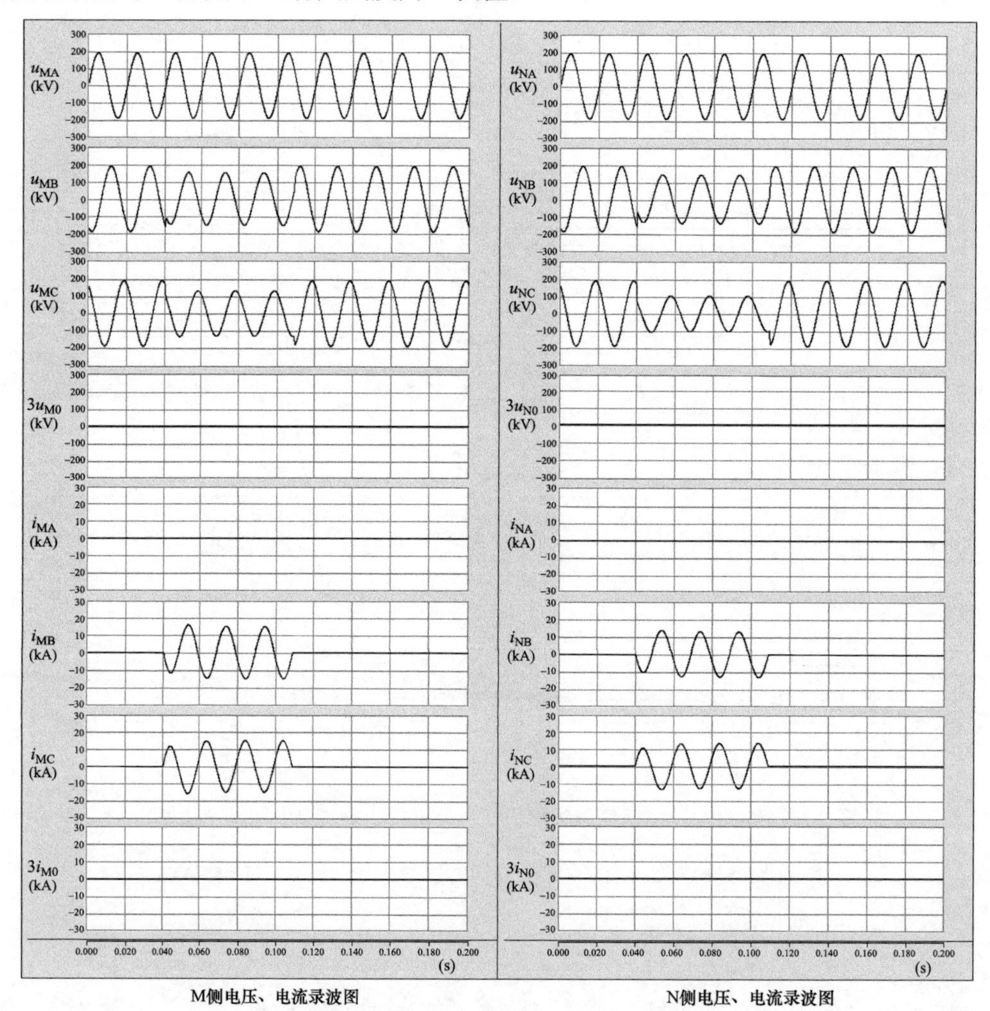

图 3-68　线路 M、N 两侧母线保护安装处电压、电流录波图（一次值）

图 3-68 中两侧电压、电流录波图特点基本一致，对比图 3-64，两侧非故障相电压仍与故障前电压保持不变，两故障相电压幅值不再相等，其中超前相电压幅值大于滞后相电压幅值，两故障相电压相位不再关于非故障相电压对称。两故障相电流幅值相等，但是与非故障相电压之间的相位关系发生变化，C 相电流超前 A 相电压角度大于 10°，B 相电流滞后 A 相电压角度大于 170°。

绘制此时线路 M、N 两侧电压、电流相量图，如图 3-69 所示。

（2）线路 N 侧出口处 B、C 相经过渡电阻短路故障（$Z_{MS1}<Z_{NR1}$、$Z_{ML1}\neq 0$、$Z_{NL1}=0$、$R_g\neq 0$）。线路 M、N 两侧保护安装处电压、电流录波如图 3-70 所示，线路两侧断路器均三相跳闸。（标尺刻度为一次值）

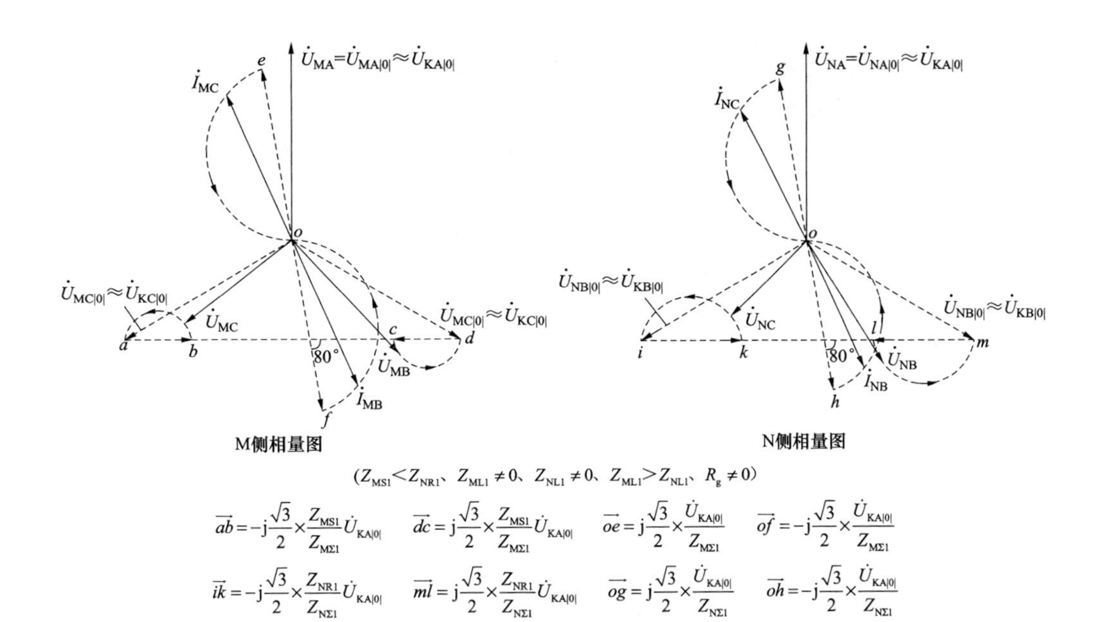

图 3-69　线路 M、N 两侧电压、电流相量图

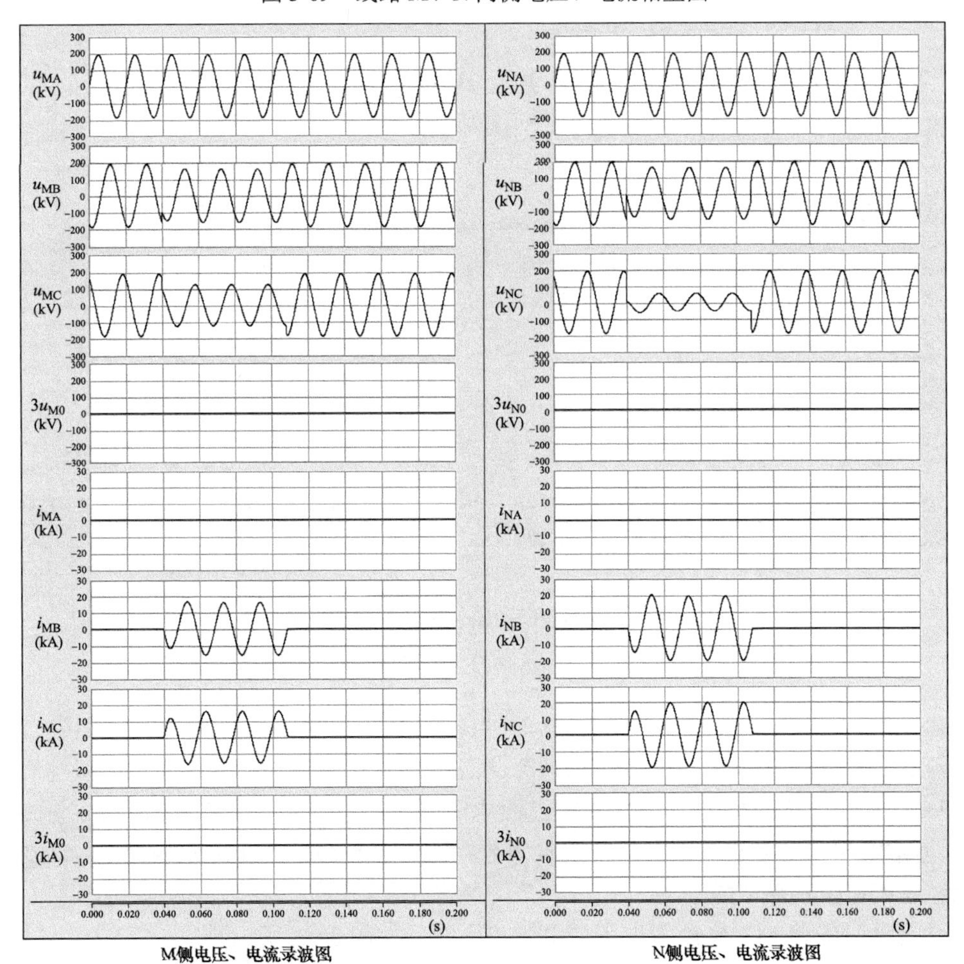

图 3-70　线路 M、N 两侧母线保护安装处电压、电流录波图（一次值）

对比图 3-70 与图 3-69，可以发现两侧电流、电压波形特点基本相同，只是图 3-70 中 N 侧的两故障相电压幅值的差距明显增大。此时只凭裸眼阅读，无法看出故障点在 N 侧出口处。唯一能证明故障点在 N 侧出口处的方法是：比较 N 侧线电压 $\dot{U}_{NBC}$ 与线电流 $\dot{I}_{NBC}$ 的相位关系，如果两者相位接近同相，则可说明故障点就在 N 侧出口处，且有过渡电阻。此时可利用专用分析软件对图 3-70 所示录波图的电子格式文件进行相电压、相电流到线电压、线电流的转换。转换结果如图 3-71 所示。

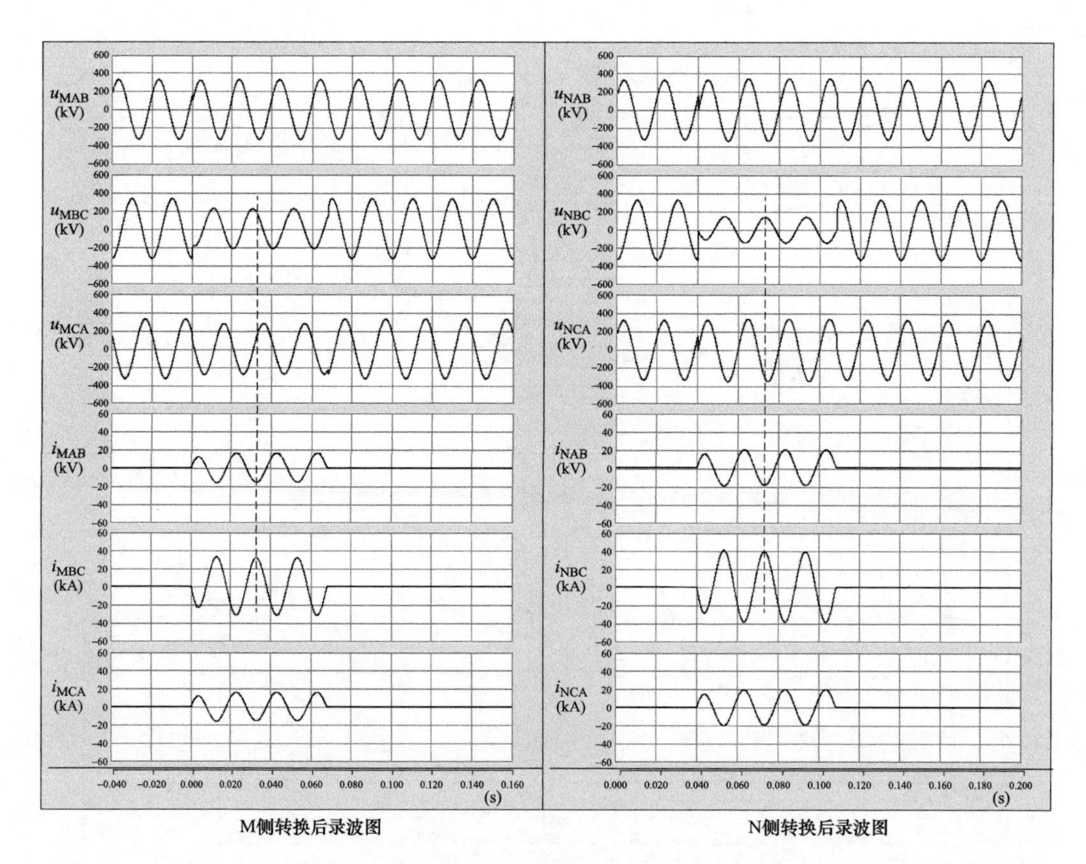

图 3-71　线路 M、N 两侧软件转换后的线电压、线电流录波图（一次值）

由图 3-71 可以看出，经过专用分析软件转换得到的线电压、线电流波形图中，M 侧线电流 $\dot{I}_{MBC}$ 滞后线电压 $\dot{U}_{MBC}$ 约 35°，可见此阻抗角明显小于 80°，因此该故障性质对于 M 侧来讲属于非出口处的 B、C 相经过渡电阻短路故障。而 N 侧线电流 $\dot{I}_{NBC}$ 与线电压 $\dot{U}_{NBC}$ 基本同相，可以知道测量阻抗基本为纯电阻，因此该故障性质为 N 侧出口处的 B、C 相经过渡电阻短路故障。

绘制此时线路 M、N 两侧电压、电流相量图，如图 3-72 所示。

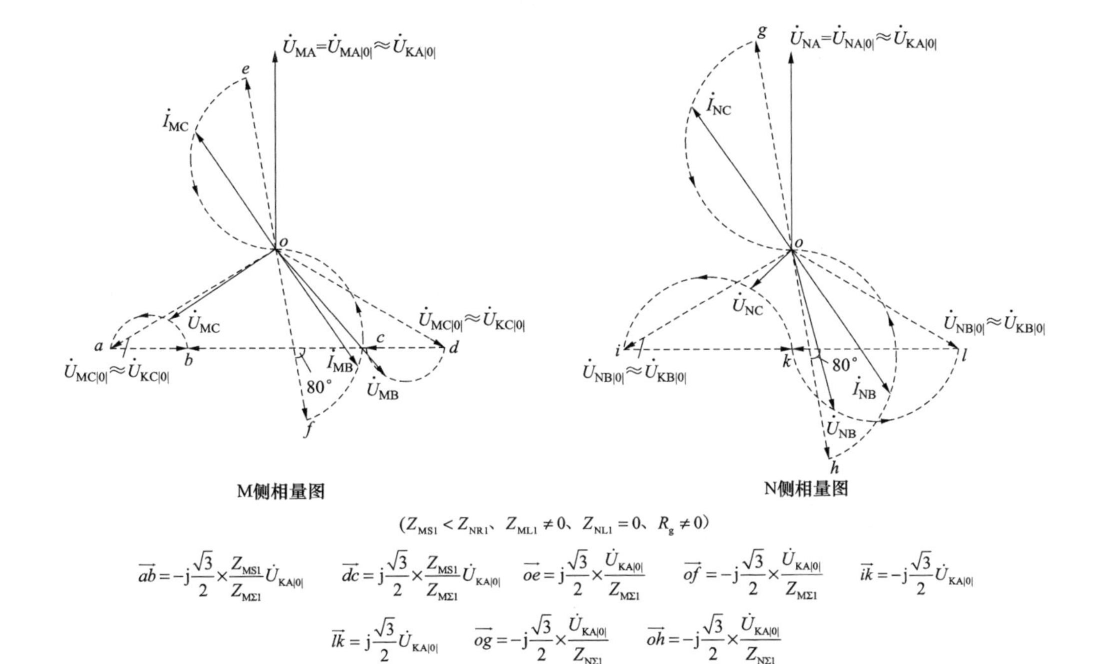

图 3-72 线路 M、N 两侧电压、电流相量图

四、小结

大电流接地系统的双电源联络线发生两相相间短路故障时两侧的电气量变化特点，与单电源馈供线发生两相相间短路故障时电源侧的电气量变化特点完全相同，因此可参照表 3-3 的内容进行分析、总结。

第六节 联络线两相接地短路故障的录波图分析

一、系统接线

系统接线同图 3-53。

二、理论分析

图 3-53 所示系统中，线路 L 发生 B、C 相接地短路故障时的复合序网图如图 3-73 所示，其中各参数定义同图 3-54。

1. 线路故障点电流、电压分析

（1）根据对称分量法，A 相为特殊相，A 相电流的正序、负序、零序分量通过序网图可得到

$$
\begin{aligned}
\dot{I}_{KA1} &= \frac{\dot{U}_{KA|0|}}{C_{1M}Z_{M\Sigma1} + C_{2M}Z_{M\Sigma2} // (3R_g + C_{0M}Z_{M\Sigma0})} \\
&= \frac{\dot{U}_{KA|0|}}{C_{1M}Z_{M\Sigma1}}\left(\frac{C_{1M}Z_{M\Sigma1} + 3R_g + C_{0M}Z_{M\Sigma0}}{C_{1M}Z_{M\Sigma1} + 6R_g + 2C_{0M}Z_{M\Sigma0}}\right)
\end{aligned} \tag{3-94}
$$

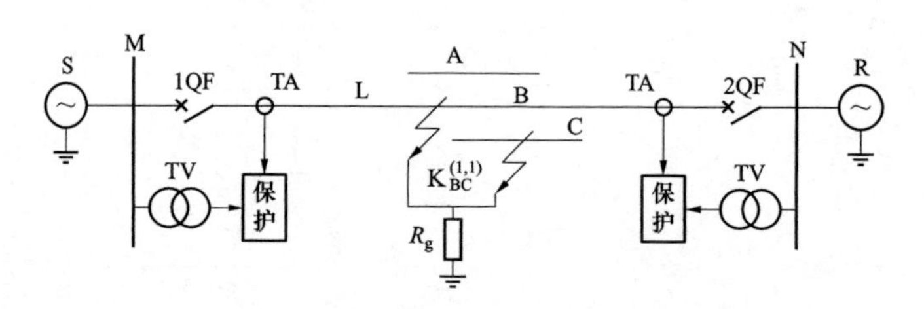

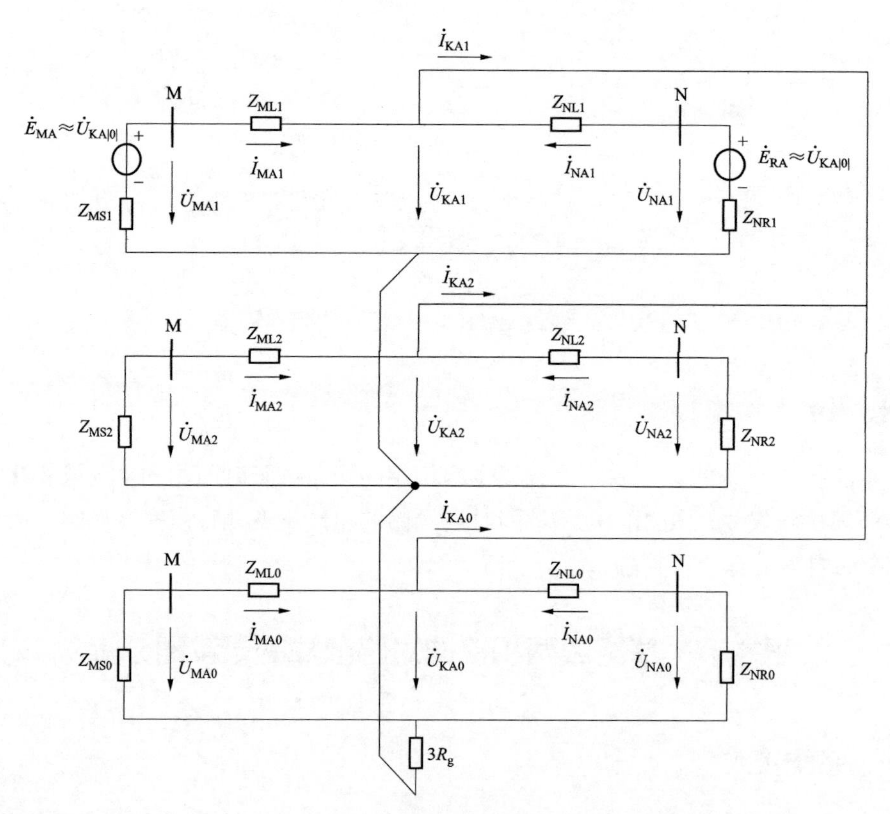

图 3-73　线路 B、C 相间接地短路故障复合序网图

$$
\begin{aligned}
\dot{I}_{KA2} &= -\dot{I}_{KA1}\frac{3R_g + C_{0M}Z_{M\Sigma0}}{C_{1M}Z_{M\Sigma1} + 3R_g + C_{0M}Z_{M\Sigma0}} \\
&= -\frac{\dot{U}_{KA|0|}}{C_{1M}Z_{M\Sigma1}}\left(\frac{3R_g + C_{0M}Z_{M\Sigma0}}{C_{1M}Z_{M\Sigma1} + 6R_g + 2C_{0M}Z_{M\Sigma0}}\right)
\end{aligned} \tag{3-95}
$$

$$\dot{I}_{\mathrm{KA0}}=-\dot{I}_{\mathrm{KA1}}\frac{C_{\mathrm{1M}}Z_{\mathrm{M\Sigma1}}}{C_{\mathrm{1M}}Z_{\mathrm{M\Sigma1}}+3R_{\mathrm{g}}+C_{\mathrm{0M}}Z_{\mathrm{M\Sigma0}}}$$

$$=-\frac{\dot{U}_{\mathrm{KA|0|}}}{C_{\mathrm{1M}}Z_{\mathrm{M\Sigma1}}+6R_{\mathrm{g}}+2C_{\mathrm{0M}}Z_{\mathrm{M\Sigma0}}} \tag{3-96}$$

（2）根据对称分量法，A 相为特殊相，A 相电压的正序、负序、零序分量通过序网图可得到

$$\dot{U}_{\mathrm{KA1}}=\dot{U}_{\mathrm{KA2}}=-\dot{I}_{\mathrm{KA0}}(3R_{\mathrm{g}}+C_{\mathrm{0M}}Z_{\mathrm{M\Sigma0}})$$

$$=\frac{3R_{\mathrm{g}}+C_{\mathrm{0M}}Z_{\mathrm{M\Sigma0}}}{C_{\mathrm{1M}}Z_{\mathrm{M\Sigma1}}+6R_{\mathrm{g}}+2C_{\mathrm{0M}}Z_{\mathrm{M\Sigma0}}}\dot{U}_{\mathrm{KA|0|}} \tag{3-97}$$

$$\dot{U}_{\mathrm{KA0}}=-\dot{I}_{\mathrm{KA0}}C_{\mathrm{0M}}Z_{\mathrm{M\Sigma0}}=\frac{C_{\mathrm{0M}}Z_{\mathrm{M\Sigma0}}}{C_{\mathrm{1M}}Z_{\mathrm{M\Sigma1}}+6R_{\mathrm{g}}+2C_{\mathrm{0M}}Z_{\mathrm{M\Sigma0}}}\dot{U}_{\mathrm{KA|0|}} \tag{3-98}$$

$$\left.\begin{aligned}\dot{U}_{\mathrm{KA}}&=\dot{U}_{\mathrm{KA1}}+\dot{U}_{\mathrm{KA2}}+\dot{U}_{\mathrm{KA0}}\\&=\frac{6R_{\mathrm{g}}+3C_{\mathrm{0M}}Z_{\mathrm{M\Sigma0}}}{C_{\mathrm{1M}}Z_{\mathrm{M\Sigma1}}+6R_{\mathrm{g}}+2C_{\mathrm{0M}}Z_{\mathrm{M\Sigma0}}}\dot{U}_{\mathrm{KA|0|}}\\&=\dot{U}_{\mathrm{KA|0|}}+\frac{C_{\mathrm{0M}}Z_{\mathrm{M\Sigma0}}-C_{\mathrm{1M}}Z_{\mathrm{M\Sigma1}}}{C_{\mathrm{1M}}Z_{\mathrm{M\Sigma1}}+6R_{\mathrm{g}}+2C_{\mathrm{0M}}Z_{\mathrm{M\Sigma0}}}\dot{U}_{\mathrm{KA|0|}}\\\dot{U}_{\mathrm{KB}}&=\dot{U}_{\mathrm{KC}}=\alpha^2\dot{U}_{\mathrm{KA1}}+\alpha\dot{U}_{\mathrm{KA2}}+\dot{U}_{\mathrm{KA0}}=\frac{-3R_{\mathrm{g}}}{C_{\mathrm{1M}}Z_{\mathrm{M\Sigma1}}+6R_{\mathrm{g}}+2C_{\mathrm{0M}}Z_{\mathrm{M\Sigma0}}}\dot{U}_{\mathrm{KA|0|}}\end{aligned}\right\} \tag{3-99}$$

2. 线路两侧保护安装处电压、电流分析

（1）线路 M 侧电流、电压分析。

1）根据复合序网图可得 M 侧三相电流及零序电流为

$$\dot{I}_{\mathrm{MA}}=\dot{I}_{\mathrm{MA1}}+\dot{I}_{\mathrm{MA2}}+\dot{I}_{\mathrm{MA0}}=C_{\mathrm{1M}}\dot{I}_{\mathrm{KA1}}+C_{\mathrm{2M}}\dot{I}_{\mathrm{KA2}}+C_{\mathrm{0M}}\dot{I}_{\mathrm{KA0}}$$

$$=-C_{\mathrm{1M}}\dot{I}_{\mathrm{KA0}}+C_{\mathrm{0M}}\dot{I}_{\mathrm{KA0}}$$

$$=\frac{(C_{\mathrm{1M}}-C_{\mathrm{0M}})\dot{U}_{\mathrm{KA|0|}}}{C_{\mathrm{1M}}Z_{\mathrm{M\Sigma1}}+6R_{\mathrm{g}}+2C_{\mathrm{0M}}Z_{\mathrm{M\Sigma0}}} \tag{3-100}$$

$$\dot{I}_{\mathrm{MB}}=\dot{I}_{\mathrm{MB1}}+\dot{I}_{\mathrm{MB2}}+\dot{I}_{\mathrm{MB0}}=\alpha^2C_{\mathrm{1M}}\dot{I}_{\mathrm{KA1}}+\alpha C_{\mathrm{2M}}\dot{I}_{\mathrm{KA2}}+C_{\mathrm{0M}}\dot{I}_{\mathrm{KA0}}$$

$$=\alpha^2\frac{\dot{U}_{\mathrm{KA|0|}}}{Z_{\mathrm{M\Sigma1}}}\left(\frac{C_{\mathrm{1M}}Z_{\mathrm{M\Sigma1}}+3R_{\mathrm{g}}+C_{\mathrm{0M}}Z_{\mathrm{M\Sigma0}}}{C_{\mathrm{1M}}Z_{\mathrm{M\Sigma1}}+6R_{\mathrm{g}}+2C_{\mathrm{0M}}Z_{\mathrm{M\Sigma0}}}\right)$$

$$-\alpha\frac{\dot{U}_{\mathrm{KA|0|}}}{Z_{\mathrm{M\Sigma1}}}\left(\frac{3R_{\mathrm{g}}+C_{\mathrm{0M}}Z_{\mathrm{M\Sigma0}}}{C_{\mathrm{1M}}Z_{\mathrm{M\Sigma1}}+6R_{\mathrm{g}}+2C_{\mathrm{0M}}Z_{\mathrm{M\Sigma0}}}\right)$$

$$-\frac{C_{\mathrm{0M}}\dot{U}_{\mathrm{KA|0|}}}{C_{\mathrm{1M}}Z_{\mathrm{M\Sigma1}}+6R_{\mathrm{g}}+2C_{\mathrm{0M}}Z_{\mathrm{M\Sigma0}}}$$

$$=-\mathrm{j}\frac{\sqrt{3}}{2}\frac{\dot{U}_{\mathrm{KA|0|}}}{Z_{\mathrm{M\Sigma1}}}-\left(C_{\mathrm{0M}}+\frac{C_{\mathrm{1M}}}{2}\right)\frac{\dot{U}_{\mathrm{KA|0|}}}{C_{\mathrm{1M}}Z_{\mathrm{M\Sigma1}}+6R_{\mathrm{g}}+2C_{\mathrm{0M}}Z_{\mathrm{M\Sigma0}}} \tag{3-101}$$

$$
\begin{aligned}
\dot{I}_{MC} &= \dot{I}_{MC1} + \dot{I}_{MC2} + \dot{I}_{MC0} = \alpha \dot{I}_{KA1} + \alpha^2 \dot{I}_{KA2} + C_{0M}\dot{I}_{KA0} \\
&= \alpha \frac{\dot{U}_{KA|0|}}{Z_{M\Sigma 1}}\left(\frac{C_{1M}Z_{M\Sigma 1} + 3R_g + C_{0M}Z_{M\Sigma 0}}{C_{1M}Z_{M\Sigma 1} + 6R_g + 2C_{0M}Z_{M\Sigma 0}}\right) - \alpha^2 \frac{\dot{U}_{KA|0|}}{Z_{M\Sigma 1}}\left(\frac{3R_g + C_{0M}Z_{M\Sigma 0}}{C_{1M}Z_{M\Sigma 1} + 6R_g + 2C_{0M}Z_{M\Sigma 0}}\right) \\
&\quad - \frac{C_{0M}\dot{U}_{KA|0|}}{C_{1M}Z_{M\Sigma 1} + 6R_g + 2C_{0M}Z_{M\Sigma 0}} \\
&= \mathrm{j}\frac{\sqrt{3}}{2}\frac{\dot{U}_{KA|0|}}{Z_{M\Sigma 1}} - \left(C_{0M} + \frac{C_{1M}}{2}\right)\frac{\dot{U}_{KA|0|}}{C_{1M}Z_{M\Sigma 1} + 6R_g + 2C_{0M}Z_{M\Sigma 0}}
\end{aligned} \quad (3\text{-}102)
$$

$$
\begin{aligned}
3\dot{I}_{M0} &= \dot{I}_{MA} + \dot{I}_{MB} + \dot{I}_{MC} \\
&= \frac{-3C_{0M}\dot{U}_{KA|0|}}{C_{1M}Z_{M\Sigma 1} + 6R_g + 2C_{0M}Z_{M\Sigma 0}}
\end{aligned} \quad (3\text{-}103)
$$

由式（3-100）、式（3-103）可得到如下关系

$$
\arg\frac{\dot{I}_{MA}}{3\dot{I}_{M0}} = \arg\frac{C_{1M} - C_{0M}}{-3C_{0M}} \quad (C_{0M} \neq 1) \quad (3\text{-}104)
$$

由式（3-100）、式（3-104）可知，M 侧非故障相电流的幅值及相位特点如下：

a）当 $C_{1M} = C_{0M}$ 时，M 侧非故障相电流 $\dot{I}_{MA}$ 幅值为零。

b）当 $C_{1M} > C_{0M}$ 时，M 侧非故障相电流 $\dot{I}_{MA}$ 幅值不为零，相位与零序电流 $3\dot{I}_{M0}$ 反相。当线路发生 B、C 相金属性接地短路故障时，非故障相电流 $\dot{I}_{MA}$ 滞后非故障相电压 $\dot{U}_{KA|0|}$ 一个系统阻抗角约 80°；当线路发生 B、C 相经过渡电阻接地短路故障时，$\dot{I}_{MA}$ 滞后 $\dot{U}_{KA|0|}$ 的角度随过渡电阻 R_g =0→∞的变化可能的变化范围为 80°→0°。

c）当 $C_{1M} < C_{0M}$ 时，M 侧非故障相电流 $\dot{I}_{MA}$ 幅值不为零，相位与零序电流 $3\dot{I}_{M0}$ 同相。当线路发生 B、C 相金属性接地短路故障时，非故障相电流 $\dot{I}_{MA}$ 超前非故障相电压 $\dot{U}_{KA|0|}$ 约 100°；当线路发生 B、C 相经过渡电阻接地短路故障时，$\dot{I}_{MA}$ 超前 $\dot{U}_{KA|0|}$ 的角度随过渡电阻 R_g =0→∞的变化，可能的变化范围为 100°→180°。

由式（3-101）、式（3-102）可知，M 侧故障相电流的幅值及相位特点如下：

a）由两故障相电流的表达式不难看出，当故障点过渡电阻 R_g →∞时，式（3-101）、式（3-102）与式（3-89）、式（3-90）是相等的，此时等同于金属性两相相间短路故障，此时 $\dot{I}_{MB}$ 超前 $\dot{U}_{KA|0|}$ 角度的最大极限值约为 190°，$\dot{I}_{MC}$ 则超前 $\dot{U}_{KA|0|}$ 角度的最小极限值约为 10°，$\dot{I}_{MB}$ 与 $\dot{I}_{MC}$ 幅值相等、相位相反。

b）当线路发生 M 侧出口 B、C 相金属性接地短路故障时，$Z_{ML1} = 0$、$Z_{ML0} = 0$、$R_g = 0$，若系统等值阻抗 $Z_{MS0} = Z_{MS1}$ 时，由式（3-101）、式（3-102）可得

$$
\left.
\begin{aligned}
\dot{I}_{MB} &= -\mathrm{j}\frac{\sqrt{3}}{2}\times\frac{\dot{U}_{KA|0|}}{Z_{MS1}} - \frac{1}{2}\times\frac{\dot{U}_{KA|0|}}{Z_{MS1}} = \frac{\dot{U}_{KA|0|}}{Z_{MS1}}\mathrm{e}^{\mathrm{j}240^\circ} \\
\dot{I}_{MC} &= \mathrm{j}\frac{\sqrt{3}}{2}\times\frac{\dot{U}_{KA|0|}}{Z_{MS1}} - \frac{1}{2}\times\frac{\dot{U}_{KA|0|}}{Z_{MS1}} = \frac{\dot{U}_{KA|0|}}{Z_{MS1}}\mathrm{e}^{\mathrm{j}120^\circ}
\end{aligned}
\right\} \quad (3\text{-}105)
$$

由式（3-105）可知，此时两故障相电流$\dot{I}_{MB}$、$\dot{I}_{MC}$幅值相等，但相位不等，相位差为120°。$\dot{I}_{MB}$超前$\dot{U}_{KA|0|}$约160°，$\dot{I}_{MC}$超前$\dot{U}_{KA|0|}$约40°，C_{1M}、C_{0M}的数值不影响分析结果。

2）根据复合序网图及对称分量法，可得M母线处各相电压及零序电压为

$$\begin{aligned}
\dot{U}_{MA} &= \dot{U}_{MA1} + \dot{U}_{MA2} + \dot{U}_{MA0} \\
&= C_{1M}\dot{I}_{KA1}Z_{ML1} + \dot{U}_{KA1} + C_{2M}\dot{I}_{KA2}Z_{ML2} + \dot{U}_{KA2} + C_{0M}\dot{I}_{KA0}Z_{ML0} + \dot{U}_{KA0} \\
&= C_{1M}\dot{I}_{KA1}Z_{ML1} + C_{1M}\dot{I}_{KA2}Z_{ML1} + C_{0M}\dot{I}_{KA0}Z_{ML0} + \dot{U}_{KA} \\
&= -\dot{I}_{KA0}(C_{1M}Z_{ML1} - C_{0M}Z_{ML0}) + \dot{U}_{KA} \\
&= \frac{\dot{U}_{KA|0|}(C_{1M}Z_{ML1} - C_{0M}Z_{ML0})}{C_{1M}Z_{M\Sigma1} + 6R_g + 2C_{0M}Z_{M\Sigma0}} + \frac{6R_g + 3C_{0M}Z_{M\Sigma0}}{C_{1M}Z_{M\Sigma1} + 6R_g + 2C_{0M}Z_{M\Sigma0}}\dot{U}_{KA|0|} \\
&= \frac{C_{1M}Z_{ML1} - C_{0M}Z_{ML0} + 6R_g + 3C_{0M}Z_{M\Sigma0}}{C_{1M}Z_{M\Sigma1} + 6R_g + 2C_{0M}Z_{M\Sigma0}}\dot{U}_{KA|0|} \\
&= \dot{U}_{KA|0|} + \frac{C_{0M}Z_{MS0} - C_{1M}Z_{MS1}}{C_{1M}Z_{M\Sigma1} + 6R_g + 2C_{0M}Z_{M\Sigma0}}\dot{U}_{KA|0|}
\end{aligned} \tag{3-106}$$

$$\begin{aligned}
\dot{U}_{MB} &= \alpha^2\dot{U}_{MA1} + \alpha\dot{U}_{MA2} + \dot{U}_{MA0} \\
&= \alpha^2 C_{1M}\dot{I}_{MA1}Z_{ML1} + \alpha^2\dot{U}_{KA1} + \alpha C_{2M}\dot{I}_{MA2}Z_{ML2} + \alpha\dot{U}_{KA2} + C_{0M}\dot{I}_{MA0}Z_{ML0} + \dot{U}_{KA0} \\
&= \left(-\frac{1}{2} - \mathrm{j}\frac{\sqrt{3}}{2}\right)C_{1M}\dot{I}_{KA1}Z_{ML1} + \left(-\frac{1}{2} + \mathrm{j}\frac{\sqrt{3}}{2}\right)C_{1M}\dot{I}_{KA2}Z_{ML1} + C_{0M}\dot{I}_{KA0}Z_{ML0} + \dot{U}_{KB} \\
&= \dot{I}_{KA0}\left(\frac{1}{2}C_{1M}Z_{ML1} + C_{0M}Z_{ML0}\right) + \mathrm{j}\frac{\sqrt{3}}{2}(\dot{I}_{KA2} - \dot{I}_{KA1})C_{1M}(Z_{M\Sigma1} - Z_{MS1}) + \dot{U}_{KB} \\
&= -\frac{\frac{1}{2}\dot{U}_{KA|0|}(C_{1M}Z_{ML1} + 2C_{0M}Z_{ML0})}{C_{1M}Z_{M\Sigma1} + 6R_g + 2C_{0M}Z_{M\Sigma0}} - \mathrm{j}\frac{\sqrt{3}}{2}\dot{U}_{KA|0|} + \mathrm{j}\frac{\sqrt{3}}{2}\frac{\dot{U}_{KA|0|}}{Z_{M\Sigma1}}Z_{MS1} \\
&\quad + \frac{-3R_g}{C_{1M}Z_{M\Sigma1} + 6R_g + 2C_{0M}Z_{M\Sigma0}}\dot{U}_{KA|0|} \\
&= -\frac{1}{2}\dot{U}_{KA|0|} - \mathrm{j}\frac{\sqrt{3}}{2}\times\dot{U}_{KA|0|} + \mathrm{j}\frac{\sqrt{3}}{2}\times\frac{\dot{U}_{KA|0|}}{Z_{M\Sigma1}}Z_{MS1} + \frac{\dot{U}_{KA|0|}\left(\frac{1}{2}C_{1M}Z_{MS1} + C_{0M}Z_{MS0}\right)}{C_{1M}Z_{M\Sigma1} + 6R_g + 2C_{0M}Z_{M\Sigma0}} \\
&= \dot{U}_{KB|0|} + \mathrm{j}\frac{\sqrt{3}}{2}\times\frac{\dot{U}_{KA|0|}}{Z_{M\Sigma1}}Z_{MS1} + \left(\frac{1}{2}C_{1M}Z_{MS1} + C_{0M}Z_{MS0}\right)\frac{\dot{U}_{KA|0|}}{C_{1M}Z_{M\Sigma1} + 6R_g + 2C_{0M}Z_{M\Sigma0}}
\end{aligned} \tag{3-107}$$

$$\begin{aligned}
\dot{U}_{MC} &= \alpha\dot{U}_{MA1} + \alpha^2\dot{U}_{MA2} + \dot{U}_{MA0} \\
&= \alpha C_{1M}\dot{I}_{MA1}Z_{ML1} + \alpha\dot{U}_{KA1} + \alpha^2 C_{2M}\dot{I}_{MA2}Z_{ML2} + \alpha^2\dot{U}_{KA2} + C_{0M}\dot{I}_{MA0}Z_{ML0} + \dot{U}_{KA0} \\
&= \left(-\frac{1}{2} + \mathrm{j}\frac{\sqrt{3}}{2}\right)C_{1M}\dot{I}_{KA1}Z_{ML1} + \left(-\frac{1}{2} - \mathrm{j}\frac{\sqrt{3}}{2}\right)C_{2M}\dot{I}_{KA2}Z_{ML1} + C_{0M}\dot{I}_{KA0}Z_{ML0} + \dot{U}_{KB} \\
&= \dot{U}_{KC|0|} - \mathrm{j}\frac{\sqrt{3}}{2}\times\frac{\dot{U}_{KA|0|}}{Z_{M\Sigma1}}Z_{MS1} + \left(\frac{1}{2}C_{1M}Z_{MS1} + C_{0M}Z_{MS0}\right)\frac{\dot{U}_{KA|0|}}{C_{1M}Z_{M\Sigma1} + 6R_g + 2C_{0M}Z_{M\Sigma0}}
\end{aligned} \tag{3-108}$$

$$3\dot{U}_{M0}=-3\dot{I}_{M0}Z_{MS0}=\frac{3C_{0M}Z_{MS0}}{C_{1M}Z_{M\Sigma1}+6R_g+2C_{0M}Z_{M\Sigma0}}\dot{U}_{KA|0|} \tag{3-109}$$

由式（3-106）可知，M 母线处非故障相电压的幅值及相位特点如下：

a）当线路发生 B、C 相接地短路故障，$C_{0M}Z_{MS0}=C_{1M}Z_{MS1}$ 时，M 侧非故障相电压 $\dot{U}_{MA}$ 与故障前本相电压 $\dot{U}_{MA|0|}$（$\dot{U}_{MA|0|}\approx\dot{U}_{KA|0|}$）保持不变。此特点与故障点是否存在过渡电阻无关。

b）当线路发生 B、C 相金属性接地短路故障，$C_{0M}Z_{MS0}>C_{1M}Z_{MS1}$ 时，$R_g=0$，M 母线侧非故障相电压 $\dot{U}_{MA}$ 较故障前本相电压 $\dot{U}_{MA|0|}$ 幅值增大，相位保持不变。

c）当线路发生 B、C 相金属性接地短路故障，$C_{0M}Z_{MS0}<C_{1M}Z_{MS1}$ 时，$R_g=0$，M 侧非故障相电压 $\dot{U}_{MA}$ 较故障前本相电压 $\dot{U}_{MA|0|}$ 幅值减小，相位保持不变。

d）当线路发生 B、C 相经过渡电阻接地短路故障时，$C_{0M}Z_{MS0}>C_{1M}Z_{MS1}$ 时，$R_g\neq0$，M 侧非故障相电压 $\dot{U}_{MA}$ 较故障前本相电压 $\dot{U}_{MA|0|}$ 幅值增大，$\dot{U}_{MA}$ 相位超前 $\dot{U}_{MA|0|}$。

e）当线路发生 B、C 相经过渡电阻接地短路故障，$C_{0M}Z_{MS0}<C_{1M}Z_{MS1}$ 时，$R_g\neq0$，M 侧非故障相电压 $\dot{U}_{MA}$ 较故障前本相电压 $\dot{U}_{MA|0|}$ 幅值减小，$\dot{U}_{MA}$ 相位滞后 $\dot{U}_{MA|0|}$。

由式（3-100）、式（3-106）可知，M 侧非故障相电流与电压之间的相位关系特点为

$$\arg\frac{\dot{U}_{MA}}{\dot{I}_{MA}}=\arg\frac{C_{1M}Z_{ML1}+6R_g+2C_{0M}Z_{M\Sigma0}+C_{0M}Z_{MS0}}{C_{1M}-C_{0M}} \quad (C_{0M}\neq C_{1M}) \tag{3-110}$$

a） 由式（3-110）可知，当线路发生 B、C 相金属性接地短路故障时，$R_g=0$，若 $C_{1M}>C_{0M}$，则非故障相电流 $\dot{I}_{MA}$ 滞后 $\dot{U}_{MA}$ 一个系统阻抗角约 80°；若 $C_{1M}<C_{0M}$，则 $\dot{I}_{MA}$ 超前 $\dot{U}_{MA}$ 约 100°。

b）由式（3-110）可知，当线路发生 B、C 相经过渡电阻接地短路故障时，$R_g\neq0$，若 $C_{1M}>C_{0M}$，则随 $R_g=0\to\infty$ 变化，$\dot{I}_{MA}$ 滞后 $\dot{U}_{MA}$ 的角度可能的变化范围约为 80°→0°。若 $C_{1M}<C_{0M}$，则随 $R_g=0\to\infty$ 变化，$\dot{I}_{MA}$ 超前 $\dot{U}_{MA}$ 的角度可能的变化范围约为 100°→180°。

由式（3-107）、式（3-108）可知，M 母线处故障相电压的幅值及相位特点如下：

a） 线路发生 B、C 相金属性接地短路故障时，两故障相电压 $\dot{U}_{MB}$、$\dot{U}_{MC}$ 幅值始终相等，但相位不同，$\dot{U}_{MB}$、$\dot{U}_{MC}$ 相量始终关于 $\dot{U}_{MA}$ 对称。出口处金属性故障时，$\dot{U}_{MB}$、$\dot{U}_{MC}$ 幅值为零。

b）线路非 M 侧出口处发生 B、C 相经过渡电阻接地短路故障时，两故障相电压 $\dot{U}_{MB}$、$\dot{U}_{MC}$ 幅值不再相等，$\dot{U}_{MB}$、$\dot{U}_{MC}$ 相量不再关于 $\dot{U}_{MA}$ 对称，随 $R_g=0\to\infty$ 变化，$\dot{U}_{MC}$ 的幅值大于 $\dot{U}_{MB}$ 的幅值。

c）线路 M 侧出口处发生 B、C 相经过渡电阻接地短路故障时，随 $R_g=0\to\infty$ 变化，两故障相电压 $\dot{U}_{MB}$、$\dot{U}_{MC}$ 幅值始终相等，相位始终相同。

d）由两故障相电压的表达式不难看出，当故障点过渡电阻 $R_g\to\infty$ 时，式（3-107）、式（3-108）与式（3-36）、式（3-37）是相等的，此时等同于金属性两相相间短路故障。

由式（3-106）、式（3-109）可知，M 侧非故障相电压与零序电压之间的相位关系特点为

$$\arg\frac{\dot{U}_{MA}}{3\dot{U}_{M0}}=\arg\frac{C_{1M}Z_{ML1}+6R_g+2C_{0M}Z_{M\Sigma0}+C_{0M}Z_{MS0}}{3C_{0M}Z_{MS0}} \tag{3-111}$$

由式（3-111）可知，线路发生 B、C 相接地短路故障，$R_g=0$ 时，M 侧非故障相电压 $\dot{U}_{MA}$ 与零序电压 $3\dot{U}_{M0}$ 同相。$R_g\neq0$ 时，则 M 侧非故障相电压 $\dot{U}_{MA}$ 与零序电压 $3\dot{U}_{M0}$ 不同相。

由式（3-103）、式（3-107）可知，M 侧出口处两相经过渡电阻接地短路时，零序电流与故障相电压之间的相位关系特点为

$$\arg\frac{\dot{U}_{MB}}{3\dot{I}_{M0}}=\arg\frac{-\frac{1}{2}\dot{U}_{KA|0|}+\left(\frac{1}{2}C_{1M}Z_{MS1}+C_{0M}Z_{MS0}\right)\frac{\dot{U}_{KA|0|}}{C_{1M}Z_{MS1}+6R_g+2C_{0M}Z_{MS0}}}{\frac{-3C_{0M}\dot{U}_{KA|0|}}{C_{1M}Z_{MS1}+6R_g+2C_{0M}Z_{MS0}}}$$

$$=\arg\frac{R_g}{C_{0M}} \tag{3-112}$$

由式（3-112）可知，当线路发生 M 侧出口处 B、C 两相经过渡电阻接地短路时，故障相电压 $\dot{U}_{MB}$、$\dot{U}_{MC}$ 与零序电流 $3\dot{I}_{M0}$ 同相。

（2）线路 N 侧电流、电压分析。由于双电源联络线具有对称性，此时 N 侧各相电流、电压幅值相位特点与 M 母线处基本相同，因此 N 母线处各相电流、电压幅值、相位特点的分析方法可参照 M 母线处的分析方法，这里不再赘述。

三、录波图及相量分析

1. 金属性接地短路故障

（1）线路非出口处 B、C 相金属性接地短路故障（$C_{0M}Z_{MS0}>C_{1M}Z_{MS1}$、$Z_{ML1}\neq0$、$C_{0N}Z_{MR0}<C_{1N}Z_{MR1}$、$Z_{NL1}\neq0$、$R_g=0$）。线路 M、N 两侧保护安装处电压、电流录波如图 3-74 所示，线路两侧断路器均三相跳闸。（标尺刻度为一次值）

图 3-74 录波图中 M 侧的主要特点如下：

1）非故障相电流 $\dot{I}_{MA}$ 出现故障分量电流，相位与零序电流 $3\dot{I}_{M0}$ 反相，说明 $C_{1M}>C_{0M}$。

2）两故障相电流 $\dot{I}_{MB}$、$\dot{I}_{MC}$ 的幅值相等。

3）故障期间，M 侧两故障相残压 $\dot{U}_{MB}$、$\dot{U}_{MC}$ 幅值相等。

4）零序电压 $3\dot{U}_{M0}$ 与非故障相电压 $\dot{U}_{MA}$ 同相。

5）非故障相电流 $\dot{I}_{MA}$ 滞后非故障相电压 $\dot{U}_{MA}$ 约 80°，可以说明线路发生的是金属性短路故障。

6）非故障相电压 $\dot{U}_{MA}$ 幅值在故障期间略有上升，说明 $C_{0M}Z_{MS0}>C_{1M}Z_{MS1}$。

N 侧录波图中非故障相电流 $\dot{I}_{NA}$ 与 $3\dot{I}_{N0}$ 同相，说明 $C_{1N}<C_{0N}$，且 $\dot{I}_{NA}$ 与 $\dot{I}_{MA}$ 反相，幅值相等。非故障相电压 $\dot{U}_{NA}$ 幅值在故障期间略有下降，说明 $C_{0N}Z_{MR0}<C_{1N}Z_{MR1}$。

绘制此时线路 M、N 两侧电压、电流相量图，如图 3-75 所示。

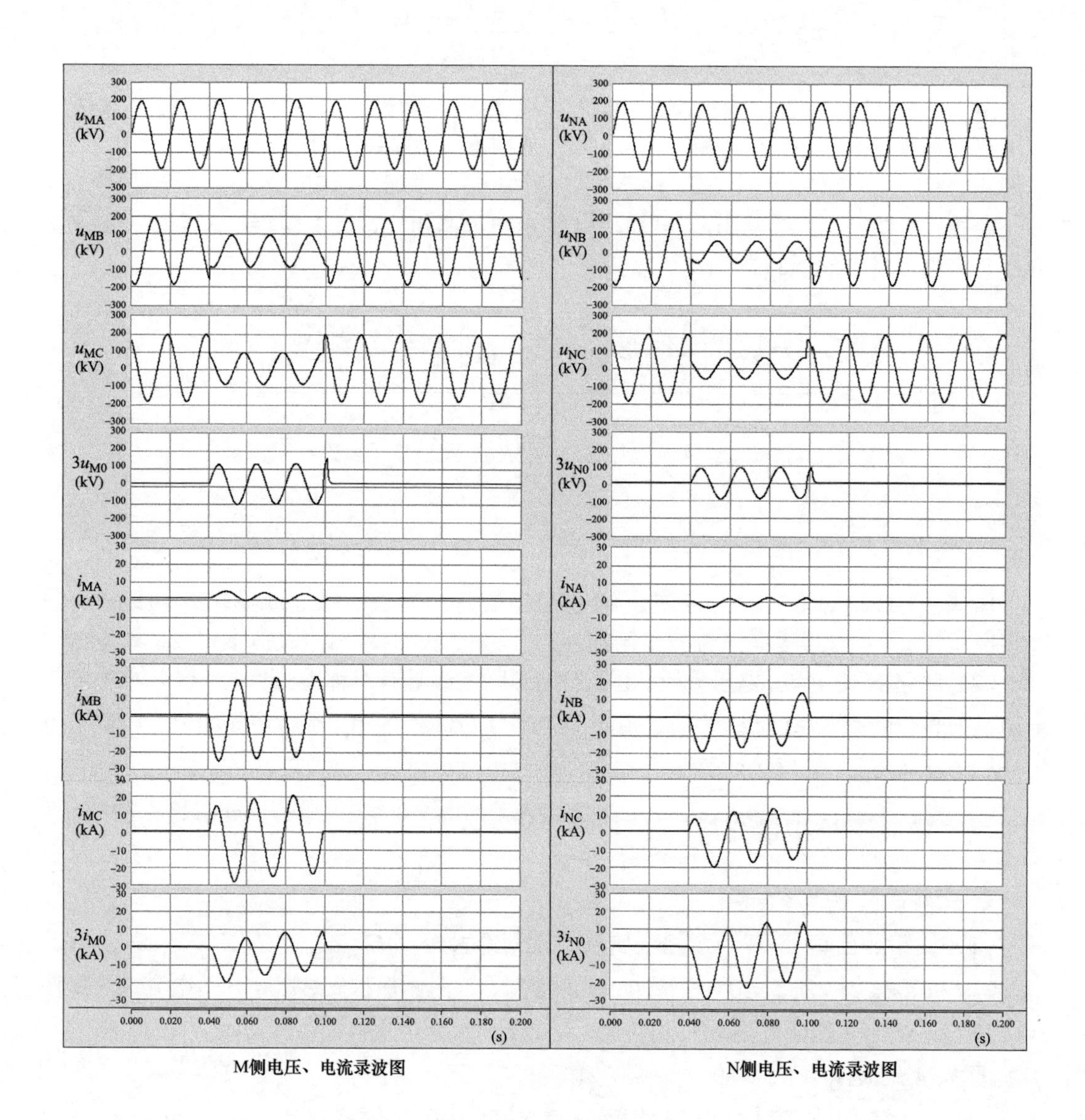

图 3-74　线路 M、N 两侧母线保护安装处电压、电流录波图（一次值）

（2）线路 M 侧出口处 B、C 相金属性接地短路故障（$C_{0M}Z_{MS0} > C_{1M}Z_{MS1}$、$Z_{ML1}=0$、$C_{0N}Z_{MR0} < C_{1N}Z_{MR1}$、$Z_{NL1} \neq 0$、$R_g = 0$）。线路 M、N 两侧保护安装处电压、电流录波如图 3-76 所示，线路两侧断路器均三相跳闸。（标尺刻度为一次值）

图 3-76 录波图的特点是：M 侧两故障相电压 $\dot{U}_{MB}$、$\dot{U}_{MC}$ 残压为零，即可说明故障点发生在 M 母线出口处，且故障点无过渡电阻。其余分析可参照图 3-74。

绘制此时线路 M、N 两侧电压、电流相量图，如图 3-77 所示。

2. 经过渡电阻的接地短路故障

（1）线路非出口处B、C两相经过渡电阻接地短路故障（$C_{0M}Z_{MS0} > C_{1M}Z_{MS1}$、$Z_{ML1} \neq 0$、$C_{0N}Z_{MR0} > C_{1N}Z_{MR1}$、$Z_{NL1} \neq 0$、$R_g \neq 0$）。线路 M、N 两侧保护安装处电压、电流录波如图 3-78 所示，线路两侧断路器均三相跳闸。（标尺刻度为一次值）

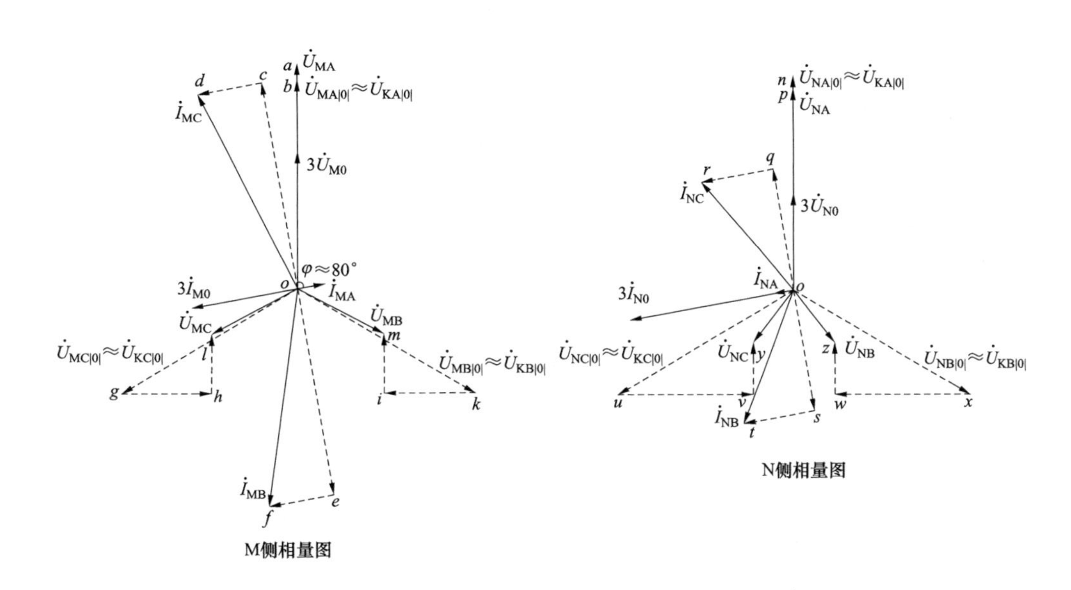

$(C_{0M}Z_{MS0} > C_{1M}Z_{MS1}$、$Z_{ML1} \neq 0$、$C_{0N}Z_{NR0} < C_{1N}Z_{NR1}$、$Z_{NL1} \neq 0$、$R_g = 0)$

$$\overrightarrow{ba} = \frac{C_{0M}Z_{MS0} - C_{1M}Z_{MS1}}{C_{1M}Z_{M\Sigma1} + 2C_{0M}Z_{M\Sigma0}}\dot{U}_{KA|0|} \quad \overrightarrow{oc} = \mathrm{j}\frac{\sqrt{3}}{2} \times \frac{\dot{U}_{KA|0|}}{Z_{M\Sigma1}} \quad \overrightarrow{oe} = -\mathrm{j}\frac{\sqrt{3}}{2} \times \frac{\dot{U}_{KA|0|}}{Z_{M\Sigma1}} \quad \overrightarrow{cd} = \overrightarrow{ef} = -\frac{(C_{0M} + 0.5C_{1M})\dot{U}_{KA|0|}}{C_{1M}Z_{M\Sigma1} + 2C_{0M}Z_{M\Sigma0}}$$

$$\overrightarrow{gh} = -\mathrm{j}\frac{\sqrt{3}}{2} \times \frac{Z_{MS1}}{Z_{M\Sigma1}}\dot{U}_{KA|0|} \quad \overrightarrow{ki} = \mathrm{j}\frac{\sqrt{3}}{2} \times \frac{Z_{MS1}}{Z_{M\Sigma1}}\dot{U}_{KA|0|} \quad \overrightarrow{hl} = \overrightarrow{im} = -\frac{0.5C_{1M}Z_{MS1} + C_{0M}Z_{MS0}}{C_{1M}Z_{M\Sigma1} + 2C_{0M}Z_{M\Sigma0}}\dot{U}_{KA|0|}$$

$$\overrightarrow{pn} = -\frac{C_{0N}Z_{NR0} - C_{1N}Z_{NR1}}{C_{1N}Z_{N\Sigma1} + 2C_{0N}Z_{N\Sigma0}}\dot{U}_{KA|0|} \quad \overrightarrow{oq} = \mathrm{j}\frac{\sqrt{3}}{2} \times \frac{\dot{U}_{KA|0|}}{Z_{N\Sigma1}} \quad \overrightarrow{os} = -\mathrm{j}\frac{\sqrt{3}}{2} \times \frac{\dot{U}_{KA|0|}}{Z_{N\Sigma1}}$$

$$\overrightarrow{qr} = \overrightarrow{st} = -\frac{(C_{0N} + 0.5C_{1N})\dot{U}_{KA|0|}}{C_{1N}Z_{N\Sigma1} + 2C_{0N}Z_{N\Sigma0}} \quad \overrightarrow{uv} = \mathrm{j}\frac{\sqrt{3}}{2} \times \frac{Z_{NR1}}{Z_{N\Sigma1}}\dot{U}_{KA|0|}$$

$$\overrightarrow{xw} = \mathrm{j}\frac{\sqrt{3}}{2} \times \frac{Z_{NR1}}{Z_{N\Sigma1}}\dot{U}_{KA|0|} \quad \overrightarrow{vy} = \overrightarrow{wz} = \frac{0.5C_{1N}Z_{NR1} + C_{0N}Z_{NR0}}{C_{1N}Z_{N\Sigma1} + 2C_{0N}Z_{N\Sigma0}}\dot{U}_{KA|0|}$$

图 3-75　线路 M、N 两侧电压、电流相量图

图 3-78 录波图中 M、N 两侧特点完全相同，其主要特点如下：

1）非故障相电流为零，说明 $C_{1M} = C_{0M}$、$C_{1N} = C_{0N}$。

2）两故障相电流 $\dot{I}_{MB}$、$\dot{I}_{MC}$ 的幅值不相等。

3）故障期间，两故障相残压 $\dot{U}_{MB}$、$\dot{U}_{MC}$ 幅值不相等。

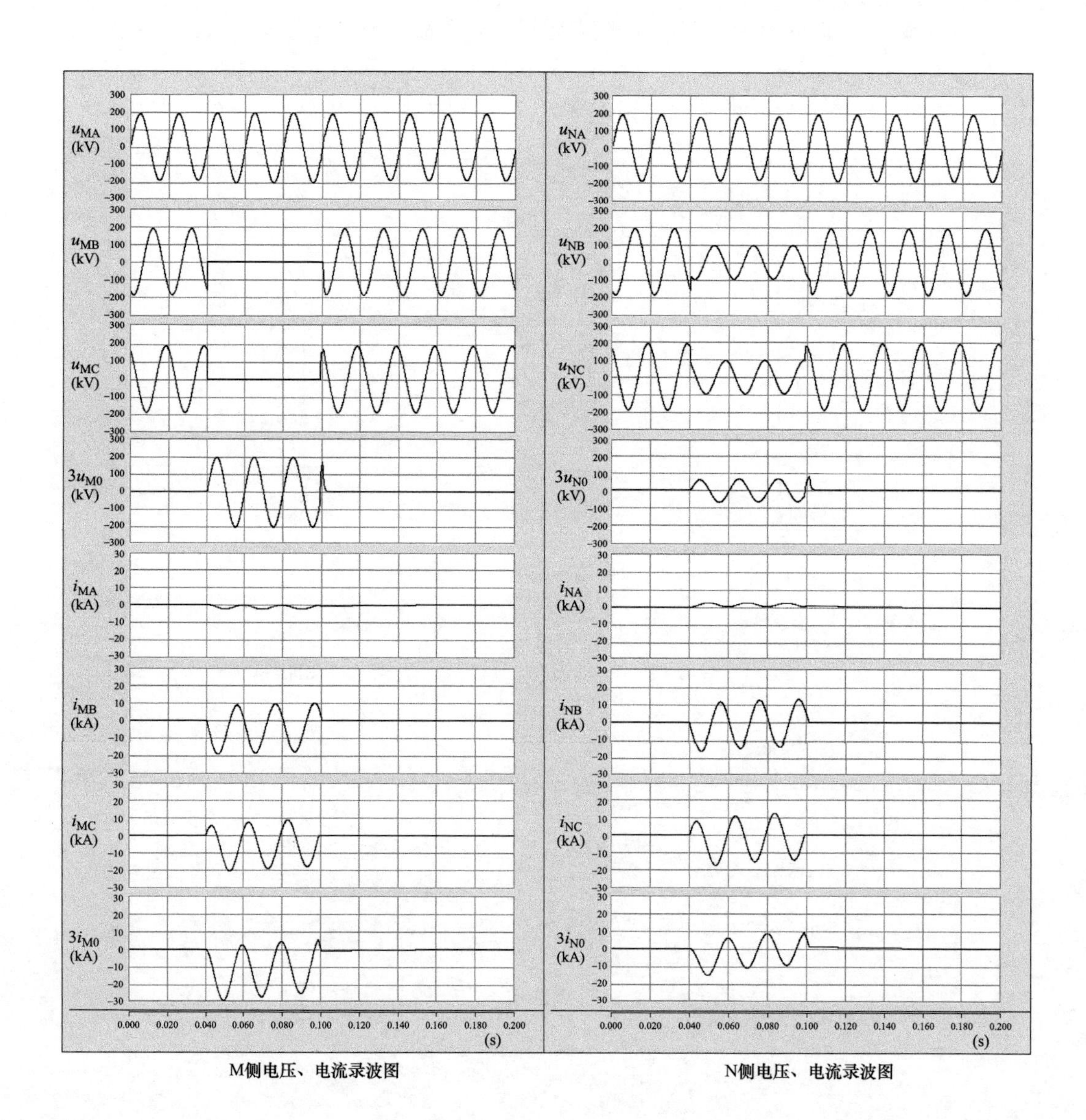

图 3-76　线路 M、N 两侧母线保护安装处电压、

电流录波图（一次值）

4）零序电压 $3\dot{U}_{M0}$ 与非故障相电压 $\dot{U}_{MA}$ 不同相。

5）两侧非故障相电压幅值在故障期间均略有上升，说明 $C_{0M}Z_{MS0} > C_{1M}Z_{MS1}$、$C_{0N}Z_{NR0} > C_{1N}Z_{NR1}$。

绘制此时线路 M、N 两侧电压、电流相量图，如图 3-79 所示。

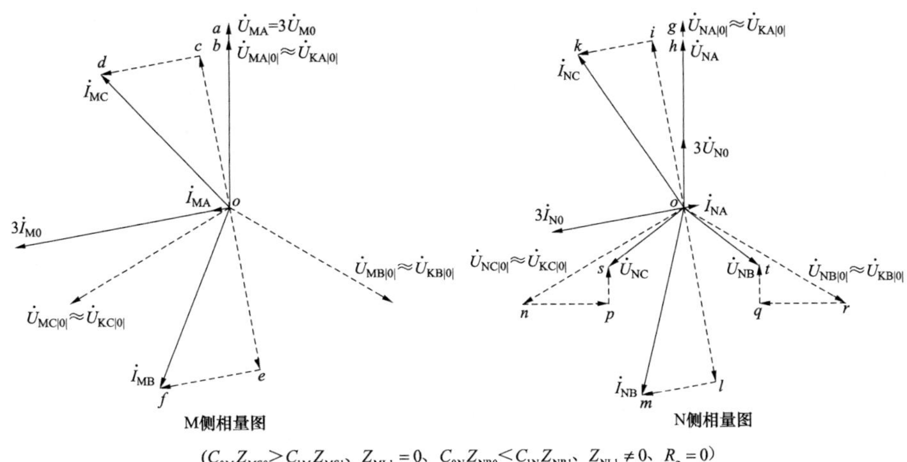

$(C_{0M}Z_{MS0}>C_{1M}Z_{MS1}、Z_{ML1}=0、C_{0N}Z_{NR0}<C_{1N}Z_{NR1}、Z_{NL1}\neq 0、R_g=0)$

$$\overrightarrow{ba}=\frac{C_{0M}Z_{MS0}-C_{1M}Z_{MS1}}{C_{1M}Z_{MS1}+2C_{0M}Z_{MS0}}\dot{U}_{KA|0|}\quad \overrightarrow{oc}=\mathrm{j}\frac{\sqrt{3}}{2}\times\frac{\dot{U}_{KA|0|}}{Z_{MS1}}\quad \overrightarrow{oe}=-\mathrm{j}\frac{\sqrt{3}}{2}\times\frac{\dot{U}_{KA|0|}}{Z_{MS1}}\quad \overrightarrow{cd}=\overrightarrow{ef}=-\frac{(C_{0M}+0.5C_{1M})\dot{U}_{KA|0|}}{C_{1M}Z_{MS1}+2C_{0M}Z_{MS0}}$$

$$\overrightarrow{hg}=-\frac{C_{0N}Z_{NR0}-C_{1N}Z_{NR1}}{C_{1N}Z_{N\Sigma1}+2C_{0N}Z_{N\Sigma0}}\dot{U}_{KA|0|}\quad \overrightarrow{oi}=\mathrm{j}\frac{\sqrt{3}}{2}\times\frac{\dot{U}_{KA|0|}}{Z_{N\Sigma1}}\quad \overrightarrow{ol}=\mathrm{j}\frac{\sqrt{3}}{2}\times\frac{\dot{U}_{KA|0|}}{Z_{N\Sigma1}}\quad \overrightarrow{ik}=\overrightarrow{tm}=-\frac{(C_{0N}+0.5C_{1N})\dot{U}_{KA|0|}}{C_{1N}Z_{N\Sigma1}+2C_{0N}Z_{N\Sigma0}}$$

$$\overrightarrow{np}=-\mathrm{j}\frac{\sqrt{3}}{2}\times\frac{Z_{NR1}}{Z_{N\Sigma1}}\dot{U}_{KA|0|}\quad \overrightarrow{rq}=\mathrm{j}\frac{\sqrt{3}}{2}\times\frac{Z_{NR1}}{Z_{N\Sigma1}}\dot{U}_{KA|0|}\quad \overrightarrow{ps}=\overrightarrow{qt}=\frac{0.5C_{1N}Z_{NR1}+C_{0N}Z_{NR0}}{C_{1N}Z_{N\Sigma1}+2C_{0N}Z_{N\Sigma0}}\dot{U}_{KA|0|}$$

图 3-77　线路 M、N 两侧电压、电流相量图

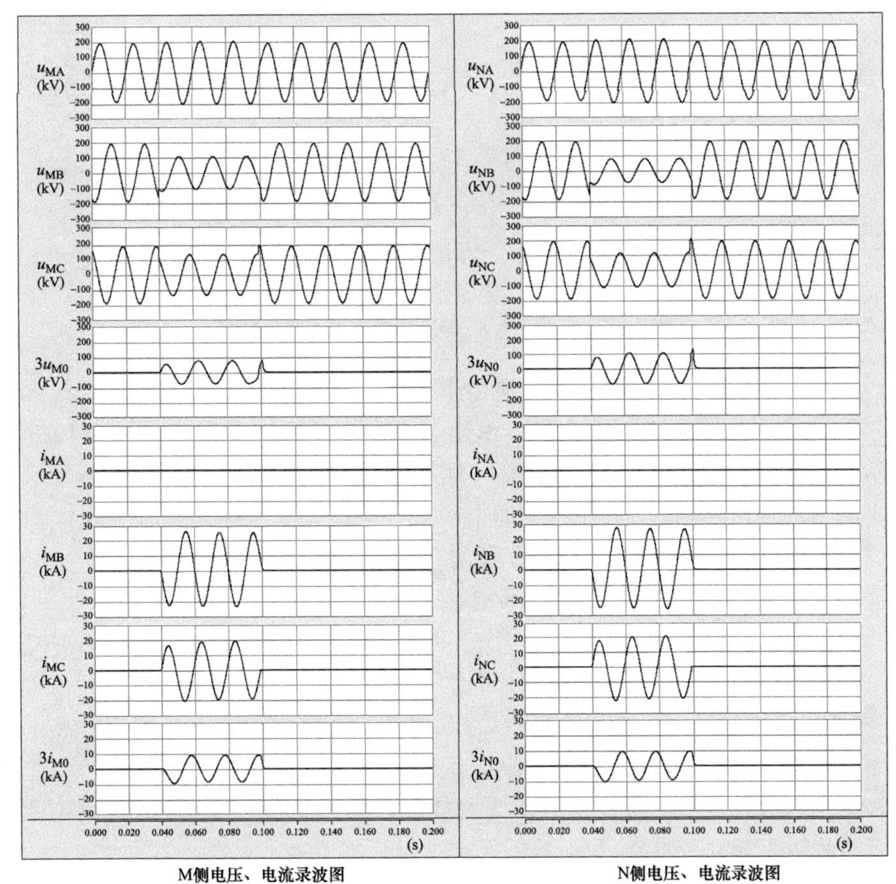

图 3-78　线路 M、N 两侧母线保护安装处电压、电流录波图（一次值）

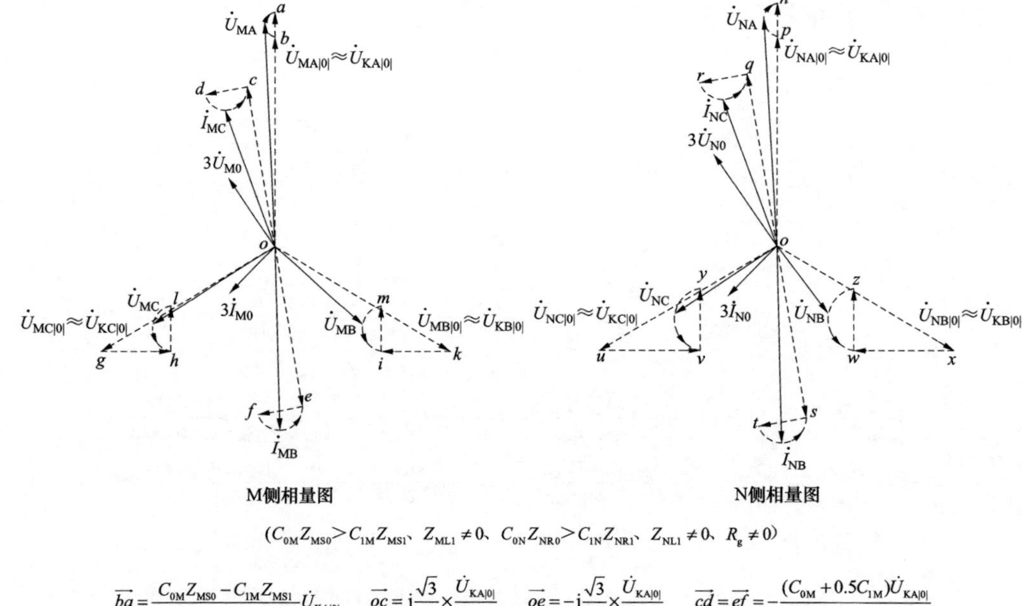

$$\overrightarrow{ba}=\frac{C_{0M}Z_{MS0}-C_{1M}Z_{MS1}}{C_{1M}Z_{M\Sigma1}+2C_{0M}Z_{M\Sigma0}}\dot{U}_{KA|0|}\quad \overrightarrow{oc}=\mathrm{j}\frac{\sqrt{3}}{2}\times\frac{\dot{U}_{KA|0|}}{Z_{M\Sigma1}}\quad \overrightarrow{oe}=-\mathrm{j}\frac{\sqrt{3}}{2}\times\frac{\dot{U}_{KA|0|}}{Z_{M\Sigma1}}\quad \overrightarrow{cd}=\overrightarrow{ef}=-\frac{(C_{0M}+0.5C_{1M})\dot{U}_{KA|0|}}{C_{1M}Z_{M\Sigma1}+2C_{0M}Z_{M\Sigma0}}$$

$$\overrightarrow{gh}=\mathrm{j}\frac{\sqrt{3}}{2}\times\frac{Z_{MS1}}{Z_{N\Sigma1}}\dot{U}_{KA|0|}\quad \overrightarrow{ki}=\mathrm{j}\frac{\sqrt{3}}{2}\times\frac{Z_{MS1}}{Z_{M\Sigma1}}\dot{U}_{KA|0|}\quad \overrightarrow{hl}=\overrightarrow{im}=\frac{0.5C_{1M}Z_{MS1}+C_{0M}Z_{MS0}}{C_{1M}Z_{M\Sigma1}+2C_{0M}Z_{M\Sigma0}}\dot{U}_{KA|0|}\quad \overrightarrow{pn}=\frac{C_{0N}Z_{NR0}-C_{1N}Z_{NR1}}{C_{1N}Z_{N\Sigma1}+2C_{0N}Z_{N\Sigma0}}\dot{U}_{KA|0|}$$

$$\overrightarrow{oq}=\mathrm{j}\frac{\sqrt{3}}{2}\times\frac{\dot{U}_{KA|0|}}{Z_{N\Sigma1}}\quad \overrightarrow{os}=-\mathrm{j}\frac{\sqrt{3}}{2}\times\frac{\dot{U}_{KA|0|}}{Z_{N\Sigma1}}\quad \overrightarrow{qr}=\overrightarrow{st}=-\frac{(C_{0N}+0.5C_{1N})\dot{U}_{KA|0|}}{C_{1N}Z_{N\Sigma1}+2C_{0N}Z_{N\Sigma0}}\quad \overrightarrow{uv}=-\mathrm{j}\frac{\sqrt{3}}{2}\times\frac{Z_{NR1}}{Z_{N\Sigma1}}\dot{U}_{KA|0|}$$

$$\overrightarrow{xw}=\mathrm{j}\frac{\sqrt{3}}{2}\times\frac{Z_{NR1}}{Z_{N\Sigma1}}\dot{U}_{KA|0|}\quad \overrightarrow{vy}=\overrightarrow{wz}=\frac{0.5C_{1N}Z_{NR1}+C_{0N}Z_{NR0}}{C_{1N}Z_{N\Sigma1}+2C_{0N}Z_{N\Sigma0}}\dot{U}_{KA|0|}$$

图 3-79 线路 M、N 两侧电压、电流相量图

（2）线路 M 侧出口处 B、C 相经过渡电阻接地短路故障（$C_{0M}Z_{MS0}<C_{1M}Z_{MS1}$、$Z_{ML1}=0$、$C_{0N}Z_{MR0}<C_{1N}Z_{MR1}$、$Z_{NL1}\neq0$、$R_g\neq0$）。线路 M、N 两侧保护安装处电压、电流录波如图 3-80 所示，线路两侧断路器均三相跳闸。（标尺刻度为一次值）

图 3-80 录波图中 M 侧的主要特点如下：

1）非故障相电流 $\dot{I}_{MA}$ 不为零，相位与 $3\dot{I}_{M0}$ 同相，说明 $C_{1M}<C_{0M}$。

2）两故障相电流 $\dot{I}_{MB}$、$\dot{I}_{MC}$ 的幅值不相等。

3）故障期间，两故障相残压 $\dot{U}_{MB}$、$\dot{U}_{MC}$ 的幅值相等、相位相同，且与零序电流 $3\dot{I}_{M0}$ 同相，说明故障点有过渡电阻，且在 M 母线出口处。

4）零序电压 $3\dot{U}_{M0}$ 与非故障相电压 $\dot{U}_{MA}$ 不同相，也说明故障点有过渡电阻。

5）M 侧非故障相电压幅值在故障期间均略有下降，说明 $C_{1M}Z_{MS1}>C_{0M}Z_{MS0}$。

M 侧为出口处两相经过渡电阻接地短路故障，则 N 侧应为非出口处两相处经过渡电阻接地短路故障，其波形特点可参考图 3-78 进行分析。

绘制此时线路 M、N 两侧电压、电流相量图，如图 3-81 所示。

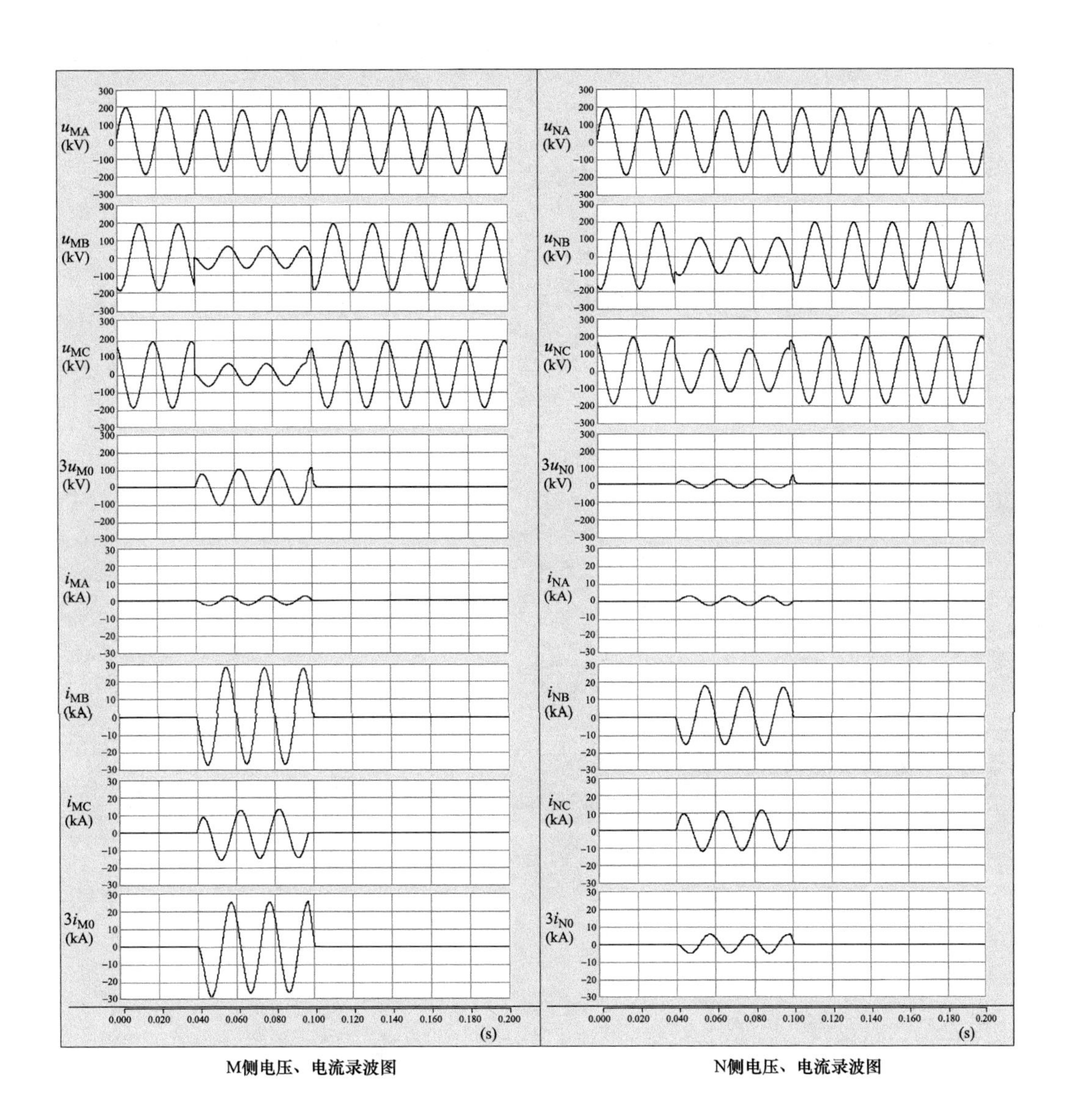

图 3-80　线路 M、N 两侧母线保护安装处电压、电流录波图（一次值）

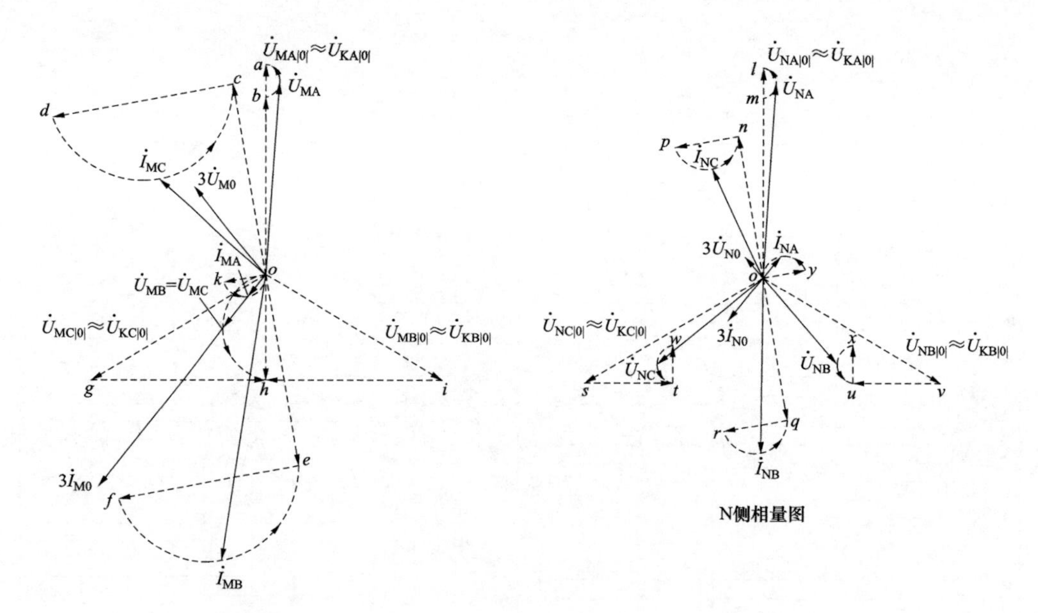

N侧相量图

M侧相量图

$(C_{0M}Z_{MS0} < C_{1M}Z_{MS1}、Z_{ML1}=0、C_{0N}Z_{NR0} < C_{1N}Z_{NR1}、Z_{NL1} \neq 0、R_g=0)$

$\overrightarrow{ba}=-\dfrac{C_{0M}Z_{MS0}-C_{1M}Z_{MS1}}{C_{1M}Z_{MS1}+2C_{0M}Z_{MS0}}\dot{U}_{KA|0|}$ $\overrightarrow{oc}=\mathrm{j}\dfrac{\sqrt{3}}{2}\times\dfrac{\dot{U}_{KA|0|}}{Z_{MS1}}$ $\overrightarrow{oe}=-\mathrm{j}\dfrac{\sqrt{3}}{2}\times\dfrac{\dot{U}_{KA|0|}}{Z_{MS1}}$ $\overrightarrow{cd}=\overrightarrow{ef}=-\dfrac{(C_{0M}+0.5C_{1M})\dot{U}_{KA|0|}}{C_{1M}Z_{MS1}+2C_{0M}Z_{MS0}}$ $\overrightarrow{gh}=-\mathrm{j}\dfrac{\sqrt{3}}{2}\dot{U}_{KA|0|}$

$\overrightarrow{ki}=\mathrm{j}\dfrac{\sqrt{3}}{2}\dot{U}_{KA|0|}$ $\overrightarrow{oh}=-\dfrac{1}{2}\dot{U}_{KA|0|}$ $\overrightarrow{ok}=\dfrac{(C_{1M}-C_{0M})\dot{U}_{KA|0|}}{C_{1M}Z_{MS1}+2C_{0M}Z_{MS0}}$ $\overrightarrow{ml}=-\dfrac{C_{0N}Z_{NR0}-C_{1N}Z_{NR1}}{C_{1N}Z_{N\Sigma1}+2C_{0N}Z_{N\Sigma0}}\dot{U}_{KA|0|}$ $\overrightarrow{on}=\mathrm{j}\dfrac{\sqrt{3}}{2}\times\dfrac{\dot{U}_{KA|0|}}{Z_{N\Sigma1}}$

$\overrightarrow{oq}=-\mathrm{j}\dfrac{\sqrt{3}}{2}\times\dfrac{\dot{U}_{KA|0|}}{Z_{N\Sigma1}}$ $\overrightarrow{np}=\overrightarrow{qr}=-\dfrac{(C_{0N}+0.5C_{1N})\dot{U}_{KA|0|}}{C_{1N}Z_{N\Sigma1}+2C_{0N}Z_{N\Sigma0}}$ $\overrightarrow{st}=-\mathrm{j}\dfrac{\sqrt{3}}{2}\times\dfrac{Z_{NR1}}{Z_{N\Sigma1}}\dot{U}_{KA|0|}$ $\overrightarrow{vu}=\mathrm{j}\dfrac{\sqrt{3}}{2}\times\dfrac{Z_{NR1}}{Z_{N\Sigma1}}\dot{U}_{KA|0|}$

$\overrightarrow{tw}=\overrightarrow{ux}=\dfrac{0.5C_{1N}Z_{NR1}+C_{0N}Z_{NR0}}{C_{1N}Z_{N\Sigma1}+2C_{0N}Z_{N\Sigma0}}\dot{U}_{KA|0|}$ $\overrightarrow{oy}=-\dfrac{(C_{1N}-C_{0N})\dot{U}_{KA|0|}}{C_{1N}Z_{N\Sigma1}+2C_{0N}Z_{N\Sigma0}}$

图 3-81　线路 M、N 两侧电压、电流相量图

第四章 Ynd11联结组别变压器故障录波分析

Ynd11 联结组别的变压器是电力系统中运用最为广泛的变压器，本章以 Ynd11 联结组别的变压器为例，对变压器两侧常见的故障类型进行分析推导，改变了传统的序分量分析方法，采用折算参数的序网图分析方法，增强了分析过程的连贯性。同时结合向量图及保护安装处故障录波图进行对比分析。

由于采用了折算参数的序网图分析方法，因此不同联结组别的变压器只需修改折算参数便可进行相应的分析、推导。

第一节　变压器△侧两相相间短路故障录波图分析

一、系统接线

系统接线如图 4-1 所示。

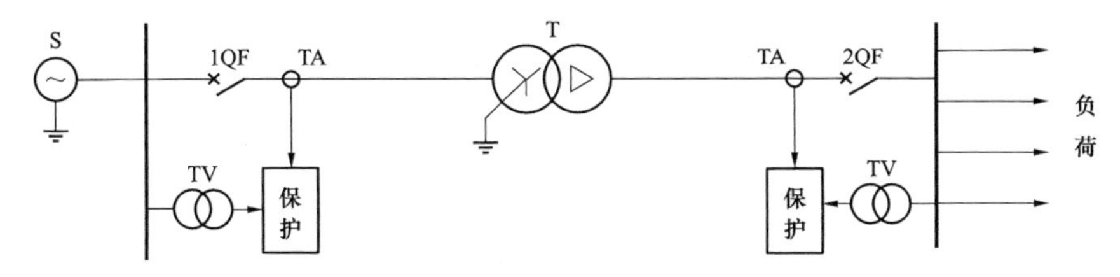

图 4-1　系统接线图

图 4-1 中，S 为系统，T 为变压器，TA 为电流互感器（两侧极性均为母线指向变压器），TV 为电压互感器，1QF、2QF 为断路器。

二、理论分析

图 4-1 所示系统中，变压器△侧引出线套管至 TA 之间发生 B、C 两相相间短路故障时的复合序网图如图 4-2 所示。

图中将 Y 侧正、负序电流、电压及各参数折算至△侧。各参数及电流、电压定义如下：

（1）Z_{S1}、Z_{S2} 为 Y 侧系统正、负序等值阻抗。

（2）$\dot{I}_{KA1}^{\triangle}$、$\dot{I}_{KA2}^{\triangle}$ 为△侧故障点 A 相电流的正、负序分量电流。

（3）$\dot{I}_{A1}^{\triangle}$、$\dot{I}_{A2}^{\triangle}$ 为△侧保护安装处 A 相电流的正、负序分量电流。

（4）$\dot{U}_{KA1}^{\triangle}$、$\dot{U}_{KA2}^{\triangle}$ 为△侧故障点 A 相电压的正、负序分量电压。

（5）$\dot{U}_{A1}^{\triangle}$、$\dot{U}_{A2}^{\triangle}$ 为△侧保护安装处 A 相电压的正、负序分量电压。

（6）$\dot{I}_{A1}^{Y}$、$\dot{I}_{A2}^{Y}$ 为 Y 侧保护安装处 A 相电流的正、负序分量电流。

（7）$\dot{U}_{A1}^{Y}$、$\dot{U}_{A2}^{Y}$ 为 Y 侧保护安装处 A 相电压的正、负序分量电压。

（8）Z_{T1}^{Y}、Z_{T2}^{Y} 为变压器折算至 Y 侧的正、负序阻抗。

（9）Z_{F1}、Z_{F2} 为△侧负荷正、负序阻抗。

（10）$\dot{E}_{SA}$ 为 Y 侧系统 S 的 A 相等值电源电动势。

（11）$\dot{U}_{A|0|}^{Y}$ 为 Y 侧保护安装处故障前 A 相电压。

（12）$\dot{U}_{A|0|}^{\triangle}$ 为△侧保护安装处故障前 A 相电压。

（13）$\dot{U}_{KA|0|}^{\triangle}$ 为△侧故障点故障前 A 相电压。

（14）K_T 为变压器变比。

（15）R_g 为故障点过渡电阻。

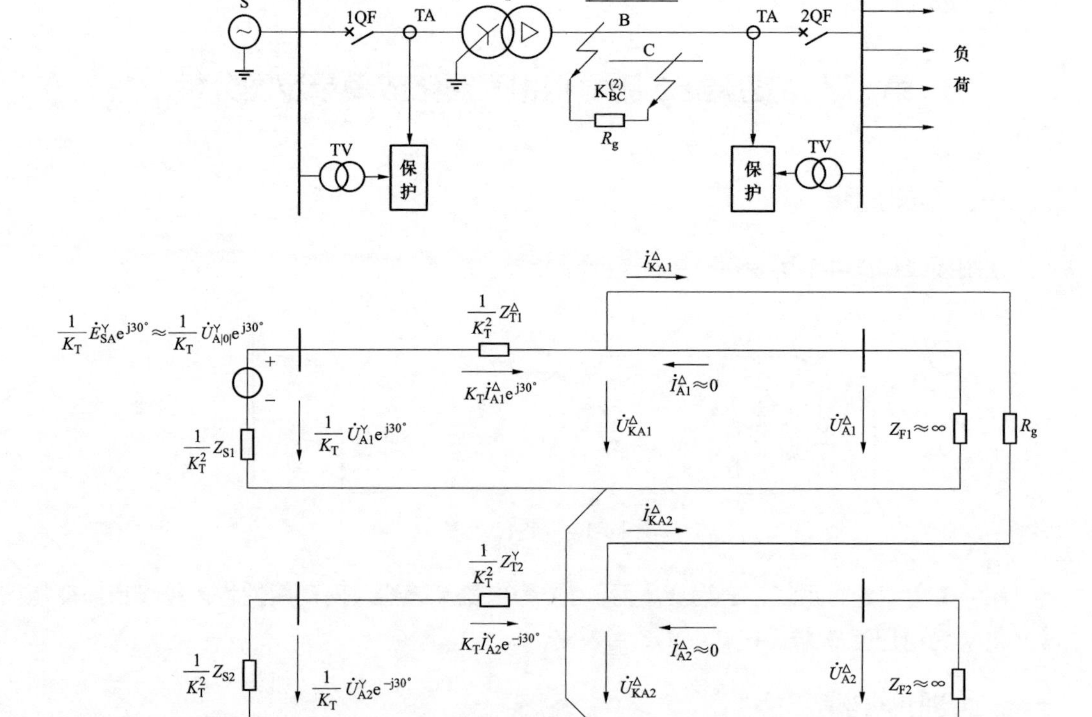

图 4-2 △侧 B、C 相间短路故障复合序网图

忽略负荷电流，认为负荷正、负序阻抗 $Z_{F1} \approx \infty$、$Z_{F2} \approx \infty$，$\dot{I}_{A1}^{\triangle} \approx 0$、$\dot{I}_{A2}^{\triangle} \approx 0$，同时 $\frac{1}{K_T}\dot{U}_{A|0|}^{Y}e^{j30^\circ} = \dot{U}_{KA|0|}^{\triangle} = \dot{U}_{A|0|}^{\triangle}$。

变压器变比 $K_T = \sqrt{3}\frac{N_Y}{N_\triangle}$，$N_Y$ 为变压器 Y 侧匝数，$N_\triangle$ 为变压器△侧匝数。

为了简化分析，变压器正、负序阻抗角及系统阻抗角均取 80° 计算，且认为变压器正、负序阻抗 $Z_{T1}=Z_{T2}$。

1. 变压器△侧故障点电流、电压分析

（1）根据对称分量法，A 相为特殊相，故障点 A 相电流的正、负序分量通过序网图可得到

$$\dot{I}_{KA1}^{\triangle}=-\dot{I}_{KA2}^{\triangle}=\frac{\dot{U}_{KA|0|}^{\triangle}}{\frac{2}{K_T^2}(Z_{S1}+Z_{T1}^{Y})+R_g}=\frac{\frac{1}{K_T}\dot{U}_{A|0|}^{Y}e^{j30^\circ}}{\frac{2}{K_T^2}(Z_{S1}+Z_{T1}^{Y})+R_g}=\frac{K_T\dot{U}_{A|0|}^{Y}e^{j30^\circ}}{2(Z_{S1}+Z_{T1}^{Y})+K_T^2R_g} \tag{4-1}$$

$$\left.\begin{aligned}&\dot{I}_{KA}^{\triangle}=\dot{I}_{KA1}^{\triangle}+\dot{I}_{KA2}^{\triangle}=0\\&\dot{I}_{KB}^{\triangle}=-\dot{I}_{KC}^{\triangle}=\alpha^2\dot{I}_{KA1}^{\triangle}+\alpha\dot{I}_{KA2}^{\triangle}=(\alpha^2-\alpha)\dot{I}_{KA1}^{\triangle}=\frac{\sqrt{3}K_T\dot{U}_{A|0|}^{Y}e^{-j60^\circ}}{2(Z_{S1}+Z_{T1}^{Y})+K_T^2R_g}\end{aligned}\right\} \tag{4-2}$$

（2）根据对称分量法，A 相为特殊相，故障点 A 相电压的正、负序分量通过序网图可得到

$$\left.\begin{aligned}&\dot{U}_{KA1}^{\triangle}=\frac{1}{K_T}\dot{U}_{A|0|}^{Y}e^{j30^\circ}-\dot{I}_{KA1}^{\triangle}\frac{1}{K_T^2}(Z_{S1}+Z_{T1}^{Y})\\&\dot{U}_{KA2}^{\triangle}=-\dot{I}_{KA2}^{\triangle}\frac{1}{K_T^2}(Z_{S2}+Z_{T2}^{Y})=\dot{I}_{KA1}^{\triangle}\frac{1}{K_T^2}(Z_{S1}+Z_{T1}^{Y})\end{aligned}\right\} \tag{4-3}$$

$$\dot{U}_{KA}^{\triangle}=\dot{U}_{KA1}^{\triangle}+\dot{U}_{KA2}^{\triangle}=\frac{1}{K_T}\dot{U}_{A|0|}^{Y}e^{j30^\circ}=\dot{U}_{KA|0|}^{\triangle} \tag{4-4}$$

$$\begin{aligned}\dot{U}_{KB}^{\triangle}&=\alpha^2\dot{U}_{KA1}^{\triangle}+\alpha\dot{U}_{KA2}^{\triangle}\\&=\alpha^2\frac{1}{K_T}\dot{U}_{A|0|}^{Y}e^{j30^\circ}-\alpha^2\dot{I}_{KA1}^{\triangle}\frac{1}{K_T^2}(Z_{S1}+Z_{T1}^{Y})+\alpha\dot{I}_{KA1}^{\triangle}\frac{1}{K_T^2}(Z_{S1}+Z_{T1}^{Y})\\&=\alpha^2\dot{U}_{KA|0|}^{\triangle}-(\alpha^2-\alpha)\frac{\dot{U}_{KA|0|}^{\triangle}}{2(Z_{S1}+Z_{T1}^{Y})+K_T^2R_g}(Z_{S1}+Z_{T1}^{Y})\\&=\dot{U}_{KB|0|}^{\triangle}+\frac{j\sqrt{3}(Z_{S1}+Z_{T1}^{Y})}{2(Z_{S1}+Z_{T1}^{Y})+K_T^2R_g}\dot{U}_{KA|0|}^{\triangle}\end{aligned} \tag{4-5}$$

$$\begin{aligned}\dot{U}_{KC}^{\triangle}&=\alpha\dot{U}_{KA1}^{\triangle}+\alpha^2\dot{U}_{KA2}^{\triangle}\\&=\alpha\frac{1}{K_T}\dot{U}_{A|0|}^{Y}e^{j30^\circ}-\alpha\dot{I}_{KA1}^{\triangle}\frac{1}{K_T^2}(Z_{S1}+Z_{T1}^{Y})+\alpha^2\dot{I}_{KA1}^{\triangle}\frac{1}{K_T^2}(Z_{S1}+Z_{T1}^{Y})\\&=\alpha\dot{U}_{KA|0|}^{\triangle}-(\alpha-\alpha^2)\frac{\dot{U}_{KA|0|}^{\triangle}}{2(Z_{S1}+Z_{T1}^{Y})+K_T^2R_g}(Z_{S1}+Z_{T1}^{Y})\\&=\dot{U}_{KC|0|}^{\triangle}-\frac{j\sqrt{3}(Z_{S1}+Z_{T1}^{Y})}{2(Z_{S1}+Z_{T1}^{Y})+K_T^2R_g}\dot{U}_{KA|0|}^{\triangle}\end{aligned} \tag{4-6}$$

2. 变压器△侧保护安装处电流、电压分析

（1）根据序网图及对称分量法可得△侧保护安装处各相电流为

$$\left.\begin{aligned}&\dot{I}_{\mathrm{A}}^{\triangle}=\dot{I}_{\mathrm{A1}}^{\triangle}+\dot{I}_{\mathrm{A2}}^{\triangle}=0\\&\dot{I}_{\mathrm{B}}^{\triangle}=\alpha^{2}\dot{I}_{\mathrm{A1}}^{\triangle}+\alpha\dot{I}_{\mathrm{A2}}^{\triangle}=0\\&\dot{I}_{\mathrm{C}}^{\triangle}=\alpha^{2}\dot{I}_{\mathrm{A1}}^{\triangle}+\alpha^{2}\dot{I}_{\mathrm{A2}}^{\triangle}=0\\&3\dot{I}_{0}^{\triangle}=0\end{aligned}\right\}\tag{4-7}$$

（2）根据序网图及对称分量法可得△侧保护安装处各相电压为

$$\left.\begin{aligned}&\dot{U}_{\mathrm{A}}^{\triangle}=\dot{U}_{\mathrm{KA}}^{\triangle}=\dot{U}_{\mathrm{KA|0|}}^{\triangle}\\&\dot{U}_{\mathrm{B}}^{\triangle}=\dot{U}_{\mathrm{KB}}^{\triangle}=\dot{U}_{\mathrm{KB|0|}}^{\triangle}+\frac{\mathrm{j}\sqrt{3}(Z_{\mathrm{S1}}+Z_{\mathrm{T1}}^{\mathrm{Y}})}{2(Z_{\mathrm{S1}}+Z_{\mathrm{T1}}^{\mathrm{Y}})+K_{\mathrm{T}}^{2}R_{\mathrm{g}}}\dot{U}_{\mathrm{KA|0|}}^{\triangle}\\&\dot{U}_{\mathrm{C}}^{\triangle}=\dot{U}_{\mathrm{KC}}^{\triangle}=\dot{U}_{\mathrm{KC|0|}}^{\triangle}-\frac{\mathrm{j}\sqrt{3}(Z_{\mathrm{S1}}+Z_{\mathrm{T1}}^{\mathrm{Y}})}{2(Z_{\mathrm{S1}}+Z_{\mathrm{T1}}^{\mathrm{Y}})+K_{\mathrm{T}}^{2}R_{\mathrm{g}}}\dot{U}_{\mathrm{KA|0|}}^{\triangle}\\&3\dot{U}_{0}^{\triangle}=\dot{U}_{\mathrm{A}}^{\triangle}+\dot{U}_{\mathrm{B}}^{\triangle}+\dot{U}_{\mathrm{C}}^{\triangle}=0\end{aligned}\right\}\tag{4-8}$$

变压器△侧保护安装处电流、电压幅值、相位的变化特点分析可参照第三章中馈供线两相相间短路故障时，N侧电流、电压的分析方法。这里不再赘述。

3. 变压器Y侧保护安装处电流、电压分析

（1）根据复合序网图及对称分量法，可得Y侧保护安装处各相电流如下：

由图4-2的正序网络可得

$$K_{\mathrm{T}}\dot{I}_{\mathrm{A1}}^{\mathrm{Y}}\mathrm{e}^{\mathrm{j}30^{\circ}}=\dot{I}_{\mathrm{KA1}}^{\triangle}=\frac{K_{\mathrm{T}}\dot{U}_{\mathrm{A|0|}}^{\mathrm{Y}}\mathrm{e}^{\mathrm{j}30^{\circ}}}{2(Z_{\mathrm{S1}}+Z_{\mathrm{T1}}^{\mathrm{Y}})+K_{\mathrm{T}}^{2}R_{\mathrm{g}}}\tag{4-9}$$

由式（4-9）可得

$$\dot{I}_{\mathrm{A1}}^{\mathrm{Y}}=\frac{\dot{U}_{\mathrm{A|0|}}^{\mathrm{Y}}}{2(Z_{\mathrm{S1}}+Z_{\mathrm{T1}}^{\mathrm{Y}})+K_{\mathrm{T}}^{2}R_{\mathrm{g}}}\tag{4-10}$$

同理可得

$$\dot{I}_{\mathrm{A2}}^{\mathrm{Y}}=\frac{\dot{U}_{\mathrm{A|0|}}^{\mathrm{Y}}\mathrm{e}^{\mathrm{j}240^{\circ}}}{2(Z_{\mathrm{S1}}+Z_{\mathrm{T1}}^{\mathrm{Y}})+K_{\mathrm{T}}^{2}R_{\mathrm{g}}}\tag{4-11}$$

由对称分量法可得Y侧各相电流为

$$\left.\begin{aligned}&\dot{I}_{\mathrm{A}}^{\mathrm{Y}}=\dot{I}_{\mathrm{A1}}^{\mathrm{Y}}+\dot{I}_{\mathrm{A2}}^{\mathrm{Y}}=\frac{\dot{U}_{\mathrm{A|0|}}^{\mathrm{Y}}}{2(Z_{\mathrm{S1}}+Z_{\mathrm{T1}}^{\mathrm{Y}})+K_{\mathrm{T}}^{2}R_{\mathrm{g}}}\mathrm{e}^{-\mathrm{j}60^{\circ}}\\&\dot{I}_{\mathrm{B}}^{\mathrm{Y}}=\alpha^{2}\dot{I}_{\mathrm{A1}}^{\mathrm{Y}}+\alpha\dot{I}_{\mathrm{A2}}^{\mathrm{Y}}=\frac{\dot{U}_{\mathrm{A|0|}}^{\mathrm{Y}}}{2(Z_{\mathrm{S1}}+Z_{\mathrm{T1}}^{\mathrm{Y}})+K_{\mathrm{T}}^{2}R_{\mathrm{g}}}\mathrm{e}^{-\mathrm{j}60^{\circ}}\\&\dot{I}_{\mathrm{C}}^{\mathrm{Y}}=\alpha\dot{I}_{\mathrm{A1}}^{\mathrm{Y}}+\alpha^{2}\dot{I}_{\mathrm{A2}}^{\mathrm{Y}}=\frac{2\dot{U}_{\mathrm{A|0|}}^{\mathrm{Y}}}{2(Z_{\mathrm{S1}}+Z_{\mathrm{T1}}^{\mathrm{Y}})+K_{\mathrm{T}}^{2}R_{\mathrm{g}}}\mathrm{e}^{\mathrm{j}120^{\circ}}\\&3\dot{I}_{0}^{\mathrm{Y}}=\dot{I}_{\mathrm{A}}^{\mathrm{Y}}+\dot{I}_{\mathrm{B}}^{\mathrm{Y}}+\dot{I}_{\mathrm{C}}^{\mathrm{Y}}=0\end{aligned}\right\}\tag{4-12}$$

由式（4-12）可知，Y侧保护安装处各相电流相位、幅值特点如下：

1）Y侧对应△侧两故障相中的滞后相电流 $\dot{I}_{C}^{Y}$ 幅值最大，是另两相电流 $\dot{I}_{A}^{Y}$、$\dot{I}_{B}^{Y}$ 幅值的 2 倍，$\dot{I}_{A}^{Y}$、$\dot{I}_{B}^{Y}$ 幅值相等、相位相同，与 $\dot{I}_{C}^{Y}$ 反相，以上特点与故障点是否有过渡电阻无关。

2）Y侧无零序电流。

由式（4-2）、式（4-12）可知，Y侧保护安装处各相电流与△侧故障点电流的关系为

$$\left.\begin{aligned}\dot{I}_{A}^{Y}&=\frac{1}{\sqrt{3}K_{T}}\dot{I}_{KB}^{\triangle}\\\dot{I}_{B}^{Y}&=\frac{1}{\sqrt{3}K_{T}}\dot{I}_{KB}^{\triangle}\\\dot{I}_{C}^{Y}&=-\frac{2}{\sqrt{3}K_{T}}\dot{I}_{KB}^{\triangle}\end{aligned}\right\}\tag{4-13}$$

（2）根据复合序网图及对称分量法，可得Y侧保护安装处各相电压如下：

由图 4-2 中的正序网络可得

$$\begin{aligned}\frac{1}{K_{T}}\dot{U}_{A1}^{Y}e^{j30^{\circ}}&=\dot{I}_{KA1}^{\triangle}\frac{1}{K_{T}^{2}}Z_{T1}^{Y}+\dot{U}_{KA1}^{\triangle}\\&=\dot{I}_{KA1}^{\triangle}\frac{1}{K_{T}^{2}}Z_{T1}^{Y}+\frac{1}{K_{T}}\dot{U}_{A|0|}^{Y}e^{j30^{\circ}}-\dot{I}_{KA1}^{\triangle}\frac{1}{K_{T}^{2}}(Z_{S1}+Z_{T1}^{Y})\\&=\frac{1}{K_{T}}\dot{U}_{A|0|}^{Y}e^{j30^{\circ}}-\frac{K_{T}\dot{U}_{A|0|}^{Y}e^{j30^{\circ}}}{2(Z_{S1}+Z_{T1}^{Y})+K_{T}^{2}R_{g}}\bullet\frac{1}{K_{T}^{2}}Z_{S1}\end{aligned}\tag{4-14}$$

由式（4-14）可得

$$\dot{U}_{A1}^{Y}=\dot{U}_{A|0|}^{Y}-\frac{Z_{S1}}{2(Z_{S1}+Z_{T1}^{Y})+K_{T}^{2}R_{g}}\dot{U}_{A|0|}^{Y}\tag{4-15}$$

由图 4-2 中的负序网络可得

$$\begin{aligned}\frac{1}{K_{T}}\dot{U}_{A2}^{Y}e^{-j30^{\circ}}&=\dot{I}_{KA1}^{\triangle}\frac{1}{K_{T}^{2}}Z_{S1}\\&=\frac{K_{T}\dot{U}_{A|0|}^{Y}e^{j30^{\circ}}}{2(Z_{S1}+Z_{T1}^{Y})+K_{T}^{2}R_{g}}\bullet\frac{1}{K_{T}^{2}}Z_{S1}\end{aligned}\tag{4-16}$$

由式（4-14）可得

$$\dot{U}_{A2}^{Y}=\frac{Z_{S1}}{2(Z_{S1}+Z_{T1}^{Y})+K_{T}^{2}R_{g}}\dot{U}_{A|0|}^{Y}e^{j60^{\circ}}\tag{4-17}$$

根据对称分量法可以得到Y侧各相电压为

$$\begin{aligned}\dot{U}_{A}^{Y}&=\dot{U}_{A1}^{Y}+\dot{U}_{A2}^{Y}\\&=\dot{U}_{A|0|}^{Y}-\frac{\dot{U}_{A|0|}^{Y}}{2(Z_{S1}+Z_{T1}^{Y})+K_{T}^{2}R_{g}}Z_{S1}+\frac{\dot{U}_{A|0|}^{Y}e^{j60^{\circ}}}{2(Z_{S1}+Z_{T1}^{Y})+K_{T}^{2}R_{g}}Z_{S1}\\&=\dot{U}_{A|0|}^{Y}+\frac{Z_{S1}}{2(Z_{S1}+Z_{T1}^{Y})+K_{T}^{2}R_{g}}\dot{U}_{C|0|}^{Y}\end{aligned}\tag{4-18}$$

$$\begin{aligned}\dot{U}_{\mathrm{B}}^{\mathrm{Y}} &= \alpha^2\dot{U}_{\mathrm{A1}}^{\mathrm{Y}} + \alpha\dot{U}_{\mathrm{A2}}^{\mathrm{Y}} \\ &= \alpha^2\dot{U}_{\mathrm{A|0|}}^{\mathrm{Y}} - \frac{\alpha^2\dot{U}_{\mathrm{A|0|}}^{\mathrm{Y}}}{2(Z_{\mathrm{S1}}+Z_{\mathrm{T1}}^{\mathrm{Y}})+K_{\mathrm{T}}^2R_{\mathrm{g}}}Z_{\mathrm{S1}} + \frac{\alpha\dot{U}_{\mathrm{A|0|}}^{\mathrm{Y}}\mathrm{e}^{\mathrm{j}60^\circ}}{2(Z_{\mathrm{S1}}+Z_{\mathrm{T1}}^{\mathrm{Y}})+K_{\mathrm{T}}^2R_{\mathrm{g}}}Z_{\mathrm{S1}} \\ &= \dot{U}_{\mathrm{B|0|}}^{\mathrm{Y}} + \frac{Z_{\mathrm{S1}}}{2(Z_{\mathrm{S1}}+Z_{\mathrm{T1}}^{\mathrm{Y}})+K_{\mathrm{T}}^2R_{\mathrm{g}}}\dot{U}_{\mathrm{C|0|}}^{\mathrm{Y}}\end{aligned} \tag{4-19}$$

$$\begin{aligned}\dot{U}_{\mathrm{C}}^{\mathrm{Y}} &= \alpha\dot{U}_{\mathrm{A1}}^{\mathrm{Y}} + \alpha^2\dot{U}_{\mathrm{A2}}^{\mathrm{Y}} \\ &= \alpha\dot{U}_{\mathrm{A|0|}}^{\mathrm{Y}} - \frac{\alpha\dot{U}_{\mathrm{A|0|}}^{\mathrm{Y}}}{2(Z_{\mathrm{S1}}+Z_{\mathrm{T1}}^{\mathrm{Y}})+K_{\mathrm{T}}^2R_{\mathrm{g}}}Z_{\mathrm{S1}} + \frac{\alpha^2\dot{U}_{\mathrm{A|0|}}^{\mathrm{Y}}\mathrm{e}^{\mathrm{j}60^\circ}}{2(Z_{\mathrm{S1}}+Z_{\mathrm{T1}}^{\mathrm{Y}})+K_{\mathrm{T}}^2R_{\mathrm{g}}}Z_{\mathrm{S1}} \\ &= \dot{U}_{\mathrm{C|0|}}^{\mathrm{Y}} - \frac{2Z_{\mathrm{S1}}}{2(Z_{\mathrm{S1}}+Z_{\mathrm{T1}}^{\mathrm{Y}})+K_{\mathrm{T}}^2R_{\mathrm{g}}}\dot{U}_{\mathrm{C|0|}}^{\mathrm{Y}}\end{aligned} \tag{4-20}$$

$$3\dot{U}_0^{\mathrm{Y}} = \dot{U}_{\mathrm{A}}^{\mathrm{Y}} + \dot{U}_{\mathrm{B}}^{\mathrm{Y}} + \dot{U}_{\mathrm{C}}^{\mathrm{Y}} = 0 \tag{4-21}$$

由式（4-18）～式（4-21）可知，Y侧保护安装处各相电压相位、幅值的特点如下：

1）当△侧发生 B、C 相金属性相间短路故障时，Y侧对应△侧两故障相中的滞后相电压$\dot{U}_{\mathrm{C}}^{\mathrm{Y}}$幅值减小，相位不变，其余两相电压$\dot{U}_{\mathrm{A}}^{\mathrm{Y}}$、$\dot{U}_{\mathrm{B}}^{\mathrm{Y}}$幅值等幅减小，幅值相等，相位差增大（大于 120°）。

2）当△侧发生 B、C 相间经过渡电阻短路故障时，随$R_{\mathrm{g}}=0\to\infty$变化，Y侧各相电压幅值及相位均发生变化，其中对应△侧两故障相中的超前相电压$\dot{U}_{\mathrm{B}}^{\mathrm{Y}}$幅值有可能减小，也有可能增大，其余各相电压幅值只会减小。

3）Y侧无零序电压。由式（4-12）、式（4-20）可以得到Y侧对应△侧两故障相中滞后相电流$\dot{I}_{\mathrm{C}}^{\mathrm{Y}}$与滞后相电压$\dot{U}_{\mathrm{C}}^{\mathrm{Y}}$的相位关系为

$$\begin{aligned}\varphi &= \arg\frac{\dot{U}_{\mathrm{C}}^{\mathrm{Y}}}{\dot{I}_{\mathrm{C}}^{\mathrm{Y}}} = \arg\frac{\dot{U}_{\mathrm{C|0|}}^{\mathrm{Y}} - \dfrac{2\dot{U}_{\mathrm{C|0|}}^{\mathrm{Y}}}{2(Z_{\mathrm{S1}}+Z_{\mathrm{T1}}^{\mathrm{Y}})+K_{\mathrm{T}}^2R_{\mathrm{g}}}Z_{\mathrm{S1}}}{-\dfrac{2\dot{U}_{\mathrm{A|0|}}^{\mathrm{Y}}\mathrm{e}^{-\mathrm{j}60^\circ}}{2(Z_{\mathrm{S1}}+Z_{\mathrm{T1}}^{\mathrm{Y}})+K_{\mathrm{T}}^2R_{\mathrm{g}}}} \\ &= \arg\left(Z_{\mathrm{T1}}^{\mathrm{Y}} + \frac{K_{\mathrm{T}}^2}{2}R_{\mathrm{g}}\right)\end{aligned} \tag{4-22}$$

由式（4-22）可知：

1）当△侧发生 B、C 相金属性相间短路故障时，$R_{\mathrm{g}}=0$，此时Y侧对应△侧两故障相中滞后相电流$\dot{I}_{\mathrm{C}}^{\mathrm{Y}}$与滞后相电压$\dot{U}_{\mathrm{C}}^{\mathrm{Y}}$的相位关系为：$\dot{I}_{\mathrm{C}}^{\mathrm{Y}}$滞后$\dot{U}_{\mathrm{C}}^{\mathrm{Y}}$一个变压器的正序阻抗角约为 80°。

2）当△侧发生 B、C 相经过渡电阻相间短路故障时，随$R_{\mathrm{g}}=0\to\infty$变化，此时$\dot{I}_{\mathrm{C}}^{\mathrm{Y}}$滞后$\dot{U}_{\mathrm{C}}^{\mathrm{Y}}$的角度变化范围约为 80°→0°。

Ynd11 联结组别的变压器当△侧发生 B、C 相间短路故障时，Y侧各相电流、相电压的变化特点与大电流接地系统发生 C 相单相接地短路故障时的电气量变化非常相似，唯一不同的是没有零序电流、电压。

三、录波图及相量分析

1. 变压器△侧区内B、C相金属性相间短路故障

变压器△侧区内发生 B、C 相金属性相间短路故障，变压器主保护动作跳开 1QF、2QF 断路器，变压器两侧保护安装处录波如图 4-3 所示。（标尺刻度为一次值）

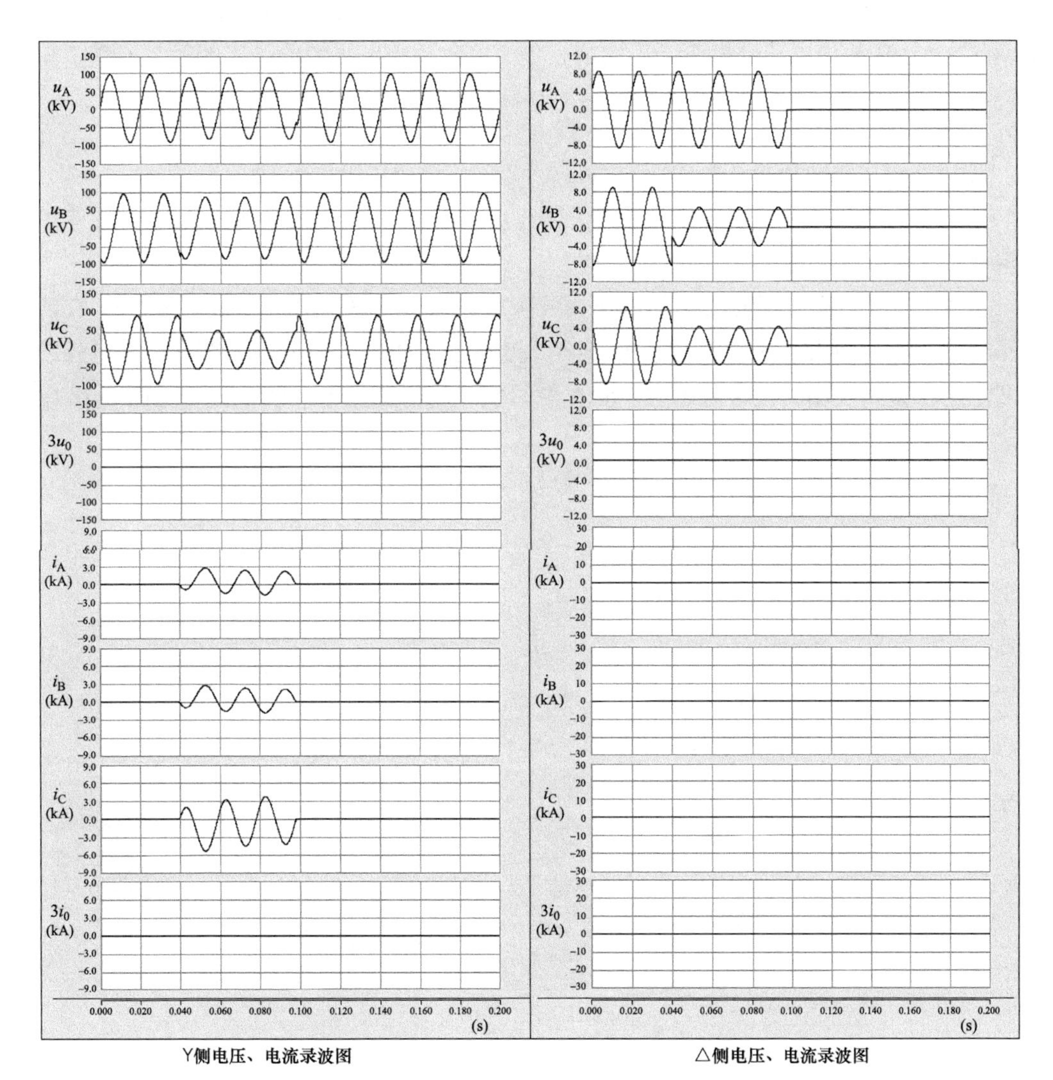

图 4-3 变压器两侧保护安装处电压、电流录波图（一次值）

（1）Y侧录波图阅读。0～40ms，变压器Y侧母线三相电压对称（有效值约为 66.3kV），无零序电流，无零序电压，三相电流为零。

在约 40ms 时，三相电压均开始下降（有效值：A 相约为 60.4kV，B 相约为 60.4kV，C 相约为 37.8kV），A、B 相电压之间的相位差增大（大于 120°），但无零序电压。

在约 40ms 时，三相均出现故障电流（A 相最大峰值约为 2.9kA，有效值约为 1.4kA；B 相最大峰值约为 2.9kA，有效值约为 1.4kA；C 相最大峰值约为 5.8kA，有效值约为

2.8kA)，但无零序电流。

(2)△侧录波图阅读。0～40ms，△侧母线三相电压对称(有效值约为6.05kV)，无零序电流，无零序电压，三相电流为零。

在约40ms时，B、C相电压开始下降(有效值：B相约为3.02kV，C相约为3.02kV)，A相电压幅值保持不变，三相电流及零序电流为零。

(3)录波图分析。Y侧录波图显示故障期间三相电压均有所下降，其中C相幅值下降最明显，A、B两相电压幅值下降不明显，但A、B两相电压幅值基本相等。Y侧C相故障电流最大，A、B相故障电流幅值相等、相位相同，幅值约为C相电流幅值的一半，相位与C相电流反相。

通过Y侧录波图相位关系阅读，可以得到电流$\dot{I}_{C}^{Y}$滞后电压$\dot{U}_{C}^{Y}$约80°。

结合系统接线图及理论分析，根据上述波形特点的阅读，可判断变压器△侧发生B、C相金属性相间短路故障。

由△侧保护安装处录波图可以看出，故障期间A相电压幅值、相位不变，B、C两相电压幅值相等，约为A相电压幅值的一半，相位与A相电压相反，该特征与单电源馈供线发生两相金属性相间短路故障时，负荷侧母线电压特征完全一致，可参考图3-28中N侧录波图的分析。

(4)绘制此时变压器两侧保护安装处电压、电流相量图，如图4-4所示。

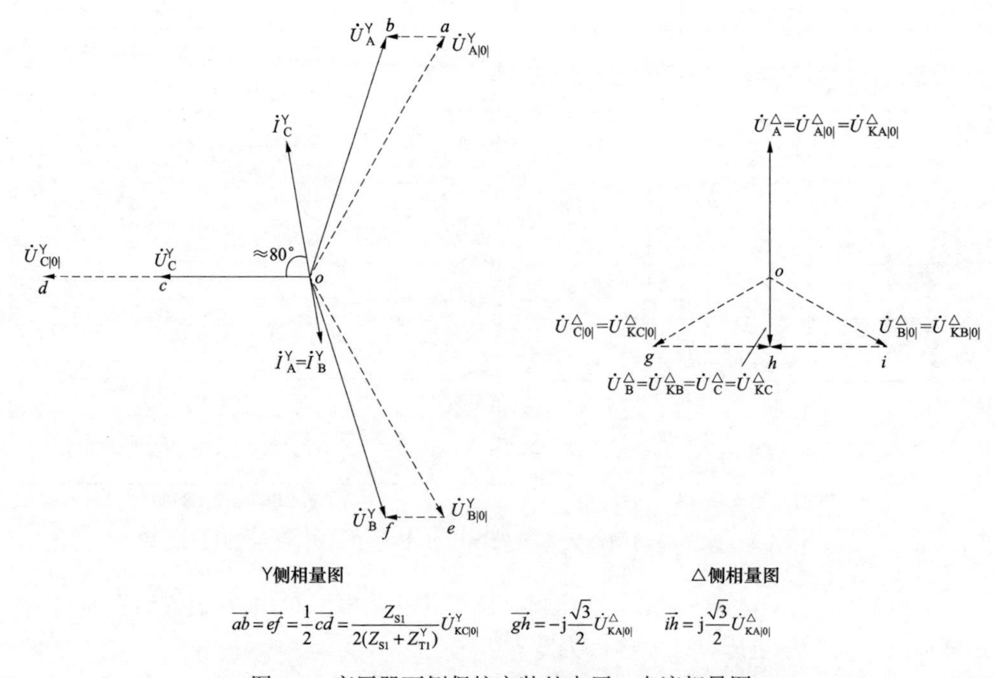

图4-4 变压器两侧保护安装处电压、电流相量图

2. 变压器△侧母线(区外)B、C相金属性相间短路故障

变压器△侧母线(区外)B、C相金属性相间短路故障，变压器后备保护动作跳开2QF

断路器，变压器两侧保护安装处录波如图 4-5 所示。（标尺刻度为一次值）

对比录波图 4-3，图 4-5 的主要特点如下：

（1）故障持续时间较长。故障从 40ms 开始，约在 668ms 时故障电流消失，Y 侧母线电压恢复正常。

（2）△侧录波图显示，故障期间 B、C 两相出现了幅值相等、相位相反的故障电流，可直观地看出是△侧两相相间短路。

（3）此时△侧 B、C 两相电压幅值相等，约为 A 相电压幅值的一半，相位与 A 相电压相反。

（4）因△侧保护安装处 TA 极性指向变压器，所以此时 B、C 两相短路电流相位与实际相位相反。

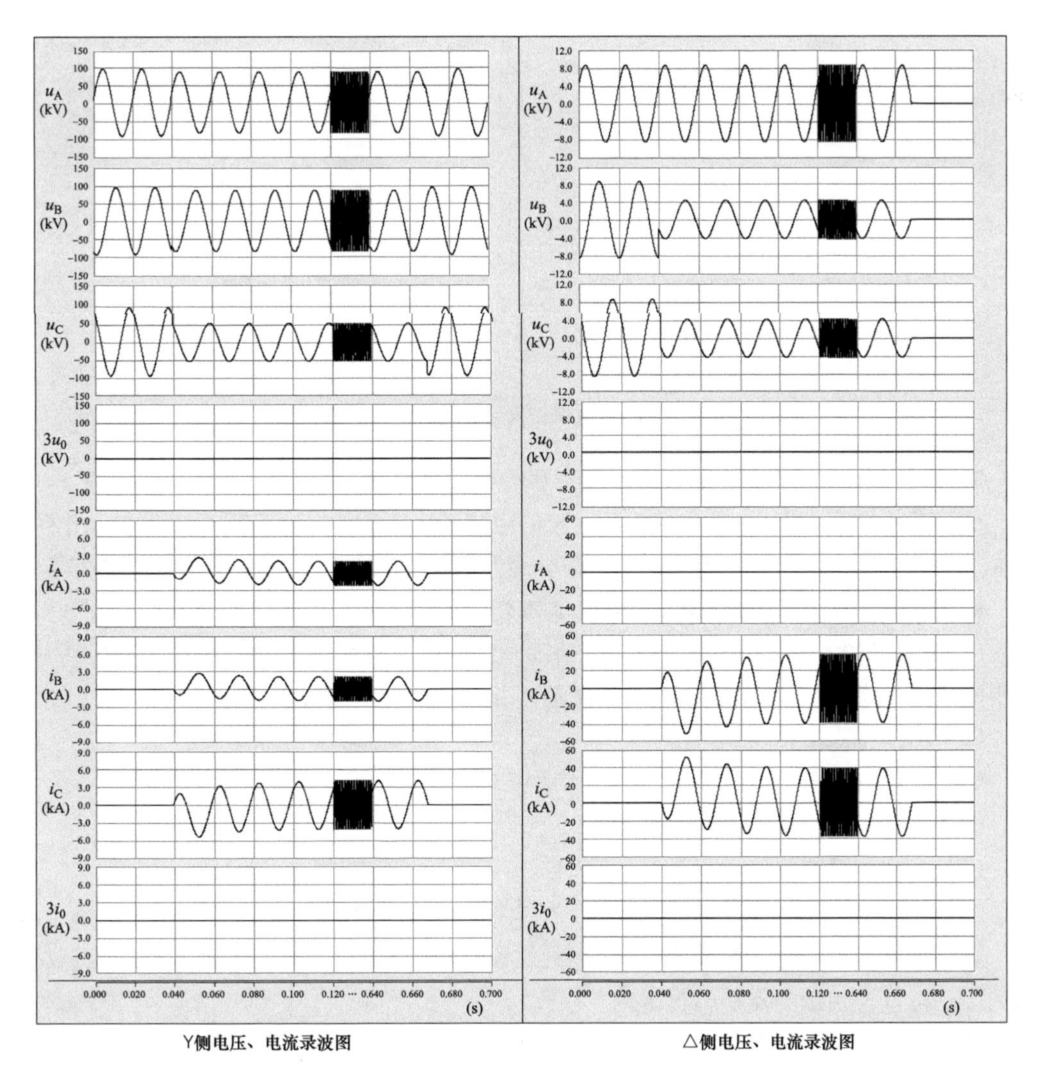

Y侧电压、电流录波图　　　　△侧电压、电流录波图

图 4-5　变压器两侧保护安装处电压、电流录波图（一次值）

综合以上特点可知，故障点在△侧区外出口处，且为金属性相间短路故障。

绘制此时变压器两侧保护安装处电压、电流相量图，如图 4-6 所示。

Y侧相量图　　　　△侧相量图

$\overrightarrow{ab}=\overrightarrow{ef}=\frac{1}{2}\overrightarrow{cd}=\frac{Z_{S1}}{2(Z_{S1}+Z_{T1}^{Y})}\dot{U}_{KC|0|}^{Y}$　　$\overrightarrow{gh}=-j\frac{\sqrt{3}}{2}\dot{U}_{KA|0|}^{\triangle}$　　$\overrightarrow{ih}=j\frac{\sqrt{3}}{2}\dot{U}_{KA|0|}^{\triangle}$

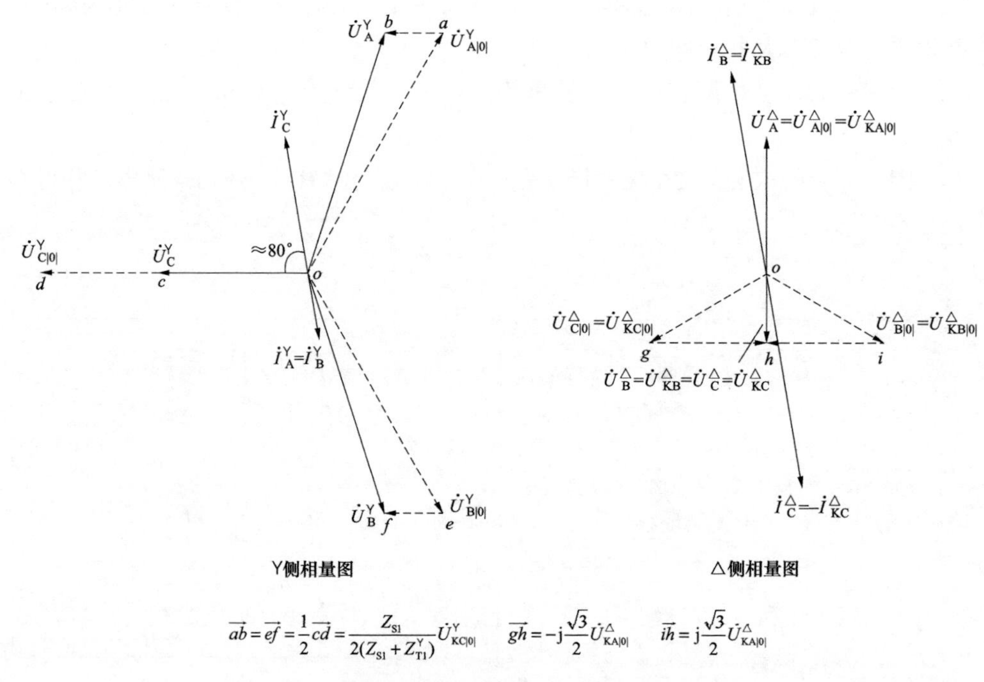

图 4-6　变压器两侧保护安装处电压、电流相量图

3. 变压器△侧区内 B、C 相经过渡电阻相间短路故障

变压器△侧区内发生 B、C 相经过渡电阻相间短路故障时，变压器主保护动作跳开 1QF、2QF 断路器，变压器两侧保护安装处录波如图 4-7 所示。(标尺刻度为一次值)

对比录波图 4-3，图 4-7 中 Y 侧录波主要特点如下：

(1) Y 侧三相电压幅值、相位较故障前均发生变化，其中，A 相电压幅值下降较明显，B 相电压幅值略有上升，A、B 相电压幅值不相等，C 相电压幅值下降最大。

(2) 电流特点与图 4-3 中相同。

(3) C 相电流滞后 C 相电压的角度约为 33°。

图 4-7 中△侧录波的主要特点如下：

(1) A 相电压的幅值、相位较故障前保持不变。

(2) B、C 两相电压幅值不相等，B 相电压幅值略有下降，C 相电压幅值明显下降。

以上特点可以说明△侧发生 B、C 相经过渡电阻的相间短路。△侧保护安装处三相电流为零，可以说明故障点在△侧区内。

绘制此时变压器两侧保护安装处电压、电流相量图，如图 4-8 所示。

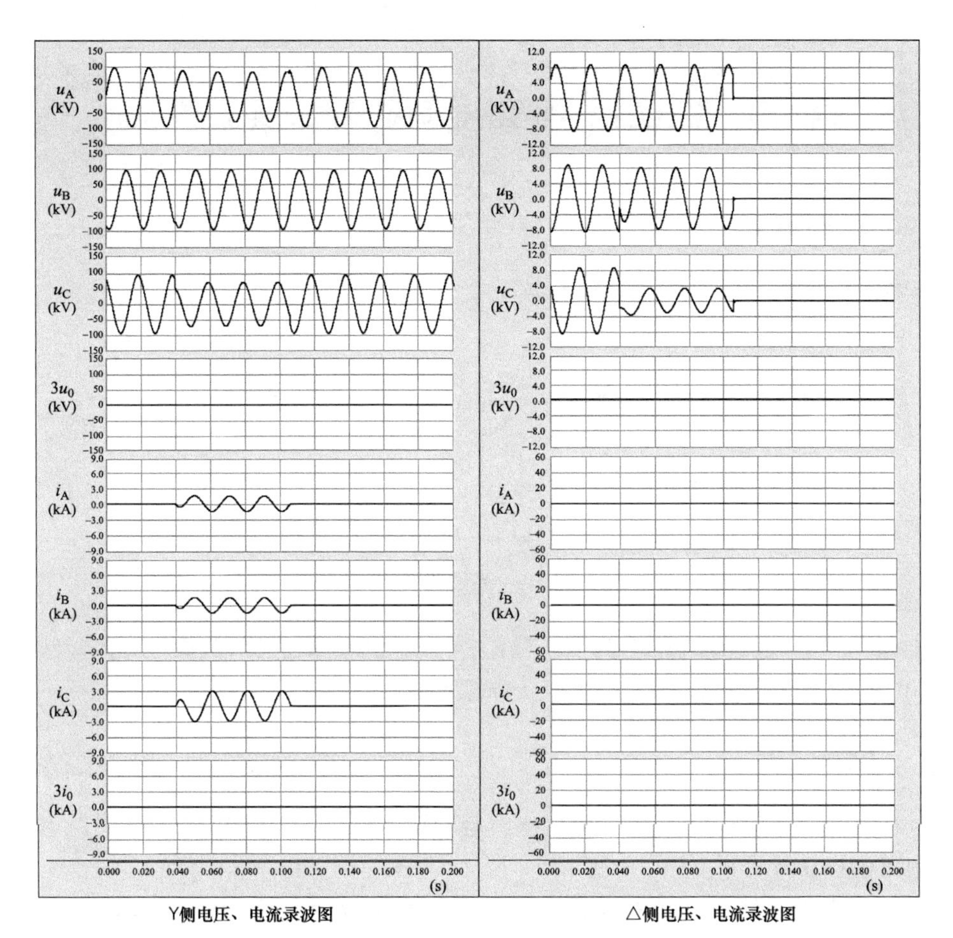

图 4-7　变压器两侧保护安装处电压、电流录波图（一次值）

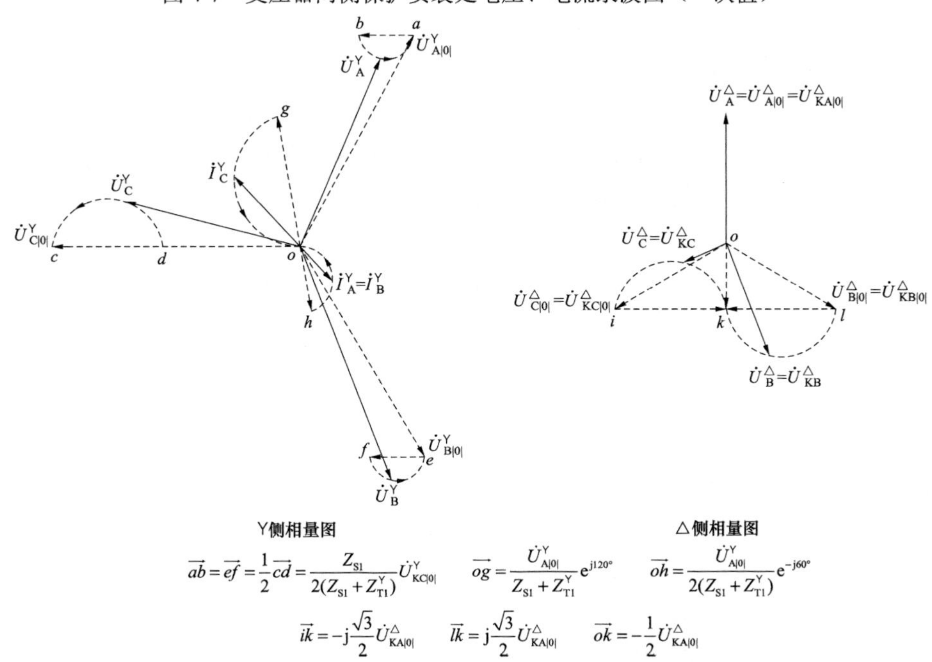

图 4-8　变压器两侧保护安装处电压、电流相量图

第二节　变压器Y侧两相相间短路故障录波图分析

一、系统接线

系统接线如图 4-9 所示。

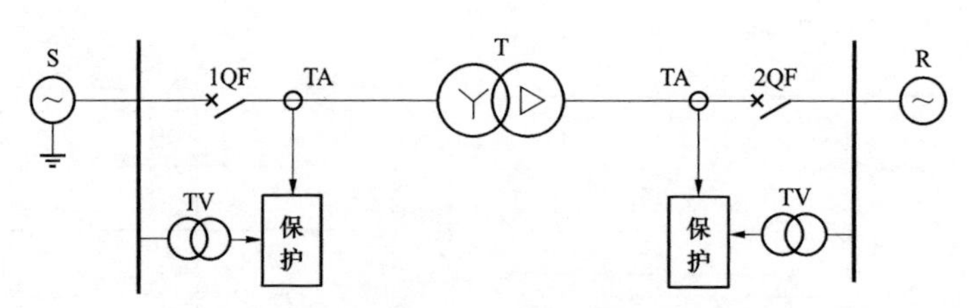

图 4-9　系统接线图

图 4-9 中，S、R 为系统，T 为变压器，TA 为电流互感器（两侧极性均为母线指向变压器），TV 为电压互感器，1QF、2QF 为断路器。

二、理论分析

图 4-9 所示系统中，变压器Y侧引出线套管至 TA 之间发生 B、C 相间短路时的复合序网图如图 4-10 所示。

图 4-10 中将△侧正、负序电流、电压及各参数折算至Y侧。各参数及电流、电压定义如下：

（1）Z_{S1}、Z_{S2} 为Y侧系统正、负序等值阻抗。

（2）Z_{R1}、Z_{R2} 为△侧系统正、负序等值阻抗。

（3）$\dot{I}_{KA1}^{Y}$、$\dot{I}_{KA2}^{Y}$ 为Y侧故障点 A 相电流的正、负序分量电流。

（4）$\dot{U}_{KA1}^{Y}$、$\dot{U}_{KA2}^{Y}$ 为Y侧故障点 A 相电压的正、负序分量电压。

（5）$\dot{I}_{A1}^{\triangle}$、$\dot{I}_{A2}^{\triangle}$ 为△侧保护安装处 A 相电流的正、负序分量电流。

（6）$\dot{U}_{A1}^{\triangle}$、$\dot{U}_{A2}^{\triangle}$ 为△侧保护安装处 A 相电压的正、负序分量电压。

（7）$\dot{I}_{A1}^{Y}$、$\dot{I}_{A2}^{Y}$ 为Y侧保护安装处 A 相电流的正、负序分量电流。

（8）$\dot{U}_{A1}^{Y}$、$\dot{U}_{A2}^{Y}$ 为Y侧保护安装处 A 相电压的正、负序分量电压。

（9）$Z_{T1}^{\triangle}$、$Z_{T2}^{\triangle}$ 为变压器折算至△侧的正、负序阻抗。

（10）$\dot{E}_{SA}$ 为Y侧系统 S 的 A 相等值电源电动势。

（11）$\dot{E}_{RA}$ 为△侧系统 R 的 A 相等值电源电动势。

（12）$\dot{U}_{KA|0|}^{Y}$ 为Y侧故障点故障前 A 相电压。

（13）$\dot{U}_{A|0|}^{Y}$ 为Y侧保护安装处故障前 A 相电压。

（14）$\dot{U}_{A|0|}^{\triangle}$ 为△侧保护安装处故障前 A 相电压。

（15）K_{T} 为变压器变比。

（16）R_{g} 为故障点过渡电阻。

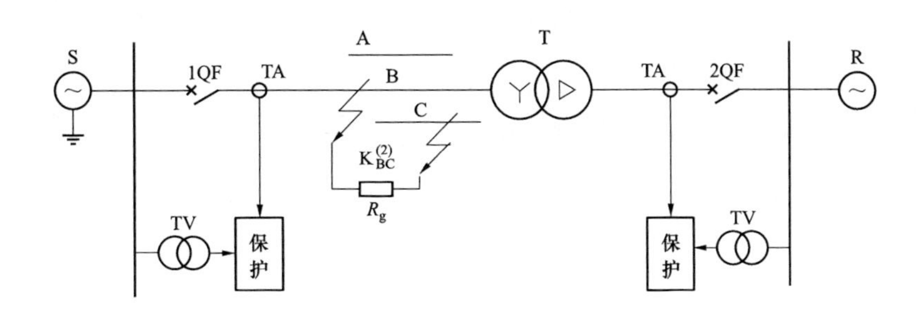

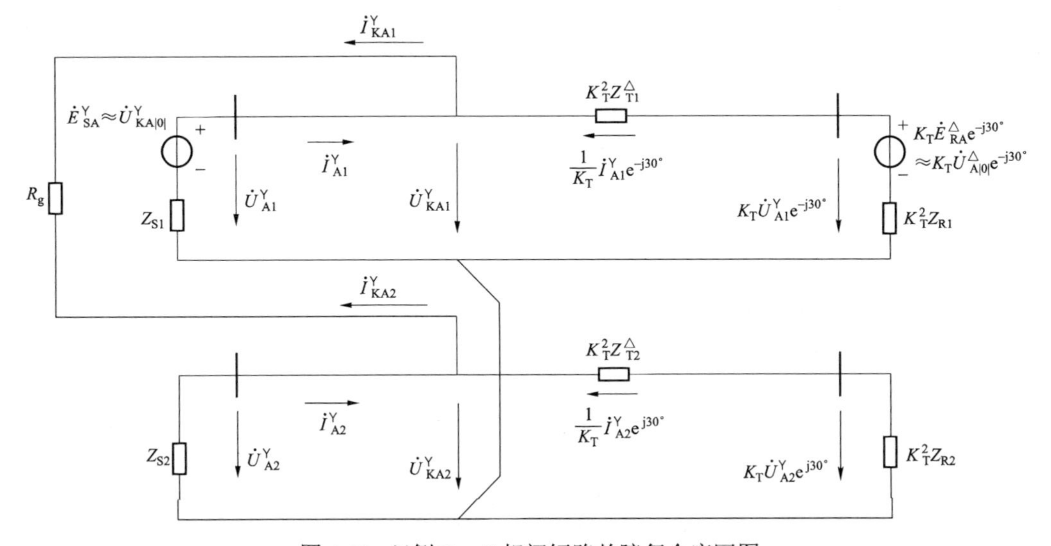

图 4-10　Y侧 B、C 相间短路故障复合序网图

忽略负荷电流

$$\dot{U}_{A|0|}^{Y} = \dot{U}_{KA|0|}^{Y} = K_T \dot{U}_{A|0|}^{\triangle} e^{-j30^\circ}$$

变压器变比

$$K_T = \sqrt{3} \cdot \frac{N_Y}{N_\triangle}$$

式中　N_Y ——变压器 Y 侧匝数；

$N_\triangle$ ——变压器△侧匝数。

为了简化分析，变压器正、负序阻抗角及系统阻抗角均取 80°，且认为系统各点正、负序阻抗相等。

设故障点 Y 侧正、负序电流分配系数分别为 $C_1^{\triangle}$、$C_2^{\triangle}$，△侧正、负序电流分配系数分别为 $C_1^{\triangle}$、$C_2^{\triangle}$。

$$C_1^{Y} = C_2^{Y} = \frac{(Z_{T1}^{\triangle} + Z_{R1})K_T^2}{Z_{S1} + (Z_{T1}^{\triangle} + Z_{R1})K_T^2}$$

$$C_1^{\triangle} = C_2^{\triangle} = \frac{Z_{S1}}{Z_{S1} + (Z_{T1}^{\triangle} + Z_{R1})K_T^2}$$

1. 变压器 Y 侧故障点电流、电压分析

（1）根据对称分量法，A 相为特殊相，故障点 A 相电流的正、负序分量通过序网图

可得到

$$\dot{I}_{\text{KA1}}^{\text{Y}} = -\dot{I}_{\text{KA2}}^{\text{Y}} = \frac{\dot{U}_{\text{KA|0|}}^{\text{Y}}}{2C_1^{\text{Y}} Z_{\text{S1}} + R_{\text{g}}} \tag{4-23}$$

$$\left.\begin{aligned} &\dot{I}_{\text{KA}}^{\text{Y}} = \dot{I}_{\text{KA1}}^{\text{Y}} + \dot{I}_{\text{KA2}}^{\text{Y}} = 0 \\ &\dot{I}_{\text{KB}}^{\text{Y}} = -\dot{I}_{\text{KC}}^{\text{Y}} = \alpha^2 \dot{I}_{\text{KA1}}^{\text{Y}} + \alpha \dot{I}_{\text{KA2}}^{\text{Y}} = (\alpha^2 - \alpha)\dot{I}_{\text{KA1}}^{\text{Y}} = -\text{j}\sqrt{3}\frac{\dot{U}_{\text{KA|0|}}^{\text{Y}}}{2C_1^{\text{Y}} Z_{\text{S1}} + R_{\text{g}}} \end{aligned}\right\} \tag{4-24}$$

（2）根据对称分量法，A 相为特殊相，故障点 A 相电压的正、负序分量通过序网图可得到

$$\left.\begin{aligned} &\dot{U}_{\text{KA1}}^{\text{Y}} = \dot{U}_{\text{KA|0|}}^{\text{Y}} - \dot{I}_{\text{A1}}^{\text{Y}} Z_{\text{S1}} = \dot{U}_{\text{KA|0|}}^{\text{Y}} - C_1^{\text{Y}} \dot{I}_{\text{KA1}}^{\text{Y}} Z_{\text{S1}} = \dot{U}_{\text{KA|0|}}^{\text{Y}} - \frac{C_1^{\text{Y}} \dot{U}_{\text{KA|0|}}^{\text{Y}}}{2C_1^{\text{Y}} Z_{\text{S1}} + R_{\text{g}}} Z_{\text{S1}} \\ &\dot{U}_{\text{KA2}}^{\text{Y}} = -\dot{I}_{\text{A2}}^{\text{Y}} Z_{\text{S2}} = C_1^{\text{Y}} \dot{I}_{\text{KA1}}^{\text{Y}} Z_{\text{S1}} = \frac{C_1^{\text{Y}} \dot{U}_{\text{KA|0|}}^{\text{Y}}}{2C_1^{\text{Y}} Z_{\text{S1}} + R_{\text{g}}} Z_{\text{S1}} \end{aligned}\right\} \tag{4-25}$$

$$\dot{U}_{\text{KA}}^{\text{Y}} = \dot{U}_{\text{KA1}}^{\text{Y}} + \dot{U}_{\text{KA2}}^{\text{Y}} = \dot{U}_{\text{KA|0|}}^{\text{Y}} \tag{4-26}$$

$$\begin{aligned} \dot{U}_{\text{KB}}^{\text{Y}} &= \alpha^2 \dot{U}_{\text{KA1}}^{\text{Y}} + \alpha \dot{U}_{\text{KA2}}^{\text{Y}} \\ &= \alpha^2 \dot{U}_{\text{KA|0|}}^{\text{Y}} - \alpha^2 \frac{C_1^{\text{Y}} \dot{U}_{\text{KA|0|}}^{\text{Y}}}{2C_1^{\text{Y}} Z_{\text{S1}} + R_{\text{g}}} Z_{\text{S1}} + \alpha \frac{C_1^{\text{Y}} \dot{U}_{\text{KA|0|}}^{\text{Y}}}{2C_1^{\text{Y}} Z_{\text{S1}} + R_{\text{g}}} Z_{\text{S1}} \\ &= \dot{U}_{\text{KB|0|}}^{\text{Y}} + \text{j}\sqrt{3} \frac{C_1^{\text{Y}} \dot{U}_{\text{KA|0|}}^{\text{Y}}}{2C_1^{\text{Y}} Z_{\text{S1}} + R_{\text{g}}} Z_{\text{S1}} \end{aligned} \tag{4-27}$$

$$\begin{aligned} \dot{U}_{\text{KC}}^{\text{Y}} &= \alpha \dot{U}_{\text{KA1}}^{\text{Y}} + \alpha^2 \dot{U}_{\text{KA2}}^{\text{Y}} \\ &= \dot{U}_{\text{KC|0|}}^{\text{Y}} - \text{j}\sqrt{3} \frac{C_1^{\text{Y}} \dot{U}_{\text{KA|0|}}^{\text{Y}}}{2C_1^{\text{Y}} Z_{\text{S1}} + R_{\text{g}}} Z_{\text{S1}} \end{aligned} \tag{4-28}$$

2. 变压器 Y 侧保护安装处电流、电压分析

（1）根据序网图及对称分量法可得 Y 侧保护安装处各相电流为

$$\left.\begin{aligned} &\dot{I}_{\text{A}}^{\text{Y}} = \dot{I}_{\text{KA1}}^{\text{Y}} + \dot{I}_{\text{KA2}}^{\text{Y}} = 0 \\ &\dot{I}_{\text{B}}^{\text{Y}} = \alpha^2 \dot{I}_{\text{A1}}^{\text{Y}} + \alpha \dot{I}_{\text{A2}}^{\text{Y}} = \alpha^2 C_1^{\text{Y}} \dot{I}_{\text{KA1}}^{\text{Y}} + \alpha C_2^{\text{Y}} \dot{I}_{\text{KA2}}^{\text{Y}} = (\alpha^2 - \alpha) \frac{C_1^{\text{Y}} \dot{U}_{\text{KA|0|}}^{\text{Y}}}{2C_1^{\text{Y}} Z_{\text{S1}} + R_{\text{g}}} \\ &\quad = -\text{j}\sqrt{3} \frac{C_1^{\text{Y}} \dot{U}_{\text{KA|0|}}^{\text{Y}}}{2C_1^{\text{Y}} Z_{\text{S1}} + R_{\text{g}}} \\ &\dot{I}_{\text{C}}^{\text{Y}} = \alpha \dot{I}_{\text{A1}}^{\text{Y}} + \alpha^2 \dot{I}_{\text{A2}}^{\text{Y}} = \alpha C_1^{\text{Y}} \dot{I}_{\text{KA1}}^{\text{Y}} + \alpha^2 C_2^{\text{Y}} \dot{I}_{\text{KA2}}^{\text{Y}} = (\alpha - \alpha^2) \frac{C_1^{\text{Y}} \dot{U}_{\text{KA|0|}}^{\text{Y}}}{2C_1^{\text{Y}} Z_{\text{S1}} + R_{\text{g}}} \\ &\quad = \text{j}\sqrt{3} \frac{C_1^{\text{Y}} \dot{U}_{\text{KA|0|}}^{\text{Y}}}{2C_1^{\text{Y}} Z_{\text{S1}} + R_{\text{g}}} \\ &3\dot{I}_0^{\text{Y}} = \dot{I}_{\text{A}}^{\text{Y}} + \dot{I}_{\text{B}}^{\text{Y}} + \dot{I}_{\text{A}}^{\text{Y}} = 0 \end{aligned}\right\} \tag{4-29}$$

（2）根据序网图及对称分量法可得 Y 侧保护安装处各相电压为

$$\left.\begin{aligned}
&\dot{U}_{A}^{Y}=\dot{U}_{KA}^{Y}=\dot{U}_{KA|0|}^{Y}\\
&\dot{U}_{B}^{Y}=\dot{U}_{KB}^{Y}=\dot{U}_{KB|0|}^{Y}+j\sqrt{3}\frac{C_{1}^{Y}\dot{U}_{KA|0|}^{Y}}{2C_{1}^{Y}Z_{S1}+R_{g}}Z_{S1}\\
&\dot{U}_{C}^{Y}=\dot{U}_{KC}^{Y}=\dot{U}_{KC|0|}^{Y}-j\sqrt{3}\frac{C_{1}^{Y}\dot{U}_{KA|0|}^{Y}}{2C_{1}^{Y}Z_{S1}+R_{g}}Z_{S1}\\
&3\dot{U}_{0}^{Y}=\dot{U}_{A}^{Y}+\dot{U}_{B}^{Y}+\dot{U}_{C}^{Y}=0
\end{aligned}\right\}\tag{4-30}$$

变压器Y侧保护安装处电流、电压幅值、相位变化特点，可参考第三章第五节中双电源联络线两相相间短路时线路两侧保护安装处电流、电压的幅值、相位变化特点分析。

3. 变压器△侧保护安装处电流、电压分析

（1）根据序网图及对称分量法可得△侧保护安装处各相电流如下：

由图4-10的正序网络可得

$$\frac{1}{K_{T}}\dot{I}_{A1}^{\triangle}e^{-j30^{\circ}}=C_{1}^{\triangle}\dot{I}_{KA1}^{Y}=C_{1}^{\triangle}\frac{\dot{U}_{KA|0|}^{Y}}{2C_{1}^{Y}Z_{S1}+R_{g}}=C_{1}^{\triangle}\frac{K_{T}\dot{U}_{A|0|}^{\triangle}e^{-j30^{\circ}}}{2C_{1}^{\triangle}(Z_{T1}^{\triangle}+Z_{R1})K_{T}^{2}+R_{g}}\tag{4-31}$$

由式（4-31）可得

$$\dot{I}_{A1}^{\triangle}=C_{1}^{\triangle}K_{T}\frac{\dot{U}_{KA|0|}^{Y}e^{j30^{\circ}}}{2C_{1}^{Y}Z_{S1}+R_{g}}=\frac{\dot{U}_{A|0|}^{\triangle}}{2(Z_{T1}^{\triangle}+Z_{R1})+\dfrac{1}{C_{1}^{\triangle}K_{T}^{2}}R_{g}}\tag{4-32}$$

同理可得

$$\dot{I}_{A2}^{\triangle}=C_{1}^{\triangle}K_{T}\frac{\dot{U}_{KA|0|}^{Y}e^{j150^{\circ}}}{2C_{1}^{Y}Z_{S1}+R_{g}}=\frac{\dot{U}_{A|0|}^{\triangle}e^{j120^{\circ}}}{2(Z_{T1}^{\triangle}+Z_{R1})+\dfrac{1}{C_{1}^{\triangle}K_{T}^{2}}R_{g}}\tag{4-33}$$

由对称分量法可得，△侧保护安装处各相电流为

$$\left.\begin{aligned}
&\dot{I}_{A}^{\triangle}=\dot{I}_{A1}^{\triangle}+\dot{I}_{A2}^{\triangle}=C_{1}^{\triangle}K_{T}\frac{\dot{U}_{KA|0|}^{Y}e^{j90^{\circ}}}{2C_{1}^{Y}Z_{S1}+R_{g}}=\frac{\dot{U}_{A|0|}^{\triangle}e^{j60^{\circ}}}{2(Z_{T1}^{\triangle}+Z_{R1})+\dfrac{1}{C_{1}^{\triangle}K_{T}^{2}}R_{g}}\\
&\dot{I}_{B}^{\triangle}=\alpha^{2}\dot{I}_{A1}^{\triangle}+\alpha\dot{I}_{A2}^{\triangle}=2C_{1}^{\triangle}K_{T}\frac{\dot{U}_{KA|0|}^{Y}e^{j270^{\circ}}}{2C_{1}^{Y}Z_{S1}+R_{g}}=\frac{2\dot{U}_{A|0|}^{\triangle}e^{j240^{\circ}}}{2(Z_{T1}^{\triangle}+Z_{R1})+\dfrac{1}{C_{1}^{\triangle}K_{T}^{2}}R_{g}}\\
&\dot{I}_{C}^{\triangle}=\alpha\dot{I}_{A1}^{\triangle}+\alpha^{2}\dot{I}_{A2}^{\triangle}=C_{1}^{\triangle}K_{T}\frac{\dot{U}_{KA|0|}^{Y}e^{j90^{\circ}}}{2C_{1}^{Y}Z_{S1}+R_{g}}=\frac{\dot{U}_{A|0|}^{\triangle}e^{j60^{\circ}}}{2(Z_{T1}^{\triangle}+Z_{R1})+\dfrac{1}{C_{1}^{\triangle}K_{T}^{2}}R_{g}}\\
&3\dot{I}_{0}^{\triangle}=\dot{I}_{A}^{\triangle}+\dot{I}_{B}^{\triangle}+\dot{I}_{C}^{\triangle}=0
\end{aligned}\right\}\tag{4-34}$$

由式（4-34）可知，△侧保护安装处各相电流相位、幅值特点如下：

1）△侧对应Y侧两故障相中的超前相电流 $\dot{I}_{B}^{\triangle}$ 幅值最大，是另两相电流 $\dot{I}_{A}^{\triangle}$、$\dot{I}_{C}^{\triangle}$

幅值的 2 倍，$\dot{I}_{A}^{\triangle}$、$\dot{I}_{C}^{\triangle}$ 幅值相等、相位相同，相位与 $\dot{I}_{B}^{\triangle}$ 反相，以上特点与故障点是否有过渡电阻无关。

2）△侧无零序电流。由式（4-29）、式（4-34）可知，△侧保护安装处各相电流与 Y 侧故障点电流的关系为

$$\left.\begin{aligned}\dot{I}_{A}^{\triangle}&=-C_{1}^{\triangle}\frac{K_{T}}{\sqrt{3}}\dot{I}_{KB}^{Y}\\ \dot{I}_{B}^{\triangle}&=2C_{1}^{\triangle}\frac{K_{T}}{\sqrt{3}}\dot{I}_{KB}^{Y}\\ \dot{I}_{C}^{\triangle}&=-C_{1}^{\triangle}\frac{K_{T}}{\sqrt{3}}\dot{I}_{KB}^{Y}\end{aligned}\right\}\tag{4-35}$$

（2）根据序网图及对称分量法可得△侧保护安装处各相电压如下：

由图 4-10 的正序网络可得

$$\begin{aligned}K_{T}\dot{U}_{A1}^{\triangle}e^{-j30^{\circ}}&=K_{T}\dot{U}_{A|0|}^{\triangle}e^{-j30^{\circ}}-\frac{1}{K_{T}}\dot{I}_{A1}^{\triangle}e^{-j30^{\circ}}\bullet K_{T}^{2}Z_{R1}\\&=K_{T}\dot{U}_{A|0|}^{\triangle}e^{-j30^{\circ}}-K_{T}\dot{I}_{A1}^{\triangle}e^{-j30^{\circ}}\bullet Z_{R1}\end{aligned}\tag{4-36}$$

由式（4-36）可得

$$\dot{U}_{A1}^{\triangle}=\dot{U}_{A|0|}^{\triangle}-\dot{I}_{A1}^{\triangle}\bullet Z_{R1}=\dot{U}_{A|0|}^{\triangle}-\frac{\dot{U}_{A|0|}^{\triangle}}{2(Z_{T1}^{\triangle}+Z_{R1})+\dfrac{1}{C_{1}^{\triangle}K_{T}^{2}}R_{g}}Z_{R1}\tag{4-37}$$

由图 4-10 中的负序网络可得

$$K_{T}\dot{U}_{A2}^{\triangle}e^{j30^{\circ}}=-\frac{1}{K_{T}}\dot{I}_{A2}^{\triangle}e^{j30^{\circ}}\bullet K_{T}^{2}Z_{R2}=-K_{T}\dot{I}_{A2}^{\triangle}e^{j30^{\circ}}\bullet Z_{R1}\tag{4-38}$$

由式（4-38）可得

$$\dot{U}_{A2}^{\triangle}=-\dot{I}_{A2}^{\triangle}Z_{R1}=\frac{\dot{U}_{A|0|}^{\triangle}e^{j300^{\circ}}}{2(Z_{T1}^{\triangle}+Z_{R1})+\dfrac{1}{C_{1}^{\triangle}K_{T}^{2}}R_{g}}Z_{R1}\tag{4-39}$$

根据对称分量法，可以得到△侧保护安装处各相电压为

$$\begin{aligned}\dot{U}_{A}^{\triangle}&=\dot{U}_{A1}^{\triangle}+\dot{U}_{A2}^{\triangle}\\&=\dot{U}_{A|0|}^{\triangle}-\frac{\dot{U}_{A|0|}^{\triangle}}{2(Z_{T1}^{\triangle}+Z_{R1})+\dfrac{1}{C_{1}^{\triangle}K_{T}^{2}}R_{g}}Z_{R1}+\frac{\dot{U}_{A|0|}^{\triangle}e^{j300^{\circ}}}{2(Z_{T1}^{\triangle}+Z_{R1})+\dfrac{1}{C_{1}^{\triangle}K_{T}^{2}}R_{g}}Z_{R1}\\&=\dot{U}_{A|0|}^{\triangle}+\frac{\dot{U}_{B|0|}^{\triangle}}{2(Z_{T1}^{\triangle}+Z_{R1})+\dfrac{1}{C_{1}^{\triangle}K_{T}^{2}}R_{g}}Z_{R1}\end{aligned}\tag{4-40}$$

$$\begin{aligned}
\dot{U}_{\mathrm{B}}^{\triangle} &= \alpha^2\dot{U}_{\mathrm{A1}}^{\triangle} + \alpha\dot{U}_{\mathrm{A2}}^{\triangle} \\
&= \alpha^2\dot{U}_{\mathrm{A|0|}}^{\triangle} - \alpha^2\frac{\dot{U}_{\mathrm{A|0|}}^{\triangle}}{2(Z_{\mathrm{T1}}^{\triangle}+Z_{\mathrm{R1}})+\dfrac{1}{C_1^{\triangle}K_{\mathrm{T}}^2}R_{\mathrm{g}}}Z_{\mathrm{R1}} + \alpha\frac{\dot{U}_{\mathrm{A|0|}}^{\triangle}\mathrm{e}^{\mathrm{j}300^\circ}}{2(Z_{\mathrm{T1}}^{\triangle}+Z_{\mathrm{R1}})+\dfrac{1}{C_1^{\triangle}K_{\mathrm{T}}^2}R_{\mathrm{g}}}Z_{\mathrm{R1}} \\
&= \dot{U}_{\mathrm{B|0|}}^{\triangle} - \frac{2\dot{U}_{\mathrm{B|0|}}^{\triangle}}{2(Z_{\mathrm{T1}}^{\triangle}+Z_{\mathrm{R1}})+\dfrac{1}{C_1^{\triangle}K_{\mathrm{T}}^2}R_{\mathrm{g}}}Z_{\mathrm{R1}}
\end{aligned} \tag{4-41}$$

$$\begin{aligned}
\dot{U}_{\mathrm{C}}^{\triangle} &= \alpha\dot{U}_{\mathrm{A1}}^{\triangle} + \alpha^2\dot{U}_{\mathrm{A2}}^{\triangle} \\
&= \alpha\dot{U}_{\mathrm{A|0|}}^{\triangle} - \alpha\frac{\dot{U}_{\mathrm{A|0|}}^{\triangle}}{2(Z_{\mathrm{T1}}^{\triangle}+Z_{\mathrm{R1}})+\dfrac{1}{C_1^{\triangle}K_{\mathrm{T}}^2}R_{\mathrm{g}}}Z_{\mathrm{R1}} + \alpha^2\frac{\dot{U}_{\mathrm{A|0|}}^{\triangle}\mathrm{e}^{\mathrm{j}300^\circ}}{2(Z_{\mathrm{T1}}^{\triangle}+Z_{\mathrm{R1}})+\dfrac{1}{C_1^{\triangle}K_{\mathrm{T}}^2}R_{\mathrm{g}}}Z_{\mathrm{R1}} \\
&= \dot{U}_{\mathrm{C|0|}}^{\triangle} + \frac{\dot{U}_{\mathrm{B|0|}}^{\triangle}}{2(Z_{\mathrm{T1}}^{\triangle}+Z_{\mathrm{R1}})+\dfrac{1}{C_1^{\triangle}K_{\mathrm{T}}^2}R_{\mathrm{g}}}Z_{\mathrm{R1}}
\end{aligned} \tag{4-42}$$

$$3\dot{U}_0^{\triangle} = \dot{U}_{\mathrm{A}}^{\triangle} + \dot{U}_{\mathrm{B}}^{\triangle} + \dot{U}_{\mathrm{C}}^{\triangle} = 0 \tag{4-43}$$

由式（4-40）～式（4-43）可知，△侧保护安装处各相电压相位、幅值特点如下：

1）当Y侧发生B、C相金属性相间短路故障时，△侧对应Y侧两故障相中的超前相电压$\dot{U}_{\mathrm{B}}^{\triangle}$幅值减小，相位不变，其余两相电压$\dot{U}_{\mathrm{A}}^{\triangle}$、$\dot{U}_{C}^{\triangle}$幅值等幅减小，幅值相等，相位差增大（大于120°）。

2）当Y侧发生B、C相间经过渡电阻短路故障时，随$R_{\mathrm{g}}=0\to\infty$变化，△侧各相电压幅值及相位均发生变化，其中对应Y侧两故障相中的滞后相电压$\dot{U}_{\mathrm{C}}^{\triangle}$幅值有可能减小，也有可能增大，其余各相电压幅值只会减小。

3）△侧无零序电压。由式（4-34）、式（4-41）可以得到△侧对应Y侧两故障相中超前相电流$\dot{I}_{\mathrm{B}}^{\triangle}$与超前相电压$\dot{U}_{\mathrm{B}}^{\triangle}$的相位关系特点为

$$\varphi = \arg\frac{\dot{U}_{\mathrm{B}}^{\triangle}}{\dot{I}_{\mathrm{B}}^{\triangle}} = \frac{\dot{U}_{\mathrm{B|0|}}^{\triangle} - \dfrac{2\dot{U}_{\mathrm{B|0|}}^{\triangle}}{2(Z_{\mathrm{T1}}^{\triangle}+Z_{\mathrm{R1}})+\dfrac{1}{C_1^{\triangle}K_{\mathrm{T}}^2}R_{\mathrm{g}}}Z_{\mathrm{R1}}}{\dfrac{2\dot{U}_{\mathrm{A|0|}}^{\triangle}\mathrm{e}^{\mathrm{j}240^\circ}}{2(Z_{\mathrm{T1}}^{\triangle}+Z_{\mathrm{R1}})+\dfrac{1}{C_1^{\triangle}K_{\mathrm{T}}^2}R_{\mathrm{g}}}} = \arg\left(Z_{\mathrm{T1}}^{\triangle} + \frac{2}{C_1^{\triangle}K_{\mathrm{T}}^2}R_{\mathrm{g}}\right) \tag{4-44}$$

由式（4-44）可知：

1）当Y侧发生B、C相金属性相间短路故障时，$R_{\mathrm{g}}=0$，此时△侧对应Y侧两故障相中超前相电流$\dot{I}_{\mathrm{B}}^{\triangle}$与超前相电压$\dot{U}_{\mathrm{B}}^{\triangle}$的相位关系为：$\dot{I}_{\mathrm{B}}^{\triangle}$滞后$\dot{U}_{\mathrm{B}}^{\triangle}$一个变压器的正序阻抗角约为80°。

2）当Y侧发生B、C相经过渡电阻相间短路故障时，随$R_{\mathrm{g}}=0\to\infty$变化，此时$\dot{I}_{\mathrm{B}}^{\triangle}$滞后$\dot{U}_{\mathrm{B}}^{\triangle}$的角度变化范围为80°→0°。

Ynd11联结组别的变压器当Y侧发生B、C相间短路故障时，△侧各相电流、相电压

的变化特点与大电流接地系统发生 B 相单相接地短路故障时的电气量变化非常相似，唯一不同的是没有零序电流、电压。

三、录波图及相量分析

1. Y侧区内 B、C 相金属性相间短路故障

变压器 Y 侧绕组引出线至 TA 之间发生 B、C 相金属性相间短路故障，变压器主保护动作跳开 1QF、2QF 断路器，变压器两侧保护安装处录波如图 4-11 所示。（标尺刻度为一次值）

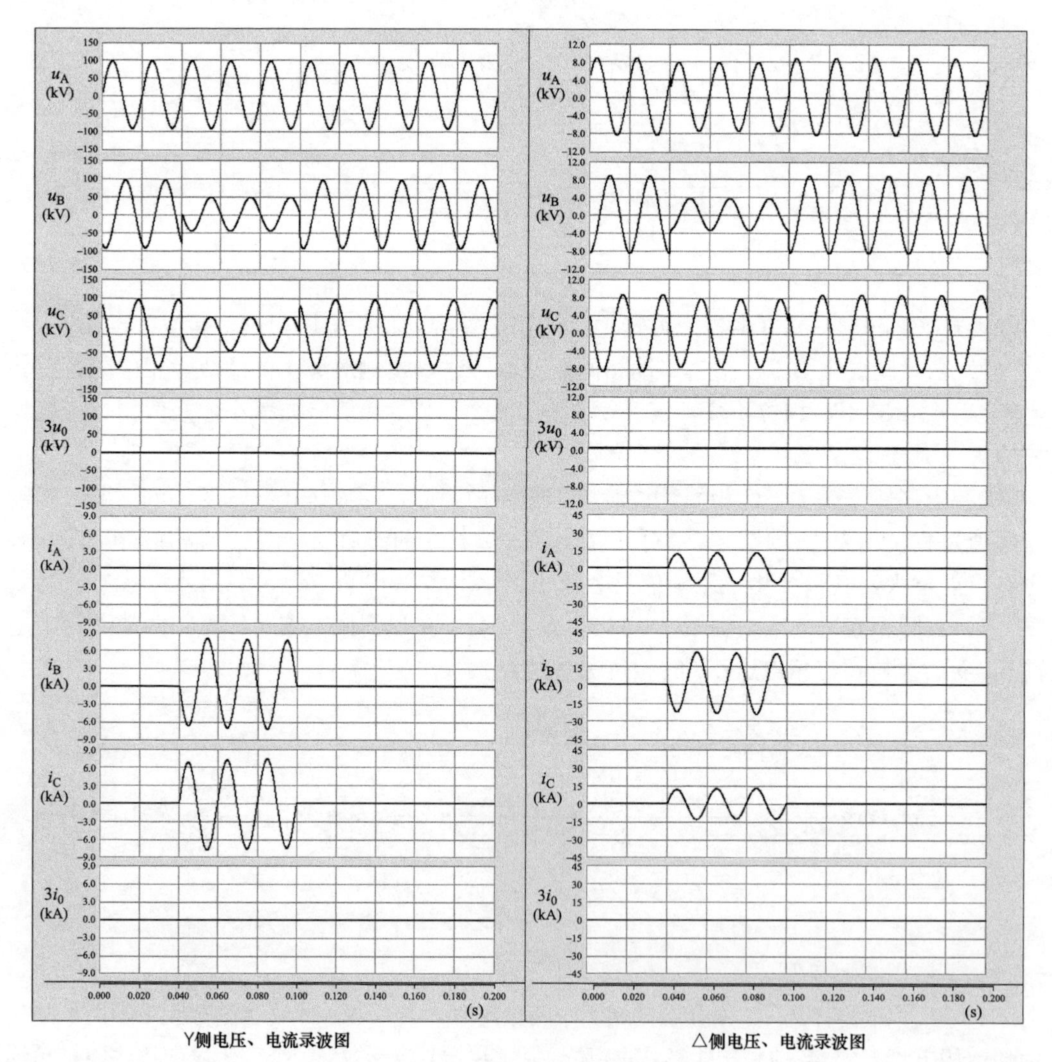

图 4-11　变压器两侧保护安装处电压、电流录波图（一次值）

图 4-11 中 Y 侧的电压、电流录波是明显的出口处两相金属性相间短路故障特征，其电流电压的波形特征可参考第三章中线路出口处两相金属性相间短路故障时保护安装处

的电压、电流分析。

图 4-11 中△侧录波的特点如下：

（1）三相电压幅值均发生下降，其中 A、C 相电压幅值相等，下降幅度较小，A、C 相电压之间的角度增大（大于 120°），B 相电压下降幅度较大。

（2）三相均出现故障电流，其中 A、C 相电流同相，幅值相等，是 B 相电流幅值的一半，相位与 B 相电流相反。

（3）B 相电流滞后 B 相电压一个系统阻抗角约 80°。

以上特点可以说明 Y 侧发生了 B、C 相金属性相间短路故障。

绘制此时变压器两侧保护安装处电压、电流相量图，如图 4-12 所示。

$$\overline{ab}=-\mathrm{j}\frac{\sqrt{3}}{2}\dot{U}^{Y}_{KA|0|} \qquad \overline{cb}=\mathrm{j}\frac{\sqrt{3}}{2}\dot{U}^{\triangle}_{KA|0|} \qquad \overline{de}=\overline{fg}=\frac{1}{2}\overline{hi}=\frac{Z_{R1}}{2(Z^{\triangle}_{T1}+Z_{R1})}\dot{U}^{\triangle}_{B|0|}$$

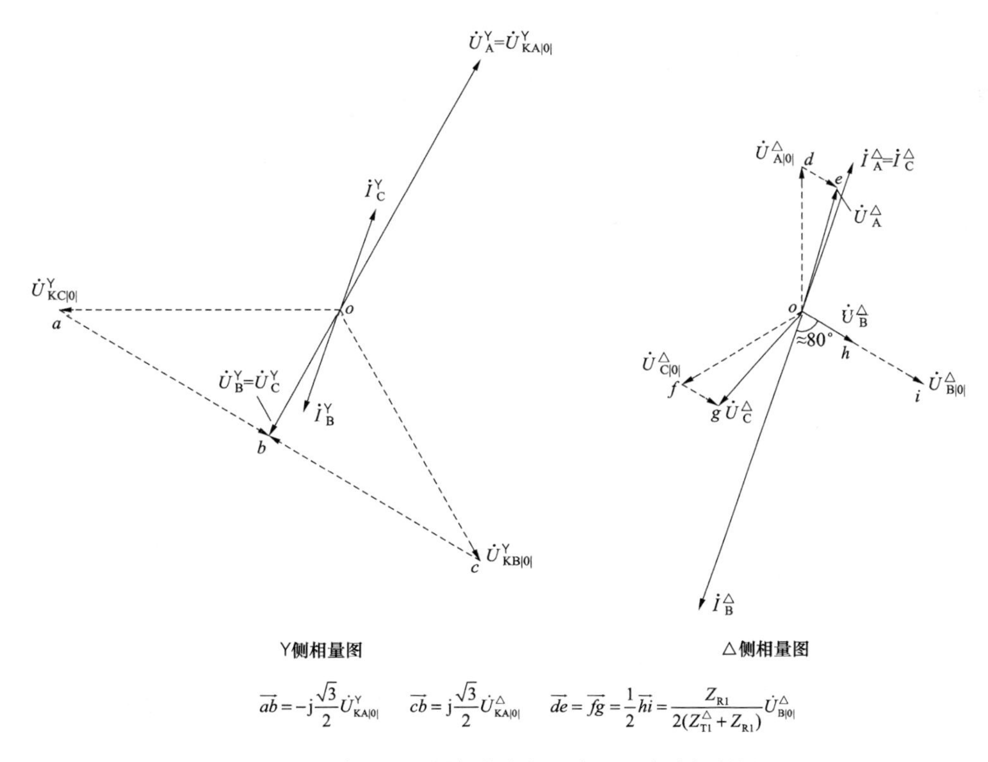

图 4-12　变压器两侧保护安装处电压、电流相量图

2. Y 侧区内 B、C 相经过渡电阻相间短路故障

变压器 Y 侧绕组引出线至 TA 之间发生 B、C 相经过渡电阻相间短路故障，变压器保护动作跳开 1QF、2QF 断路器，变压器两侧保护安装处录波如图 4-13 所示。（标尺刻度为一次值）

图 4-13 中 Y 侧的电压、电流录波是出口处 B、C 两相经过渡电阻发生相间短路故障的特征，其电流、电压的波形特征可参考第三章中线路出口处两相经过渡电阻发生相间短路故障时保护安装处的电压、电流分析。

对比图 4-11，图 4-13 中△侧录波的特点如下：

（1）三相电压幅值均发生变化，其中 A 相电压幅值略有上升，C 相电压幅值下降，A、C 相电压之间的角度增大（大于 120°），B 相电压下降幅度较大。

（2）三相均出现故障电流，其中 A、C 相电流同相，幅值相等且为 B 相电流幅值的一半，相位与 B 相电流相反，该特点与图 4-11 相同。

（3）B 相电流滞后 B 相电压的角度明显小于 80°。

以上特点可以说明 Y 侧发生了 B、C 相经过渡电阻相间短路故障。

绘制此时变压器两侧保护安装处电压、电流相量图，如图 4-14 所示。

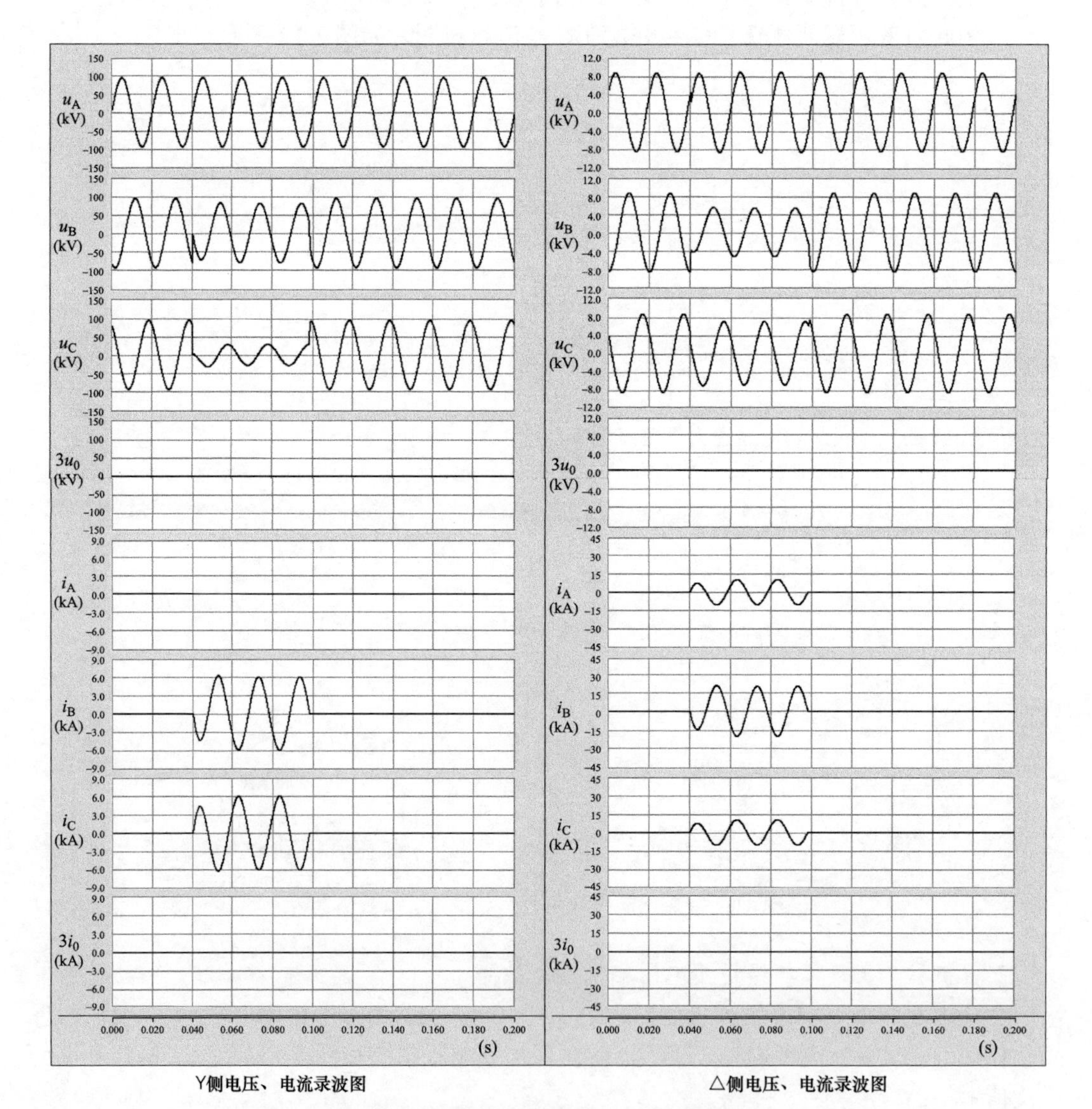

图 4-13　变压器两侧保护安装处电压、电流录波图（一次值）

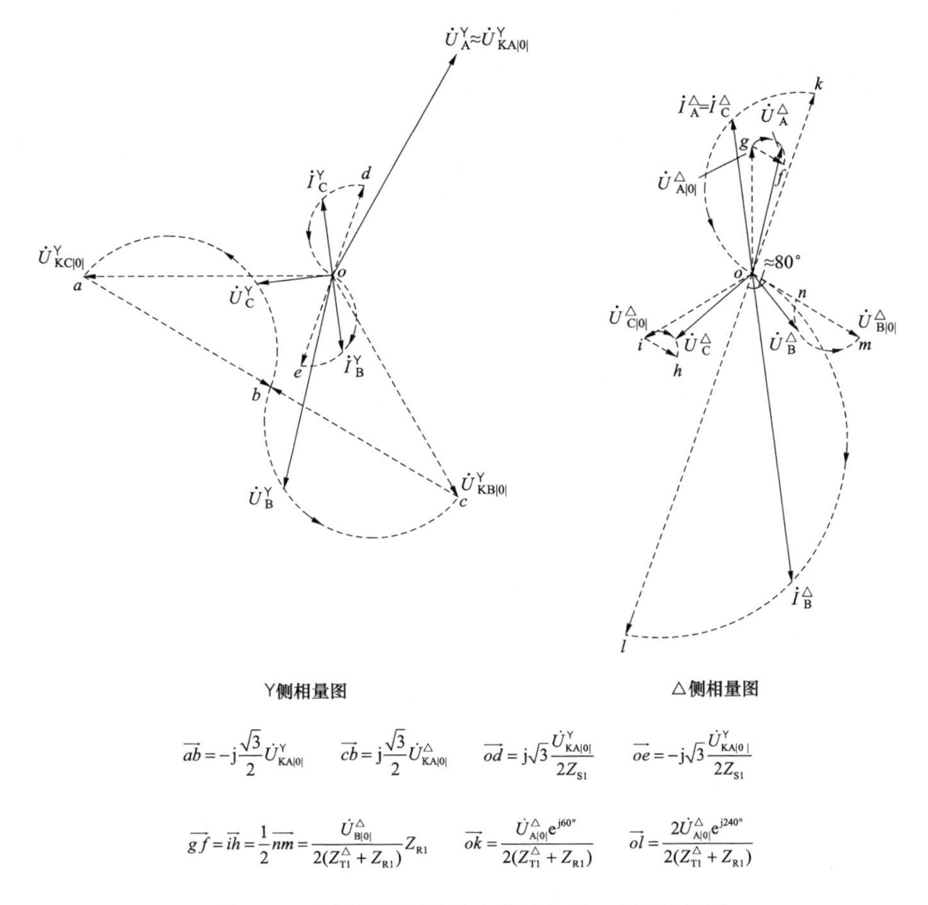

图 4-14　变压器两侧保护安装处电压、电流相量图

第三节　变压器Y侧单相接地短路故障录波图分析

一、系统接线

系统接线如图 4-15 所示。

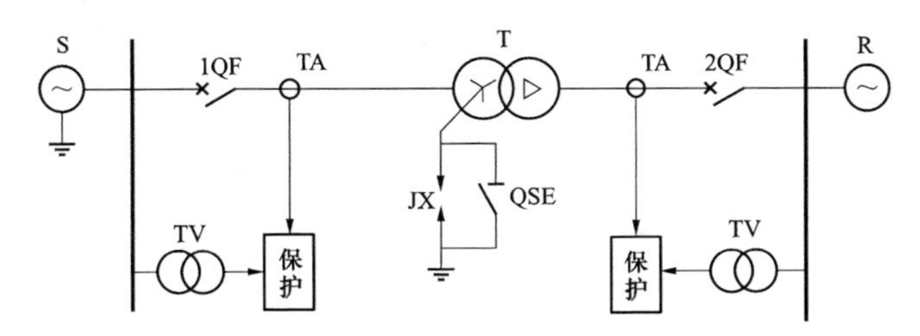

图 4-15　系统接线图

图 4-15 中，S、R 为系统，T 为变压器，JX 为变压器中性点放电间隙，QSE 为中性点接地刀闸，TA 为电流互感器（两侧极性均为母线指向变压器），TV 为电压互感器，1QF、2QF 为断路器。

二、理论分析

图 4-15 所示系统中，变压器 Y 侧引出线套管至 TA 之间发生 A 相接地短路故障时的复合序网图如图 4-16 所示。

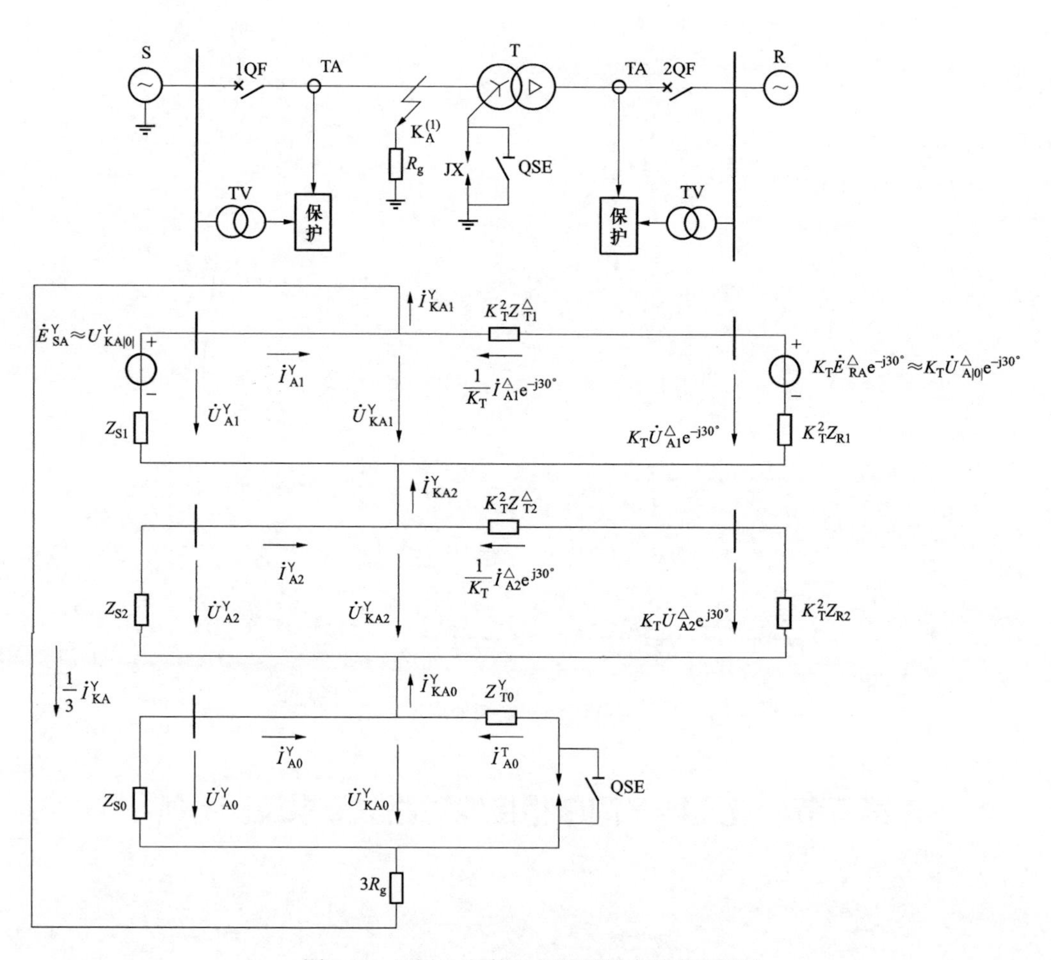

图 4-16　Y 侧 A 相接地短路故障复合序网图

图 4-16 中将△侧正、负序电流、电压及各参数折算至 Y 侧。各参数及电流、电压定义如下：

（1）Z_{S1}、Z_{S2}、Z_{S0} 为 Y 侧系统正序、负序、零序等值阻抗。

（2）Z_{R1}、Z_{R2} 为△侧系统正、负序等值阻抗。

（3）$\dot{I}_{KA1}^{Y}$、$\dot{I}_{KA2}^{Y}$、$\dot{I}_{KA0}^{Y}$ 为 Y 侧故障点 A 相电流的正序、负序、零序分量电流。

（4）$\dot{U}_{KA1}^{Y}$、$\dot{U}_{KA2}^{Y}$、$\dot{U}_{KA0}^{Y}$ 为 Y 侧故障点 A 相电压的正序、负序、零序分量电压。

（5）$\dot{I}_{A1}^{\triangle}$、$\dot{I}_{A2}^{\triangle}$ 为△侧保护安装处 A 相电流的正、负序分量电流。

（6）$\dot{U}_{A1}^{\triangle}$、$\dot{U}_{A2}^{\triangle}$ 为△侧保护安装处 A 相电压的正、负序分量电压。

（7）$\dot{I}_{A1}^{Y}$、$\dot{I}_{A2}^{Y}$、$\dot{I}_{A0}^{Y}$ 为 Y 侧保护安装处 A 相电流的正序、负序、零序分量电流。

（8）$\dot{U}_{A1}^{Y}$、$\dot{U}_{A2}^{Y}$、$\dot{U}_{A0}^{Y}$ 为 Y 侧保护安装处 A 相电压的正序、负序、零序分量电压。

（9）$Z_{T1}^{\triangle}$、$Z_{T2}^{\triangle}$为变压器折算至△侧的正、负序阻抗。

（10）Z_{T0}^{Y}为变压器折算至Y侧的零序阻抗。

（11）$\dot{E}_{SA}$为Y侧系统S的A相等值电源电动势。

（12）$\dot{E}_{RA}$为△侧系统R的A相等值电源电动势。

（13）$\dot{U}_{KA|0|}^{Y}$为Y侧故障点故障前A相电压。

（14）$\dot{U}_{A|0|}^{Y}$为Y侧保护安装处故障前A相电压。

（15）$\dot{U}_{A|0|}^{\triangle}$为△侧保护安装处故障前A相电压。

（16）K_T为变压器变比。

（17）R_g为故障点过渡电阻。

忽略负荷电流，可得

$$\dot{U}_{A|0|}^{Y} = \dot{U}_{KA|0|}^{Y} = K_T \dot{U}_{A|0|}^{\triangle} e^{-j30^\circ}$$

变压器变比为

$$K_T = \sqrt{3} \cdot \frac{N_Y}{N_\triangle}$$

式中　N_Y——变压器Y侧匝数；

$N_\triangle$——变压器△侧匝数。

为了简化分析，变压器正、负序阻抗角及系统阻抗角均取80°，且认为系统各点正、负序阻抗相等。

设故障点Y侧保护安装处正、负、零序电流分配系数分别为C_1^Y、C_2^Y、C_0^Y，△侧正、负序电流分配系数分别为$C_1^{\triangle}$、$C_2^{\triangle}$。当中性点接地刀闸打开时，$C_0^Y = 1$。

$$C_1^Y = C_2^Y = \frac{(Z_{T1}^{\triangle} + Z_{R1})K_T^2}{Z_{S1} + (Z_{T1}^{\triangle} + Z_{R1})K_T^2} \qquad C_1^{\triangle} = C_2^{\triangle} = \frac{Z_{S1}}{Z_{S1} + (Z_{T1}^{\triangle} + Z_{R1})K_T^2}$$

$$C_0^Y = \frac{Z_{T0}^Y}{Z_{S0} + Z_{T0}^Y} \quad \text{（QSE 闭合时）}$$

1. 变压器Y侧故障点电流、电压分析

（1）根据对称分量法，A相为特殊相，故障点A相电流的正序、负序、零序分量通过序网图可得到

$$\dot{I}_{KA1}^Y = \dot{I}_{KA2}^Y = \dot{I}_{KA0}^Y = \frac{\dot{U}_{KA|0|}^Y}{C_1^Y Z_{S1} + C_2^Y Z_{S2} + C_0^Y Z_{S0} + 3R_g} = \frac{\dot{U}_{KA|0|}^Y}{2C_1^Y Z_{S1} + C_0^Y Z_{S0} + 3R_g} \tag{4-45}$$

因此，故障点各相电流为

$$\left.\begin{aligned} \dot{I}_{KA}^Y &= \dot{I}_{KA1}^Y + \dot{I}_{KA2}^Y + \dot{I}_{KA0}^Y = \frac{3\dot{U}_{KA|0|}^Y}{2C_1^Y Z_{S1} + C_0^Y Z_{S0} + 3R_g} \\ \dot{I}_{KB}^Y &= \alpha^2 \dot{I}_{KA1}^Y + \alpha \dot{I}_{KA2}^Y + \dot{I}_{KA0}^Y = 0 \\ \dot{I}_{KC}^Y &= \alpha \dot{I}_{KA1}^Y + \alpha^2 \dot{I}_{KA2}^Y + \dot{I}_{KA0}^Y = 0 \end{aligned}\right\} \tag{4-46}$$

（2）根据对称分量法，A相为特殊相，故障点A相电压的正序、负序、零序分量通过序网图可得到

$$\left.\begin{aligned}\dot{U}_{\text{KA1}}^{\text{Y}} &= \dot{U}_{\text{KA}|0|}^{\text{Y}} - \dot{I}_{\text{A1}}^{\text{Y}} Z_{\text{S1}} = \dot{U}_{\text{KA}|0|}^{\text{Y}} - C_1^{\text{Y}} \dot{I}_{\text{KA1}}^{\text{Y}} Z_{\text{S1}} = \dot{U}_{\text{KA}|0|}^{\text{Y}} - \frac{C_1^{\text{Y}} Z_{\text{S1}}}{2C_1^{\text{Y}} Z_{\text{S1}} + C_0^{\text{Y}} Z_{\text{S0}} + 3R_{\text{g}}} \dot{U}_{\text{KA}|0|}^{\text{Y}} \\ \dot{U}_{\text{KA2}}^{\text{Y}} &= -\dot{I}_{\text{A2}}^{\text{Y}} Z_{\text{S2}} = -C_2^{\text{Y}} \dot{I}_{\text{KA2}}^{\text{Y}} Z_{\text{S2}} = -\frac{C_1^{\text{Y}} Z_{\text{S1}}}{2C_1^{\text{Y}} Z_{\text{S1}} + C_0^{\text{Y}} Z_{\text{S0}} + 3R_{\text{g}}} \dot{U}_{\text{KA}|0|}^{\text{Y}} \\ \dot{U}_{\text{KA0}}^{\text{Y}} &= -\dot{I}_{\text{A0}}^{\text{Y}} Z_{S0} = -C_0^{\text{Y}} \dot{I}_{\text{KA0}}^{\text{Y}} Z_{\text{S0}} = -\frac{C_0^{\text{Y}} Z_{\text{S0}}}{2C_1^{\text{Y}} Z_{\text{S1}} + C_0^{\text{Y}} Z_{\text{S0}} + 3R_{\text{g}}} \dot{U}_{\text{KA}|0|}^{\text{Y}}\end{aligned}\right\} \quad (4\text{-}47)$$

因此，故障点各相电压为

$$\left.\begin{aligned}\dot{U}_{\text{KA}}^{\text{Y}} &= \dot{I}_{\text{KA}}^{\text{Y}} R_{\text{g}} = \frac{3R_{\text{g}}}{2C_1^{\text{Y}} Z_{\text{S1}} + C_0^{\text{Y}} Z_{\text{S0}} + 3R_{\text{g}}} \dot{U}_{\text{KA}|0|}^{\text{Y}} \\ \dot{U}_{\text{KB}}^{\text{Y}} &= \alpha^2 \dot{U}_{\text{KA1}}^{\text{Y}} + \alpha \dot{U}_{\text{KA2}}^{\text{Y}} + \dot{U}_{\text{KA0}}^{\text{Y}} = \dot{U}_{\text{KB}|0|}^{\text{Y}} + \frac{C_1^{\text{Y}} Z_{\text{S1}} - C_0^{\text{Y}} Z_{\text{S0}}}{2C_1^{\text{Y}} Z_{\text{S1}} + C_0^{\text{Y}} Z_{\text{S0}} + 3R_{\text{g}}} \dot{U}_{\text{KA}|0|}^{\text{Y}} \\ \dot{U}_{\text{KC}}^{\text{Y}} &= \alpha \dot{U}_{\text{KA1}}^{\text{Y}} + \alpha^2 \dot{U}_{\text{KA2}}^{\text{Y}} + \dot{U}_{\text{KA0}}^{\text{Y}} = \dot{U}_{\text{KC}|0|}^{\text{Y}} + \frac{C_1^{\text{Y}} Z_{\text{S1}} - C_0^{\text{Y}} Z_{\text{S0}}}{2C_1^{\text{Y}} Z_{\text{S1}} + C_0^{\text{Y}} Z_{\text{S0}} + 3R_{\text{g}}} \dot{U}_{\text{KA}|0|}^{\text{Y}}\end{aligned}\right\} \quad (4\text{-}48)$$

2. 变压器Y侧保护安装处电流、电压分析

（1）根据序网图及对称分量法可得Y侧保护安装处各相电流为

$$\left.\begin{aligned}\dot{I}_{\text{A}}^{\text{Y}} &= \dot{I}_{\text{A1}}^{\text{Y}} + \dot{I}_{\text{A2}}^{\text{Y}} + \dot{I}_{\text{A0}}^{\text{Y}} = C_1^{\text{Y}} \dot{I}_{\text{KA1}}^{\text{Y}} + C_2^{\text{Y}} \dot{I}_{\text{KA2}}^{\text{Y}} + C_0^{\text{Y}} \dot{I}_{\text{KA0}}^{\text{Y}} = \frac{2C_1^{\text{Y}} + C_0^{\text{Y}}}{3} \dot{I}_{\text{KA}}^{\text{Y}} \\ \dot{I}_{\text{B}}^{\text{Y}} &= \alpha^2 C_1^{\text{Y}} \dot{I}_{\text{KA1}}^{\text{Y}} + \alpha C_2^{\text{Y}} \dot{I}_{\text{KA2}}^{\text{Y}} + C_0^{\text{Y}} \dot{I}_{\text{KA0}}^{\text{Y}} = \frac{C_0^{\text{Y}} - C_1^{\text{Y}}}{3} \dot{I}_{\text{KA}}^{\text{Y}} \\ \dot{I}_{\text{C}}^{\text{Y}} &= \alpha C_1^{\text{Y}} \dot{I}_{\text{KA1}}^{\text{Y}} + \alpha^2 C_2^{\text{Y}} \dot{I}_{\text{KA2}}^{\text{Y}} + C_0^{\text{Y}} \dot{I}_{\text{KA0}}^{\text{Y}} = \frac{C_0^{\text{Y}} - C_1^{\text{Y}}}{3} \dot{I}_{\text{KA}}^{\text{Y}} \\ 3\dot{I}_0^{\text{Y}} &= \dot{I}_{\text{A}}^{\text{Y}} + \dot{I}_{\text{B}}^{\text{Y}} + \dot{I}_{\text{C}}^{\text{Y}} = C_0^{\text{Y}} \dot{I}_{\text{KA}}^{\text{Y}}\end{aligned}\right\} \quad (4\text{-}49)$$

（2）根据序网图可得Y侧保护安装处各相电压为

$$\left.\begin{aligned}\dot{U}_{\text{A}}^{\text{Y}} &= \dot{U}_{\text{KA}}^{\text{Y}} = \frac{3R_{\text{g}}}{2C_1^{\text{Y}} Z_{\text{S1}} + C_0^{\text{Y}} Z_{\text{S0}} + 3R_{\text{g}}} \dot{U}_{\text{KA}|0|}^{\text{Y}} \\ \dot{U}_{\text{B}}^{\text{Y}} &= \dot{U}_{\text{KB}}^{\text{Y}} = \dot{U}_{\text{KB}|0|}^{\text{Y}} + \frac{C_1^{\text{Y}} Z_{\text{S1}} - C_0^{\text{Y}} Z_{\text{S0}}}{2C_1^{\text{Y}} Z_{\text{S1}} + C_0^{\text{Y}} Z_{\text{S0}} + 3R_{\text{g}}} \dot{U}_{\text{KA}|0|}^{\text{Y}} \\ \dot{U}_{\text{C}}^{\text{Y}} &= \dot{U}_{\text{KC}}^{\text{Y}} = \dot{U}_{\text{KC}|0|}^{\text{Y}} + \frac{C_1^{\text{Y}} Z_{\text{S1}} - C_0^{\text{Y}} Z_{\text{S0}}}{2C_1^{\text{Y}} Z_{\text{S1}} + C_0^{\text{Y}} Z_{\text{S0}} + 3R_{\text{g}}} \dot{U}_{\text{KA}|0|}^{\text{Y}} \\ 3\dot{U}_0^{\text{Y}} &= \dot{U}_{\text{A}}^{\text{Y}} + \dot{U}_{\text{B}}^{\text{Y}} + \dot{U}_{\text{C}}^{\text{Y}} = \frac{-3C_0^{\text{Y}} Z_{\text{S0}}}{2C_1^{\text{Y}} Z_{\text{S1}} + C_0^{\text{Y}} Z_{\text{S0}} + 3R_{\text{g}}} \dot{U}_{\text{KA}|0|}^{\text{Y}}\end{aligned}\right\} \quad (4\text{-}50)$$

此时变压器Y侧保护安装处电流、电压幅值、相位变化特点，可参考第三章第五节中双电源联络线单相接地短路故障时线路两侧保护安装处电流、电压的幅值、相位变化特点分析。

3. 变压器△侧保护安装处电流、电压分析

（1）根据序网图及对称分量法可得△侧保护安装处各相电流如下：

由图 4-16 的正序网络可得

$$\frac{1}{K_{\mathrm{T}}}\dot{I}_{\mathrm{A1}}^{\triangle}\mathrm{e}^{-\mathrm{j}30^{\circ}}=C_{1}^{\triangle}\dot{I}_{\mathrm{KA1}}^{\mathrm{Y}}=\frac{C_{1}^{\triangle}\dot{U}_{\mathrm{KA|0|}}^{\mathrm{Y}}}{2C_{1}^{\mathrm{Y}}Z_{\mathrm{S1}}+C_{0}^{\mathrm{Y}}Z_{\mathrm{S0}}+3R_{\mathrm{g}}}=\frac{C_{1}^{\triangle}K_{\mathrm{T}}\dot{U}_{\mathrm{A|0|}}^{\triangle}\mathrm{e}^{-\mathrm{j}30^{\circ}}}{2C_{1}^{\triangle}(Z_{\mathrm{T1}}^{\triangle}+Z_{\mathrm{R1}})K_{\mathrm{T}}^{2}+C_{0}^{\mathrm{Y}}Z_{\mathrm{S0}}+3R_{\mathrm{g}}} \tag{4-51}$$

由式（4-51）可得

$$\dot{I}_{\mathrm{A1}}^{\triangle}=\frac{\dot{U}_{\mathrm{A|0|}}^{\triangle}}{2(Z_{\mathrm{T1}}^{\triangle}+Z_{\mathrm{R1}})+\dfrac{1}{C_{1}^{\triangle}K_{\mathrm{T}}^{2}}(C_{0}^{\mathrm{Y}}Z_{\mathrm{S0}}+3R_{\mathrm{g}})} \tag{4-52}$$

同理可得

$$\dot{I}_{\mathrm{A2}}^{\triangle}=\frac{\dot{U}_{\mathrm{A|0|}}^{\triangle}\mathrm{e}^{-\mathrm{j}60^{\circ}}}{2(Z_{\mathrm{T1}}^{\triangle}+Z_{\mathrm{R1}})+\dfrac{1}{C_{1}^{\triangle}K_{\mathrm{T}}^{2}}(C_{0}^{\mathrm{Y}}Z_{\mathrm{S0}}+3R_{\mathrm{g}})} \tag{4-53}$$

由对称分量法可得△侧保护安装处各相电流为

$$\left.\begin{aligned}
&\dot{I}_{\mathrm{A}}^{\triangle}=\dot{I}_{\mathrm{A1}}^{\triangle}+\dot{I}_{\mathrm{A2}}^{\triangle}=\frac{\sqrt{3}\dot{U}_{\mathrm{A|0|}}^{\triangle}\mathrm{e}^{-\mathrm{j}30^{\circ}}}{2(Z_{\mathrm{T1}}^{\triangle}+Z_{\mathrm{R1}})+\dfrac{1}{C_{1}^{\triangle}K_{\mathrm{T}}^{2}}(C_{0}^{\mathrm{Y}}Z_{\mathrm{S0}}+3R_{\mathrm{g}})}\\
&\dot{I}_{\mathrm{B}}^{\triangle}=\alpha^{2}\dot{I}_{\mathrm{A1}}^{\triangle}+\alpha\dot{I}_{\mathrm{A2}}^{\triangle}=0\\
&\dot{I}_{\mathrm{C}}^{\triangle}=\alpha\dot{I}_{\mathrm{A1}}^{\triangle}+\alpha^{2}\dot{I}_{\mathrm{A2}}^{\triangle}=\frac{\sqrt{3}\dot{U}_{\mathrm{A|0|}}^{\triangle}\mathrm{e}^{\mathrm{j}150^{\circ}}}{2(Z_{\mathrm{T1}}^{\triangle}+Z_{\mathrm{R1}})+\dfrac{1}{C_{1}^{\triangle}K_{\mathrm{T}}^{2}}(C_{0}^{\mathrm{Y}}Z_{\mathrm{S0}}+3R_{\mathrm{g}})}\\
&3\dot{I}_{0}^{\triangle}=\dot{I}_{\mathrm{A}}^{\triangle}+\dot{I}_{\mathrm{B}}^{\triangle}+\dot{I}_{\mathrm{C}}^{\triangle}=0
\end{aligned}\right\} \tag{4-54}$$

由式（4-54）可知，△侧保护安装处各相电流相位、幅值特点如下：

1）Y侧 A 相单相接地故障时，△侧对应 Y 侧故障相的滞后相电流 $\dot{I}_{\mathrm{B}}^{\triangle}$ 幅值为零，另两相电流 $\dot{I}_{\mathrm{A}}^{\triangle}$、$\dot{I}_{\mathrm{C}}^{\triangle}$ 幅值相等、相位相反，以上特点与故障点是否有过渡电阻无关。

2）△侧无零序电流。

由式（4-46）、式（4-54）可知，△侧保护安装处各相电流与 Y 侧故障点电流的关系为

$$\dot{I}_{\mathrm{A}}^{\triangle}=C_{1}^{\triangle}\frac{K_{\mathrm{T}}}{\sqrt{3}}\dot{I}_{\mathrm{KA}}^{\mathrm{Y}}$$

$$\dot{I}_{\mathrm{C}}^{\triangle}=-C_{1}^{\triangle}\frac{K_{\mathrm{T}}}{\sqrt{3}}\dot{I}_{\mathrm{KA}}^{\mathrm{Y}}$$

（2）根据序网图及对称分量法可得△侧保护安装处各相电压如下：

由图 4-16 的正序网络可得

$$\begin{aligned}
K_{\mathrm{T}}\dot{U}_{\mathrm{A1}}^{\triangle}\mathrm{e}^{-\mathrm{j}30^{\circ}}&=K_{\mathrm{T}}\dot{U}_{\mathrm{A|0|}}^{\triangle}\mathrm{e}^{-\mathrm{j}30^{\circ}}-\frac{1}{K_{\mathrm{T}}}\dot{I}_{\mathrm{A1}}^{\triangle}\mathrm{e}^{-\mathrm{j}30^{\circ}}\cdot K_{\mathrm{T}}^{2}Z_{\mathrm{R1}}\\
&=K_{\mathrm{T}}\dot{U}_{\mathrm{A|0|}}^{\triangle}\mathrm{e}^{-\mathrm{j}30^{\circ}}-K_{\mathrm{T}}\dot{I}_{\mathrm{A1}}^{\triangle}\mathrm{e}^{-\mathrm{j}30^{\circ}}\cdot Z_{\mathrm{R1}}
\end{aligned} \tag{4-55}$$

由式（4-55）可得

$$\dot{U}_{A1}^{\triangle}=\dot{U}_{A|0|}^{\triangle}-\dot{I}_{A1}^{\triangle}\cdot Z_{R1}=\dot{U}_{A|0|}^{\triangle}-\frac{Z_{R1}}{2(Z_{T1}^{\triangle}+Z_{R1})+\frac{1}{C_1^{\triangle}K_T^2}(C_0^{Y}Z_{S0}+3R_g)}\dot{U}_{A|0|}^{\triangle} \tag{4-56}$$

由图 4-16 中的负序网络可得

$$K_T\dot{U}_{A2}^{\triangle}e^{j30^\circ}=-\frac{1}{K_T}\dot{I}_{A2}^{\triangle}e^{j30^\circ}\cdot K_T^2 Z_{R2}=-K_T\dot{I}_{A2}^{\triangle}e^{j30^\circ}\cdot Z_{R1} \tag{4-57}$$

由式（4-57）可得

$$\dot{U}_{A2}^{\triangle}=-\dot{I}_{A2}^{\triangle}Z_{R1}=-\frac{Z_{R1}}{2(Z_{T1}^{\triangle}+Z_{R1})+\frac{1}{C_1^{\triangle}K_T^2}(C_0^{Y}Z_{S0}+3R_g)}\dot{U}_{A|0|}^{\triangle}e^{-j60^\circ} \tag{4-58}$$

根据对称分量法可以得到△侧保护安装处各相电压为

$$\begin{aligned}\dot{U}_{A}^{\triangle}&=\dot{U}_{A1}^{\triangle}+\dot{U}_{A2}^{\triangle}\\&=\dot{U}_{A|0|}^{\triangle}-\frac{\dot{U}_{A|0|}^{\triangle}}{2(Z_{T1}^{\triangle}+Z_{R1})+\frac{C_0^{Y}Z_{S0}+3R_g}{C_1^{\triangle}K_T^2}}Z_{R1}-\frac{\dot{U}_{A|0|}^{\triangle}e^{-j60^\circ}}{2(Z_{T1}^{\triangle}+Z_{R1})+\frac{C_0^{Y}Z_{S0}+3R_g}{C_1^{\triangle}K_T^2}}Z_{R1}\\&=\dot{U}_{A|0|}^{\triangle}+\frac{\sqrt{3}Z_{R1}}{2(Z_{T1}^{\triangle}+Z_{R1})+\frac{C_0^{Y}Z_{S0}+3R_g}{C_1^{\triangle}K_T^2}}\dot{U}_{B|0|}^{\triangle}e^{j270^\circ}\end{aligned} \tag{4-59}$$

$$\begin{aligned}\dot{U}_{B}^{\triangle}&=\alpha^2\dot{U}_{A1}^{\triangle}+\alpha\dot{U}_{A2}^{\triangle}\\&=\alpha^2\dot{U}_{A|0|}^{\triangle}-\alpha^2\frac{\dot{U}_{A|0|}^{\triangle}}{2(Z_{T1}^{\triangle}+Z_{R1})+\frac{C_0^{Y}Z_{S0}+3R_g}{C_1^{\triangle}K_T^2}}Z_{R1}-\alpha\frac{\dot{U}_{A|0|}^{\triangle}e^{-j60^\circ}}{2(Z_{T1}^{\triangle}+Z_{R1})+\frac{C_0^{Y}Z_{S0}+3R_g}{C_1^{\triangle}K_T^2}}Z_{R1}\\&=\dot{U}_{B|0|}^{\triangle}\end{aligned} \tag{4-60}$$

$$\begin{aligned}\dot{U}_{C}^{\triangle}&=\alpha\dot{U}_{A1}^{\triangle}+\alpha^2\dot{U}_{A2}^{\triangle}\\&=\alpha\dot{U}_{A|0|}^{\triangle}-\alpha\frac{\dot{U}_{A|0|}^{\triangle}}{2(Z_{T1}^{\triangle}+Z_{R1})+\frac{C_0^{Y}Z_{S0}+3R_g}{C_1^{\triangle}K_T^2}}Z_{R1}-\alpha^2\frac{\dot{U}_{A|0|}^{\triangle}e^{-j60^\circ}}{2(Z_{T1}^{\triangle}+Z_{R1})+\frac{C_0^{Y}Z_{S0}+3R_g}{C_1^{\triangle}K_T^2}}Z_{R1}\\&=\dot{U}_{C|0|}^{\triangle}+\frac{\sqrt{3}Z_{R1}}{2(Z_{T1}^{\triangle}+Z_{R1})+\frac{C_0^{Y}Z_{S0}+3R_g}{C_1^{\triangle}K_T^2}}\dot{U}_{B|0|}^{\triangle}e^{j90^\circ}\end{aligned} \tag{4-61}$$

$$3\dot{U}_{0}^{\triangle}=\dot{U}_{A}^{\triangle}+\dot{U}_{B}^{\triangle}+\dot{U}_{C}^{\triangle}=0 \tag{4-62}$$

由式（4-59）～式（4-62）可知，△侧保护安装处各相电压相位、幅值特点如下：

1）当Y侧发生A相金属性接地短路故障时，△侧对应Y侧故障相的滞后相电压 $\dot{U}_{B}^{\triangle}$ 幅值、相位与故障前保持不变，其余两相电压 $\dot{U}_{A}^{\triangle}$、$\dot{U}_{C}^{\triangle}$ 幅值等幅减小，幅值相等。

2）当Y侧发生A相经过渡电阻接地短路故障时，随 $R_g = 0 \to \infty$ 变化，△侧对应Y侧故障相的滞后相电压 $\dot{U}_{B}^{\triangle}$ 幅值、相位与故障前保持不变，其余两相电压 $\dot{U}_{A}^{\triangle}$ 、$\dot{U}_{C}^{\triangle}$ 幅值不再相等，其中对应Y侧故障相中的超前相电压 $\dot{U}_{C}^{\triangle}$ 幅值有可能减小，也有可能略增大，$\dot{U}_{A}^{\triangle}$ 电压幅值只可能减小。

3）△侧零序电压为零。

Yn d11 联结组别的变压器当Y侧发生A相接地短路故障时，△侧各相电流、电压的变化特点与线路非出口处C、A相间短路故障时的保护安装处电流、电压变化特点完全相同。

三、录波图及相量分析

1．Y侧区内A相金属性接地短路故障（QSE 打开，$C_0^{Y} Z_{S0} > C_1^{Y} Z_{S1}$）

变压器Y侧绕组引出线至TA之间发生A相金属性接地短路故障，变压器保护动作跳开1QF、2QF断路器，变压器两侧保护安装处录波如图4-17所示。（标尺刻度为一次值）

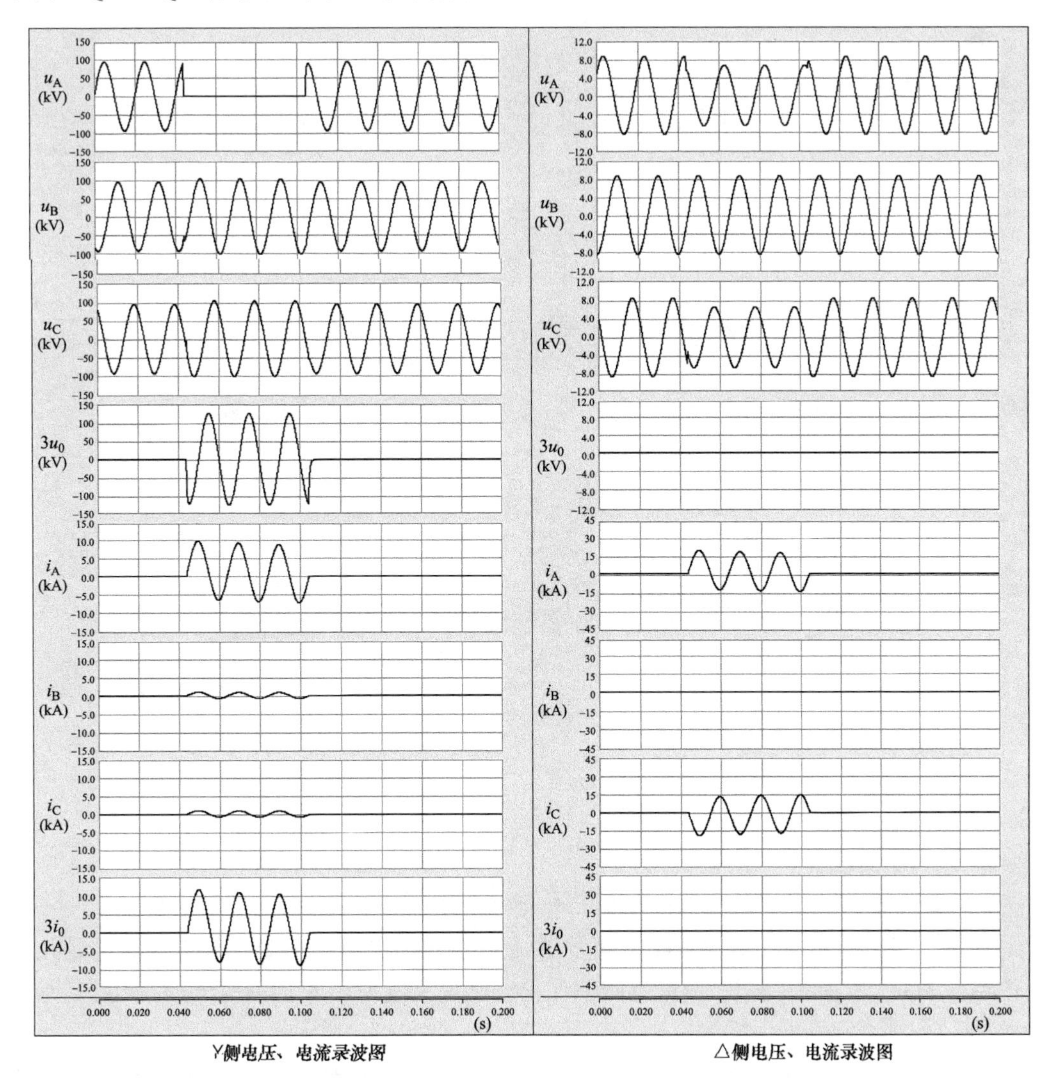

图4-17　变压器两侧保护安装处电压、电流录波图（一次值）

对比图 3-57，图 4-17 中Y侧保护安装处的录波是很明显的出口处 A 相金属性单相接地短路故障。由于$C_0^{\curlyvee}Z_{S0}>C_1^{\curlyvee}Z_{S1}$，因此两非故障相电压幅值均上升，且相位差减小，造成零序电压偏高，超过了正常相电压幅值。由于此时故障点 Y 侧的零序分配系数大于正序分配系数（$C_0^{\curlyvee}>C_1^{\curlyvee}$，$C_0^{\curlyvee}=1$，$C_1^{\curlyvee}\neq1$），因此两非故障相出现故障分量电流，且相位与故障相同相。

图 4-17 中△侧保护安装处的录波反映的电气量变化特点与非出口处 C、A 两相金属性相间短路故障时电气量变化特征完全相同。

绘制此时变压器两侧保护安装处电压、电流相量图，如图 4-18 所示。

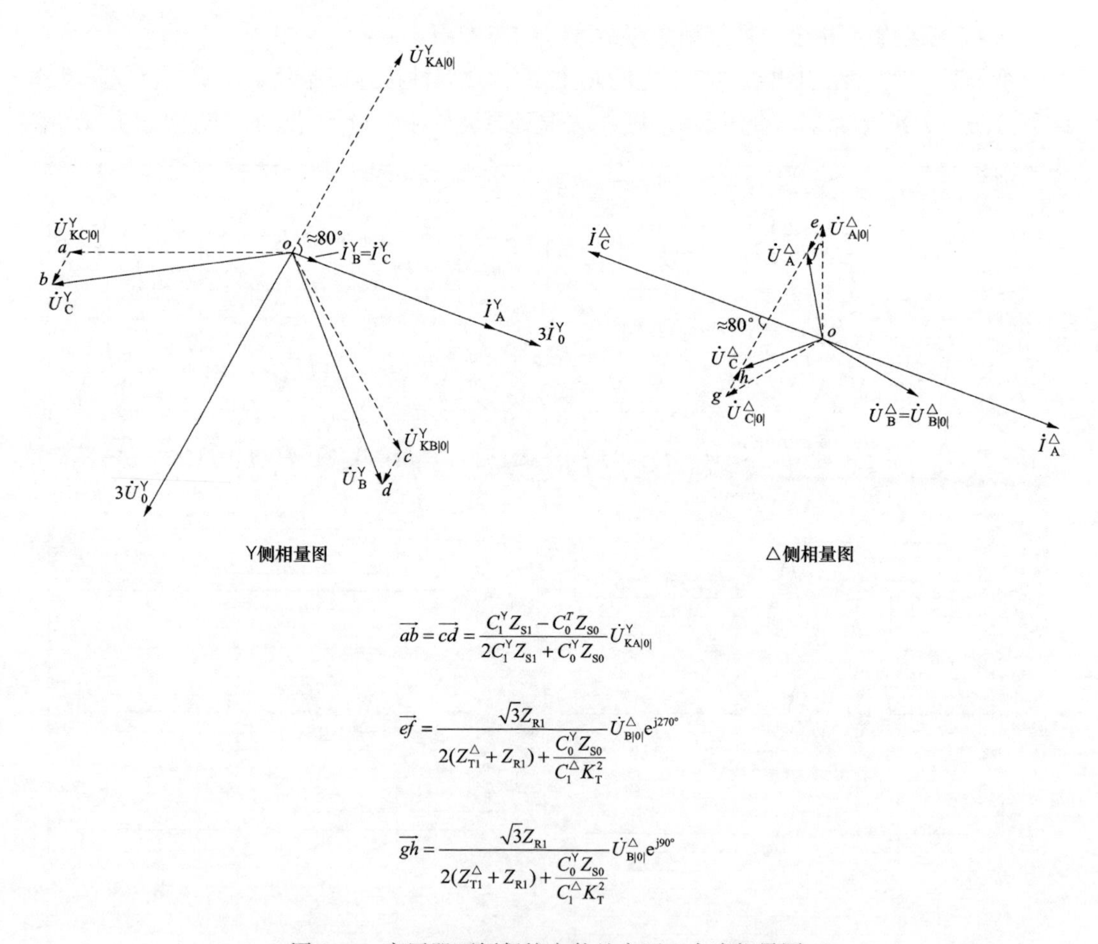

图 4-18　变压器两侧保护安装处电压、电流相量图

2. Y侧区内 A 相经过渡电阻接地短路故障（QSE 闭合，$C_0^{\curlyvee}Z_{S0}=C_1^{\curlyvee}Z_{S1}$）

变压器 Y 侧绕组引出线至 TA 之间发生 A 相经过渡电阻接地短路故障，变压器保护动作跳开 1QF、2QF 断路器，变压器两侧保护安装处录波如图 4-19 所示。（标尺刻度为一次值）

对比图 3-61，可知图 4-19 中Y侧的电压、电流录波是典型的出口处 A 相经过渡电阻

接地短路故障波形，由于 Y 侧保护安装处 $C_0^{\text{Y}}Z_{\text{S0}}=C_1^{\text{Y}}Z_{\text{S1}}$，所以故障期间非故障的 B、C 两相电压幅值、相位与故障前基本保持不变。又由于 $C_0^{\text{Y}}<C_1^{\text{Y}}$，所以两非故障相电流幅值相等，而相位与故障相反相。

图 4-19 中△侧保护安装处的录波反映的电气量变化特点与非出口处 C、A 两相经过渡电阻短路故障时电气量的变化特征基本相同。

绘制此时变压器两侧保护安装处电压、电流相量图，如图 4-20 所示。

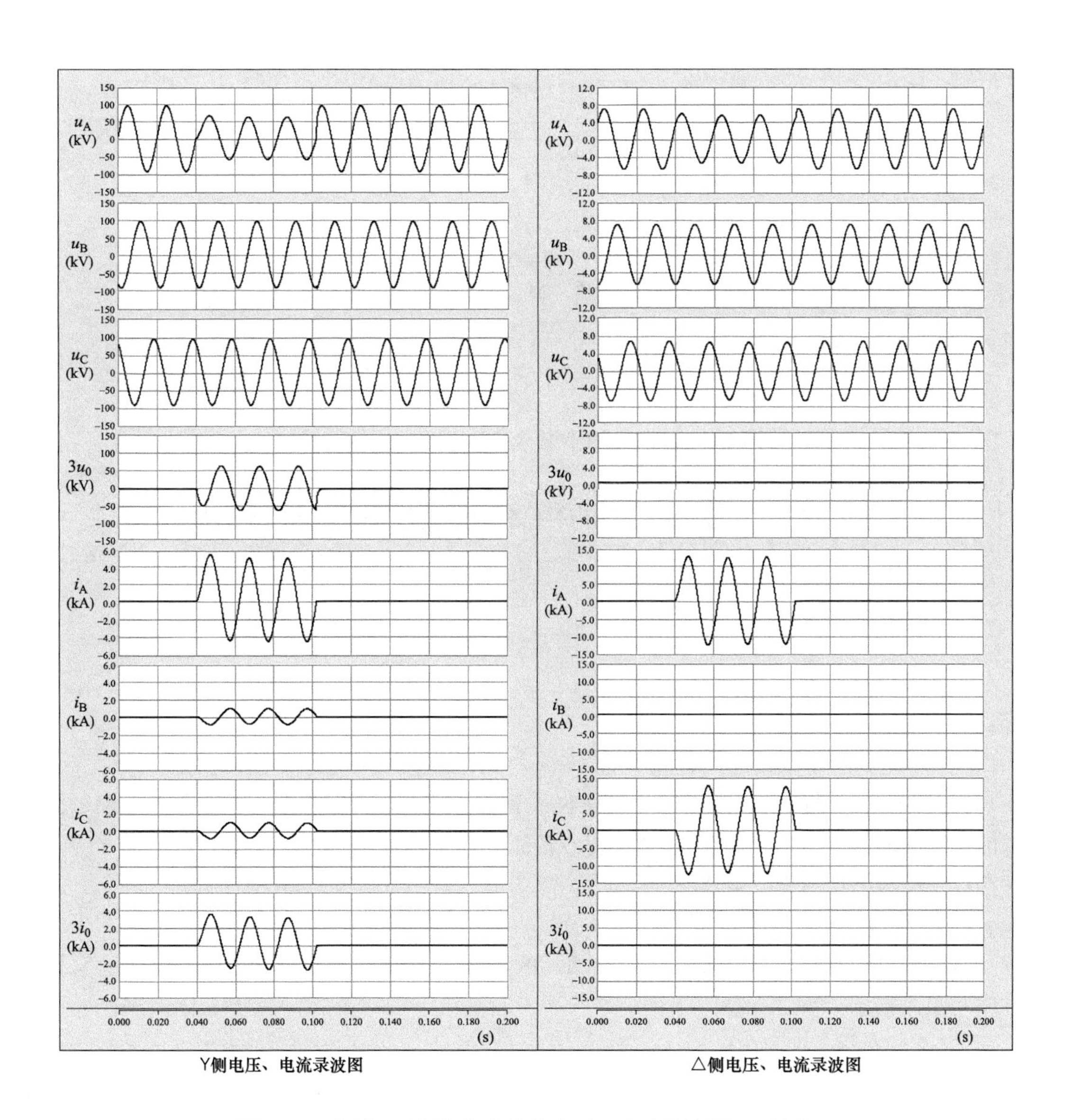

图 4-19 变压器两侧保护安装处电压、电流录波图（一次值）

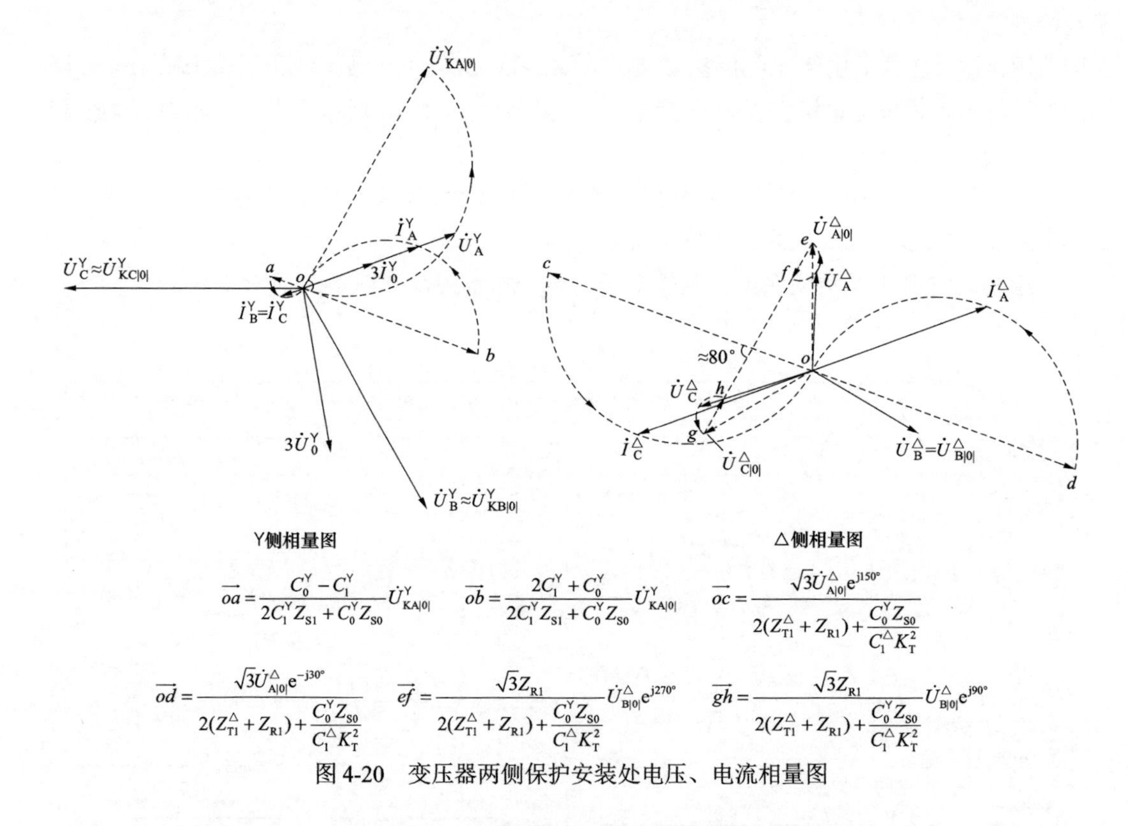

图 4-20　变压器两侧保护安装处电压、电流相量图

第四节　变压器 Y 侧两相接地短路故障录波图分析

一、系统接线

系统接线同图 4-15。

二、理论分析

图 4-15 所示系统中，变压器 Y 侧引出线套管至 TA 之间发生 B、C 相接地短路故障时的复合序网图如图 4-21 所示。图中将△侧正、负序电流、电压及各参数折算至 Y 侧。各参数及电流、电压定义同图 4-15。

1. 变压器 Y 侧故障点电流、电压分析

（1）根据对称分量法，A 相为特殊相，故障点 A 相电流的正序、负序、零序分量通过序网图可得到

$$
\begin{aligned}
\dot{I}_{KA1}^{Y}&=\frac{\dot{U}_{KA|0|}^{Y}}{C_1^{Y}Z_{S1}+C_2^{Y}Z_{S2}//(C_0^{Y}Z_{S0}+3R_g)}\\
&=\frac{\dot{U}_{KA|0|}^{Y}}{C_1^{Y}Z_{S1}}\left(\frac{C_1^{Y}Z_{S1}+C_0^{Y}Z_{S0}+3R_g}{C_1^{Y}Z_{S1}+2C_0^{Y}Z_{S0}+6R_g}\right)\\
&=\frac{1}{2}\times\frac{\dot{U}_{KA|0|}^{Y}}{C_1^{Y}Z_{S1}}+\frac{1}{2}\times\frac{\dot{U}_{KA|0|}^{Y}}{C_1^{Y}Z_{S1}+2C_0^{Y}Z_{S0}+6R_g}
\end{aligned}\tag{4-63}
$$

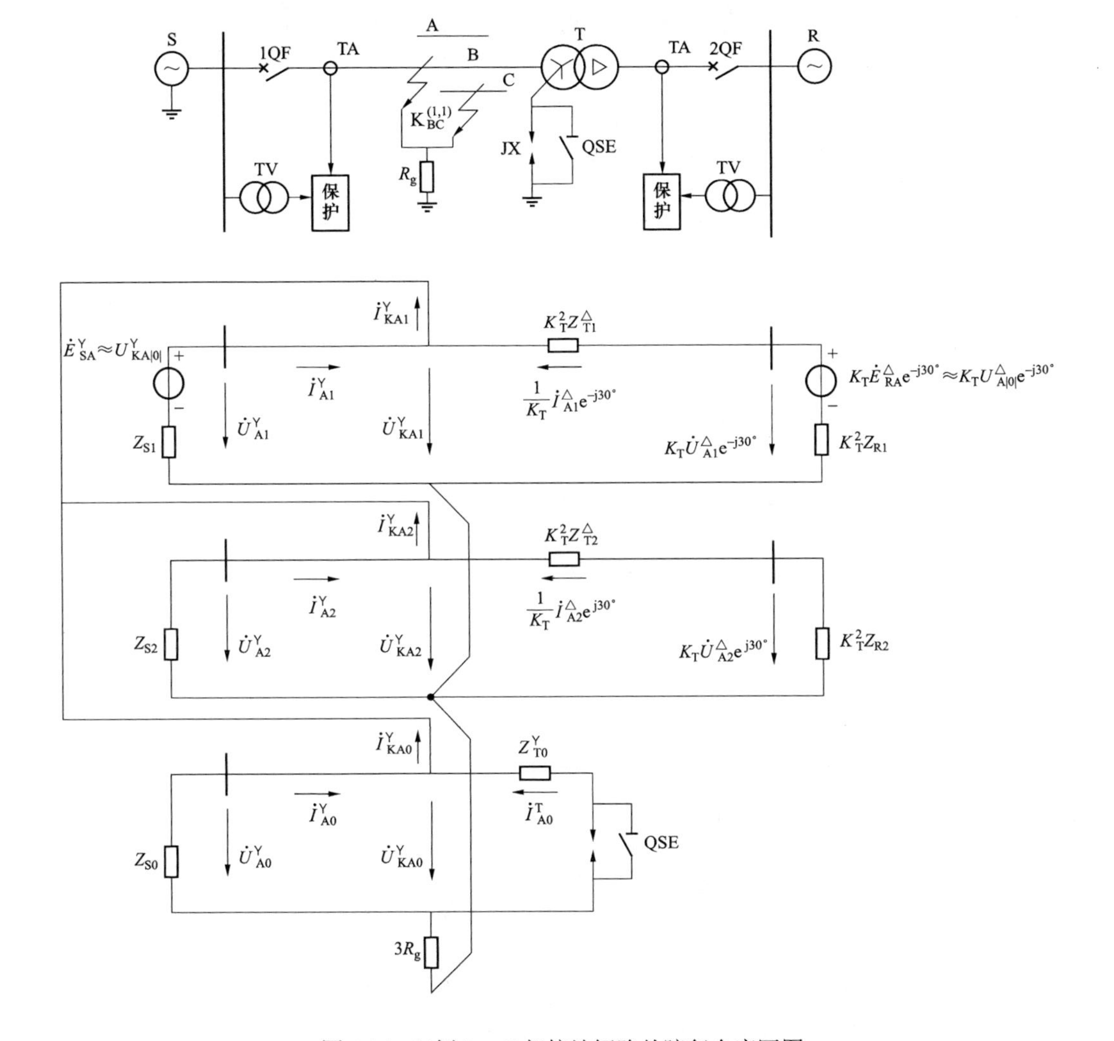

图 4-21　Y 侧 B、C 相接地短路故障复合序网图

$$\begin{aligned}\dot I^{Y}_{KA2} &= -\dot I^{Y}_{KA1}\frac{C_0^{Y} Z_{S0}+3R_g}{C_2^{Y} Z_{S2}+C_0^{Y} Z_{S0}+3R_g} \\ &= -\frac{1}{2}\times\frac{\dot U^{Y}_{KA|0|}}{C_1^{Y} Z_{S1}} + \frac{1}{2}\times\frac{\dot U^{Y}_{KA|0|}}{C_1^{Y} Z_{S1}+2C_0^{Y} Z_{S0}+6R_g}\end{aligned} \tag{4-64}$$

$$\begin{aligned}\dot I^{Y}_{KA0} &= -\dot I^{Y}_{KA1}\frac{C_2^{Y} Z_{S2}}{C_2^{Y} Z_{S2}+2C_0^{Y} Z_{S0}+3R_g} \\ &= -\frac{\dot U^{Y}_{KA|0|}}{C_1^{Y} Z_{S1}+2C_0^{Y} Z_{S0}+6R_g}\end{aligned} \tag{4-65}$$

根据对称分量法，可得故障点各相电流为

$$\left.\begin{aligned}\dot{I}_{KA}^{Y}&=\dot{I}_{KA1}^{Y}+\dot{I}_{KA2}^{Y}+\dot{I}_{KA0}^{Y}=0\\\dot{I}_{KB}^{Y}&=\alpha^{2}\dot{I}_{KA1}^{Y}+\alpha\dot{I}_{KA2}^{Y}+\dot{I}_{KA0}^{Y}\\&=-j\frac{\sqrt{3}}{2}\times\frac{\dot{U}_{KA|0|}^{Y}}{C_{1}^{Y}Z_{S1}}-\frac{3}{2}\times\frac{\dot{U}_{KA|0|}^{Y}}{C_{1}^{Y}Z_{S1}+2C_{0}^{Y}Z_{S0}+6R_{g}}\\\dot{I}_{KC}^{Y}&=\alpha\dot{I}_{KA1}^{Y}+\alpha^{2}\dot{I}_{KA2}^{Y}+\dot{I}_{KA0}^{Y}\\&=j\frac{\sqrt{3}}{2}\times\frac{\dot{U}_{KA|0|}^{Y}}{C_{1}^{Y}Z_{S1}}-\frac{3}{2}\times\frac{\dot{U}_{KA|0|}^{Y}}{C_{1}^{Y}Z_{S1}+2C_{0}^{Y}Z_{S0}+6R_{g}}\end{aligned}\right\}\tag{4-66}$$

（2）根据对称分量法，A 相为特殊相，故障点 A 相电压的正序、负序、零序分量通过序网图可得到

$$\dot{U}_{KA1}^{Y}=\dot{U}_{KA2}^{Y}=-\dot{I}_{KA0}^{Y}(3R_{g}+C_{0}^{Y}Z_{S0})=\frac{C_{0}^{Y}Z_{S0}+3R_{g}}{C_{1}^{Y}Z_{S1}+2C_{0}^{Y}Z_{S0}+6R_{g}}\dot{U}_{KA|0|}^{Y}\tag{4-67}$$

$$\dot{U}_{KA0}^{Y}=-\dot{I}_{KA0}^{Y}C_{0}^{Y}Z_{S0}=\frac{C_{0}^{Y}Z_{S0}}{C_{1}^{Y}Z_{S1}+2C_{0}^{Y}Z_{S0}+6R_{g}}\dot{U}_{KA|0|}^{Y}\tag{4-68}$$

根据对称分量法，可得故障点各相电压为

$$\left.\begin{aligned}\dot{U}_{KA}^{Y}&=\dot{U}_{KA1}^{Y}+\dot{U}_{KA2}^{Y}+\dot{U}_{KA0}^{Y}\\&=\dot{U}_{KA|0|}^{Y}+\frac{C_{0}^{Y}Z_{S0}-C_{1}^{Y}Z_{S1}}{C_{1}^{Y}Z_{S1}+2C_{0}^{Y}Z_{S0}+6R_{g}}\dot{U}_{KA|0|}^{Y}\\\dot{U}_{KB}^{Y}&=\dot{U}_{KC}^{Y}\\&=\alpha^{2}\dot{U}_{KA1}^{Y}+\alpha\dot{U}_{KA2}^{Y}+\dot{U}_{KA0}^{Y}\\&=-\frac{1}{2}\dot{U}_{KA|0|}^{Y}+\frac{1}{2}\times\frac{C_{1}^{Y}Z_{S1}+2C_{0}^{Y}Z_{S0}}{C_{1}^{Y}Z_{S1}+2C_{0}^{Y}Z_{S0}+6R_{g}}\dot{U}_{KA|0|}^{Y}\end{aligned}\right\}\tag{4-69}$$

2. 变压器 Y 侧保护安装处电流、电压分析

（1）根据序网图及对称分量法可得 Y 侧保护安装处各相电流为

$$\left.\begin{aligned}\dot{I}_{A}^{Y}&=\dot{I}_{A1}^{Y}+\dot{I}_{A2}^{Y}+\dot{I}_{A0}^{Y}=C_{1}^{Y}\dot{I}_{KA1}^{Y}+C_{2}^{Y}\dot{I}_{KA2}^{Y}+C_{0}^{Y}\dot{I}_{KA0}^{Y}\\&=\frac{(C_{1}^{Y}-C_{0}^{Y})\dot{U}_{KA|0|}^{Y}}{C_{1}^{Y}Z_{S1}+2C_{0}^{Y}Z_{S0}+6R_{g}}\\\dot{I}_{B}^{Y}&=\dot{I}_{B1}^{Y}+\dot{I}_{B2}^{Y}+\dot{I}_{B0}^{Y}=\alpha^{2}C_{1}^{Y}\dot{I}_{KA1}^{Y}+\alpha C_{2}^{Y}\dot{I}_{KA2}^{Y}+C_{0}^{Y}\dot{I}_{KA0}^{Y}\\&=-j\frac{\sqrt{3}}{2}\times\frac{\dot{U}_{KA|0|}^{YY}}{Z_{S1}}-\left(C_{0}^{Y}+\frac{C_{1}^{Y}}{2}\right)\frac{\dot{U}_{KA|0|}^{Y}}{C_{1}^{Y}Z_{S1}+2C_{0}^{Y}Z_{S0}+6R_{g}}\\\dot{I}_{C}^{Y}&=\dot{I}_{C1}^{Y}+\dot{I}_{C2}^{Y}+\dot{I}_{C0}^{Y}=\alpha C_{1}^{Y}\dot{I}_{KA1}^{Y}+\alpha^{2}C_{2}^{Y}\dot{I}_{KA2}^{Y}+C_{0}^{Y}\dot{I}_{KA0}^{Y}\\&=j\frac{\sqrt{3}}{2}\times\frac{\dot{U}_{KA|0|}^{Y}}{Z_{S1}}-\left(C_{0}^{Y}+\frac{C_{1}^{Y}}{2}\right)\frac{\dot{U}_{KA|0|}^{Y}}{C_{1}^{Y}Z_{S1}+2C_{0}^{Y}Z_{S0}+6R_{g}}\\3\dot{I}_{0}^{Y}&=\dot{I}_{A}^{Y}+\dot{I}_{B}^{Y}+\dot{I}_{C}^{Y}=\frac{-3C_{0}^{Y}\dot{U}_{KA|0|}^{Y}}{C_{1}^{Y}Z_{S1}+2C_{0}^{Y}Z_{S0}+6R_{g}}\end{aligned}\right\}\tag{4-70}$$

（2）根据序网图 Y 侧保护安装处各相电压为

$$
\left.\begin{aligned}
\dot{U}_{A}^{Y} &= \dot{U}_{KA}^{Y} = \dot{U}_{KA|0|}^{Y} + \frac{C_0^Y Z_{S0} - C_1^Y Z_{S1}}{C_1^Y Z_{S1} + 2C_0^Y Z_{S0} + 6R_g}\dot{U}_{KA|0|}^{Y} \\
\dot{U}_{B}^{Y} &= \dot{U}_{C}^{Y} = \dot{U}_{KB}^{Y} = \dot{U}_{KC}^{Y} = -\frac{1}{2}\dot{U}_{KA|0|}^{Y} + \frac{1}{2}\times\frac{C_1^Y Z_{S1} + 2C_0^Y Z_{S0}}{C_1^Y Z_{S1} + 2C_0^Y Z_{S0} + 6R_g}\dot{U}_{KA|0|}^{Y} \\
3\dot{U}_{0}^{Y} &= \dot{U}_{A}^{Y} + \dot{U}_{B}^{Y} + \dot{U}_{C}^{Y} = \frac{3C_0^Y Z_{S0}}{C_1^Y Z_{S1} + 2C_0^Y Z_{S0} + 6R_g}\dot{U}_{KA|0|}^{Y}
\end{aligned}\right\} \tag{4-71}
$$

此时变压器 Y 侧保护安装处电流、电压幅值、相位变化特点，可参考第三章第六节中双电源联络线两相接地短路故障时线路两侧保护安装处电流、电压的幅值、相位变化特点分析。

3. 变压器△侧保护安装处电流、电压分析

（1）根据序网图及对称分量法可得△侧保护安装处各相电流如下：

由图 4-21 的正序网络可得

$$
\begin{aligned}
\frac{1}{K_T}\dot{I}_{A1}^{\triangle}e^{-j30^\circ} &= C_1^{\triangle}\dot{I}_{KA1}^{Y} = \frac{1}{2}\times\frac{C_1^{\triangle}\dot{U}_{KA|0|}^{Y}}{C_1^Y Z_{S1}} + \frac{1}{2}\times\frac{C_1^{\triangle}\dot{U}_{KA|0|}^{Y}}{C_1^Y Z_{S1} + 2C_0^Y Z_{S0} + 6R_g} \\
&= \frac{1}{2}\times\frac{C_1^{\triangle}K_Y\dot{U}_{A|0|}^{\triangle}e^{-j30^\circ}}{C_1^{\triangle}(Z_{T1}^{\triangle} + Z_{R1})K_T^2} + \frac{1}{2}\times\frac{C_1^{\triangle}K_T\dot{U}_{A|0|}^{\triangle}e^{-j30^\circ}}{C_1^{\triangle}(Z_{T1}^{\triangle} + Z_{R1})K_T^2 + 2C_0^Y Z_{S0} + 6R_g}
\end{aligned} \tag{4-72}
$$

由式（4-72）可得

$$
\begin{aligned}
\dot{I}_{A1}^{\triangle} &= \frac{1}{2}\times\frac{\dot{U}_{A|0|}^{\triangle}}{Z_{T1}^{\triangle} + Z_{R1}} + \frac{1}{2}\times\frac{C_1^{\triangle}K_T^2\dot{U}_{A|0|}^{\triangle}}{C_1^{\triangle}(Z_{T1}^{\triangle} + Z_{R1})K_T^2 + 2C_0^Y Z_{S0} + 6R_g} \\
&= \frac{1}{2}\times\frac{\dot{U}_{A|0|}^{\triangle}}{Z_{T1}^{\triangle} + Z_{R1}} + \frac{1}{2}\times\frac{\dot{U}_{A|0|}^{\triangle}}{Z_{T1}^{\triangle} + Z_{R1} + \dfrac{2C_0^Y Z_{S0} + 6R_g}{C_1^{\triangle}K_T^2}}
\end{aligned} \tag{4-73}
$$

同理可得

$$
\dot{I}_{A2}^{\triangle} = -\frac{1}{2}\times\frac{\dot{U}_{A|0|}^{\triangle}e^{-j60^\circ}}{Z_{T1}^{\triangle} + Z_{R1}} + \frac{1}{2}\times\frac{\dot{U}_{A|0|}^{\triangle}e^{-j60^\circ}}{Z_{T1}^{\triangle} + Z_{R1} + \dfrac{2C_0^Y Z_{S0} + 6R_g}{C_1^{\triangle}K_T^2}} \tag{4-74}
$$

由对称分量法可得△侧保护安装处各相电流为

$$
\left.\begin{aligned}
\dot{I}_{A}^{\triangle} &= \dot{I}_{A1}^{\triangle} + \dot{I}_{A2}^{\triangle} \\
&= \frac{\dot{U}_{A|0|}^{\triangle}e^{j60^\circ}}{2(Z_{T1}^{\triangle} + Z_{R1})} + j\frac{\sqrt{3}}{2}\times\frac{\dot{U}_{B|0|}^{\triangle}}{Z_{T1}^{\triangle} + Z_{R1} + \dfrac{2C_0^Y Z_{S0} + 6R_g}{C_1^{\triangle}K_T^2}} \\
\dot{I}_{B}^{\triangle} &= \alpha^2\dot{I}_{A1}^{\triangle} + \alpha\dot{I}_{A2}^{\triangle} = \frac{\dot{U}_{B|0|}^{\triangle}}{Z_{T1}^{\triangle} + Z_{R1}}
\end{aligned}\right\}
$$

$$
\left.\begin{aligned}
\dot{I}_{C}^{\triangle} &= \alpha \dot{I}_{A1}^{\triangle} + \alpha^2 \dot{I}_{A2}^{\triangle} \\
&= \frac{\dot{U}_{C|0|}^{\triangle} e^{-j60^\circ}}{2(Z_{T1}^{\triangle} + Z_{R1})} - j\frac{\sqrt{3}}{2} \times \frac{\dot{U}_{B|0|}^{\triangle}}{Z_{T1}^{\triangle} + Z_{R1} + \dfrac{2C_0^{Y} Z_{S0} + 6R_g}{C_1^{\triangle} K_T^2}} \\
3\dot{I}_{0}^{\triangle} &= \dot{I}_{A}^{\triangle} + \dot{I}_{B}^{\triangle} + \dot{I}_{C}^{\triangle} = 0
\end{aligned}\right\} \tag{4-75}
$$

由式（4-75）可知，△侧保护安装处各相电流相位、幅值特点如下：

1）Y侧发生 B、C 相金属性接地故障时，△侧对应 Y 侧两故障相中的超前相电流 $\dot{I}_{B}^{\triangle}$ 幅值最大，另两相电流 $\dot{I}_{A}^{\triangle}$、$\dot{I}_{C}^{\triangle}$ 幅值相等，相位关于 $\dot{I}_{B}^{\triangle}$ 对称。

2）Y侧发生 B、C 相经过渡电阻接地故障时，△侧对应 Y 侧两故障相中的超前相电流 $\dot{I}_{B}^{\triangle}$ 幅值最大，另两相电流 $\dot{I}_{A}^{\triangle}$、$\dot{I}_{C}^{\triangle}$ 幅值不相等。当 Y 侧故障点 R_g 趋向无穷大时，$\dot{I}_{A}^{\triangle}$、$\dot{I}_{C}^{\triangle}$ 幅值相等、相位相同，且与 $\dot{I}_{B}^{\triangle}$ 反相，即等同于 Y 侧 B、C 相金属性相间短路故障时。

3）△侧无零序电流。

（2）根据序网图及对称分量法可得△侧保护安装处各相电压如下：

由图 4-21 的正序网络可得

$$
\begin{aligned}
K_T \dot{U}_{A1}^{\triangle} e^{-j30^\circ} &= K_T \dot{U}_{A|0|}^{\triangle} e^{-j30^\circ} - \frac{1}{K_T} \dot{I}_{A1}^{\triangle} e^{-j30^\circ} \cdot K_T^2 Z_{R1} \\
&= K_T \dot{U}_{A|0|}^{\triangle} e^{-j30^\circ} - K_T \dot{I}_{A1}^{\triangle} e^{-j30^\circ} \cdot Z_{R1}
\end{aligned} \tag{4-76}
$$

由式（4-76）可得

$$
\begin{aligned}
\dot{U}_{A1}^{\triangle} &= \dot{U}_{A|0|}^{\triangle} - \dot{I}_{A1}^{\triangle} \cdot Z_{R1} \\
&= \dot{U}_{A|0|}^{\triangle} - \frac{1}{2} \times \frac{Z_{R1}}{Z_{T1}^{\triangle} + Z_{R1}} \dot{U}_{A|0|}^{\triangle} - \frac{1}{2} \times \frac{Z_{R1}}{Z_{T1}^{\triangle} + Z_{R1} + \dfrac{2C_0^{Y} Z_{S0} + 6R_g}{C_1^{\triangle} K_T^2}} \dot{U}_{A|0|}^{\triangle}
\end{aligned} \tag{4-77}
$$

由图 4-21 中的负序网络可得

$$
K_T \dot{U}_{A2}^{\triangle} e^{j30^\circ} = -\frac{1}{K_T} \dot{I}_{A2}^{\triangle} e^{j30^\circ} \cdot K_T^2 Z_{R2} = -K_T \dot{I}_{A2}^{\triangle} e^{j30^\circ} \cdot Z_{R1} \tag{4-78}
$$

由式（4-78）可得

$$
\begin{aligned}
\dot{U}_{A2}^{\triangle} &= -\dot{I}_{A2}^{\triangle} Z_{R1} \\
&= \frac{1}{2} \cdot \frac{Z_{R1}}{Z_{T1}^{\triangle} + Z_{R1}} \dot{U}_{A|0|}^{\triangle} e^{-j60^\circ} - \frac{1}{2} \cdot \frac{Z_{R1}}{Z_{T1}^{\triangle} + Z_{R1} + \dfrac{2C_0^{Y} Z_{S0} + 6R_g}{C_1^{\triangle} K_T^2}} \dot{U}_{A|0|}^{\triangle} e^{-j60^\circ}
\end{aligned} \tag{4-79}
$$

根据对称分量法可以得到△侧保护安装处各相电压为

$$
\left.\begin{aligned}
\dot{U}_{A}^{\triangle} &= \dot{U}_{A1}^{\triangle} + \dot{U}_{A2}^{\triangle} \\
&= \dot{U}_{A|0|}^{\triangle} + \frac{1}{2}\times\frac{Z_{R1}}{Z_{T1}^{\triangle}+Z_{R1}}\dot{U}_{B|0|}^{\triangle} - \mathrm{j}\frac{\sqrt{3}}{2}\times\frac{Z_{R1}}{Z_{T1}^{\triangle}+Z_{R1}+\dfrac{2C_{0}^{Y}Z_{S0}+6R_{g}}{C_{1}^{\triangle}K_{T}^{2}}}\dot{U}_{B|0|}^{\triangle} \\
\dot{U}_{B}^{\triangle} &= \alpha^{2}\dot{U}_{A1}^{\triangle} + \alpha\dot{U}_{A2}^{\triangle} \\
&= \dot{U}_{B|0|}^{\triangle} - \frac{Z_{R1}}{Z_{T1}^{\triangle}+Z_{R1}}\dot{U}_{B|0|}^{\triangle} \\
\dot{U}_{C}^{Y} &= \alpha\dot{U}_{A1}^{Y} + \alpha^{2}\dot{U}_{A2}^{Y} \\
&= \dot{U}_{C|0|}^{\triangle} + \frac{1}{2}\times\frac{Z_{R1}}{Z_{T1}^{\triangle}+Z_{R1}}\dot{U}_{B|0|}^{\triangle} + \mathrm{j}\frac{\sqrt{3}}{2}\times\frac{Z_{R1}}{Z_{T1}^{\triangle}+Z_{R1}+\dfrac{2C_{0}^{Y}Z_{S0}+6R_{g}}{C_{1}^{\triangle}K_{T}^{2}}}\dot{U}_{B|0|}^{\triangle} \\
3\dot{U}_{0}^{\triangle} &= \dot{U}_{A}^{\triangle} + \dot{U}_{B}^{\triangle} + \dot{U}_{C}^{\triangle} = 0
\end{aligned}\right\} \quad (4\text{-}80)
$$

由式（4-80）可知，△侧保护安装处各相电压相位、幅值特点如下：

1）当Y侧发生B、C相金属性接地短路故障时，△侧对应Y侧两故障相中的超前相电压$\dot{U}_{B}^{\triangle}$幅值减小，相位与故障前保持不变，其余两相电压$\dot{U}_{A}^{\triangle}$、$\dot{U}_{C}^{\triangle}$幅值等幅减小，幅值相等。

2）当Y侧发生B、C相经过渡电阻接地短路故障时，△侧对应Y侧两故障相中的滞后相电压$\dot{U}_{B}^{\triangle}$幅值减小，相位与故障前保持不变。其余两相电压$\dot{U}_{A}^{\triangle}$、$\dot{U}_{C}^{\triangle}$随Y侧过渡电阻$R_{g}=0\to\infty$变化，幅值减小，其中$\dot{U}_{A}^{\triangle}$幅值变化较$\dot{U}_{C}^{\triangle}$明显。

3）△侧无零序电压。由式（4-75）、式（4-80）可以得到△侧对应Y侧两故障相中超前相电流$\dot{I}_{B}^{\triangle}$与超前相电压$\dot{U}_{B}^{\triangle}$的相位关系特点为

$$
\varphi = \arg\frac{\dot{U}_{B}^{\triangle}}{\dot{I}_{B}^{\triangle}} = \frac{\dot{U}_{B|0|}^{\triangle} - \dfrac{Z_{R1}}{Z_{T1}^{\triangle}+Z_{R1}}\dot{U}_{B|0|}^{\triangle}}{\dfrac{\dot{U}_{B|0|}^{\triangle}}{Z_{T1}^{\triangle}+Z_{R1}}} = \arg Z_{T1}^{\triangle} \quad (4\text{-}81)
$$

由式（4-81）可知，当Y侧发生B、C相接地短路故障时，△侧对应Y侧两故障相中超前相电流$\dot{I}_{B}^{\triangle}$与超前相电压$\dot{U}_{B}^{\triangle}$的相位关系为：$\dot{I}_{B}^{\triangle}$滞后$\dot{U}_{B}^{\triangle}$一个变压器的正序阻抗角约80°，该特点与故障点是否有过渡电阻无关。

三、录波图及相量分析

1. Y侧区内B、C相金属性接地短路故障（QSE闭合，$C_{0}^{Y}Z_{S0} < C_{1}^{Y}Z_{S1}$）

变压器Y侧绕组引出线至TA之间发生B、C相金属性接地短路故障，变压器保护动作跳开1QF、2QF断路器，变压器两侧保护安装处录波如图4-22所示。（标尺刻度为一次值）

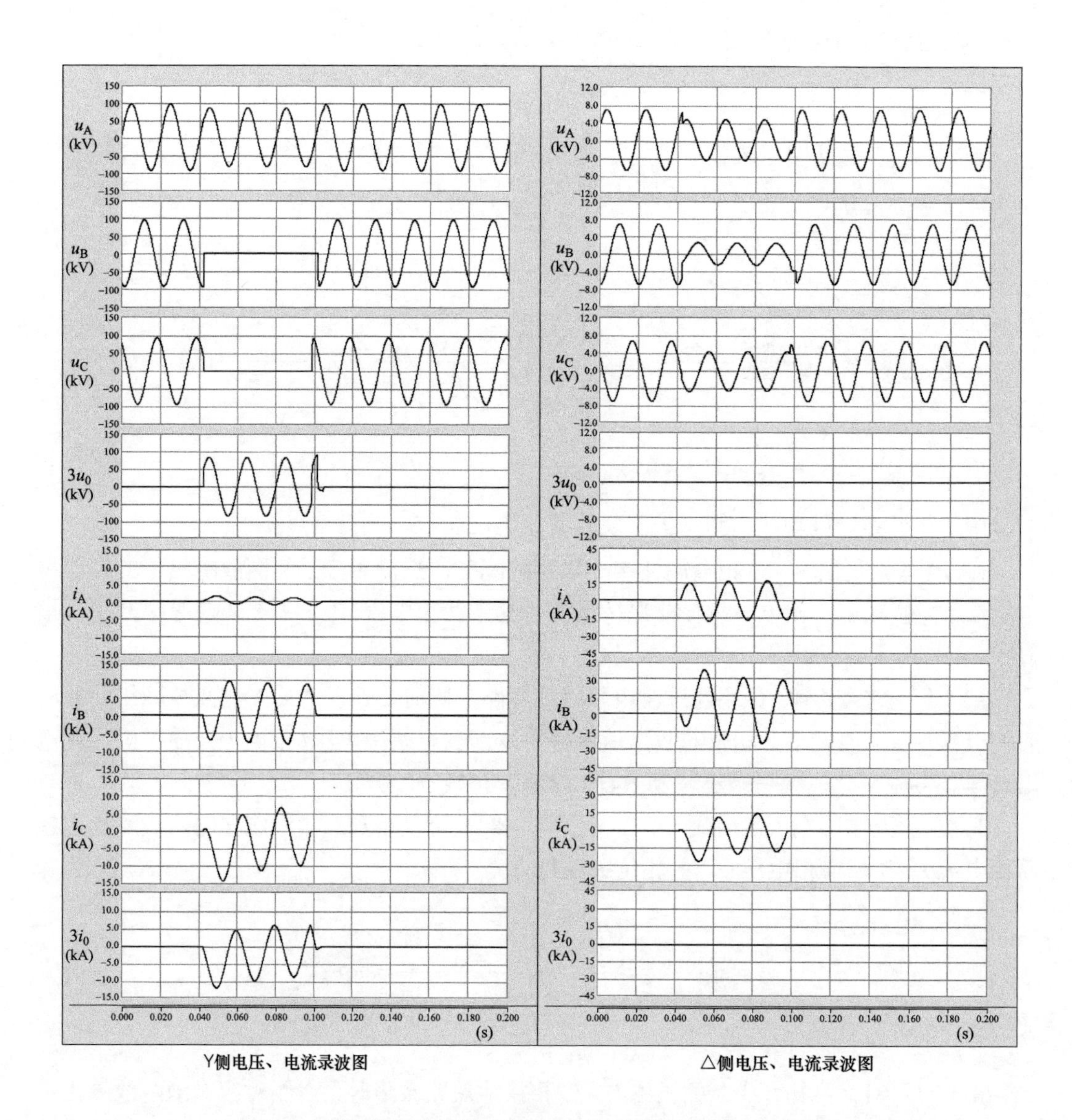

图 4-22　变压器两侧保护安装处电压、电流录波图（一次值）

对比图 3-76，图 4-22 中 Y 侧电流、电压录波为典型的出口处 B、C 相金属性接地短路故障波形。其中，A 出现故障分量电流，且与零序电流反相，说明 $C_0^{\mathrm{Y}} > C_1^{\mathrm{Y}}$ 。

图 4-22 中△侧电流电压录波的特点是：三相均出现故障电流，其中对应 Y 侧两故障相中的超前相（即 B 相）电流幅值最大，A、C 相电流幅值相等。三相电压的特点是：B 相电压幅值最小，相位基本保持与故障前一致。A、C 相电压幅值减小，且幅值相等，相位差增大。B 相电流滞后 B 相电压约 80°。

绘制此时变压器两侧保护安装处电压、电流相量图，如图 4-23 所示。

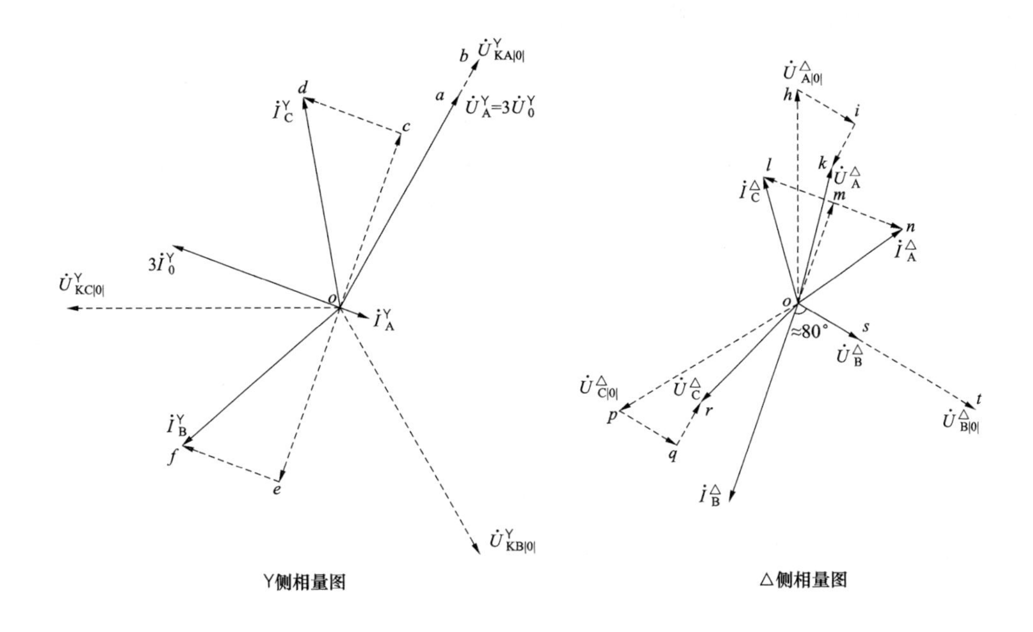

$$\overrightarrow{ab}=-\frac{C_0^Y Z_{S0}-C_1^Y Z_{S1}}{C_1^Y Z_{S1}+2C_0^Y Z_{S0}}\dot{U}^Y_{KA|0|} \qquad \overrightarrow{cd}=\overrightarrow{ef}=-\left(C_0^Y+\frac{C_1^Y}{2}\right)\frac{\dot{U}^Y_{KA|0|}}{C_1^Y Z_{S1}+2C_0^Y Z_{S0}}$$

$$\overrightarrow{oc}=\mathrm{j}\frac{\sqrt{3}}{2}\times\frac{\dot{U}^Y_{KA|0|}}{Z_{S1}} \qquad \overrightarrow{oe}=-\mathrm{j}\frac{\sqrt{3}}{2}\times\frac{\dot{U}^Y_{KA|0|}}{Z_{S1}} \qquad \overrightarrow{hi}=\overrightarrow{pq}=\frac{1}{2}\times\frac{Z_{R1}}{Z_{T1}^{\triangle}+Z_{R1}}\dot{U}^{\triangle}_{B|0|}$$

$$\overrightarrow{ik}=-\mathrm{j}\frac{\sqrt{3}}{2}\times\frac{Z_{R1}}{Z_{T1}^{\triangle}+Z_{R1}+\dfrac{2C_0^Y Z_{S0}}{C_1^{\triangle}K_T^2}}\dot{U}^{\triangle}_{B|0|} \qquad \overrightarrow{qr}=\mathrm{j}\frac{\sqrt{3}}{2}\times\frac{Z_{R1}}{Z_{T1}^{\triangle}+Z_{R1}+\dfrac{2C_0^Y Z_{S0}}{C_1^{\triangle}K_T^2}}\dot{U}^{\triangle}_{B|0|}$$

$$\overrightarrow{om}=\frac{\dot{U}^{\triangle}_{A|0|}\mathrm{e}^{\mathrm{j}60^\circ}}{2(Z_{T1}^{\triangle}+Z_{R1})} \qquad \overrightarrow{ml}=-\mathrm{j}\frac{\sqrt{3}}{2}\times\frac{\dot{U}^{\triangle}_{B|0|}}{Z_{T1}^{\triangle}+Z_{R1}+\dfrac{2C_0^Y Z_{S0}}{C_1^{\triangle}K_T^2}}$$

$$\overrightarrow{mn}=\mathrm{j}\frac{\sqrt{3}}{2}\times\frac{\dot{U}^{\triangle}_{B|0|}}{Z_{T1}^{\triangle}+Z_{R1}+\dfrac{2C_0^Y Z_{S0}}{C_1^{\triangle}K_T^2}} \qquad \overrightarrow{st}=\frac{Z_{R1}}{Z_{T1}^{\triangle}+Z_{R1}}\dot{U}^{\triangle}_{B|0|}$$

图 4-23　变压器两侧保护安装处电压、电流相量图

2. Y侧区内 B、C 相经过渡电阻接地短路故障（QSE 闭合，$C_0^Y Z_{S0}<C_1^Y Z_{S1}$）

变压器 Y侧绕组引出线至 TA 之间发生 B、C 相金属性接地短路故障，变压器保护动作跳开 1QF、2QF 断路器，变压器两侧保护安装处录波如图 4-24 所示。（标尺刻度为一次值）

对比图 3-80，图 4-24 中 Y侧电流、电压可以明显看出，故障期间 B、C 相电压幅值

相等、相位相同，且零序电流与 B、C 相电压同相，是典型的大电流接地系统出口处 B、C 相经过渡电阻接地故障波形特征。

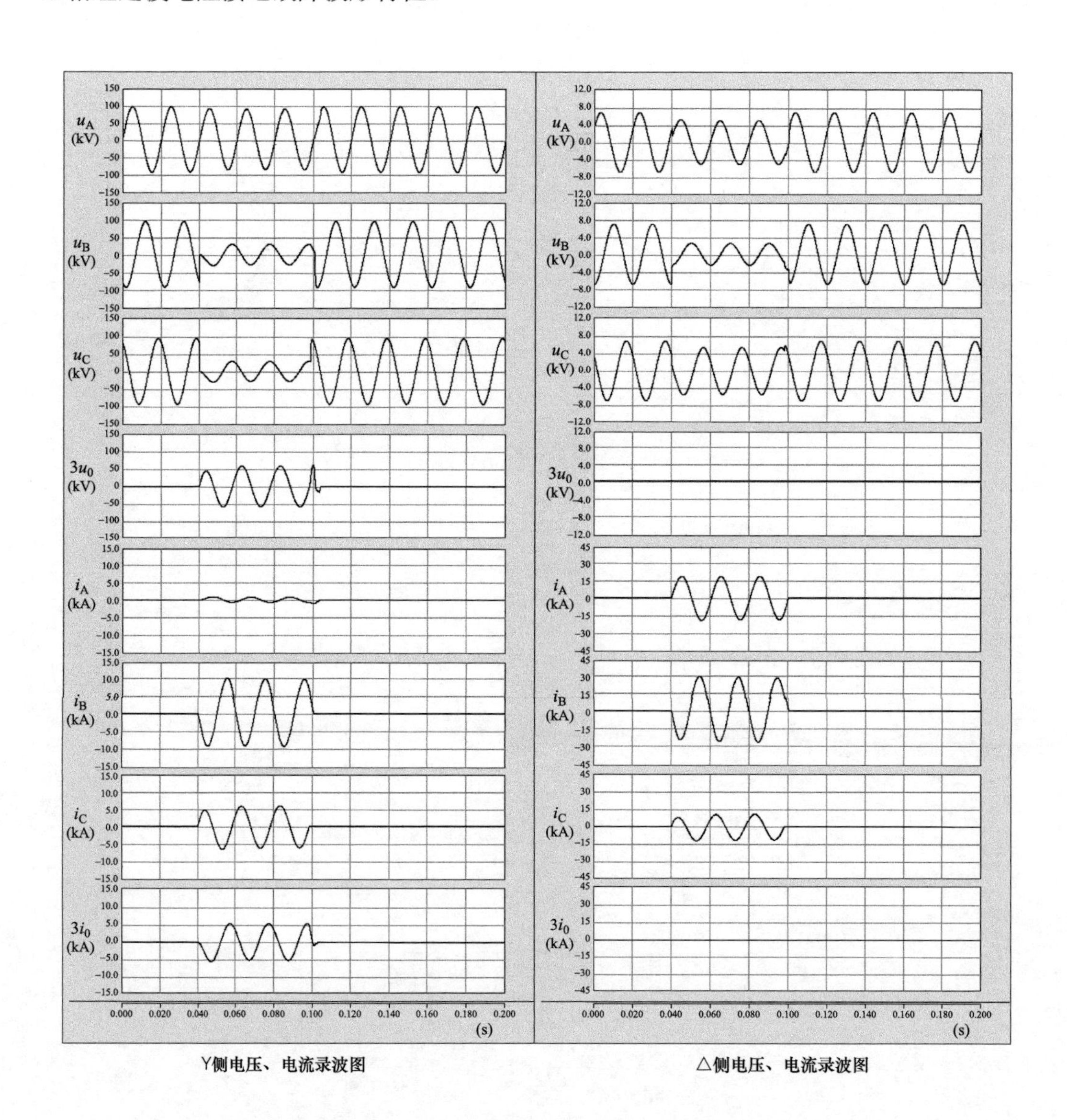

Y侧电压、电流录波图　　　　△侧电压、电流录波图

图 4-24　变压器两侧保护安装处电压、电流录波图（一次值）

对比图 4-22，图 4-24 中△侧电流、电压录波的特点是：三相均出现故障电流，其中对应 Y 侧两故障相中的超前相（即 B 相）电流幅值最大，A、C 相电流幅值不相等，幅值差明显。三相电压特点是：B 相电压幅值最小，相位基本保持与故障前一致。A、C 相电压幅值减小，幅值不相等，但幅值差不明显，相位差增大。B 相电流滞后 B 相电压约 80°（不受过渡电阻影响）。

绘制此时变压器两侧保护安装处电压、电流相量图，如图 4-25 所示。

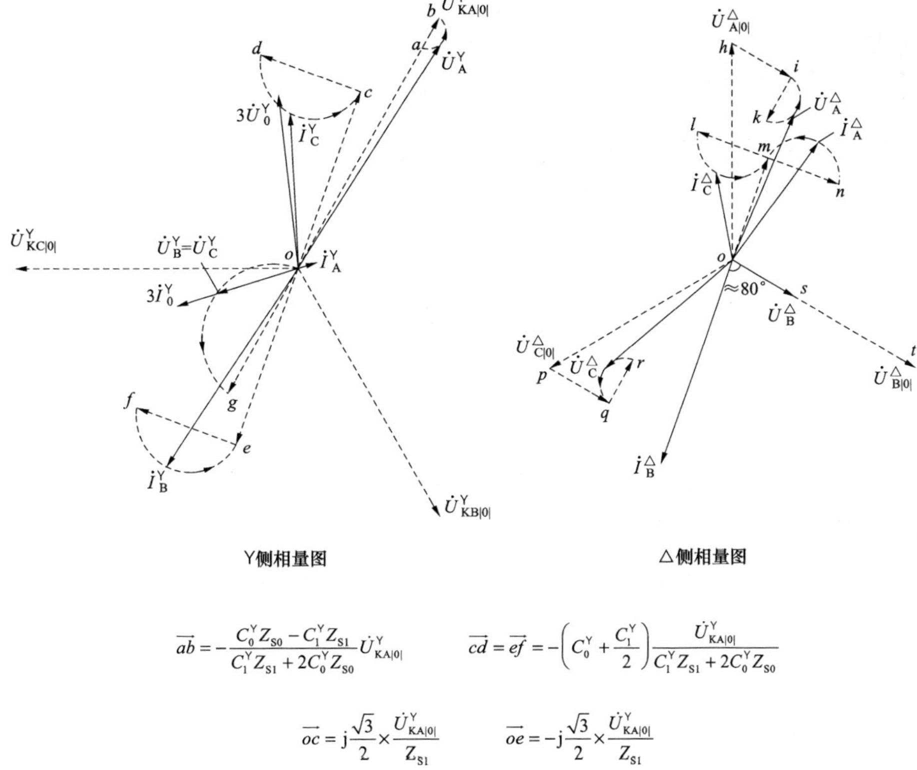

$$\overrightarrow{ab}=-\frac{C_0^{Y}Z_{S0}-C_1^{Y}Z_{S1}}{C_1^{Y}Z_{S1}+2C_0^{Y}Z_{S0}}\dot{U}^{Y}_{KA|0|}\qquad \overrightarrow{cd}=\overrightarrow{ef}=-\left(C_0^{Y}+\frac{C_1^{Y}}{2}\right)\frac{\dot{U}^{Y}_{KA|0|}}{C_1^{Y}Z_{S1}+2C_0^{Y}Z_{S0}}$$

$$\overrightarrow{oc}=\mathrm{j}\frac{\sqrt{3}}{2}\times\frac{\dot{U}^{Y}_{KA|0|}}{Z_{S1}}\qquad \overrightarrow{oe}=-\mathrm{j}\frac{\sqrt{3}}{2}\times\frac{\dot{U}^{Y}_{KA|0|}}{Z_{S1}}$$

$$\overrightarrow{og}=-\frac{1}{2}\dot{U}^{Y}_{KA|0|}\qquad \overrightarrow{hi}=\overrightarrow{pq}=\frac{1}{2}\times\frac{Z_{R1}}{Z_{T1}^{\triangle}+Z_{R1}}\dot{U}^{\triangle}_{B|0|}\qquad \overrightarrow{ik}=-\mathrm{j}\frac{\sqrt{3}}{2}\times\frac{Z_{R1}}{Z_{T1}^{\triangle}+Z_{R1}+\dfrac{2C_0^{Y}Z_{S0}}{C_1^{\triangle}K_T^2}}\dot{U}^{\triangle}_{B|0|}$$

$$\overrightarrow{qr}=\mathrm{j}\frac{\sqrt{3}}{2}\times\frac{Z_{R1}}{Z_{T1}^{\triangle}+Z_{R1}+\dfrac{2C_0^{Y}Z_{S0}}{C_1^{\triangle}K_T^2}}\dot{U}^{\triangle}_{B|0|}\qquad \overrightarrow{om}=\frac{\dot{U}^{\triangle}_{A|0|}\mathrm{e}^{j60^\circ}}{2(Z_{T1}^{\triangle}+Z_{R1})}\qquad \overrightarrow{ml}=-\mathrm{j}\frac{\sqrt{3}}{2}\times\frac{\dot{U}^{\triangle}_{B|0|}}{Z_{T1}^{\triangle}+Z_{R1}+\dfrac{2C_0^{Y}Z_{S0}}{C_1^{\triangle}K_T^2}}$$

$$\overrightarrow{mn}=\mathrm{j}\frac{\sqrt{3}}{2}\times\frac{\dot{U}^{\triangle}_{B|0|}}{Z_{T1}^{\triangle}+Z_{R1}+\dfrac{2C_0^{Y}Z_{S0}}{C_1^{\triangle}K_T^2}}\qquad \overrightarrow{st}=\frac{Z_{R1}}{Z_{T1}^{\triangle}+Z_{R1}}\dot{U}^{\triangle}_{B|0|}$$

图 4-25　变压器两侧保护安装处电压、电流相量图

第五章
故障录波案例分析

第一节 110kV 线路故障录波图分析

一、故障情况简述

某 110kV 馈供系统接线如图 5-1 所示（QSE 打开）。线路保护为三段式距离、四段式零序过电流保护。投三相一次重合闸。

甲线路非出口处发生 C 相接地短路故障，距离保护 I 段动作、零序过电流 I 段动作，断路器（1QF）三相跳闸，约 2s 后重合闸动作，断路器重合成功。甲线保护安装处故障录波如图 5-2 所示。

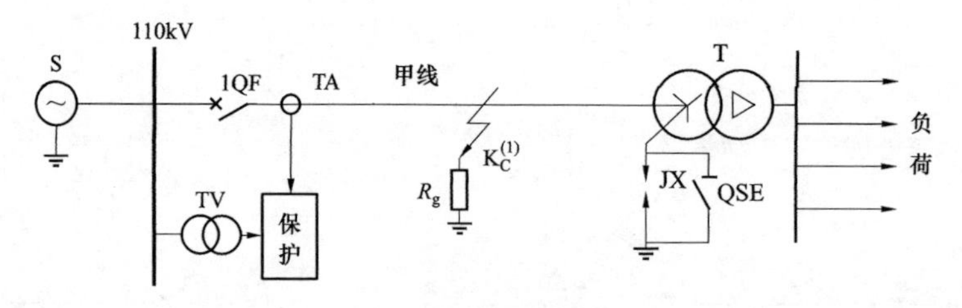

图 5-1 系统接线图

二、录波图分析

已知甲线线路正序阻抗 $Z_{L1}=0.385\angle 80^\circ\ \Omega/\text{km}$，零序阻抗 $Z_{L0}=1.159\angle 80^\circ\ \Omega/\text{km}$，TA 变比 600/5、TV 变比 110/0.1。线路 TV 电压录波量未接线。

由图 5-2 可以看出，–40～0ms 为故障前正常状态的录波，故障前三相电流为幅值较小的负荷电流，无零序电流。三相电压幅值相等，相位对称，无零序电压。从开关量录波通道 5 的状态可知故障前开关在合位。

0ms 为故障发生时刻，C 相出现故障电流（一次有效值约为 5.1kA），A、B 相电流无明显变化，出现零序电流（一次有效值约为 5.1kA），同时 C 相电压下降（残压一次有效值约为 35.5kV，并出现零序电压（一次有效值约为 33.9kV）。

约 14ms 时线路保护动作，三相跳闸出口（开关量录波通道 1 出现变位）。C 相故障电流持续了 3 个半周波左右约 70ms，因此断路器的开断时间约为 70–14=56（ms），符合一般 110kV 断路器的分闸速度特性。

保护跳闸脉冲在约 112ms 时消失（开关量录波通道 1 出现变位返回），C 相故障电流在约 70ms 时消失，因此保护装置返回时间约为 112−70=42（ms）。

保护装置重合闸脉冲在 2095ms 时发出，重合闸脉冲时间宽度约 100ms。按重合闸计时启动的三个一般条件为：① 断路器三相无电流；② 断路器分位；③ 保护跳闸脉冲返回。上述三个条件最迟满足的是保护跳闸脉冲返回，因此从保护跳闸脉冲返回至重合闸脉冲发出约 1980ms，由此可推断出重合闸延时整定时间为 2s。

重合闸脉冲发出后约 100ms 时，三相均出现电流，三相电流均偏向时间轴一侧、波形间断，且幅值逐渐衰减，可判断该三相电流为变压器励磁涌流。线路重合成功。

这里需要注意的是，保护装置录波中的合位、分位开关量录波信号一般均为操作箱中 KCC（合闸位置继电器）、KCT（跳闸位置继电器）的触点信号，当保护跳闸断路器由合到分时，由于保护出口跳闸继电器触点在跳断路器的同时将 KCC 线圈短接了，此时 KCC 先于断路器变位，因此此时的合位返回信号不能认为是断路器已在分位。同理，当断路器由分到合时，由于重合闸出口继电器触点在合断路器的同时将 KCT 线圈短接了，此时 KCT 先于断路器变位，因此此时的分位返回信号也不能认为是断路器已在合位。综上所述，保护装置录波中的断路器分、合位录波量不能即刻反映断路器状态，只能作为一种稳态下的状态量参考。

三、特殊问题分析

1. 故障相阻抗元件测量阻抗的估算

从图 5-2 可以看出，C 相电流滞后 C 相残压约 55°，且零序电压与故障相残压不是反相关系，可以说明故障点有过渡电阻。

C 相接地阻抗元件的测量阻抗（一次值）估算式为

$$
\begin{aligned}
Z_{\mathrm{j}} &= \frac{\dot{U}_{\mathrm{C}}}{\dot{I}_{\mathrm{C}} + K3\dot{I}_{0}} \\
&= \frac{\dot{U}_{\mathrm{C}}}{\dot{I}_{\mathrm{C}} + \dfrac{Z_{\mathrm{L0}} - Z_{\mathrm{L1}}}{3Z_{\mathrm{L1}}} \cdot 3\dot{I}_{0}} \\
&= \frac{33.9\angle 0^{\circ}}{5.1\angle -55^{\circ} + \dfrac{1.159 - 0.385}{3 \cdot 0.385} \cdot 5.1\angle -55^{\circ}} \\
&= 3.98\angle 55^{\circ}\ (\Omega)
\end{aligned}
\tag{5-1}
$$

式（5-1）中电流、电压的取值方法可参考第一章第二节的内容。为了减小估算误差，有条件的可以使用专用故障录波分析软件从电子格式的录波文件中获取电流、电压、相角等读数，以提高估算精度。

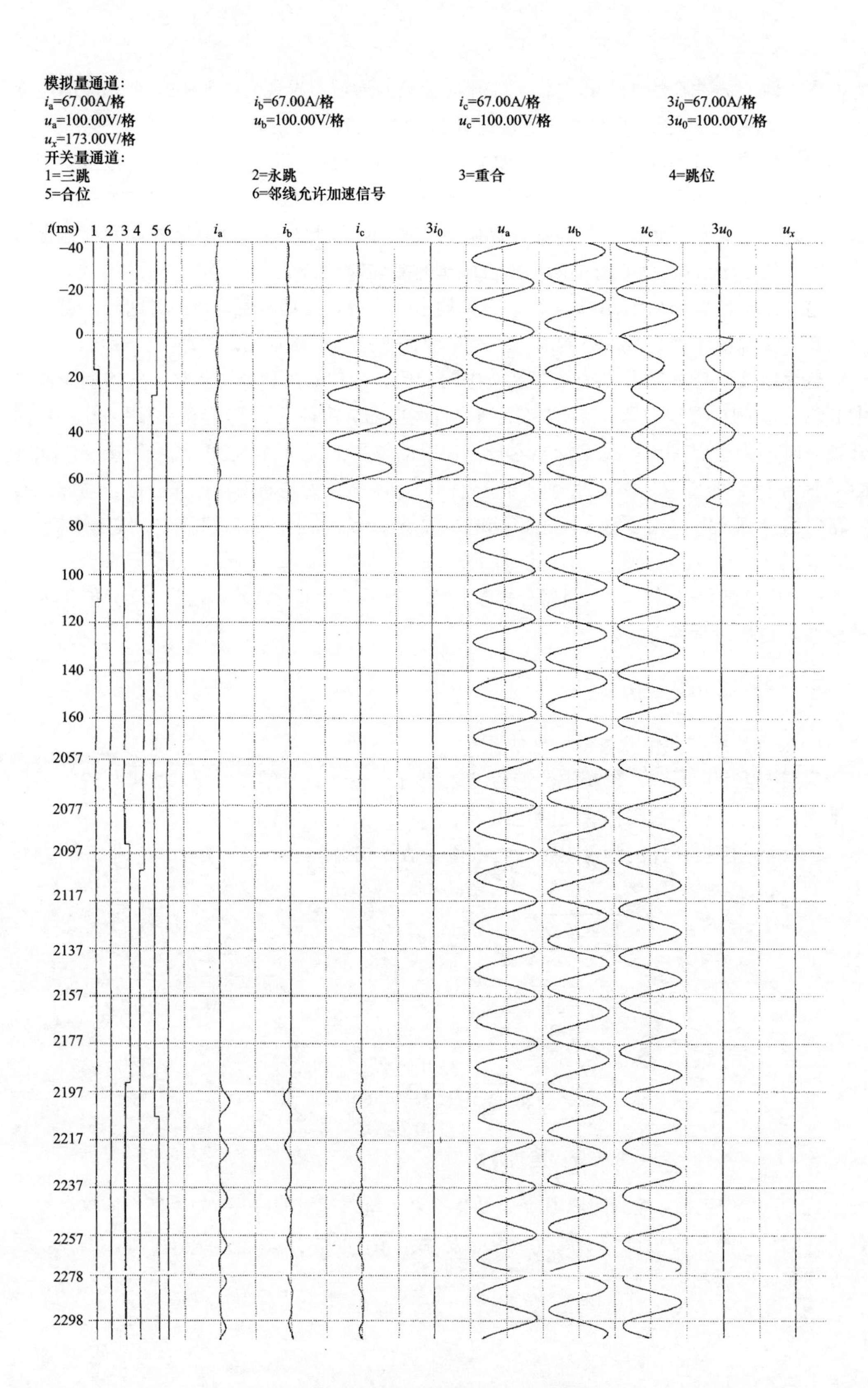

图 5-2　保护安装处故障录波图（保护装置录波）

2. 故障测距的估算

保护装置测量阻抗的分解示意图如图 5-3 所示，测量阻抗 $Z_j = Z_K + Z_{R_g}$，其中短路阻抗 Z_K 为保护安装处至故障点的线路正序阻抗，L_K 为保护安装处至故障点的距离。Z_{R_g} 为故障点过渡电阻附加阻抗。

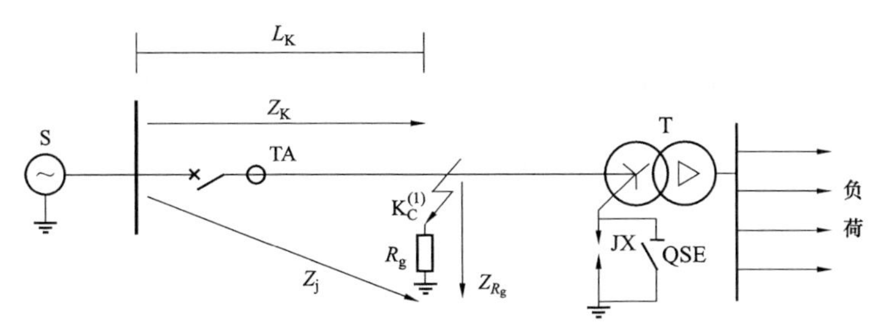

图 5-3　保护装置测量阻抗的分解示意图

将保护装置的测量阻抗 $Z_j = Z_K + Z_{R_g}$ 在复平面上表示，如图 5-4 所示。

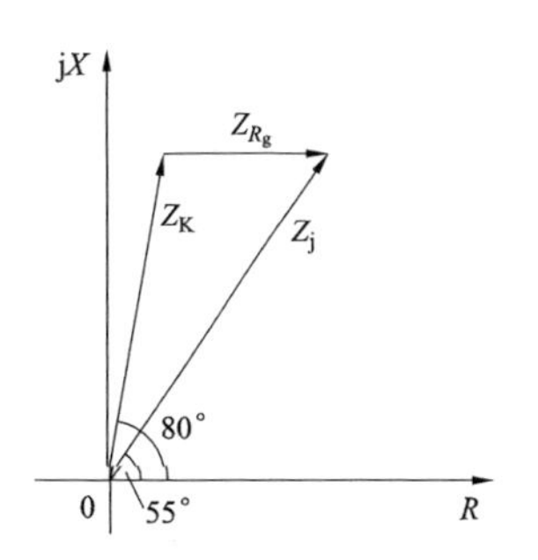

图 5-4　保护装置测量阻抗的复平面矢量图

由图 5-4 并根据正弦定律可得到（馈供线上 Z_{R_g} 为电阻性，因此 Z_{R_g} 平行 R 轴）

$$Z_K = \frac{|Z_j|}{\sin 100^\circ}\sin 55^\circ \angle 80^\circ = 3.31\angle 80^\circ\ (\Omega)$$

所以保护安装处到故障点的距离估算式为

$$L_K = \frac{Z_K}{Z_{L1}} = \frac{3.31\angle 80^\circ}{0.385\angle 80^\circ} = 8.6\ (\text{km})$$

需要注意的是，上述测距的估算方法适合在馈供线上使用，负荷侧变压器中性点是否接地运行不影响估算结果。当使用在双端电源线路上时，由于对侧电源助增电流的作用，故障点过渡电阻附加阻抗 Z_{R_g} 不再呈现单一的纯电阻性，还可能呈现阻容性或阻感性，此时按上述方法估算测距时，误差将增大。特别是当线路负荷较重时，误差将进一步增大。另外，在由不同型号的混合导线构成的线路上进行估算时，误差也将增大。

第二节　220kV 线路故障录波图分析

一、故障情况简述

故障前系统接线如图 5-5 所示，故障前甲线 1QF、2QF 在合位。甲线线路保护双套配置，主保护均为分相电流差动保护。线路保护重合闸投单重方式，两套线路保护重合闸均投入。两侧 TV 变比为 220/0.1，TA 变比为 2400/5。

甲线非出口处发生 A 相接地短路故障，两侧分相电流差动保护 A 相动作、A 相接地距离Ⅰ段动作、A 相零序过电流Ⅰ段动作，两侧 A 相断路器跳闸，约 0.8s 后 A 相断路器重合于永久性故障，两侧断路器三相跳闸。

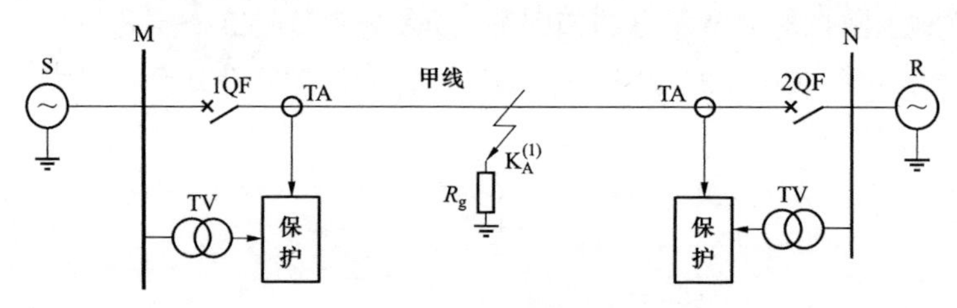

图 5-5　系统接线图

二、录波图分析

调取甲线 M 侧变电站专用故障录波器录波如图 5-6 所示。（图中标尺为二次值瞬时值）

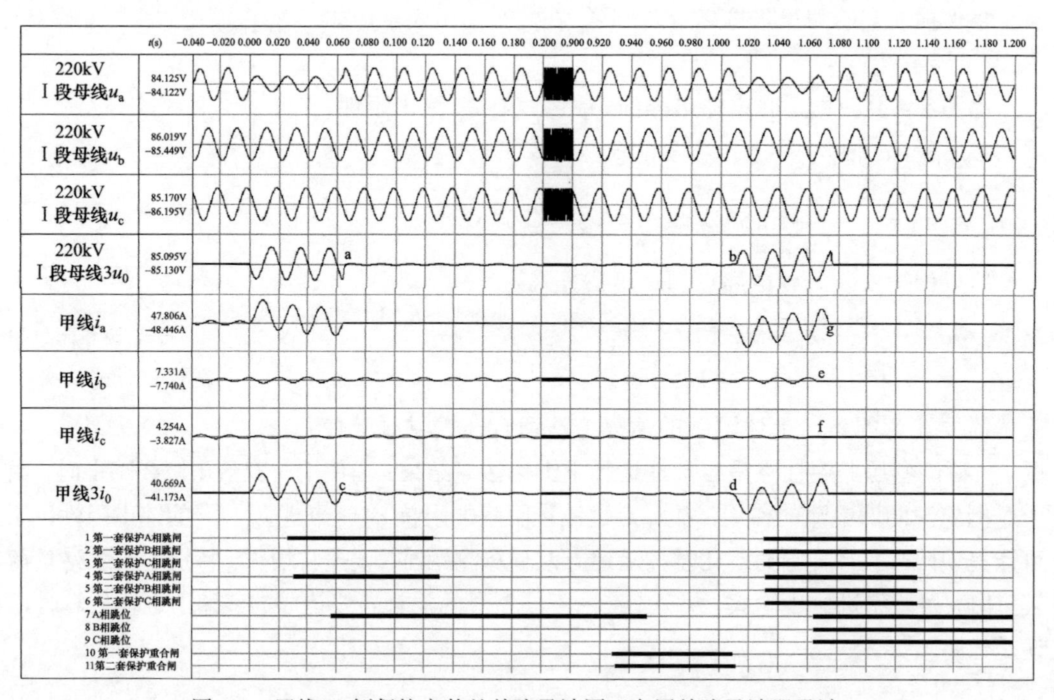

图 5-6　甲线 M 侧保护安装处故障录波图（专用故障录波器录波）

从图 5-6 可知，故障前 40ms 三相电压对称（一次有效值约为 130.9kV），无零序电压。三相电流为对称负荷电流（一次有效值约为 1.4kA），无零序电流。

故障从 0ms 开始，A 相电压下降（残压一次有效值约为 60.8kV），B、C 相电压较故障前基本保持不变，出现零序电压（一次有效值约为 132.4kV）。0ms 时刻，A 相电流从负荷电流突变为故障电流（一次最大峰值约为 22.95kA，一次有效值约为 9.3kA），故障期间 B、C 相电流略有变化，其中 B 相电流幅值略有上升，C 相电流幅值略有下降，出现零序电流（一次有效值为 7.9kA）。故障电流共持续了 $3\frac{1}{4}$ 个周波，约 65ms。从上述阅读结果可知，零序电流小于故障相电流，说明故障点两侧零序分配系数 C_{0M} 与正序分配系数 C_{1M} 不相等，且 $C_{0M} < C_{1M}$。所以非故障的B、C两相会出现零序故障分量电流，且相位均与A相电流反相，又由于B相负荷电流与B相中的零序故障分量电流相位接近同相，因此B相电流幅值略有上升，而C相负荷电流与C相中的零序故障分量电流相位接近反相，因此C相电流幅值略有下降。

故障期间A相残压与 $3U_0$ 零序电压反相，说明故障点发生的是A相金属性接地短路故障。

第一套保护约在25ms时A相跳闸出口，第二套保护约在30ms时A相跳闸出口。断路器开断时间约40ms。保护返回时间约40ms。

第一套保护重合闸脉冲在约928ms时发出，第二套保护重合闸脉冲约在930ms时发出。重合于永久性故障，重合闸延时约800ms。第二次故障约1010ms时出现，故障电流、电压幅值与第一次故障基本相同。

由于断路器重合于永久性故障，因此第一套保护装置在约1030ms时发出三相跳闸命令，第二套保护在约1032ms时发出三相跳闸命令，约1075ms时故障电流消失，故障被切除，母线电压恢复正常，断路器三相处在分闸位置。

三、特殊问题分析

（1）为什么图5-6中ab段出现零序电压，cd段出现零序电流？

由于线路发生A相接地短路故障后，两侧线路保护均选跳A相，在A相断路器等待重合的过程中线路出现短时间的非全相运行，由于故障前该线路负荷较重，两侧电源电动势存在一定的幅值差与功角差，因此在非全相运行情况下产生零序电流（cd段），两侧母线相应会出现零序电压（ab段），其特点是零序电压幅值较小，且两侧零序电压相位相反。在该种情况下，两侧零序功率方向元件都会误判为正方向故障，因此若使用零序纵联方向保护，则需短时退出运行。

（2）为什么图5-6中第二次故障时保护装置发出三跳命令，但B、C相负荷电流（e、f点）先于A相故障电流（g点）消失？

B、C相负荷电流先于A相故障电流消失，原因为对侧断路器先于本侧断路器跳闸，因此造成B、C相负荷电流被截波，可通过查阅对侧故障录波图来确认。

（3）为什么图5-6中故障期间零序电压 $3\dot{U}_0 \neq \dot{U}_a + \dot{U}_b + \dot{U}_c$，零序电压幅值偏高？

由于专用故障录波器的零序电压录波量一般接至TV的二次开口三角形绕组，而各相电压录波量接至TV的二次星形绕组，大电流接地系统使用的TV二次开口三角形绕组每相额定电压为100V，而星形绕组每相额定电压为 $100/\sqrt{3}$V，因此录波图中 $3\dot{U}_0 \neq \dot{U}_a + \dot{U}_b + \dot{U}_c$。

在保护装置录波中，零序电压录波量一般为自产，因此其录波图中 $3\dot{U}_0 = \dot{U}_a + \dot{U}_b + \dot{U}_c$。

需要指出的是，在专用故障录波器的零序电压通道中，由于TV二次开口三角形绕组一般有A相极性端接地和C相非极性端接地两种方式，因此可能会导致录波图中零序电压相位与实际零序电压相位相反的情况发生，此时需要甄别，以免误判。若TV二次开口三角形绕组采用 A 相极性端接地，则引出线“N600”应接入故障录波器零序电压通道的极性端；C 相非极性端引出线“L”应接入故障录波器零序电压通道的非极性端。若 TV 二次开口三角形绕组采用 C 相非极性端接地，则引出线“N600”应接入故障录波器零序电压通道的非极性端；A 相极性端引出线“L”应接入故障录波器零序电压通道的极性端，这样可以保证录波图中的零序电压相位与实际零序电压相位一致。

第三节　变压器间隙保护动作的录波图分析

一、故障情况简述

故障前系统接线如图 5-7 所示，1QF、2QF、3QF、5QF、6QF、7QF 在合位，4QF、8QF 在分位，即甲线带 1 号、2 号变压器运行，乙线备用。两台变压器中性点均经间隙接地，变压器联结组别为 Ynd11。

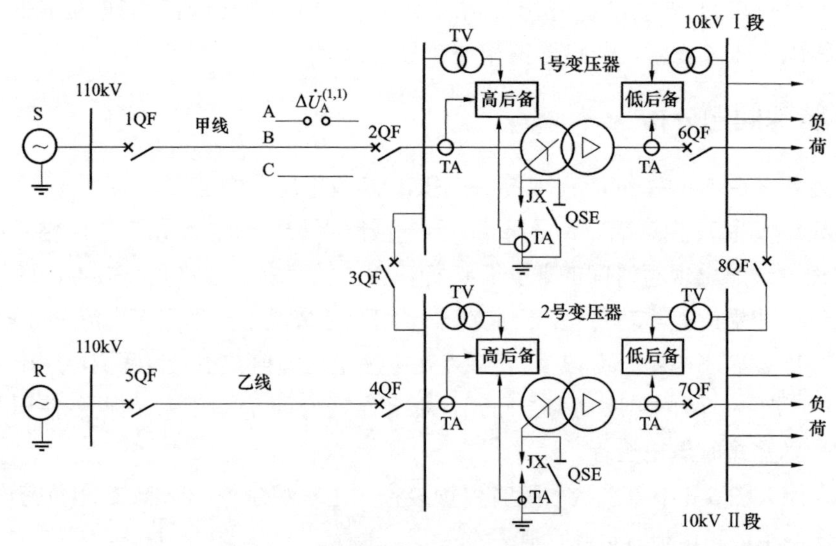

图 5-7　系统接线图

甲、乙线电源侧线路保护配置普通三段式距离、四段式零序过电流保护。两台变压器保护配置相同，电气量主保护均为纵联差动保护，高压侧后备保护投入复压闭锁过电流、零序过电流、间隙零序过电压/过电流保护，低压侧后备保护投入复压闭锁过电流保护。

某日，在变电站围墙外发生车辆撞击甲线线路杆塔事故，导致甲线 A 相发生断线故障，随即 1 号、2 号变压器间隙零序过电压保护动作，跳开 1 号、2 号变压器两侧断路器，该变电站全站失电。

间隙零序过电压保护定值整定 150V（二次值），延时 0.3s。变压器高、低压侧 TA 变比分别为 600/5 和 4000/5，高、低压侧 TV 变比分别为 110/0.1 和 10/0.1。

二、录波图分析

故障时 1 号变压器故障录波如图 5-8 所示（图中标尺为二次瞬时值），2 号变压器与 1 号变压器录波图相同，这里不再重复。

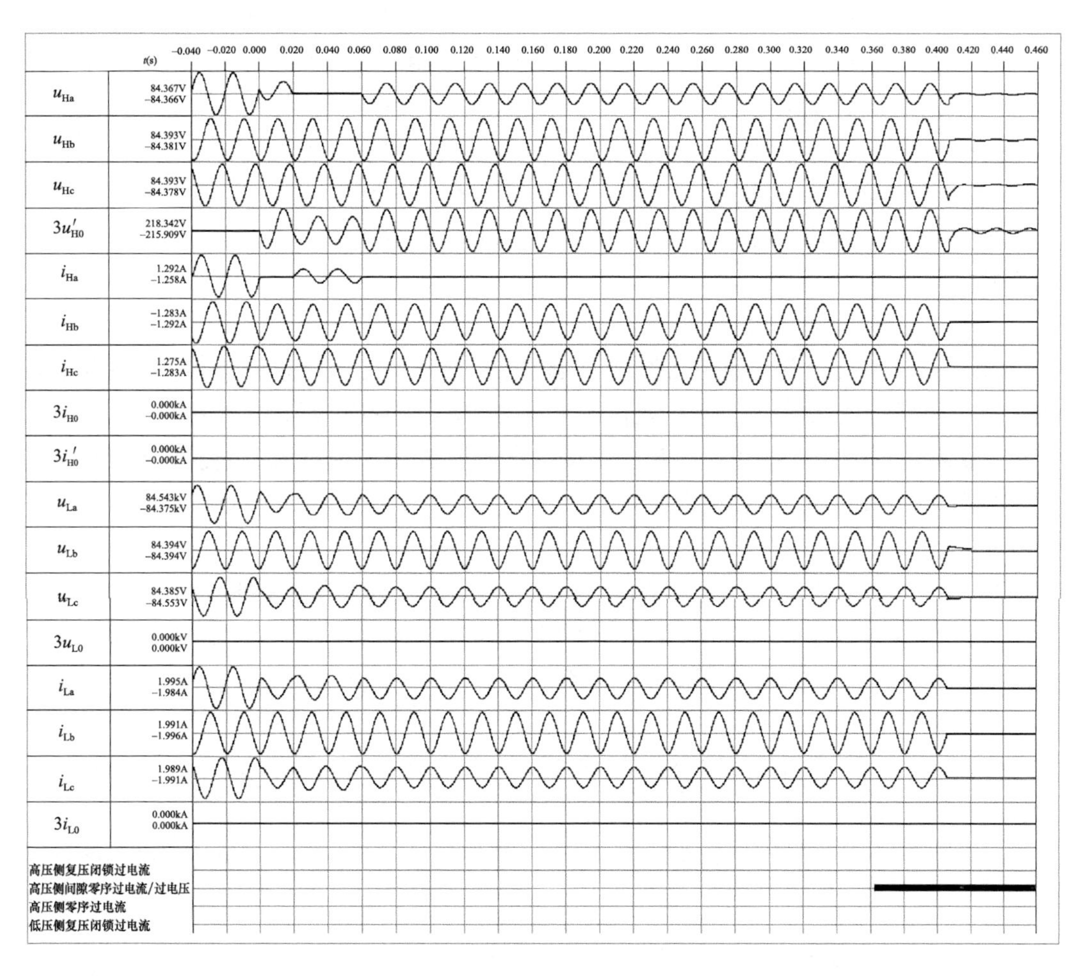

图 5-8　1 号变压器高、低压侧后备保护安装处录波图（保护装置录波）

图 5-8 中，u_{Ha}、u_{Hb}、u_{Hc} 为高压侧母线三相电压录波，$3u'_{H0}$ 为间隙过电压录波通道，该通道接高压侧母线 TV 开口三角电压。i_{Ha}、i_{Hb}、i_{Hc} 为高压侧后备保护三相电流录波，$3i_{H0}$ 为高压侧后备保护自产零序电流录波，$3i_{H0}$ 为变压器间隙零序 TA 电流录波。

图 5-8 中，u_{La}、u_{Lb}、u_{Lc} 为低压侧母线三相电压录波，$3u_{L0}$ 为低后备保护自产零序电压录波。i_{La}、i_{Lb}、i_{Lc} 为低压侧后备保护三相电流录波，$3i_{L0}$ 为低压侧后备保护自产零序电流录波。

从图 5-8 中可以看出，–40～0ms 为故障前正常负荷运行状态，变压器高、低压侧各相电压幅值相等（高压侧一次有效值为 65.5kV，低压侧一次有效值为 5.98kV），相位对称，无零序电压。三相电流幅值相等（高压侧一次有效值约为 0.11kA，低压侧一次有效值约为 1.2kA），相位对称，无零序电流。

1. 故障发展的第一阶段

0～20ms 为故障发展的第一阶段，该阶段高压侧 A 相电压幅值下降（一次有效值约为 32.9kV），幅值约为正常时相电压的一半，出现零序电压（二次有效值约为 153.5V、一次有效值约为 97.5kV），B、C 相电压在此期间幅值、相位基本保持不变。高压侧 A 相负荷电流消失，B、C 相电流幅值略减小，相位差 180°，无零序电流。

0～20ms 低压侧 B 相电压幅值及相位较故障前基本保持不变，A、C 相电压幅值相等约为 B 相电压幅值的一半，A、C 相电压相位相同且与 B 相电压反相。低压侧 B 相电流幅值及相位较故障前基本保持不变，A、C 相电流幅值相等且约为 B 相电流幅值的一半，相位相同且与 B 相电流反相。

2. 故障发展的第二阶段

20～60ms 为故障发展的第二阶段，该阶段高压侧 A 相电压幅值为零，零序电压幅值较第一阶段有所减小（二次有效值约为 103.3V，一次有效值约为 65.6kV），B、C 相电压在此期间幅值、相位基本保持不变。高压侧 A 相出现电流，幅值较小（一次有效值约为 0.05kA），B、C 相电流幅值基本不变，相位差介于 120°～180° 之间，无零序电流。

20～60ms 时低压侧 B 相电压幅值、相位较第一阶段基本保持不变，A、C 相电压幅值略有上升，相位差约为 60°。低压侧 B 相电流幅值及相位较第一阶段基本保持不变，A、C 相电流幅值略有上升，相位差约为 60°。

3. 故障发展的第三阶段

60ms 至故障结束为故障发展的第三阶段，该阶段高、低压侧各电气量特点与第一阶段相同。

间隙零序过电压约在 362ms 时动作，发出跳闸命令，约 48ms 后变压器两侧断路器跳开，电流、电压消失。

三、特殊问题分析

对故障前后各阶段变压器高、低压侧各电气量幅值、相位变化的形成原因进行分析，分析中忽略 110kV 线路压降，认为变压器高压侧 $\dot{U}_{AB}=\dot{E}_{AB}$、$\dot{U}_{BC}=\dot{E}_{BC}$、$\dot{U}_{CA}=\dot{E}_{CA}$，故障前后保持不变。认为低压侧三相负载对称，即 $Z_{fha}=Z_{fhb}=Z_{fhc}$，设变压器变比为 K，忽略变压器压降，忽略变压器励磁电流。小电流接地系统对称负载的中性点（N′点）可认为与大地等电位，前提是系统未发生接地故障，负载阻抗对称，有一定的系统对地阻抗（主要为容抗），且该阻抗基本对称。

1. 故障前后各阶段变压器高、低压侧电气量变化的理论分析

（1）故障前两侧电流、电压分析。故障前为三相对称负荷运行状态，其电气接线原理如图 5-9 所示。用下标“|0|”表示故障前状态。

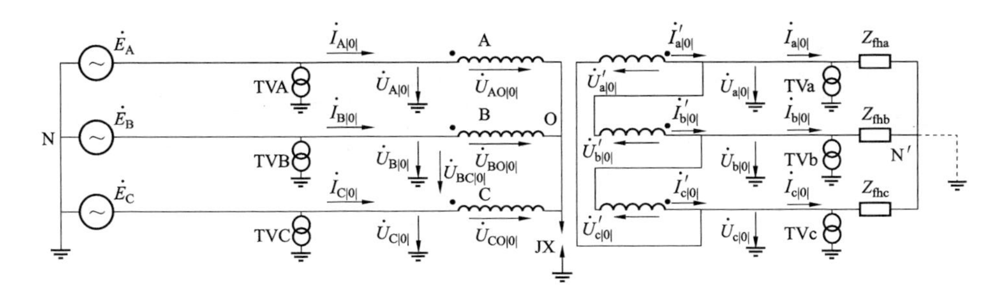

图 5-9　故障前电气接线原理图

1）高压侧各相电流、电压为

$$\left.\begin{aligned}\dot{U}_{A|0|}&=\dot{E}_{A}\\ \dot{U}_{B|0|}&=\dot{E}_{B}\\ \dot{U}_{C|0|}&=\dot{E}_{C}\end{aligned}\right\}\tag{5-2}$$

$$\left.\begin{aligned}\dot{I}_{A|0|}&=\frac{\dot{E}_{A}}{K^{2}Z_{fha}}=\frac{\dot{E}_{BC}}{K^{2}\sqrt{3}Z_{fha}}e^{j90^{\circ}}\\ \dot{I}_{B|0|}&=\frac{\dot{E}_{B}}{K^{2}Z_{fhb}}=\frac{\dot{E}_{BC}}{K^{2}\sqrt{3}Z_{fha}}e^{-j30^{\circ}}\\ \dot{I}_{C|0|}&=\frac{\dot{E}_{C}}{K^{2}Z_{fha}}=\frac{\dot{E}_{BC}}{K^{2}\sqrt{3}Z_{fha}}e^{-j150^{\circ}}\end{aligned}\right\}\tag{5-3}$$

2）低压侧各相电流、电压为

$$\left.\begin{aligned}\dot{I}_{a|0|}&=\dot{I}_{A|0|}Ke^{j30^{\circ}}=\frac{\dot{E}_{BC}}{\sqrt{3}KZ_{fha}}e^{j120^{\circ}}\\ \dot{I}_{b|0|}&=\dot{I}_{B|0|}Ke^{j30^{\circ}}=\frac{\dot{E}_{BC}}{\sqrt{3}KZ_{fha}}\\ \dot{I}_{c|0|}&=\dot{I}_{C|0|}Ke^{j30^{\circ}}=\frac{\dot{E}_{BC}}{\sqrt{3}KZ_{fha}}e^{-j120^{\circ}}\end{aligned}\right\}\tag{5-4}$$

$$\left.\begin{aligned}\dot{U}_{a|0|}&=\dot{I}_{a|0|}Z_{fha}=\frac{\dot{E}_{BC}}{\sqrt{3}K}e^{j120^{\circ}}\\ \dot{U}_{b|0|}&=\dot{I}_{b|0|}Z_{fhb}=\frac{\dot{E}_{BC}}{\sqrt{3}K}\\ \dot{U}_{c|0|}&=\dot{I}_{c|0|}Z_{fhc}=\frac{\dot{E}_{BC}}{\sqrt{3}K}e^{-j120^{\circ}}\end{aligned}\right\}\tag{5-5}$$

（2）故障后第一阶段两侧电流、电压分析。故障后第一阶段的状态可以理解为断线后电源侧未接地，而负载侧的断线正在落地的过程中，其电气接线原理如图 5-10 所示。用下标“|1|”表示故障后第一阶段的状态。

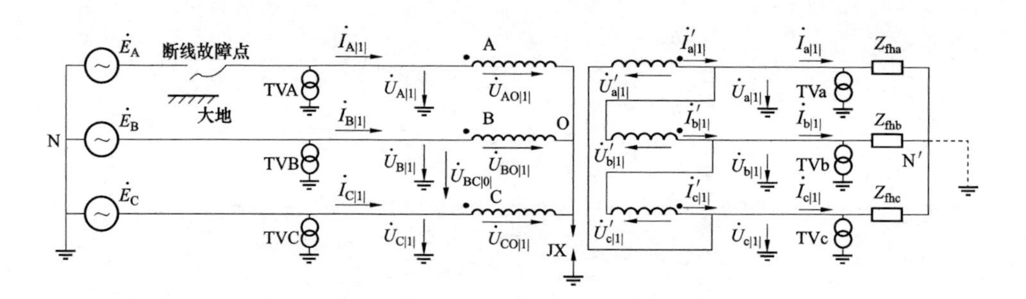

图 5-10　故障后第一阶段电气接线原理图

1）低压侧各相电流、电压。

由图 5-10 可得

$$\left.\begin{aligned}
\dot{I}_{\mathrm{a}|1|} &= \frac{-\dot{U}'_{\mathrm{b}|1|}}{1.5Z_{\mathrm{fha}}} + \frac{-\dot{U}'_{\mathrm{c}|1|}}{1.5Z_{\mathrm{fha}}} \times \frac{1}{2} = \frac{-\dot{U}_{\mathrm{BO}|1|}}{\dfrac{K}{\sqrt{3}} \times 1.5Z_{\mathrm{fha}}} + \frac{-\dot{U}_{\mathrm{CO}|1|}}{\dfrac{K}{\sqrt{3}} \times 1.5Z_{\mathrm{fha}}} \times \frac{1}{2} = -\frac{\dot{E}_{\mathrm{BC}}}{2\sqrt{3}KZ_{\mathrm{fha}}} \\
\dot{I}_{\mathrm{c}|1|} &= \frac{\dot{U}'_{\mathrm{c}|1|}}{1.5Z_{\mathrm{fha}}} + \frac{\dot{U}'_{\mathrm{b}|1|}}{1.5Z_{\mathrm{fha}}} \times \frac{1}{2} = \frac{\dot{U}_{\mathrm{CO}|1|}}{\dfrac{K}{\sqrt{3}} \times 1.5Z_{\mathrm{fha}}} + \frac{\dot{U}_{\mathrm{BO}|1|}}{\dfrac{K}{\sqrt{3}} \times 1.5Z_{\mathrm{fha}}} \times \frac{1}{2} = -\frac{\dot{E}_{\mathrm{BC}}}{2\sqrt{3}KZ_{\mathrm{fha}}} \\
\dot{I}_{\mathrm{b}|1|} &= -(\dot{I}_{\mathrm{a}|1|} + \dot{I}_{\mathrm{c}|1|}) = \frac{\dot{E}_{\mathrm{BC}}}{\sqrt{3}KZ_{\mathrm{fha}}}
\end{aligned}\right\} \tag{5-6}$$

由式（5-6）可以看出，此时低压侧 a、c 两相电流幅值相等，为 b 相电流的一半；a、c 两相电流相位相同，与 b 相电流反相。以上结果与录波图一致。

由图 5-10 可知

$$\left.\begin{aligned}
\dot{U}_{\mathrm{a}|1|} &= \dot{I}_{\mathrm{a}|1|} Z_{\mathrm{fha}} = -\frac{\dot{E}_{\mathrm{BC}}}{2\sqrt{3}K} \\
\dot{U}_{\mathrm{b}|1|} &= \dot{I}_{\mathrm{b}|1|} Z_{\mathrm{fha}} = \frac{\dot{E}_{\mathrm{BC}}}{\sqrt{3}K} \\
\dot{U}_{\mathrm{c}|1|} &= \dot{I}_{\mathrm{c}|1|} Z_{\mathrm{fha}} = -\frac{\dot{E}_{\mathrm{BC}}}{2\sqrt{3}K} \\
\dot{U}_{\mathrm{ab}|1|} &= -\dot{U}'_{\mathrm{b}|1|} = -\dot{U}_{\mathrm{BO}|1|} \frac{\sqrt{3}}{K} = -\frac{1}{2}\dot{E}_{\mathrm{BC}} \frac{\sqrt{3}}{K} \\
\dot{U}_{\mathrm{bc}|1|} &= -\dot{U}'_{\mathrm{c}|1|} = -\dot{U}_{\mathrm{CO}|1|} \frac{\sqrt{3}}{K} = \frac{1}{2}\dot{E}_{\mathrm{BC}} \frac{\sqrt{3}}{K} \\
\dot{U}_{\mathrm{ca}|1|} &= \dot{U}'_{\mathrm{c}|1|} + \dot{U}'_{\mathrm{b}|1|} = \dot{U}_{\mathrm{CO}|1|} \frac{\sqrt{3}}{K} + \dot{U}_{\mathrm{BO}|1|} \frac{\sqrt{3}}{K} = -\frac{1}{2}\dot{E}_{\mathrm{BC}} \frac{\sqrt{3}}{K} + \frac{1}{2}\dot{E}_{\mathrm{BC}} \frac{\sqrt{3}}{K} = 0
\end{aligned}\right\} \tag{5-7}$$

由式（5-7）可以看出，此时低压侧 a、c 两相电压幅值相等，为 b 相电压幅值的一半；a、c 两相电压相位相同，与 b 相电压反相。以上结果与录波图一致。同时可以知道，此时低压侧 ab 相线电压与 bc 相线电压幅值相等、相位相反。ca 相线电压为零。

2）高压侧各相电流、电压。

由图 5-10 可得

$$\left.\begin{aligned}&\dot{I}_{A|1|}=0\\&\dot{I}_{B|1|}=\dot{I}'_{b|1|}\frac{\sqrt{3}}{K}=(\dot{I}'_{a|1|}-\dot{I}_{a|1|})\frac{\sqrt{3}}{K}=\left(0+\frac{\dot{E}_{BC}}{2\sqrt{3}KZ_{fha}}\right)\frac{\sqrt{3}}{K}=\frac{\dot{E}_{BC}}{2K^2Z_{fha}}\\&\dot{I}_{C|1|}=\dot{I}'_{c|1|}\frac{\sqrt{3}}{K}=(\dot{I}'_{a|1|}+\dot{I}_{c|1|})\frac{\sqrt{3}}{K}=\left(0-\frac{\dot{E}_{BC}}{2\sqrt{3}KZ_{fha}}\right)\frac{\sqrt{3}}{K}=-\frac{\dot{E}_{BC}}{2K^2Z_{fha}}\end{aligned}\right\}\quad(5\text{-}8)$$

由式（5-8）可知，此时高压侧 A 相电流为零，B、C 相电流幅值相等、相位相反，与录波图一致。

因低压侧 $\dot{U}'_{a|1|}=-\dot{U}_{ca|1|}=0$，所以高压侧 $\dot{U}_{AO|1|}=\dot{U}'_{a|1|}\dfrac{K}{\sqrt{3}}=0$，因此高压侧 TV_A 测得的 A 相相电压 $\dot{U}_A$ 实际为 O 点对地电压。此时的相量如图 5-11 所示。

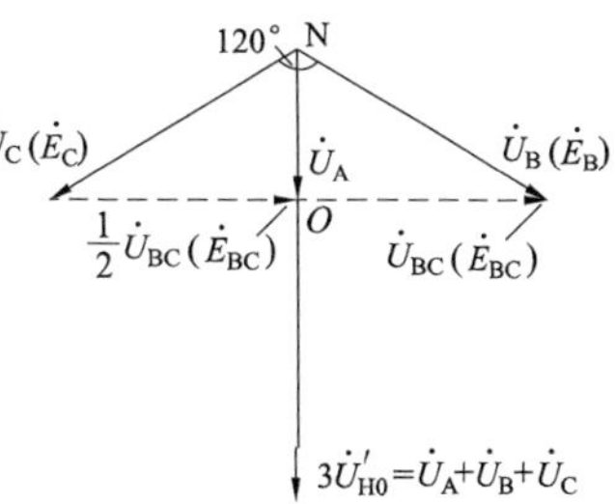

图 5-11　高压侧电压相量图

由相量图可以得到，此时 $\dot{U}_A$ 幅值为正常相电压幅值的一半，与录波图特征一致。TV 开口三角的零序电压 $3\dot{U}'_{H0}$ 的幅值为相电压幅值的 1.5 倍，大电流接地系统开口三角每相相电压二次额定值为 100V，则此时 $3\dot{U}'_{H0}$ 电压二次有效值将达到 150V 左右，与录波图特征一致。正是因为 $3\dot{U}'_{H0}$ 值接近间隙零压保护的动作值，才导致了此次全站失电事故。

由图 5-11 可知，此时高压侧各相电压为

$$\left.\begin{aligned}&\dot{U}_{A|1|}=\frac{1}{2}\dot{E}_A e^{j180^\circ}\\&\dot{U}_{B|1|}=\dot{E}_B\\&\dot{U}_{C|1|}=\dot{E}_C\end{aligned}\right\}\quad(5\text{-}9)$$

（3）故障后第二阶段两侧电流、电压分析。故障后第二阶段的状态可以理解为断线后电源侧未接地，而负载侧的断线落在了地面上，其电气接线原理如图 5-12 所示。用下标“|2|”表示故障后第二阶段的状态。

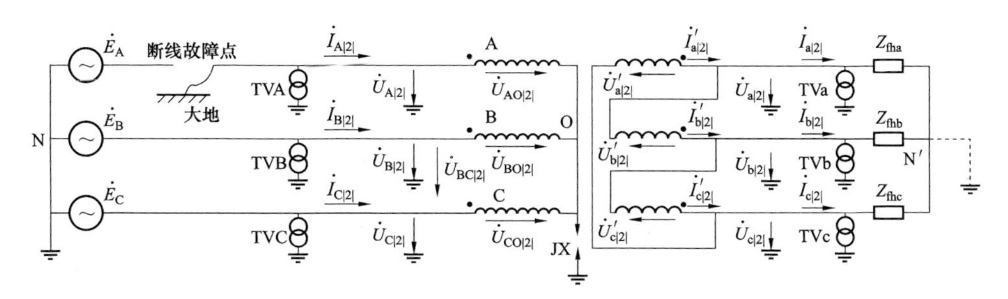

图 5-12　故障后第二阶段电气接线原理图

1）高压侧各相电流、电压。由图 5-12 可得，高压侧各相电流为

$$\left.\begin{aligned}\dot{I}_{\mathrm{B}|2|}&=\frac{\dot{E}_{\mathrm{B}}}{1.5K^2Z_{\mathrm{fha}}}-\frac{0.5\dot{E}_{\mathrm{C}}}{1.5K^2Z_{\mathrm{fha}}}=\frac{\dot{E}_{\mathrm{BC}}}{3K^2Z_{\mathrm{fha}}}\left(1+\frac{1}{\sqrt{3}}\mathrm{e}^{-\mathrm{j}30^\circ}\right)\\\dot{I}_{\mathrm{C}|2|}&=\frac{\dot{E}_{\mathrm{C}}}{1.5K^2Z_{\mathrm{fha}}}-\frac{0.5\dot{E}_{\mathrm{B}}}{1.5K^2Z_{\mathrm{fha}}}=-\frac{\dot{E}_{\mathrm{BC}}}{3K^2Z_{\mathrm{fha}}}\left(1+\frac{1}{\sqrt{3}}\mathrm{e}^{\mathrm{j}30^\circ}\right)\\\dot{I}_{\mathrm{A}|2|}&=-(\dot{I}_{\mathrm{B}|2|}+\dot{I}_{\mathrm{C}|2|})=-\frac{0.5(\dot{E}_{\mathrm{B}}+\dot{E}_{\mathrm{C}})}{1.5K^2Z_{\mathrm{fha}}}=\frac{\dot{E}_{\mathrm{A}}}{3K^2Z_{\mathrm{fha}}}\end{aligned}\right\}\tag{5-10}$$

由式（5-10）可以看出，此时高压侧 B、C 两相电流幅值相同，但相位不再是反相关系。同时 A 相出现电流，幅值是故障前的 1/3，相位与故障前同相。

此时高压侧各相电压为

$$\left.\begin{aligned}\dot{U}_{\mathrm{A}|2|}&=0\\\dot{U}_{\mathrm{B}|2|}&=\dot{E}_{B}\\\dot{U}_{\mathrm{C}|2|}&=\dot{E}_{C}\end{aligned}\right\}\tag{5-11}$$

2）低压侧各相电流、电压为

$$\left.\begin{aligned}\dot{I}_{\mathrm{a}|2|}&=\dot{I}'_{\mathrm{a}|2|}-\dot{I}'_{\mathrm{b}|2|}=\dot{I}_{\mathrm{A}|2|}\frac{K}{\sqrt{3}}-\dot{I}_{\mathrm{B}|2|}\frac{K}{\sqrt{3}}=\frac{\dot{E}_{\mathrm{BC}}}{3KZ_{\mathrm{fha}}}\mathrm{e}^{\mathrm{j}150^\circ}\\\dot{I}_{\mathrm{b}|2|}&=\dot{I}'_{\mathrm{b}|2|}-\dot{I}'_{\mathrm{c}|2|}=\dot{I}_{\mathrm{B}|2|}\frac{K}{\sqrt{3}}-\dot{I}_{\mathrm{C}|2|}\frac{K}{\sqrt{3}}=\frac{\dot{E}_{\mathrm{BC}}}{\sqrt{3}KZ_{\mathrm{fha}}}\\\dot{I}_{\mathrm{c}|2|}&=\dot{I}'_{\mathrm{c}|2|}-\dot{I}'_{\mathrm{a}|2|}=\dot{I}_{\mathrm{C}|2|}\frac{K}{\sqrt{3}}-\dot{I}_{\mathrm{A}|2|}\frac{K}{\sqrt{3}}=\frac{\dot{E}_{\mathrm{BC}}}{3KZ_{\mathrm{fha}}}\mathrm{e}^{-\mathrm{j}150^\circ}\end{aligned}\right\}\tag{5-12}$$

由式（5-12）可知，此时低压侧 a、c 两相电流幅值相等，但相位不同，幅值是 b 相电流的 0.577 倍，与录波图一致。

$$\left.\begin{aligned}\dot{U}_{\mathrm{a}|2|}&=\dot{I}_{\mathrm{a}|2|}Z_{\mathrm{fha}}=\frac{\dot{E}_{\mathrm{BC}}}{3K}\mathrm{e}^{\mathrm{j}150^\circ}\\\dot{U}_{\mathrm{b}|2|}&=\dot{I}_{\mathrm{b}|2|}Z_{\mathrm{fha}}=\frac{\dot{E}_{\mathrm{BC}}}{\sqrt{3}K}\\\dot{U}_{\mathrm{c}|2|}&=\dot{I}_{\mathrm{c}|2|}Z_{\mathrm{fha}}=\frac{\dot{E}_{\mathrm{BC}}}{3K}\mathrm{e}^{-\mathrm{j}150^\circ}\end{aligned}\right\}\tag{5-13}$$

由式（5-13）可知，此时低压侧 a、c 两相电压幅值相等，但相位不同，幅值是 b 相电压的 0.577 倍，与录波图一致。

（4）故障后第三阶段两侧电流、电压分析。故障后第三阶段的状态为断线后电源侧未接地，而负载侧的断线落在了地面上后再断落，形成非全相运行，其电气接线原理如图 5-13 所示。用下标“$|3|$”表示故障后第三阶段的状态。实际上，此时的状态与故障后第一阶段的状态完全相同，分析过程不再复述。

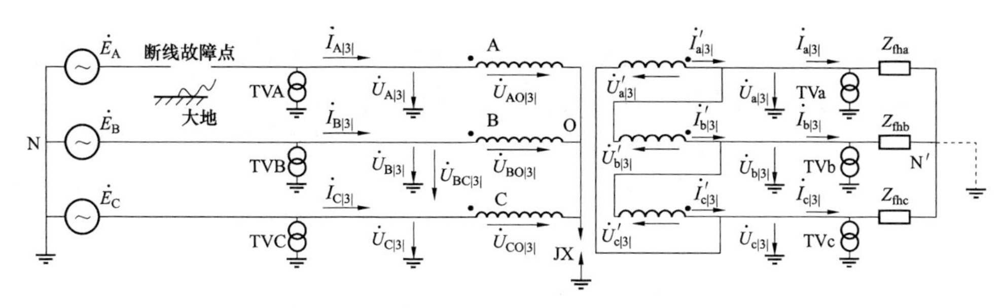

图 5-13　故障后第三阶段电气接线原理图

2. 故障前后各阶段变压器高、低压侧电气量变化特点小结

比较各阶段变压器高、低压侧电流、电压理论分析式，其变化特点总结见表 5-1。

表 5-1　　　　故障前后变压器高、低压侧电流、电压变化特点

内容		故障前	第一阶段	第二阶段	第三阶段
高压侧	U_{Ha}	三相电压对称正常负荷状态	故障前电压幅值的 1/2，相位与故障前电压反相	零	故障前电压幅值的 1/2，相位与故障前电压反相
	U_{Hb}		不变	不变	不变
	U_{Hc}				
	$3U'_{H0}$	零	正常相电压幅值的 1.5 倍，相位与 A 相电压同相	正常相电压幅值，相位与 A 相电源电动势反相	正常相电压幅值的 1.5 倍，相位与 A 相电压同相
	I_{Ha}	三相电流对称正常负荷状态	零	故障前电流幅值的 1/3，相位与故障前电流同相	零
	I_{Hb}		故障前电流幅值的 0.866 倍，相位超前故障前电流 30°	故障前电流幅值的 0.882 倍，相位超前故障前电流 19.1°	故障前电流幅值的 0.866 倍，相位超前故障前电流 30°
	I_{Hc}		故障前电流幅值的 0.866 倍，相位滞后故障前电流 30°	故障前电流幅值的 0.882 倍，相位滞后故障前电流 19.1°	故障前电流幅值的 0.866 倍，相位滞后故障前电流 30°
	$3I_{H0}$	零	零	零	零
	$3I'_{H0}$				
低压侧	U_{La}	三相电压对称正常负荷状态	故障前电压幅值的 1/2，相位超前故障前电压 60°	故障前电压幅值的 0.577 倍，相位超前故障前电压 30°	故障前电压幅值的 1/2，相位超前故障前电压 60°
	U_{Lb}		不变	不变	不变
	U_{Lc}		故障前电压幅值的 1/2，相位滞后故障前电压 60°	故障前电压幅值的 0.577 倍，相位滞后故障前电压 30°	故障前电压幅值的 1/2，相位滞后故障前电压 60°
	$3U_{L0}$	零	零	零	零
	I_{La}	三相电流对称正常负荷状态	故障前电流幅值的 1/2，相位超前故障前电流 60°	故障前电流幅值的 0.577 倍，相位超前故障前电流 30°	故障前电流幅值的 1/2，相位超前故障前电流 60°
	I_{Lb}		不变	不变	不变
	I_{Lc}		故障前电流幅值的 1/2，相位滞后故障前电流 60°	故障前电流幅值的 0.577 倍，相位滞后故障前电流 30°	故障前电流幅值的 1/2，相位滞后故障前电流 60°
	$3I_{L0}$	零	零	零	零

从表 5-1 中可以看出，各相电流、电压的变化与录波图的特征基本一致。但这里需要指出的是，在分析过程中始终认为低压侧的负荷阻抗三相对称、不变化，这一假设和实际情况有区别，特别是当低压侧动力旋转负荷较重时，在低压侧线电压不对称时，其反映出来的负荷阻抗在上述故障的不同阶段是有变化的，因此在实际应用中应充分考虑这一点。

第四节　小电流接地系统两点接地故障录波图分析

一、故障情况简述

某变电站接线如图 5-14 所示，10、35kV 系统为小电流接地系统，故障前 1QF、2QF、3QF、4QF 在合位。1 号变压器保护配置常规差动保护、瓦斯保护及各侧独立后备保护。1 号变压器 10kV 侧 TA 变比为 4000/5，极性指向变压器。4QF 出线 TA 变比为 600/5，极性指向线路。

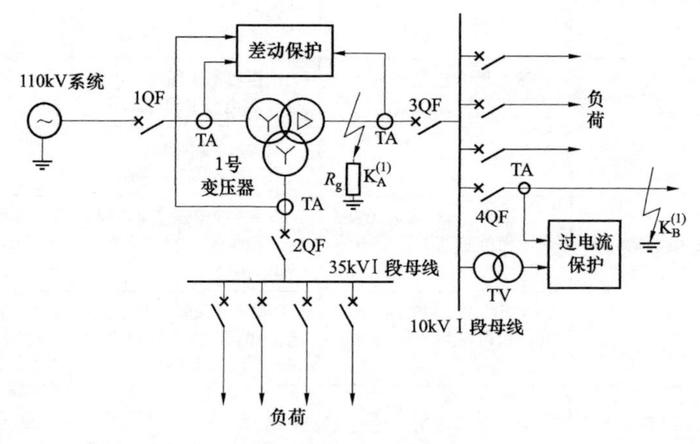

图 5-14　某变电站接线图

某日，监控中心收到该站“10kVⅠ段母线接地”告警信号，随即 1 号变压器差动保护动作，三侧断路器跳闸，与此同时 10kVⅠ段母线出线 4QF 断路器保护动作跳闸，重合成功。事故导致该站 10kVⅠ段、35kVⅠ段母线失电。

现场保护装置报文显示：1 号变压器 A 相差动保护动作，动作时间 28ms；4QF 出线断路器 B 相过电流Ⅰ段保护动作，动作时间 30ms。

二、故障录波分析

事故后调取站内专用故障录波器录波如图 5-15 所示（图中标尺为二次瞬时值，$3u_0$ 电压取自 10kVⅠ段母线开口三角电压）。从图 5-15 可以看出，−40～0ms 时间段三相电流、电压幅值相等、相位对称，无零序电流，无零序电压，为故障前正常负荷状态。

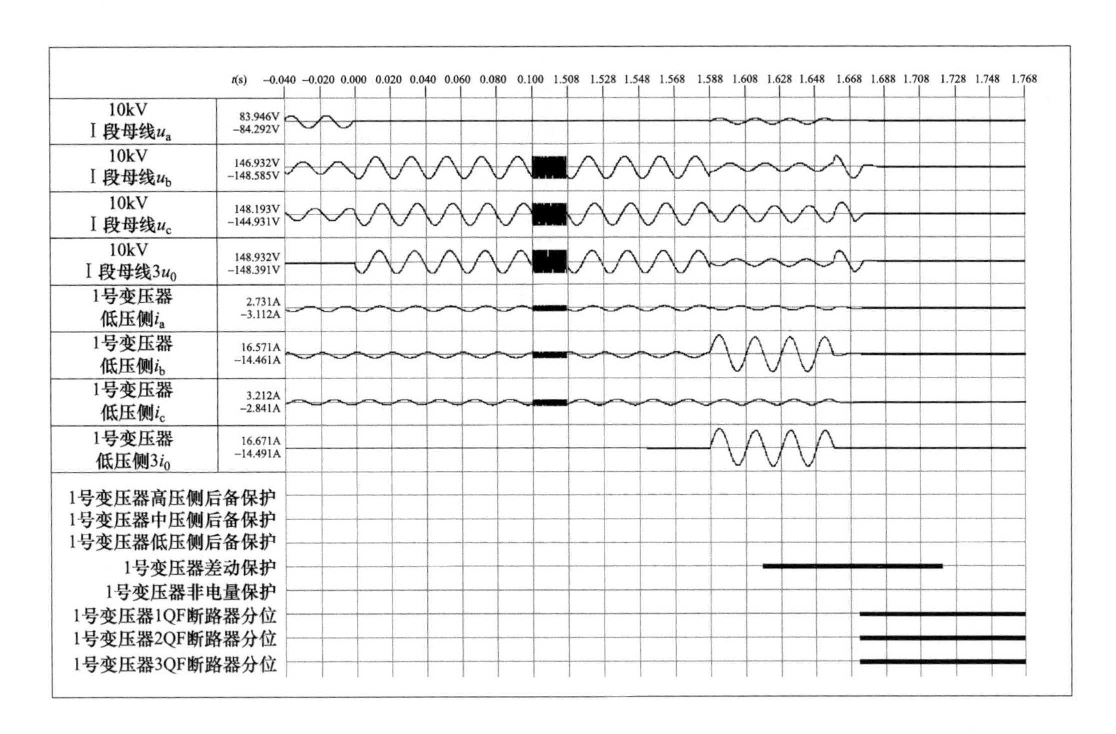

图 5-15　1 号变压器低压侧电流、电压录波图（专用故障录波器录波）

0～1588ms 时间段 A 相电压下降为零，B、C 两相电压幅值上升约 $\sqrt{3}$ 倍，相位差减小，出现零序电压（二次有效值约为 105.12V），三相电流幅值、相位基本保持不变。从以上特征可以判断出 10kV 系统发生 A 相单相接地故障。

1588～1658ms 时间段 A 相出现电压（二次有效值约为 25.4V），同时 B 相电压下降低于正常相电压（二次有效值约为 37.1V），C 相电压下降但仍高于正常相电压（二次有效值约为 76.3V），此时零序电压幅值下降（二次有效值约为 32.7V），同时 B 相电流由负荷电流突变成短路电流（二次有效值约为 10.23A，折合一次有效值约为 8.18kA），出现零序电流（二次有效值约为 10.25A，折合一次有效值约为 8.19kA）。

1 号变压器差动保护在 B 相故障电流出现后约一个半周波后发出跳闸命令，故障电流持续三个半周波后消失。

调取 4QF 出线断路器保护装置录波如图 5-16 所示（图中标尺为二次有效值，$3u_0$ 电压为保护装置自产）。

从图 5-16 可以看出，−40～0ms 时系统 A 相电压已为零，B、C 相电压幅值已升高约 $\sqrt{3}$ 倍，三相负荷电流仍对称，0～70ms 时间段 B 相突变为短路电流（二次有效值约为 68.2A，折合一次有效值约为 8.19kA），

4QF 线路保护在 B 相电流突变后约 1 个半周波时发出跳闸命令，故障电流持续约 3 个半周波。

对比图 5-15、图 5-16 可以看出，图 5-15 中 1588ms 后的电压变化情况与图 5-16 中 0ms 后的变化情况完全一样，因此图 5-16 中 0ms 点应对应图 5-15 中的 1588ms 点。

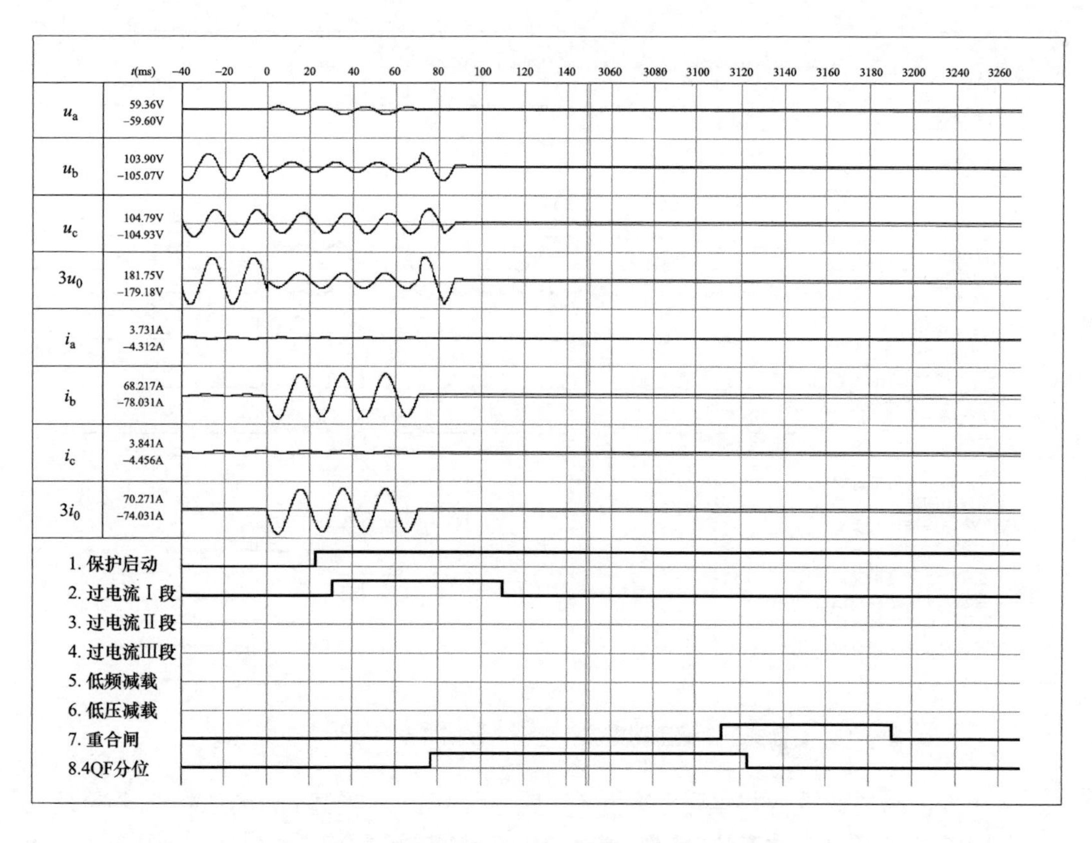

图 5-16　4QF 出线电流、电压录波图（保护装置录波）

将上述波形幅值阅读结合保护报文进行分析，可基本断定系统在短时间内发生了异名相两点接地故障，且首先发生的是 A 相接地故障，然后发生的是 B 相接地故障，最后形成了不同地点的 A、B 两相接地短路故障，使 A、B 相之间出现了较大的短路电流。

根据录波图分析可以知道，A 相的接地点在 1 号变压器 10kV 侧差动保护区内，且有过渡电阻，B 相接地点在 4QF 线路上，且属于非出口处的金属性接地故障。

三、特殊问题分析

（1）为什么 A、B 两相接地短路故障，两张录波图都只反映 B 相电流，而 A 相短路电流不被反映？为什么两处录波图所反映的 B 相电流波形是反相的？

根据录波图可以画出此时短路电流的分布，如图 5-17 中点划线所示。

由于 A 相接地点位于 1 号变压器 10kV 侧差动保护范围区内，因此当线路 B 相再接地后，形成的短路电流分布如图 5-17 所示，该短路电流不流经 1 号变压器 10kV 侧 TAa，因此不被 A 相 TA 所反映。而 B 相的电流对于 3QF、4QF 处的 TA 是穿越性质的，因此均被反映，由于 3QF 处差动保护 TA 极性指向变压器，而线路 TA 极性指向线路，因此两处录波图所反映的 B 相电流波形是反相的。

（2）为什么说 A 相发生的是经过渡电阻的接地短路故障，而 B 相是非出口处的金属性接地短路故障？

从两录波图可以看出，在A相单独接地时，A相电压为零，而当B相又发生接地后，A相出现电压，且该电压相位与B相电流同相，从图5-17的分布关系可以看出故障时10kV母线A相的电压是A、B相短路电流在过渡电阻R_g上产生的压降。由于在A相电压单独接地时，A相接地点对地只有较小的电容电流，而R_g数值又小，因此该阶段即便A相是经过渡电阻接地也不能被有效反映出来，此时母线A相对地电压接近于零。

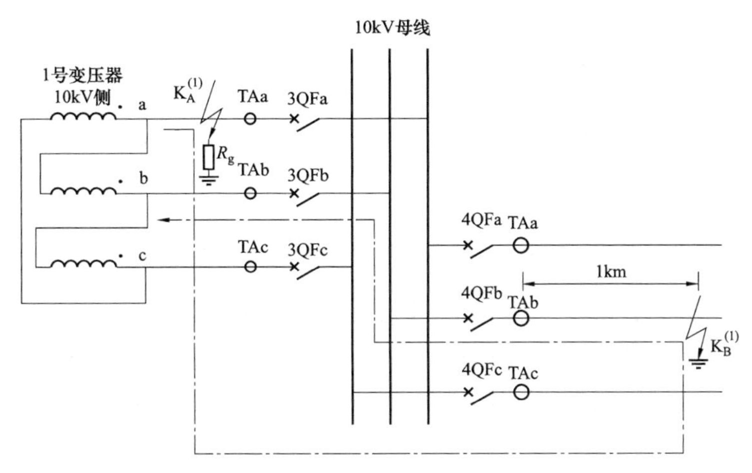

图5-17　异名相两点接地短路电流分布示意图

从图5-16可以看出，B相电压不为零，B相电流相位滞后B相电压约80°，可以知道B相电压实际为B相电流在B相输电导线上的压降，基本不含过渡电阻，为非出口处的金属性接地故障。

（3）为什么母线三相电压在故障最后阶段出现A相电压为零，B、C相电压回升$\sqrt{3}$倍相电压值的短暂过程（如图5-15中1658～1675ms时段）？

从图5-15、图5-17可以看出上述现象是在B相电流消失后出现的，由于此次故障属于不同间隔的异名相两点接地短路故障，因此只要3QF断路器和4QF断路器有一台断开，故障电流即可消失。A相电压为零，B、C相电压升高为$\sqrt{3}$倍正常相电压值，该现象为A相单独接地时的电气量特点，因此上述现象的出现是由于4QF断路器先于3QF断路器跳开，故障电流消失，但是在3QF跳开前A相接地故障还存在，所以出现上述电气量变化的短暂过程。

第五节　GIS组合电器内部故障录波图分析

一、故障情况简述

某220kV站系统运行方式如图5-18所示。220kV母线并列运行，220kV甲线由对侧变电站空充线路，本侧断路器热备用。其他220kV线路合环运行，1号、2号变压器运行。

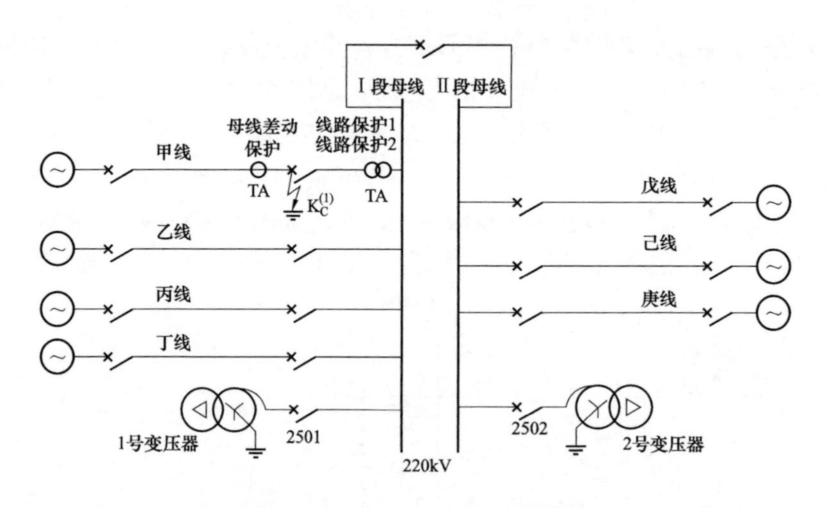

图 5-18 某 220kV 站系统运行接线图

某日 14 时 15 分 41 秒，该站 220kV Ⅰ段母线差动保护动作，保护装置录波显示 C 相接地故障，C 相差流二次值有效值约为 61.4A，折合一次值有效值为 49.1kA。与此同时，甲线两侧线路保护动作出口跳闸，由于重合闸不投，均三跳。事故后检查Ⅰ段母线所有断路器均在分闸位置。220kV 线路保护配置中，甲线为 PCS931GM+PSL603U 双套光纤差动保护，其余 220kV 线路均为 RCS931A+PSL603G 双套光纤差动保护，220kV 母线差动保护为 SGB750 微机母线差动保护。

甲线线路保护的具体动作情况为：

甲线对侧：PCS-931GM 保护 C 相纵联差动保护动作，C 相接地故障，测距 5.2km；PSL-603U 保护 C 相纵联差动保护动作，C 相接地故障，测距 5.77km。故障电流持续时间约为 50ms。（甲线实际总长度 5.61km）

甲线本侧：PCS-931GM，5ms 纵联差动保护动作，17ms 距离加速动作，25ms 接地距离Ⅰ段动作，故障相别 C 相，测距 0km。PSL603G，12ms 纵联差动保护动作，31ms 接地距离Ⅰ段动作，76ms 距离手合加速出口，故障相别 C 相，测距 0km。故障电流持续时间约 75ms。

其余 220kV 线路只有启动信号和远方跳闸出口，由于本侧母线差动保护动作，通过各线路保护屏操作箱中的 TJR 继电器向Ⅰ段母线所有分相电流差动通道发远跳令，各线路对侧收远跳令经就地判别后三跳并闭重，因此对侧 PSL603 保护远跳属于永跳出口，驱动 TJR 继电器再向本侧发远跳令，所以本侧收远跳令远跳出口均为正常。但正常情况下，实际断路器均是由母线差动保护动作出口跳开。

二、故障录波分析

本侧甲线断路器在热备用状态，出现故障电流并导致母线差动保护动作的初步分析。

本侧 220kV 系统为 GIS 设备，线路间隔各 TA 的布置如图 5-18 所示，母线差动保护

TA 在断路器断口的线路侧，线路保护 TA 在断路器断口的母线侧。这样的 TA 布置符合继电保护反事故措施要求。

从本侧甲线 PSL603U 线路保护装置录波图（如图 5-19 所示）反映，对侧的 C 相故障电流比本侧 C 相故障电流先出现约 10ms，且 10ms 后故障波形与本侧故障相波形基本同相，属于区内故障特征。从母线差动保护装置录波图（如图 5-20 所示）可以看到甲线的电流先于其他支路电流出现 10ms 左右，且 10ms 后与其他 I 段母线各支路电流同相，属于区内故障特征（本侧甲线断路器最近的带负荷记录是××××年××月××日，负荷 85MW。当时线路保护、母线差动保护运行情况正常，可基本排除母线 TA 及线路 TA 极性接反的可能）。

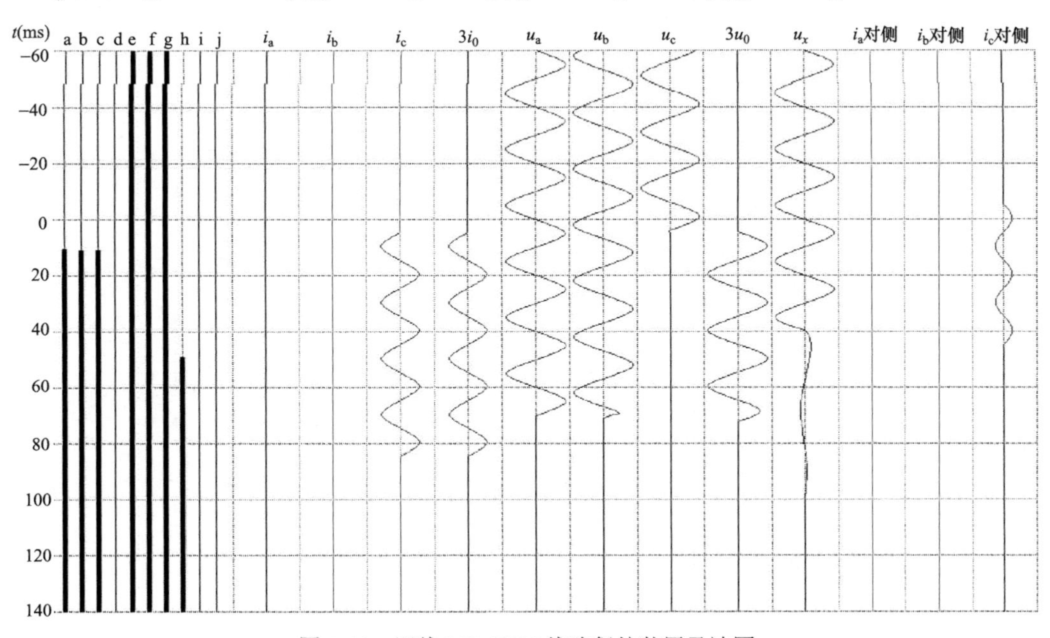

图 5-19 甲线 PSL603U 线路保护装置录波图

通过比较其他 220kV 线路保护 TA 录波和母线差动保护 TA 录波，可以发现在故障零时刻的起波方向相反，可知母线差动保护 TA 与线路保护 TA 是反极性输出的，而甲线母线差动保护 TA 录波与其他 220kV 线路母线差动保护 TA 录波相位一致，说明母线发生区内故障，母线差动保护动作行为正确。

甲线本侧断路器在热备用状态，而热备用的断路器出现故障电流且能使线路分相电流差动保护动作应该有三种可能：① 线路有故障而断路器断口击穿；② 故障点落在断路器断口与线路保护 TA 之间时；③ 断路器 C 相断口击穿的同时，又对 GIS 筒体放电造成接地故障。

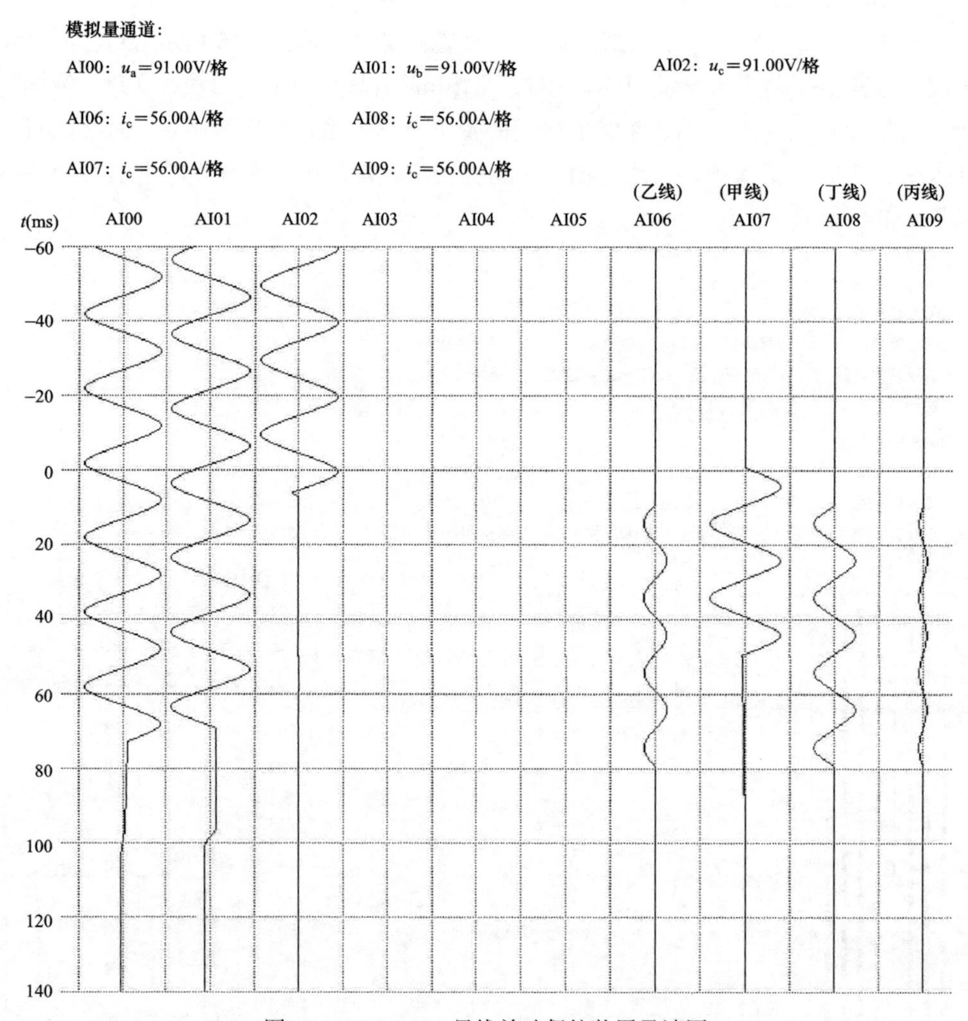

图 5-20　SGB-750 母线差动保护装置录波图

三、特殊问题分析

下面就故障点的位置进行判断、分析。

（1）若故障点在线路上而断路器只是断口击穿，那么线路分相电流差动保护动作是正确的，而母线差动保护不应动作。且母线差动保护录波图中甲线支路的电流应与其他支路电流反向，这与实际情况不符，因此这种可能性排除。

（2）若 C 相接地点落在断路器断口与线路保护 TA 之间时，此时线路分相电流差动保护动作是正确的。母线差动保护此时也会动作，但是母线差动保护录波中甲线支路不应有故障电流，这与实际不符，因此这种可能性被排除。

（3）若断路器 C 相断口击穿又对筒体放电接地，则此时线路分相电流差动保护动作是正确的，母线差动保护动作也是正确的，且母线差动保护录波图中甲线支路应有故障电流，且与其他支路应是同相的，这与实际相符。因此，可初步推断甲线 GIS 的 C 相断路器筒体内发生了断口击穿又接地的故障。

通过对甲线保护录波图及母线差动装置录波图的进一步分析，由甲线线路 PSL603 保护故障录波图反映，对侧的故障相电流比本侧故障相电流先出现 10ms 左右，可以说明前 10ms 断口未击穿但存在接地故障。又从母线差动保护故障录波图上甲线的电流比其他支路电流先出现 10ms 左右，可以得出在甲线 C 相断路器筒体内首先发生的是母线差动保护 TA 与断口之间对筒体击穿的接地故障（图 5-18 中 K_C），约 10ms 后再转变成接地又断口击穿的故障。最后致使甲线线路保护与 220kV Ⅰ段母线差动保护均动作。事后对 GIS 筒体的解体检查，证明了录波分析的正确性，故障原因为线路遭受雷击，避雷器残压过高，造成筒体内气体绝缘击穿。

第六节　500kV 同杆双回线路跨线故障录波图分析

一、故障情况简述

500kV 同杆架设双回线系统接线如图 5-21 所示，某日双回线并列运行中，Ⅰ线的 C 相与Ⅱ线的 A 相在距离 N 侧约 5km 处发生相间跨线不接地短路故障。

双回线总长约 35km，主保护均配置双套分相电流差动保护，使用线路 TV。故障发生后Ⅰ线的两套分相电流差动保护两侧选跳 C 相，重合成功。Ⅱ线的两套分相电流差动保护两侧选跳 A 相，重合成功。M 侧重合闸时间 0.7s，N 侧重合闸时间 1s。M 侧 TA 变比为 4000/1，N 侧 TA 变比为 2500/1。

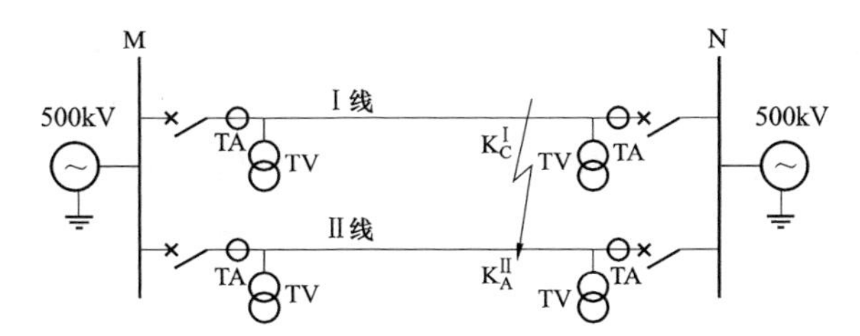

图 5-21　500kV 同杆架设双回线系统接线图

二、故障录波分析

图 5-22 所示为故障后调取线路两侧变电站专用故障录波器录波。图 5-23 为 N 侧Ⅰ线故障录波图。图 5-24 所示为 M 侧Ⅱ线故障录波图。图 5-25 为 N 侧Ⅱ线故障录波图。各录波图标尺均为二次瞬时值。

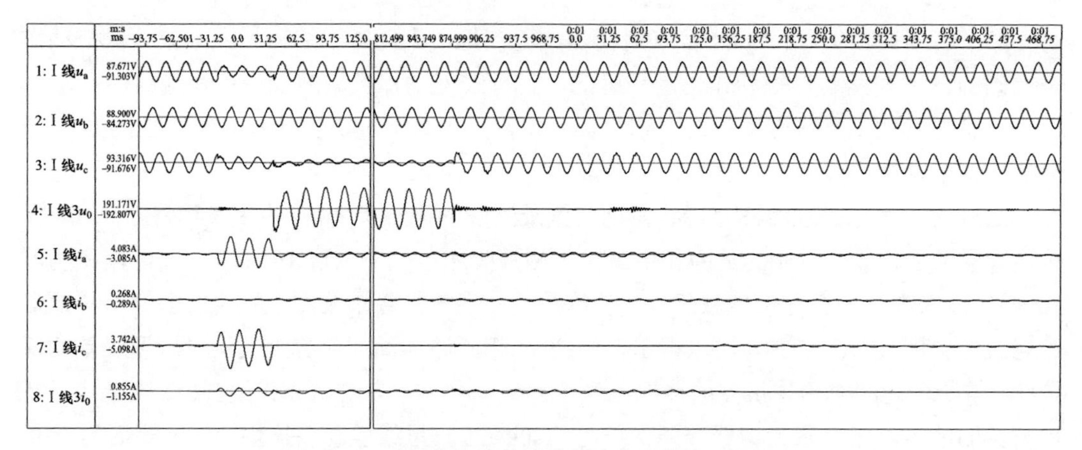

图 5-22　M 侧Ⅰ线故障录波图（专用故障器录波）

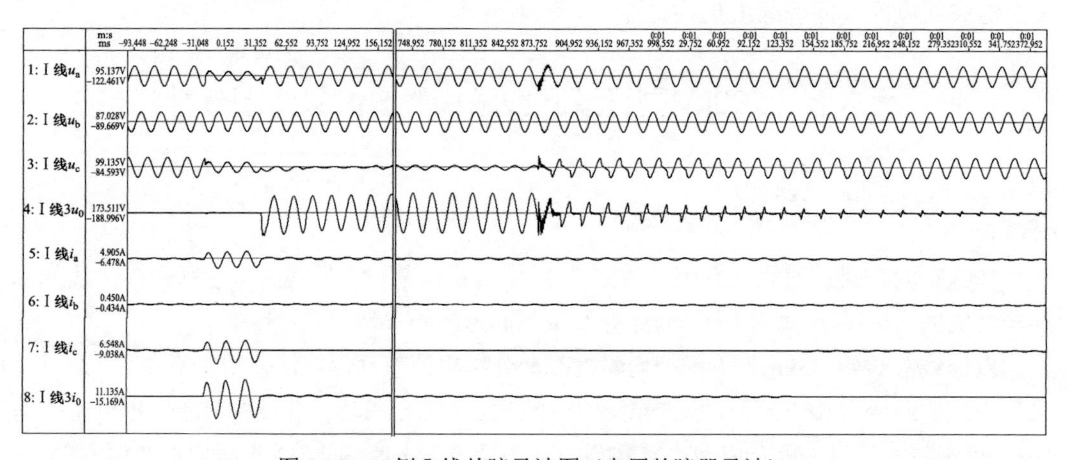

图 5-23　N 侧Ⅰ线故障录波图（专用故障器录波）

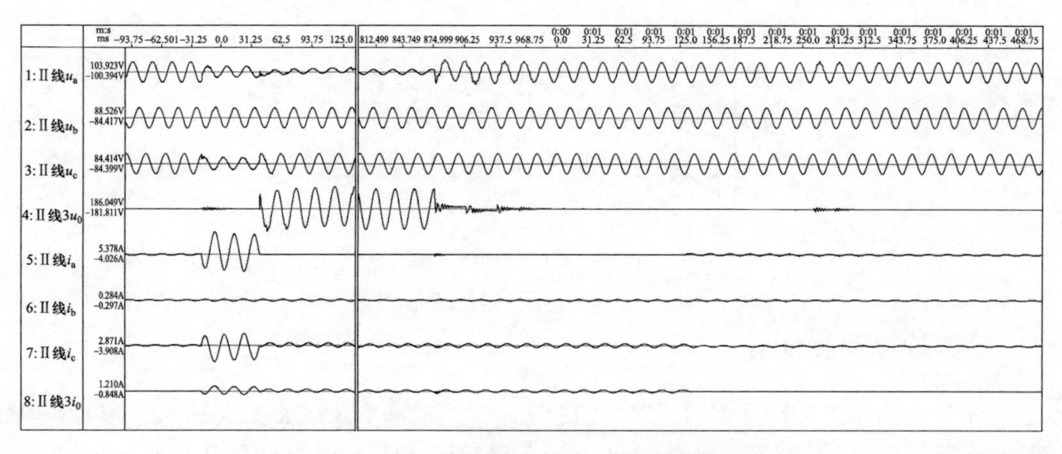

图 5-24　M 侧Ⅱ线故障录波图（专用故障器录波）

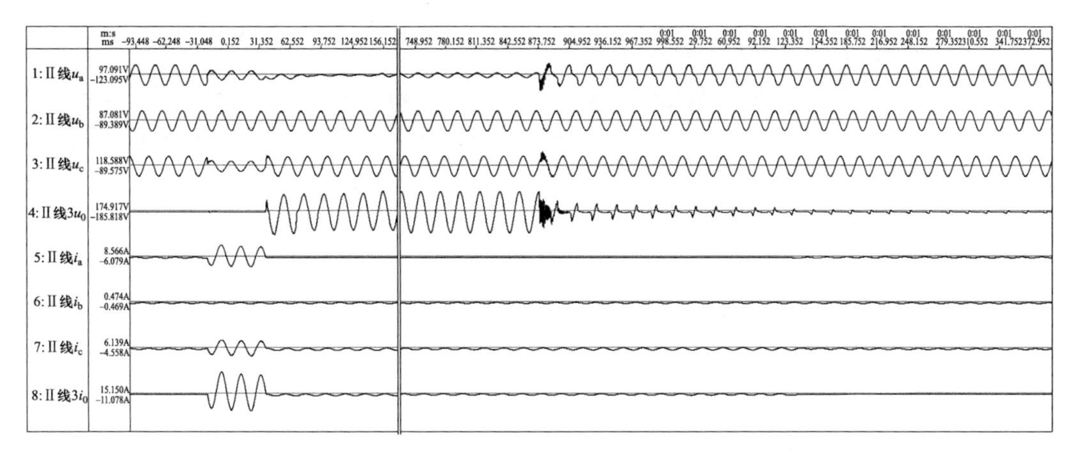

图 5-25　N 侧Ⅱ线故障录波图（专用故障器录波）

1. M 侧Ⅰ线故障录波图分析

从图 5-22 M 侧Ⅰ线故障录波图可以看出，−20～39ms 为故障发生的持续时间段，在此期间电气量的特点是 C、A 相电压幅值等幅下降，相位差减小，B 相电压幅值、相位基本不变，零序电压基本为零。C、A 相电流突变为短路电流，相位相反，但幅值不等（C 相一次有效值约为 11.53kA，A 相一次有效值约为 9.43kA），出现零序电流，零序电流与 C 相电流同相，幅值较小。

39～875ms 为故障电流被切除后 M 侧重合闸的等待时间段，此阶段为两侧 C 相断路器都断开后的非全相运行状态，出现负荷状态下的零序电流。由于使用线路 TV，因此非全相运行期间出现较大的零序电压。

从 C 相电压的恢复及零序电压的消失可以看出，M 侧 C 相断路器在约 875ms 时重合成功，从 C 相负荷电流的恢复及零序电流的消失可以看出，N 侧 C 相断路器约在 1130ms 时重合成功。因此，875～1130ms 只是 N 侧 C 相断路器断开后的非全相运行状态。

2. N 侧Ⅰ线故障录波图分析

从图 5-23 N 侧Ⅰ线故障录波图可以看出，−20～39ms 为故障持续时间段，在此期间电气量的特点是 C、A 相电压幅值等幅下降，相位差减小，B 相电压幅值相位基本不变，零序电压基本为零。C、A 相电流突变为短路电流，相位相同，但幅值不相等（C 相一次有效值约为 12.8kA，A 相一次有效值约为 9.39kA），出现零序电流，零序电流与 C、A 相电流同相，幅值较大。

39～1130ms 为故障电流切除后 N 侧重合闸等待时间段。约 875ms 时 C 相电压恢复，零序电压消失，说明 M 侧断路器已重合成功。

比较Ⅰ线 M、N 两侧故障录波图中 A 相电流的幅值及相位关系，可以看出，两侧 A 相短路电流波形相位相反，幅值基本相等，说明为穿越性质短路电流，可以确定 A 相为非故障相。而两侧 C 相短路电流起波方向一致，且幅值不相等，可以说明 C 相为故障相。因此，两侧分相电流差动保护均选跳 C 相正确。

3. M 侧Ⅱ线故障录波图分析

从图 5-24 M 侧Ⅱ线故障录波图可以看出，–20～39ms 为故障发生的持续时间段，在此期间电气量的特点是 C、A 相电压幅值等幅下降，相位差减小，B 相电压幅值、相位基本不变，零序电压基本为零。C、A 相电流突变为短路电流，相位相反，但幅值不等（C 相一次有效值约为 8.87kA，A 相一次有效值约为 12.35kA），出现零序电流，零序电流与 A 相电流同相，幅值较小。

39～875ms 为故障电流被切除后 M 侧重合闸的等待时间段，此阶段为两侧 A 相断路器都断开后的非全相运行状态，出现负荷状态下的零序电流。由于使用线路 TV，因此非全相运行期间出现较大的零序电压。

从 A 相电压的恢复及零序电压的消失可以看出，M 侧 A 相断路器约在 875ms 时重合成功，从 A 相负荷电流的恢复及零序电流的消失可以看出，N 侧 A 相断路器约在 1130ms 时重合成功。因此，875～1130ms 只是 N 侧 A 相断路器断开后的非全相运行状态。

4. N 侧Ⅱ线故障录波图分析

从图 5-25 N 侧Ⅱ线故障录波图可以看出，–20～39ms 为故障持续时间段，在此期间电气量的特点是 C、A 相电压幅值等幅下降，相位差减小，B 相电压幅值相位基本不变，零序电压基本为零。C、A 相电流突变为短路电流，相位相同，但幅值不相等（C 相一次有效值约为 8.76kA，A 相一次有效值约为 11.96kA），出现零序电流，零序电流与 C、A 相电流同相，幅值较大。

39～1130ms 为故障电流切除后 N 侧重合闸等待时间段。约 875ms 时 A 相电压恢复，零序电压消失，说明 M 侧断路器已重合成功。

比较Ⅱ线 M、N 两侧故障录波图中 C 相电流的幅值及相位关系，可以看出，两侧 C 相短路电流波形相位相反，幅值基本相等，说明为穿越性质短路电流，可以确定 C 相为非故障相。而两侧 A 相短路电流起波方向一致，且幅值不相等，可以说明 A 相为故障相。因此，两侧分相电流差动保护均选跳 A 相正确。

三、特殊问题分析

下面就同杆架设双回线发生异名相跨线不接地短路故障时，双回线两侧电流变化特点的形成原因进行分析，分析中假设线路故障前空载，不考虑线间互感，双回线线路参数相同，认为系统各点阻抗角相等。

图 5-21 所示系统中双回线发生Ⅰ线 C 相与Ⅱ线 A 相的金属性跨线相间不接地短路故障时，可根据叠加原理将两侧电源电动势短路，在故障点叠加故障点故障前电压的反极性电压。其电路模型如图 5-26 所示。图中 Z_{MS}、Z_{NS} 为线路两侧系统等值阻抗，Z_1 为线路阻抗，βZ_1 为 M 侧至故障点的线路阻抗，因此 $(1-\beta)Z_1$ 为 N 侧至故障点的线路阻抗，其中 $0 \leqslant \beta \leqslant 1$。

根据网孔电流法可建立方程组

$$
\begin{cases}
\dot{I}_1(2Z_{\mathrm{MS}}+2\beta Z_1)+\dot{I}_3\beta Z_1-\dot{I}_4\beta Z_1=\dot{U}_{\mathrm{CA|0|}} \\
\dot{I}_2(2Z_{\mathrm{MS}}+2\beta Z_1)+\dot{I}_4(1-\beta)Z_1-\dot{I}_3(1-\beta)Z_1=\dot{U}_{\mathrm{CA|0|}} \\
\dot{I}_3[2\beta Z_1+2(1-\beta)Z_1]+\dot{I}_1\beta Z_1-\dot{I}_2(1-\beta)Z_1=0 \\
\dot{I}_4[2\beta Z_1+2(1-\beta)Z_1]-\dot{I}_1\beta Z_1+\dot{I}_2(1-\beta)Z_1=0
\end{cases}
\tag{5-14}
$$

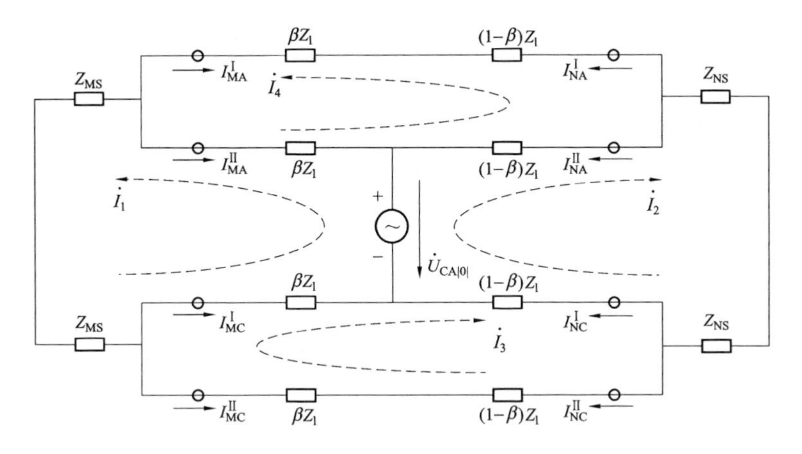

图 5-26　跨线故障电路模型

解（5-14）方程组可得

$$
\left.
\begin{aligned}
&\dot{I}_1=\dot{I}_2\frac{2Z_{\mathrm{NS}}+(1-\beta)Z_1}{2Z_{\mathrm{MS}}+\beta Z_1} \\
&\dot{I}_3=-\dot{I}_4 \\
&\dot{I}_1=\frac{1}{2}\dot{U}_{\mathrm{CA|0|}}\frac{2Z_{\mathrm{NS}}+(1-\beta)Z_1}{2Z_{\mathrm{MS}}Z_{\mathrm{NS}}+(1-\beta^2)Z_{\mathrm{MS}}Z_1+\beta(1-\beta)Z_1^2+\beta(2-\beta)Z_{\mathrm{NS}}Z_1} \\
&\dot{I}_2=\frac{1}{2}\dot{U}_{\mathrm{CA|0|}}\frac{2Z_{\mathrm{MS}}+\beta Z_1}{2Z_{\mathrm{MS}}Z_{\mathrm{NS}}+(1-\beta^2)Z_{\mathrm{MS}}Z_1+\beta(1-\beta)Z_1^2+\beta(2-\beta)Z_{\mathrm{NS}}Z_1} \\
&\dot{I}_3=\frac{1}{2}\dot{U}_{\mathrm{CA|0|}}\frac{(1-\beta)Z_{\mathrm{MS}}-\beta Z_{\mathrm{NS}}}{2Z_{\mathrm{MS}}Z_{\mathrm{NS}}+(1-\beta^2)Z_{\mathrm{MS}}Z_1+\beta(1-\beta)Z_1^2+\beta(2-\beta)Z_{\mathrm{NS}}Z_1} \\
&\dot{I}_4=\frac{1}{2}\dot{U}_{\mathrm{CA|0|}}\frac{\beta Z_{\mathrm{NS}}-(1-\beta)Z_{\mathrm{MS}}}{2Z_{\mathrm{MS}}Z_{\mathrm{NS}}+(1-\beta^2)Z_{\mathrm{MS}}Z_1+\beta(1-\beta)Z_1^2+\beta(2-\beta)Z_{\mathrm{NS}}Z_1}
\end{aligned}
\right\}
\tag{5-15}
$$

由图 5-26 可知

$$
\left.
\begin{aligned}
&I_{\mathrm{MA}}^{\mathrm{I}}=-\dot{I}_4=\frac{1}{2}\dot{U}_{\mathrm{CA|0|}}\frac{(1-\beta)Z_{\mathrm{MS}}-\beta Z_{\mathrm{NS}}}{2Z_{\mathrm{MS}}Z_{\mathrm{NS}}+(1-\beta^2)Z_{\mathrm{MS}}Z_1+\beta(1-\beta)Z_1^2+\beta(2-\beta)Z_{\mathrm{NS}}Z_1} \\
&I_{\mathrm{MC}}^{\mathrm{I}}=\dot{I}_1+\dot{I}_3=\frac{1}{2}\dot{U}_{\mathrm{CA|0|}}\frac{(1-\beta)Z_1+(1-\beta)Z_{\mathrm{MS}}+(2-\beta)Z_{\mathrm{NS}}}{2Z_{\mathrm{MS}}Z_{\mathrm{NS}}+(1-\beta^2)Z_{\mathrm{MS}}Z_1+\beta(1-\beta)Z_1^2+\beta(2-\beta)\,Z_{\mathrm{NS}}Z_1}
\end{aligned}
\right\}
\tag{5-16}
$$

$$
\left.
\begin{aligned}
&I_{\mathrm{NA}}^{\mathrm{I}}=\dot{I}_4=\frac{1}{2}\dot{U}_{\mathrm{CA|0|}}\frac{\beta Z_{\mathrm{NS}}-(1-\beta)Z_{\mathrm{MS}}}{2Z_{\mathrm{MS}}Z_{\mathrm{NS}}+(1-\beta^2)Z_{\mathrm{MS}}Z_1+\beta(1-\beta)Z_1^2+\beta(2-\beta)Z_{\mathrm{NS}}Z_1} \\
&I_{\mathrm{NC}}^{\mathrm{I}}=\dot{I}_2-\dot{I}_3=\frac{1}{2}\dot{U}_{\mathrm{CA|0|}}\frac{(1+\beta)Z_{\mathrm{MS}}+\beta Z_1+\beta Z_{\mathrm{NS}}}{2Z_{\mathrm{MS}}Z_{\mathrm{NS}}+(1-\beta^2)Z_{\mathrm{MS}}Z_1+\beta(1-\beta)Z_1^2+\beta(2-\beta)Z_{\mathrm{NS}}Z_1}
\end{aligned}
\right\}
\tag{5-17}
$$

$$\left.\begin{aligned}\dot{I}_{\mathrm{MA}}^{\mathrm{II}}&=-\dot{I}_1+\dot{I}_4=\frac{1}{2}\dot{U}_{\mathrm{CA|0|}}\frac{(\beta-2)Z_{\mathrm{NS}}-(1-\beta)Z_{\mathrm{MS}}-(1-\beta)Z_1}{2Z_{\mathrm{MS}}Z_{\mathrm{NS}}+(1-\beta^2)Z_{\mathrm{MS}}Z_1+\beta(1-\beta)Z_1^2+\beta(2-\beta)Z_{\mathrm{NS}}Z_1}\\\dot{I}_{\mathrm{MC}}^{\mathrm{II}}&=-\dot{I}_3=\frac{1}{2}\dot{U}_{\mathrm{CA|0|}}\frac{\beta Z_{\mathrm{NS}}-(1-\beta)Z_{\mathrm{MS}}}{2Z_{\mathrm{MS}}Z_{\mathrm{NS}}+(1-\beta^2)Z_{\mathrm{MS}}Z_1+\beta(1-\beta)Z_1^2+\beta(2-\beta)Z_{\mathrm{NS}}Z_1}\end{aligned}\right\}\tag{5-18}$$

$$\left.\begin{aligned}\dot{I}_{\mathrm{NA}}^{\mathrm{II}}&=-(\dot{I}_2+\dot{I}_4)=-\frac{1}{2}\dot{U}_{\mathrm{CA|0|}}\frac{(1+\beta)Z_{\mathrm{MS}}+\beta Z_1+\beta Z_{\mathrm{NS}}}{2Z_{\mathrm{MS}}Z_{\mathrm{NS}}+(1-\beta^2)Z_{\mathrm{MS}}Z_1+\beta(1-\beta)Z_1^2+\beta(2-\beta)Z_{\mathrm{NS}}Z_1}\\\dot{I}_{\mathrm{NC}}^{\mathrm{II}}&=\dot{I}_3=\frac{1}{2}\dot{U}_{\mathrm{CA|0|}}\frac{(1-\beta)Z_{\mathrm{MS}}-\beta Z_{\mathrm{NS}}}{2Z_{\mathrm{MS}}Z_{\mathrm{NS}}+(1-\beta^2)Z_{\mathrm{MS}}Z_1+\beta(1-\beta)Z_1^2+\beta(2-\beta)Z_{\mathrm{NS}}Z_1}\end{aligned}\right\}\tag{5-19}$$

将式（5-16）～式（5-19）展开，并如下分析：

（1）当$\beta=1$时，即在N侧出口处发生Ⅰ线C相与Ⅱ线A相的金属性跨线相间不接地短路故障，将$\beta=1$代入式（5-16）、式（5-17）可得Ⅰ线两侧故障相电流为

$$\left.\begin{aligned}\dot{I}_{\mathrm{MA}}^{\mathrm{I}}&=-\dot{I}_4=-\frac{1}{2}\dot{U}_{\mathrm{CA|0|}}\frac{1}{2Z_{\mathrm{MS}}+Z_1}\\\dot{I}_{\mathrm{MC}}^{\mathrm{I}}&=\dot{I}_1+\dot{I}_3=\frac{1}{2}\dot{U}_{\mathrm{CA|0|}}\frac{1}{2Z_{\mathrm{MS}}+Z_1}\end{aligned}\right\}\tag{5-20}$$

$$\left.\begin{aligned}\dot{I}_{\mathrm{NA}}^{\mathrm{I}}&=\dot{I}_4=\frac{1}{2}\dot{U}_{\mathrm{CA|0|}}\frac{1}{2Z_{\mathrm{MS}}+Z_1}\\\dot{I}_{\mathrm{NC}}^{\mathrm{I}}&=\dot{I}_2-\dot{I}_3=\frac{1}{2}\dot{U}_{\mathrm{CA|0|}}\frac{1}{2Z_{\mathrm{MS}}+Z_1}+\frac{1}{2}\dot{U}_{\mathrm{CA|0|}}\frac{1}{Z_{\mathrm{NS}}}\end{aligned}\right\}\tag{5-21}$$

将$\beta=1$代入式（5-18）、式（5-19），同理可得Ⅱ线两侧故障相电流为

$$\left.\begin{aligned}\dot{I}_{\mathrm{MA}}^{\mathrm{II}}&=-\dot{I}_1+\dot{I}_4=-\frac{1}{2}\dot{U}_{\mathrm{CA|0|}}\frac{1}{2Z_{\mathrm{MS}}+Z_1}\\\dot{I}_{\mathrm{MC}}^{\mathrm{II}}&=-\dot{I}_3=\frac{1}{2}\dot{U}_{\mathrm{CA|0|}}\frac{1}{2Z_{\mathrm{MS}}+Z_1}\end{aligned}\right\}\tag{5-22}$$

$$\left.\begin{aligned}\dot{I}_{\mathrm{NA}}^{\mathrm{II}}&=-(\dot{I}_2+\dot{I}_4)=-\frac{1}{2}\dot{U}_{\mathrm{CA|0|}}\frac{1}{2Z_{\mathrm{MS}}+Z_1}-\frac{1}{2}\dot{U}_{\mathrm{CA|0|}}\frac{1}{Z_{\mathrm{NS}}}\\\dot{I}_{\mathrm{NC}}^{\mathrm{II}}&=\dot{I}_3=-\frac{1}{2}\dot{U}_{\mathrm{CA|0|}}\frac{1}{2Z_{\mathrm{MS}}+Z_1}\end{aligned}\right\}\tag{5-23}$$

当$\beta=1$时，即在N侧出口处发生Ⅰ线C相与Ⅱ线A相相间跨线不接地短路故障，在分析M侧的故障相电流的变化特点时，为了便于理解，可等同地认为是N侧母线上的相间短路，所以此时M侧的电流、电压变化特点与单回线的相间短路故障特点相同，每回线的C、A相电流幅值相等、相位相反。从式（5-20）、式（5-22）不难看出，此时Ⅰ、Ⅱ线的两个C相电流幅值相等、相位相同，Ⅰ、Ⅱ线的两个A相电流幅值相等、相位相同，其实就是Ⅰ、Ⅱ线将故障点相间短路时由M侧提供的短路电流平均一分为二。

从式（5-21）、式（5-23）可以得到此时N侧的故障相电流特点，N侧Ⅰ线C相电流与A相电流同相，C相电流幅值大于A相电流幅值，此时零序电流幅值较大，为C、A相电流幅值之和，相位与C、A相同相。N侧Ⅱ线C相电流与A相电流同相，C相电流幅值小于A相电流幅值，零序电流幅值较大，为C、A相电流幅值之和，相位与C、A相

同相。N 侧系统阻抗 Z_{NS} 越小，C、A 相电流幅值差越大。

（2）当 $\beta=0$ 时，即在 M 侧出口处Ⅰ线 C 相与Ⅱ线 A 相发生相间跨线不接地短路故障，此时的分析方法可以参照 1）进行。

（3）将 $\beta=\dfrac{Z_{MS}}{Z_{MS}+Z_{NS}}$ 代入（5-16）、式（5-17）可得Ⅰ线两侧故障相电流为

$$\left.\begin{aligned}&\dot{I}_{MA}^{I}=-\dot{I}_4=0\\&\dot{I}_{MC}^{I}=\dot{I}_1+\dot{I}_3=\frac{1}{2}\dot{U}_{CA|0|}\frac{1}{Z_{MS}+\dfrac{Z_{MS}}{Z_{MS}+Z_{NS}}Z_1}\end{aligned}\right\}\tag{5-24}$$

$$\left.\begin{aligned}&\dot{I}_{NA}^{I}=\dot{I}_4=0\\&\dot{I}_{NC}^{I}=\dot{I}_2-\dot{I}_3=\frac{1}{2}\dot{U}_{CA|0|}\frac{1}{Z_{NS}+\dfrac{Z_{NS}}{Z_{MS}+Z_{NS}}Z_1}\end{aligned}\right\}\tag{5-25}$$

将 $\beta=\dfrac{Z_{MS}}{Z_{MS}+Z_{NS}}$ 代入（5-18）、式（5-19）可得Ⅱ线两侧故障相电流为

$$\left.\begin{aligned}&\dot{I}_{MA}^{II}=-\dot{I}_1+\dot{I}_4=-\frac{1}{2}\dot{U}_{CA|0|}\frac{1}{Z_{MS}+\dfrac{Z_{MS}}{Z_{MS}+Z_{NS}}Z_1}\\&\dot{I}_{MC}^{II}=-\dot{I}_3=0\end{aligned}\right\}\tag{5-26}$$

$$\left.\begin{aligned}&\dot{I}_{NA}^{II}=-(\dot{I}_2+\dot{I}_4)=-\frac{1}{2}\dot{U}_{CA|0|}\frac{1}{Z_{NS}+\dfrac{Z_{NS}}{Z_{MS}+Z_{NS}}Z_1}\\&\dot{I}_{NC}^{II}=\dot{I}_3=0\end{aligned}\right\}\tag{5-27}$$

从式（5-24）～式（5-27）可以看出，当Ⅰ线 C 相与Ⅱ线 A 相发生相间跨线不接地短路故障，而 $\beta=\dfrac{Z_{MS}}{Z_{MS}+Z_{NS}}$ 时，则 M、N 两侧Ⅰ线的 A 相电流为零，Ⅱ线的 C 相电流为零。M 侧的Ⅰ线 C 相电流与Ⅱ线 A 相电流幅值相等、相位相反，N 侧的Ⅰ线 C 相电流与Ⅱ线 A 相电流幅值相等、相位相反。

综上所述，双电源的同杆架设双回线发生异名相跨线不接地短路故障时，两侧电压波形变化特点与单回线两相相间故障时相同，但各回线电流波形存在较大差异，总结如下：

（1）两侧故障相电流（$\dot{I}_{MC}^{I}$ 与 $\dot{I}_{NC}^{I}$、$\dot{I}_{MA}^{II}$ 与 $\dot{I}_{NA}^{II}$）起波方向始终一致，当 $\beta=\dfrac{Z_{NS}+0.5Z_1}{Z_{MS}+Z_{NS}+Z_1}$ 时，两侧故障相电流幅值相等。

（2）两侧故障相关相电流（$\dot{I}_{MA}^{I}$ 与 $\dot{I}_{NA}^{I}$、$\dot{I}_{MC}^{II}$ 与 $\dot{I}_{NC}^{II}$）为穿越性质电流，起波方向相反。当 $\beta=\dfrac{Z_{MS}}{Z_{MS}+Z_{NS}}$ 时，幅值为零。当 $\beta>\dfrac{Z_{MS}}{Z_{MS}+Z_{NS}}$ 时，M 侧Ⅰ、Ⅱ线相关相电流与故障相电流反相，N 侧Ⅰ、Ⅱ线相关相电流与故障相电流同相，直至 $\beta=1$ 时为极限，M 侧Ⅰ、Ⅱ线相关相电流与故障相电流幅值相等、相位相反。当 $\beta<\dfrac{Z_{MS}}{Z_{MS}+Z_{NS}}$ 时，N 侧Ⅰ、Ⅱ线

相关相电流与故障相电流反相，M 侧Ⅰ、Ⅱ线相关相电流与故障相电流同相，直至 $\beta=0$ 时为极限，N 侧Ⅰ、Ⅱ线相关相电流与故障相电流幅值相等、相位相反。

（3）两侧故障无关相电流（$\dot{I}_{MB}^{I}$ 与 $\dot{I}_{NB}^{I}$、$\dot{I}_{MB}^{II}$ 与 $\dot{I}_{NB}^{II}$）较故障前始终保持不变，均为穿越性质的负荷电流。

（4）实际应用中，可根据线路两侧录波图电流波形的幅值、相位特点，结合上述不同的 β 值，来确定线路故障点位置的大致范围。

这里需要指出的是，上述分析是建立在不考虑线间及相间互感基础上的，与实际故障时各侧电气量的幅值、相位变化有误差，但是作为结合录波图阅读的定性分析基本能够满足要求。同时用上述分析方法时，越靠近线路出口处故障，误差越小。

第七节 220kV 变压器区外故障保护误动的录波图分析

一、故障情况简述

某 220kV 变电站 5 号变压器系统接线如图 5-27 所示，变压器联结组别为 YNynd 11。某日该变压器所供一 35kV 线路出口处发生 C、A 相间短路故障并发展为三相短路故障，线路保护过电流Ⅰ段动作，跳开出线断路器，与此同时 5 号变压器第一套保护的比例差动保护（二次谐波制动原理）动作，保护装置报“A 相比例差动保护动作”，差动保护跳开变压器三侧断路器。第二套差动保护（波形不对称制动原理）只有启动信号，无保护动作。事故后经检查变压器差动范围内无故障，此次事故为 35kV 出线故障导致的变压器差动保护误动事故。

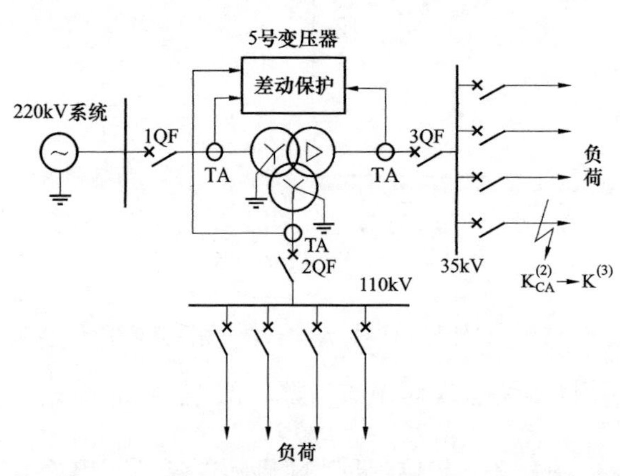

图 5-27 某 220kV 变电站 5 号变压器接线图

5 号变压器额定容量 240MVA，额定电压 225.5kV/118kV/36kV，高、中、低 TA 变比分别为 2500/5、2000/5、2500/5。差动保护启动门槛定值 1.3A（折算到高压侧），二次谐波制动系数定值 0.15，波形不对称制动系数 0.12（内部固化）。

二、故障录波分析

事故后调取 5 号变压器第一套差动保护装置录波如图 5-28 所示，调取站内专用故障录波器录波如图 5-29 所示（标尺刻度均为二次瞬时值）。5 号变压器第二套差动保护装置录波与第一套录波波形完全相同，唯一区别是没有跳闸出口。

比较图 5-28 与图 5-29 的波形图，不难看出两张录波图的波形是基本相同的，其最大的特点是变压器高、低压侧电流波形非周期分量较重，特别是低压侧电流起始波基本达到全偏移，同时低压侧波形在 C、A 相间短路故障发展为三相短路故障后 TA 饱和严重，三相电流波形畸变失真。

从图 5-28 中可以看出，故障的起始时刻约在 40ms，低压侧 C、A 两相电流突变，幅值基本相同，相位相反，同时 35kV 母线 C、A 相电压幅值下降，此时高压侧电流 B、C 两相电流幅值为 A 相电流幅值的一半，相位与 A 相相反，上述电气量特征为典型的 Ynd11 接线变压器△侧两相相间短路故障时的各侧电气量变化特征。

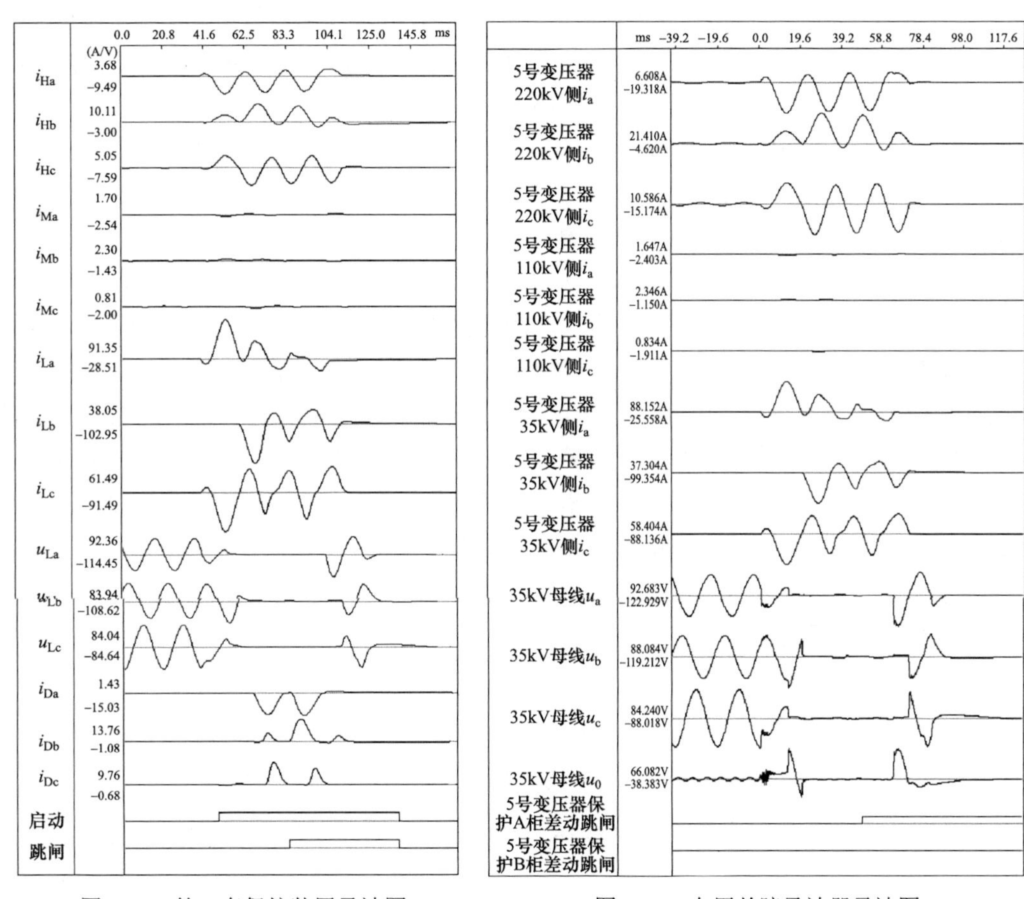

图 5-28　第一套保护装置录波图　　　　图 5-29　专用故障录波器录波图

根据图 5-29 中低压侧母线零序电压 $3u_0$ 的变化以及 B 相电压在 54ms（图 5-28 中时刻）左右有一个短暂的升高过程，可以说明 C、A 相间短路故障发展为三相短路故障之前，还存在一个短暂的 C、A 相间短路接地的故障状态。

根据图 5-28 可以知道，约在 60ms 时，低压侧 B 相开始出现故障电流，低压侧母线三相电压基本为零，三相短路故障开始，从残压水平看应为近距离的金属性三相短路故障。从两相相间短路故障开始至三相短路电流消失，故障电流共持续了约 72ms。第一套差动保护约在 84ms 时发出跳闸命令。

三、特殊问题分析

下面就为什么两套差动保护只有第一套差动保护动作展开分析。

首先观察低压侧三相电流可以看出，C、A 两相电流在相间短路期间虽然波形的非周期分量很重，但是从波形的形状看，其失真度较小，波形只是叠加了非周期分量，未发生明显畸变，而在三相短路期间三相电流波形均出现了明显畸变，波形幅值下降，波形缺损失真，波形过零点提前，这些常见的TA饱和导致的电流波形畸变的特点均在图中被体现出来，三相短路期间以A相电流饱和失真度最严重。

从图5-28中差动保护的三相差流（i_{Da}、i_{Db}、i_{Dc}）的录波可以看出，A相差流首先在约66ms时出现，通过时间轴对比可以发现三相差流均是在两相相间短路故障发展为三相短路故障后才出现的，证明了两相相间短路故障期间低压侧C、A相TA还未发生严重饱和，此时在穿越性质短路电流的作用下，差流基本为零。但在进入三相短路故障约5ms后出现了A相差流，随即B、C相也出现差流。从三相差流的波形来看，共同的特点是波形偏于时间轴一侧、波形间断畸变、有高次谐波，与变压器励磁涌流的特点非常相似。

通过专用分析软件对三相差流进行谐波分析，得到如图5-30（a）所示的各相差流谐波分量有效值曲线图。图5-30（a）中的虚线位置为第一套差动保护跳闸命令发出时刻，可以看出此时A相二次谐波分量最小，约为基波分量的13.3%，且在此前20ms之内二次谐波分量均在15%以下，此时若A相基波分量大于差动元件动作值，则二次谐波无法制动住。而B、C两相差流的二次谐波分量明显大于A相，B相二次谐波分量为基波的24.3%，且前20ms之内均保持在20%以上，C相二次谐波分量为基波的58.7%，且前20ms之内均保持在58.7%以上，很容易理解，此时B、C两相比例差动元件是可以制动住的。

再来估算一下三相差动元件的基波有效值是否大于此时的差动元件的动作值。已知差动保护在Y侧进行相位补偿，其动作方程为

$$\left.\begin{array}{ll} I_{d}>0.1I_{r}+I_{cdqd} & I_{r}\leqslant I_{n} \\ I_{d}>0.5\,(I_{r}-I_{n})+0.1I_{n}+I_{cdqd} & I_{n}<I_{r}\leqslant 6I_{n} \\ I_{d}>0.75\,(I_{r}-6I_{n})+0.5\,(6I_{n}-I_{n})+0.1I_{n}+I_{cdqd} & 6I_{n}<I_{r} \end{array}\right\} \tag{5-28}$$

式（5-28）中，制动电流I_{r}为各侧差流计算电流的绝对值之和的一半，差动启动门槛定值I_{cdqd}整定为1.3A（折算至高压侧），高压侧二次额定电流$I_{n}=1.23\text{A}$。从图5-28、图5-29中可以知道三相短路期间高压侧三相故障电流约为8.61A（二次有效值），按区外故障穿越性质的短路电流作用下，假设低压侧TA不饱和，则A相最强制动电流为

$$\begin{aligned} I_{ra} &= \frac{\left|K_{P1}(\dot{I}_{A}-\dot{I}_{B})/\sqrt{3}\right|+\left|K_{P3}\dot{I}_{a}\right|}{2} \\ &= \frac{\left|1\cdot(8.61\angle 0^{\circ}-8.61\angle -120^{\circ})/\sqrt{3}\right|+\left|\dfrac{36\,(2500/5)}{225.5\,(2500/5)}\times 53.93\angle -150^{\circ}\right|}{2} \\ &= 8.61\text{（A）} \end{aligned} \tag{5-29}$$

式中　K_{P1}——高压侧平衡系数；

K_{P3}——低压侧平衡系数。

由式（5-29）可知，$I_{ra}=8.61\text{A}=7I_{n}$，因此差动保护工作点已进入第三段折线，可以

用式（5-28）中的第三式计算出此时 A 相差动元件的动作值为

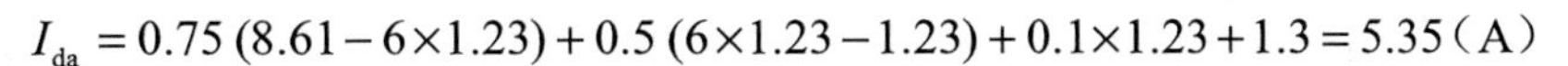

$$I_{da}=0.75\,(8.61-6\times1.23)+0.5\,(6\times1.23-1.23)+0.1\times1.23+1.3=5.35\text{（A）}$$

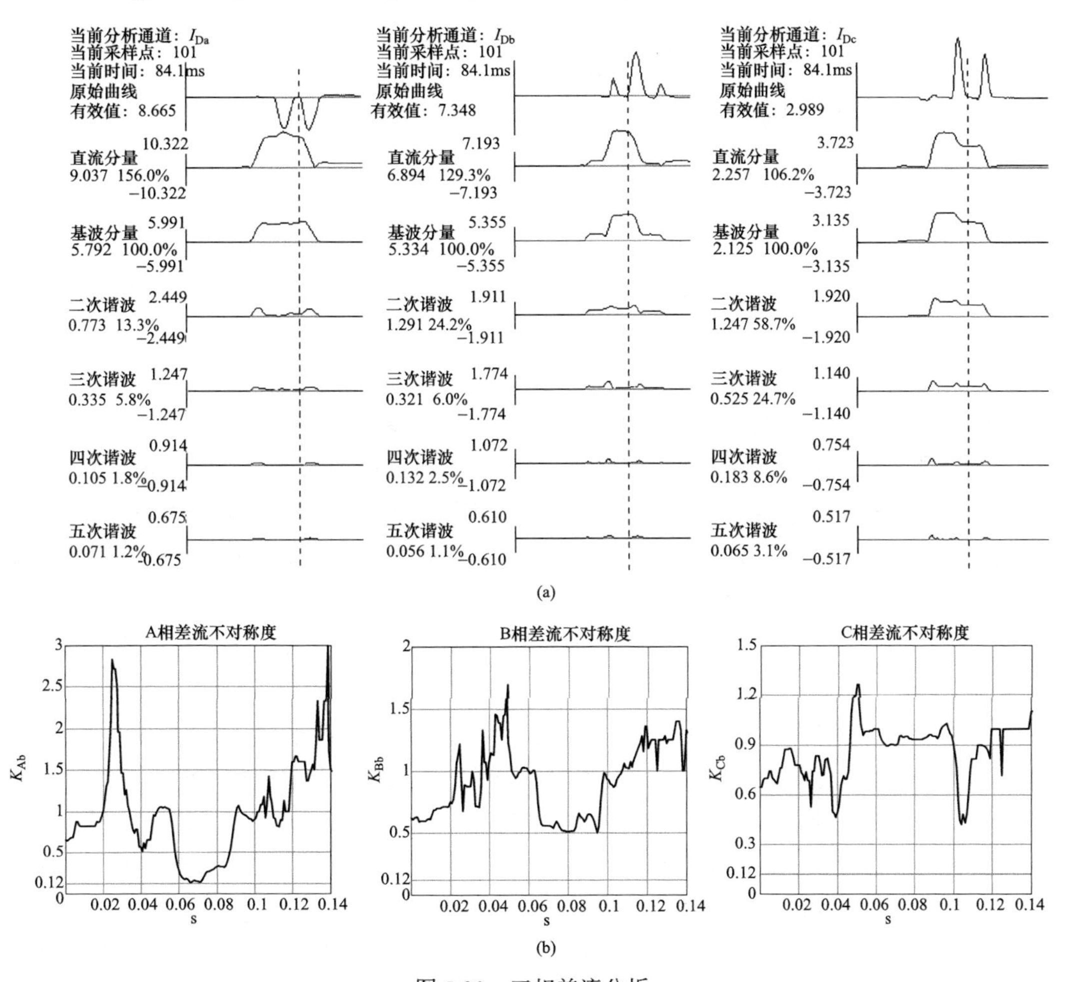

图 5-30 三相差流分析

（a）三相差流谐波分析；（b）三相差流不对称度分析

从图 5-30（a）中可以看出，此时 A 相差流的基波有效值为 5.792A，且其前 20ms 内有基波效值基本保持在 5.5A 左右，均大于 I_{da}，同时其二次谐波不能制动住，因此 A 相差动元件动作是可能的。同时，由于是三相短路，因此三相差动元件的动作值相等，可以看出此时 B 相差流基波有效值在动作值的临界状态，但二次谐波可以制动住。C 相差流基波有效值小于动作值，差动元件不会动作。由于保护装置未采用交叉闭锁原理，即本相二次谐波制动满足条件只闭锁本相，因此第一套差动保护 A 相比例差动保护动作。

而对于第二套比例差动保护使用的是波形不对称制动原理，变压器故障时差流有如下表达式成立

$$S_{+}\leqslant K_{b}\times S_{-} \tag{5-30}$$

式中　S_{+}——$|I'_{j}+I'_{j+180^{\circ}}|$的半波积分值；

S_{-} ——$|I'_{j}-I'_{j+180°}|$的半波积分值；

K_{b} ——波形不对称系数，整定值为0.12；

I'_{j} ——差流导数前半波某一点数值；

$I'_{j+180°}$ ——差流导数后半波对应点的数值。

根据波形不对称制动的计算原理［即式（5-29）］，利用MATLAB软件对三相差流进行不对称度分析，首先对三相差流进行差分滤波，滤去直流分量的影响，然后进行不对度K_{b}的计算，得到三相差流不对称度K_{Ab}、K_{Bb}、K_{Cb}的变化曲线，如图5-30（b）所示。从图中可以看出，在故障发生期间（40～110ms）各相K_{b}值均大于0.12，其中A相差流不对称度K_{Ab}在临界状态，接近0.12的动作门槛值，但最终还是被闭锁，因此第二套差动保护没有动作。

另外需要说明以下几个问题：

（1）当变压器内部故障时，TA传变正常，则差流基本为工频正弦波，即便出现谐波也主要以奇次谐波为主，因此将差流进行差分滤波，滤除非周期分量后，差流的波形对称度应较好，比例差动不会被制动，差动保护可以正确动作。当变压器内部故障时，TA出现饱和时，特别是暂态电流导致的饱和时，TA二次侧会出现高次谐波（其中偶次谐波含量明显），波形将发生畸变和不对称，此时二次谐波制动和波形不对称制动的比例差动保护可能被误制动而导致故障延时切除甚至拒动，应对措施是引入差动速断保护来快速切除故障。

（2）当空充变压器时，产生的励磁涌流由于存在大量的高次谐波（主要为偶次谐波），波形畸变、间断，差流波形呈现较大的不对称特点，因此二次谐波制动和波形不对称制动的比例差动保护在定值合理的基础上基本可以实现制动，即便难得出现误动也无关大局。而本案例的差流是由于区外故障低压侧TA饱和导致的不平衡电流，短路电流暂态非周期分量较重，差流呈现出了明显的与励磁涌流相似的特征，其中B、C相差流波形不对称明显，A相差流不明显，且A相差流二次谐波含量较小，因此事故中第一套二次谐波比例制动的A相差动保护未被制动，第二套波形不对称制动的差动保护却被成功制动（但A相也接近了动作的临界状态）。

（3）若差动保护采用交叉闭锁逻辑，即一相制动条件满足闭锁三相差动元件的逻辑，则本次变压器区外故障TA饱和导致的差动保护误动事故则可以避免。但是，交叉闭锁逻辑会增加区内故障误制动的风险。

第八节　220kV系统解列保护误动的录波图分析

一、故障情况简述

某热电厂系统接线如图5-31所示，甲线为该厂与220kV系统的联络线，某日该厂20kV系统3QF出线发生B、C相间短路故障，3QF断路器跳闸的同时，甲线两侧1QF、2QF断路器跳闸，该厂与系统解列。故障前图5-31中所有断路器均在合位，1号、2号发电机正常并网运行。

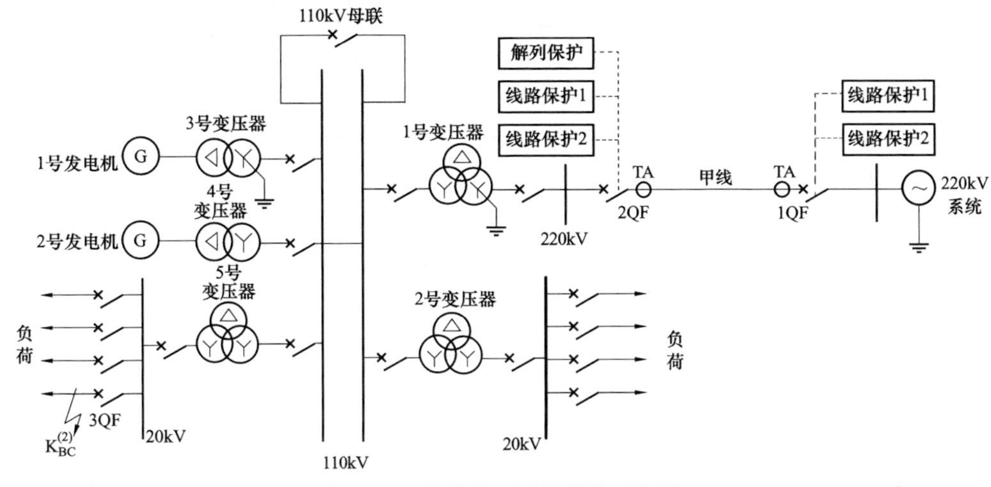

图 5-31　某热电厂系统接线示意图

220kV 甲线线路主保护为双套配置的分相电流差动保护。电厂侧 2QF 处设方向过电流保护作为与系统的解列保护，方向指向系统，时间定值 0s。1QF 处 TA 变比为 2400/5，2QF 处 TA 变比为 1600/5。

事故发生后，各相关保护装置动作报文如下：

（1）220kV 甲线 1QF 线路保护装置 1：“318ms 远方启动跳闸”。

（2）220kV 甲线 1QF 线路保护装置 2：“317ms 远方跳闸出口、318ms 差动永跳出口”。

（3）220kV 甲线 2QF 解列保护装置：“方向过电流保护Ⅰ段动作，故障相别 B、C 相动作时间 25ms”。

（4）220kV 甲线 2QF 线路保护装置 1：“350ms 远方启动跳闸”。

（5）220kV 甲线 2QF 线路保护装置 2：“237ms 后备三相跳闸、237ms 保护三跳出口、348ms 远方跳闸出口、348ms 远方跳闸出口、348ms 差动永跳出口”。

（6）20kV 3QF 出线保护装置：“过电流保护Ⅰ段动作，故障相别 B、C 相动作时间 35ms”。

二、故障录波分析

事故后调取甲线系统侧变电站专用故障录波器录波如图 5-32 所示，调取热电厂侧专用故障录波器录波如图 5-33 所示。

从图 5-32、图 5-33 中可以看出，0ms 为故障突变时刻，甲线两侧录波图中 B、C 相电流增大，比较两侧 B 相电流和两侧 C 相电流可以发现，两侧对应相电流起波方向相反，根据 TA 变比折算可以发现两侧对应相电流幅值相等，因此可初步判断此次关于 B、C 相的故障为甲线的区外故障，流经甲线的 B、C 相电流为区外穿越性质的短路电流。

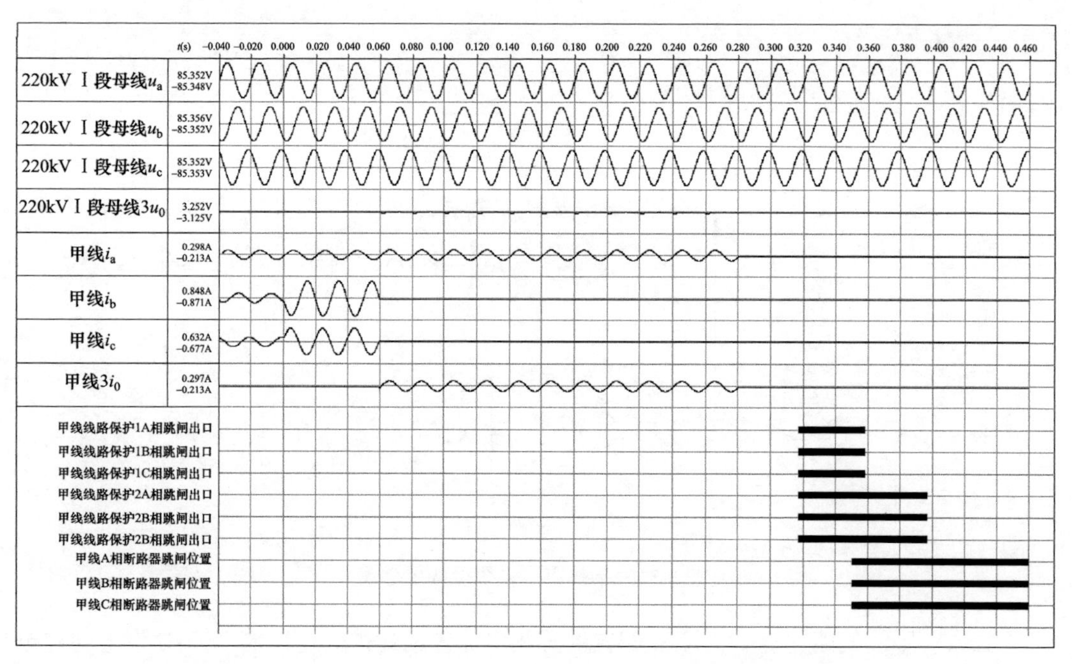

图 5-32 甲线系统侧（1QF）故障录波图（专用故障录波器录波）

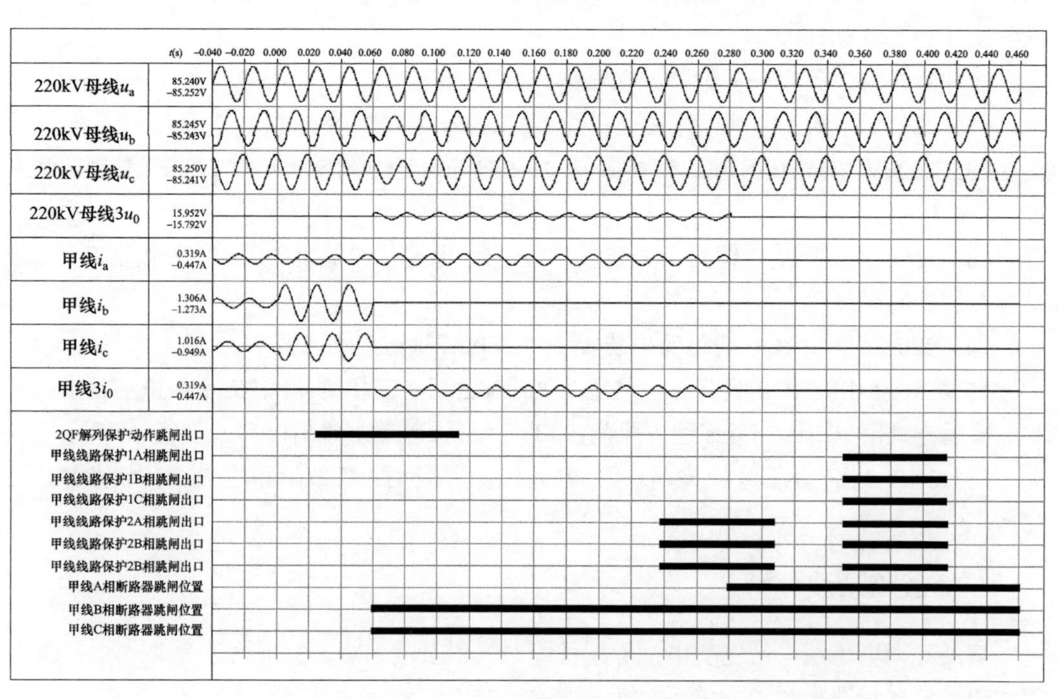

图 5-33 甲线热电厂侧（2QF）故障录波图（专用故障录波器录波）

同时可以发现各侧 B、C 相电流相位基本相反，幅值接近，A 相电流无明显变化，可初步判断为 B、C 相间短路故障。可以看出故障电流幅值较小，约为正常负荷电流的 3 倍左右，可以说明故障点较远（或为经过变压器以后的故障），以致 B、C 相电压无明显变化。由于负荷电流的叠加造成 B、C 相电流幅值不等，相位不完全反相，因此 B、C 相间短路故障特征变得不明显。

约25ms时甲线2QF解列保护动作跳闸出口，B、C相电流在约60ms时消失，B、C相断路器变分位，但A相电流持续，A相断路器未跳开。约在238ms时，2QF线路保护装置2三相跳闸出口，约40ms后A相断路器变分位，A相电流消失。至此电厂与系统完全解列。

从热电厂侧录波图中还可以看出，B、C相电压在与系统侧断开后，在60～90ms之间有一个电压下降的过程，可以说明20kV系统3QF断路器切除故障时间略长，厂内发电机组在3QF故障切除后能保持稳定，电压随即恢复，形成孤网运行。

三、特殊问题分析

（1）通过上述分析并结合保护装置报文，可以基本确定的是，此次甲线穿越性质的短路电流是因为热电厂内20kV系统出线B、C相间短路故障造成，按2QF处解列保护整定原则，方向是指向系统的，为什么在反方向故障时会误动？

根据图5-32、图5-33中B、C相故障电流与B、C相电压的相位关系，可以初步画出两侧故障期间相量如图5-34、图5-35所示（图中下标M表示电厂侧，下标N表示系统侧）。

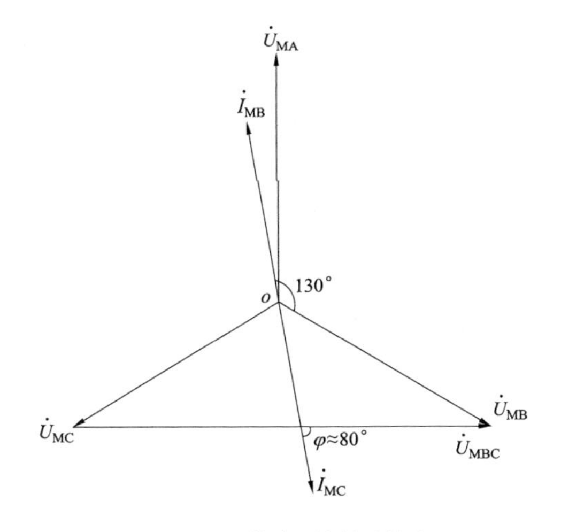

图5-34　热电厂侧相量图

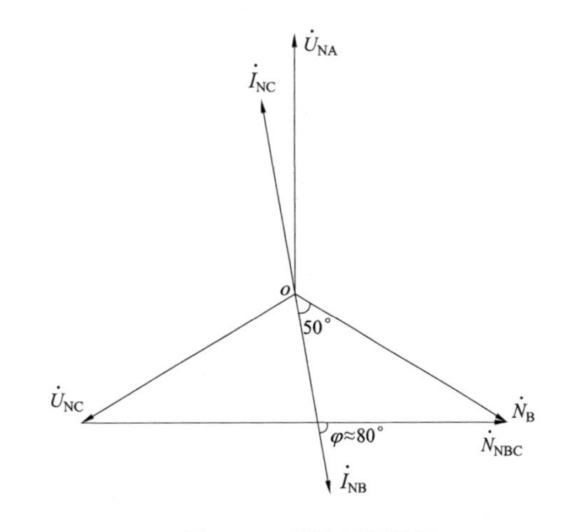

图5-35　系统侧相量图

从图5-34、图5-35相量图中可以明显看出，图5-35是明显的正方向B、C相金属性相间短路故障相量图，若认为系统阻抗角为80°，则图5-35中B相电流应滞后B相电压约50°，与系统侧录波图中的相位关系一致。而图5-34是反方向B、C相金属性相间短路故障相量图，若认为系统阻抗角为80°，则图5-34中B相电流应超前B相电压约130°，与电厂侧录波图一致。因此可以说明故障点对于甲线来讲在系统侧的正方向，在热电厂侧的反方向，那么即便不知道热电厂内20kV系统有故障，也可以通过录波图判断出故障点在热电厂内而非系统侧。

已明确故障点在热电厂内，则2QF处安装的方向指向系统的解列保护在故障期间动作是属于误动。事故后经检查发现，解列保护装置内方向元件控制字设置错误，导致了反方向故障时的误动。

（2）为什么 2QF 处第二套保护发了两次跳闸命令？

事故后检查发现，解列保护屏上跳 2QF 第一组跳闸出口压板处于投入状态，跳第二组跳闸出口压板未投入。而 2QF 操作箱中的第一组跳闸出口回路的永跳继电器 1TJR（该继电器由三个继电器串联构成）中有一个继电器故障，造成 A 相未能出口跳闸，同时未能向两套分相电流差动保护发出远跳开入命令。

由于 A 相断路器未能跳开，而对侧保护又未收到远跳命令，因此在 B、C 相断路器跳开后，甲线处于 A 相单相运行状态，第二套保护检测出 B、C 断路器在分闸位置且两相无电流，而 A 相在合闸位置，则启动单相运行后备跳闸逻辑，约 185ms 后第二套保护发出三相跳闸命令，约 40ms 后，A 相断路器被跳开，A 相电流消失。因不同保护装置原理差异，第一套保护单相运行后备跳闸逻辑延时较长，所以未出口跳闸。

第二套保护单相运行跳闸逻辑动作报文即为“237ms 后备三相跳闸”， 同时 237ms 时还有一条报文为“保护三跳出口”，也就是说保护装置除了通过保护屏上跳 A、跳 B、跳 C 三个出口压板输出三个单相跳闸命令直接至断路器外，还将通过三跳出口压板驱动操作箱内三相跳闸继电器 2TJQ，2TJQ 动作后再给断路器一个三相跳闸命令，跳闸出口回路故障点示意如图 5-36 所示。

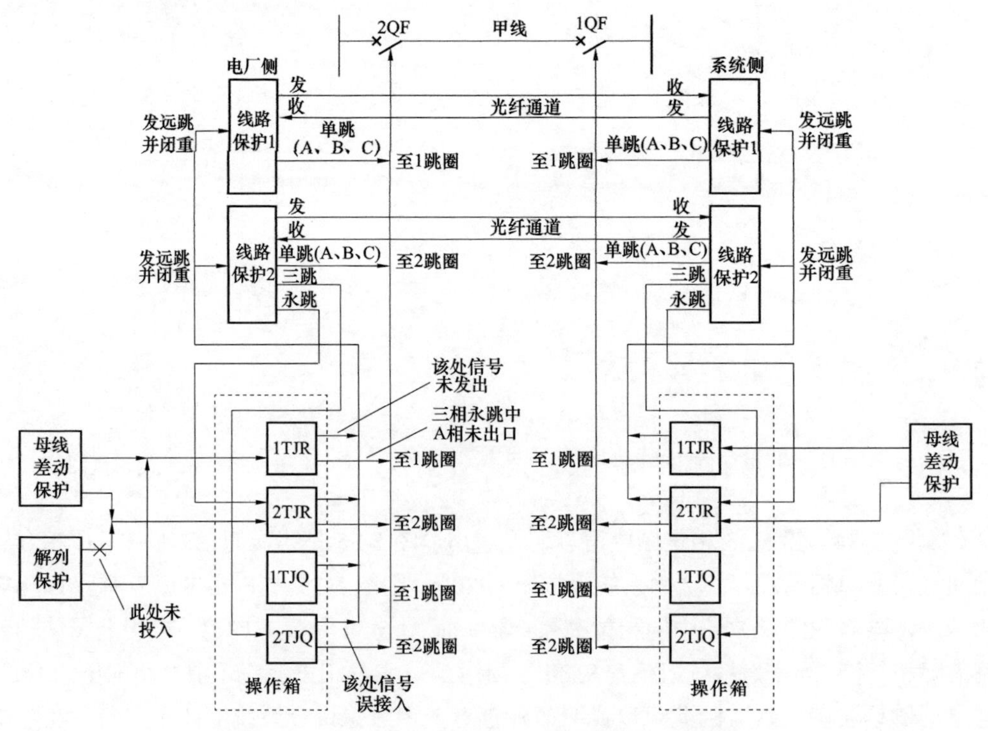

图 5-36　甲线线路保护跳闸出口回路故障点示意图

从两侧录波图中还可以发现，在 2QF 的 A 相断路器被后备三跳出口跳开后，1QF 处两套保护装置在 218ms 时均收到了电厂侧的远跳命令而出口跳闸，那么这个远跳命令是怎么发出来的？

经检查发现，热电厂侧 2QF 操作箱中 2TJQ 继电器一副触点与 2TJR 一副触点并联后去给两套分相电流差动保护发远跳命令，因此在本侧保护后备三相跳闸出口后，2TJQ 向对侧发出了远跳命令，根据保护报文可知系统侧两套保护在 317～318ms 时收到远跳命令，执行三相跳闸并永跳（收到远方跳闸命令是三跳闭重的，即永跳），系统侧 1QF 三相断路器在约 350ms 时被跳开。

由于系统侧两套分相电流差动保护中第二套保护有永跳出口回路，此时 1QF 操作箱中 2TJR 永跳继电器动作，该继电器在三跳断路器并闭锁重合的同时，另有两副触点分别向两套分相电流差动保护发出远跳开入命令，所以 2QF 处两套保护在约 348～350ms 时收到系统侧保护发来的远跳命令，执行三相跳闸并永跳，这就是图 5-33 中第一套保护在约 350ms 时第一次跳闸出口和第二套保护在约 350ms 时第二次跳闸出口的原因。

此次事故暴露出来的继电保护跳闸出口回路故障点如图 5-36 所示。需要特别指出的是，对于非“六统一”设计的常规双套分相电流差动保护配置的 220kV 线路保护，不少都有三跳和永跳出口跳闸回路，对于非 3/2 接线母线的常规双母线或单母线接线的线路保护，其远跳应由操作箱内永跳继电器（1TJR、2TJR）发出，有的地方两个永跳继电器一一对应两套保护装置发远跳命令，有的地方两个永跳继电器对两保护装置交叉互发远跳命令，三跳继电器（1TJQ、2TJQ）则不应发远跳命令。现场实际运用中，早期不少操作箱中的 1TJQ、2TJQ 触点与 1TJR、2TJR 触点是并联发远跳命令的，这样可能存在的问题是三重方式下导致重合闸不成功，应当引起重视。

第九节　35kV 变压器中性点与相线短路故障的录波图分析

一、故障情况简述

某系统接线如图 5-37 所示。某日 35kV 变电站 1 号变压器发生 Y 侧中性点与 C 相相线的短路不接地故障，故障点实物图如图 5-38 所示，图中直线位置为异物搭碰后的放电通道，C 相导线及中性点绝缘套管放电痕迹明显。

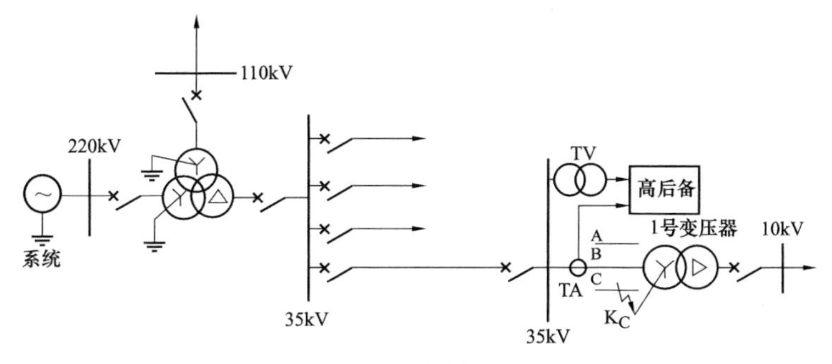

图 5-37　系统接线图

1 号变压器差动保护装置报文：“C 相差动速断动作、C 相比例差动保护动作”。1 号变压器两侧断路器跳闸。变压器联结组别为 Ynd11，变压器容量为 20MVA。

图 5-38　故障点实物图

二、故障录波分析

此次故障差动保护正确动作，但是在录波分析时发现在此种类型的短路故障下，高压侧的电流波形很特殊，调取高压侧后备保护装置录波如图 5-39 所示。

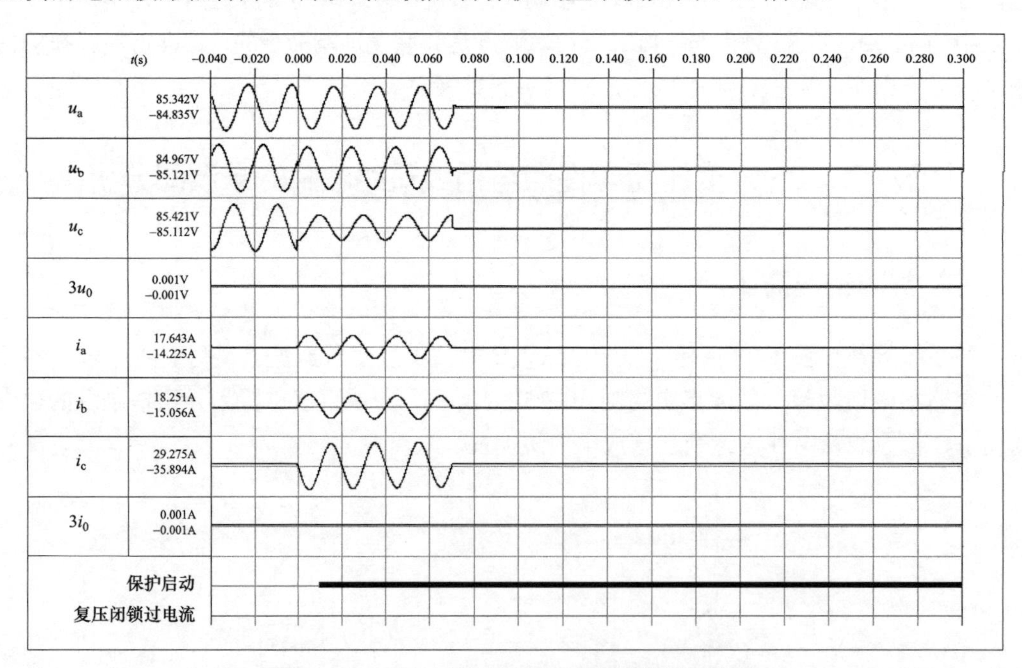

图 5-39　1 号变压器高压侧后备保护装置录波图

从图 5-39 中可以看出，0ms 为故障突变时刻，C 相电压下降明显，A、B 两相电压略有下降幅值接近，A、B 相电压相位差增大（大于 120°）。C 相故障电流幅值最大，A、B 相故障电流幅值较小，从波形图上可以看出，A、B 相电流幅值基本相等，且相位相同，而 C 相电流幅值约为 A、B 相电流幅值的 2 倍，相位与 A、B 相电流反相。以上电流、电压幅值、相位特征与 Ynd11 联结组别的变压器△侧 b、c 相间短路故障时 Y 侧的电流、电压幅值、相位特点非常相似（可参考第四章第一节的分析）。

三、特殊问题分析

就录波图中为什么高压侧 A、B 相电流幅值基本相等，且相位相同，而 C 相电流幅值约为 A、B 相电流幅值的 2 倍，相位与 A、B 相电流反相展开分析。

根据系统接线图及故障形式，可以得到如图 5-40 所示的电路展开图。

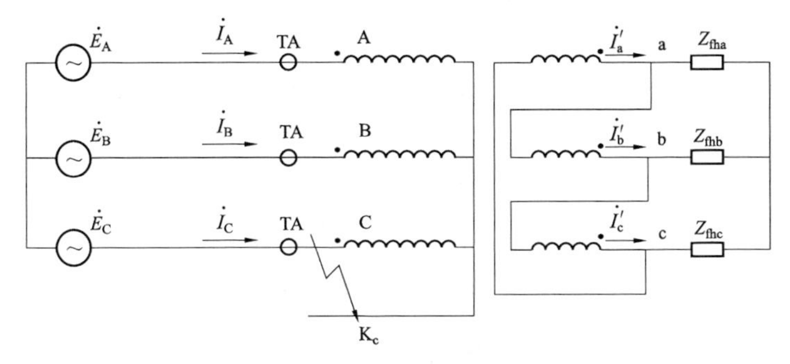

图 5-40　电路展开图

从图 5-40 可以看出，高压侧 C 相对中性点短路后，实际就是将 Y 侧 C 相绕组短接，对于低压侧 C 相绕组来讲，如果不考虑变压器漏抗，高压侧的去磁作用则等同于低压侧 c 相绕组首尾短路，其效应与低压侧 b、c 相间短路是等同的，因此此次故障中高压侧各相电流的变化特点与低压侧 b、c 相间短路故障时高压侧的各相电流变化特点相似是有其物理依据的。

下面从定量分析的角度来解释上述电流变化特点的形成原因。

假设系统侧电源电动势在故障前后保持不变，将 Y 侧向△侧看过去的各相阻抗等效为一般性负载阻抗，且认为三相负载阻抗对称，在故障期间不变化。建立如图 5-41 所示的等效电路模型。Z_S 为故障点至电源电动势的等值阻抗。

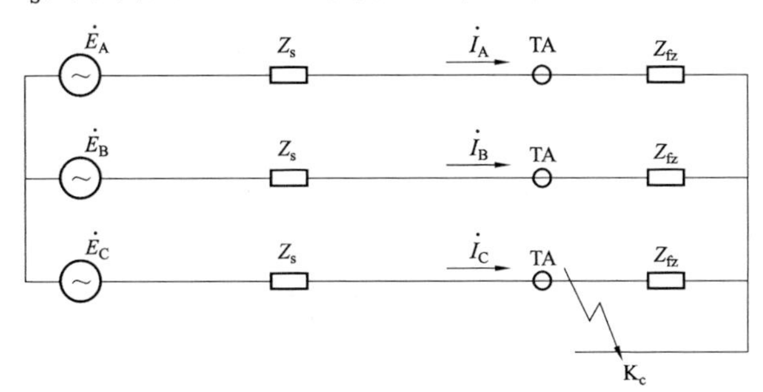

图 5-41　等效电路模型

由图 5-41 所示电路可得三相电流分别为

$$\dot{I}_A = -j\frac{\sqrt{3}}{2}\times\frac{\dot{E}_C}{Z_S + Z_{fz}} - \frac{1.5\dot{E}_C}{3Z_S + Z_{fz}} \tag{5-31}$$

$$\dot{I}_B = j\frac{\sqrt{3}}{2}\times\frac{\dot{E}_C}{Z_S + Z_{fz}} - \frac{1.5\dot{E}_C}{3Z_S + Z_{fz}} \tag{5-32}$$

$$\dot{I}_C = \frac{3\dot{E}_C}{3Z_S + Z_{fz}} \tag{5-33}$$

由式（5-31）～式（5-33）可知，按图 5-41 建立的等效电路模型计算出来的各相电流幅值、相位的关系特点与录波图不一致，由此可见在这种特殊的不对称的故障情况下不能简单地将 Y 侧向△侧看过去的阻抗等效成一般负载阻抗。

由图 5-40 可知，在高压侧 C 相绕组短接后，可等效认为低压侧 c 相绕组被短接（忽略变压器漏抗），此时在△侧的三角形环内 a、b 两相绕组变成了头尾相连的绕组，当高压侧 A、B 相流过式（5-31）、式（5-32）的电流时，低压侧对应绕组中感应到的电流为（K 为变压器变比）

$$\dot{I}'_{\mathrm{a}}=-\mathrm{j}\frac{1}{2}\times\frac{\dot{E}_{\mathrm{C}}}{Z_{\mathrm{S}}+Z_{\mathrm{fz}}}K-\frac{1.5\dot{E}_{\mathrm{C}}}{3Z_{\mathrm{S}}+Z_{\mathrm{fz}}}\times\frac{K}{\sqrt{3}} \tag{5-34}$$

$$\dot{I}'_{\mathrm{b}}=\mathrm{j}\frac{1}{2}\times\frac{\dot{E}_{\mathrm{C}}}{Z_{\mathrm{S}}+Z_{\mathrm{fz}}}K-\frac{1.5\dot{E}_{\mathrm{C}}}{3Z_{\mathrm{S}}+Z_{\mathrm{fz}}}\times\frac{K}{\sqrt{3}} \tag{5-35}$$

由于低压侧三角环内 a、b 两相绕组头尾相连成环，则式（5-34）、式（5-35）中，a 相电流中的$-\mathrm{j}\frac{1}{2}\times\frac{\dot{E}_{\mathrm{C}}}{Z_{\mathrm{S}}+Z_{\mathrm{fz}}}K$部分与 b 相电流中的$\mathrm{j}\frac{1}{2}\times\frac{\dot{E}_{\mathrm{C}}}{Z_{\mathrm{S}}+Z_{\mathrm{fz}}}K$部分幅值相等、相位相反，则电流在环内不能流通，只能通过外部负载阻抗流通，因此电流较小，不能形成强去磁作用，因此等效阻抗在 Y 侧对该部分电流呈现出高阻抗。而式（5-34）、式（5-35）中 a、b 相电流的其余部分大小相等、方向相同，则在环内形成较大的短路环流，对 Y 侧形成强去磁作用，因此等效阻抗在 Y 侧对该部分电流呈现出低阻抗。因此式（5-31）～式（5-33）在实际短路故障过程中的电流应为（忽略负荷电流）

$$\dot{I}_{\mathrm{A}}=-\frac{1.5\dot{E}_{\mathrm{C}}}{3Z_{\mathrm{S}}+Z_{\mathrm{fz}}} \tag{5-36}$$

$$\dot{I}_{\mathrm{B}}=-\frac{1.5\dot{E}_{\mathrm{C}}}{3Z_{\mathrm{S}}+Z_{\mathrm{fz}}} \tag{5-37}$$

$$\dot{I}_{\mathrm{C}}=\frac{3\dot{E}_{\mathrm{C}}}{3Z_{\mathrm{S}}+Z_{\mathrm{fz}}} \tag{5-38}$$

由式（5-36）～式（5-38）可知，其结果与录波图一致。

第十节　几组典型录波图的简要分析

一、TV 二次电压回路异常录波图

图 5-42 所示为电压回路异常录波图。图中故障前后零序电压通道三次谐波明显，各相电压波形波峰削顶，谐波分量明显，为典型的 TV 二次电压回路中性线（N600）断线所致。

二、保护装置电流采样回路异常录波图

某 220kV 变压器的 110kV 侧后备保护装置 B 相电流采样回路故障，运行中采样电流突然明显减小，出现零序电流，最后导致后备保护误动。故障录波如图 5-43 所示。故障原因为采样板电容元件故障。

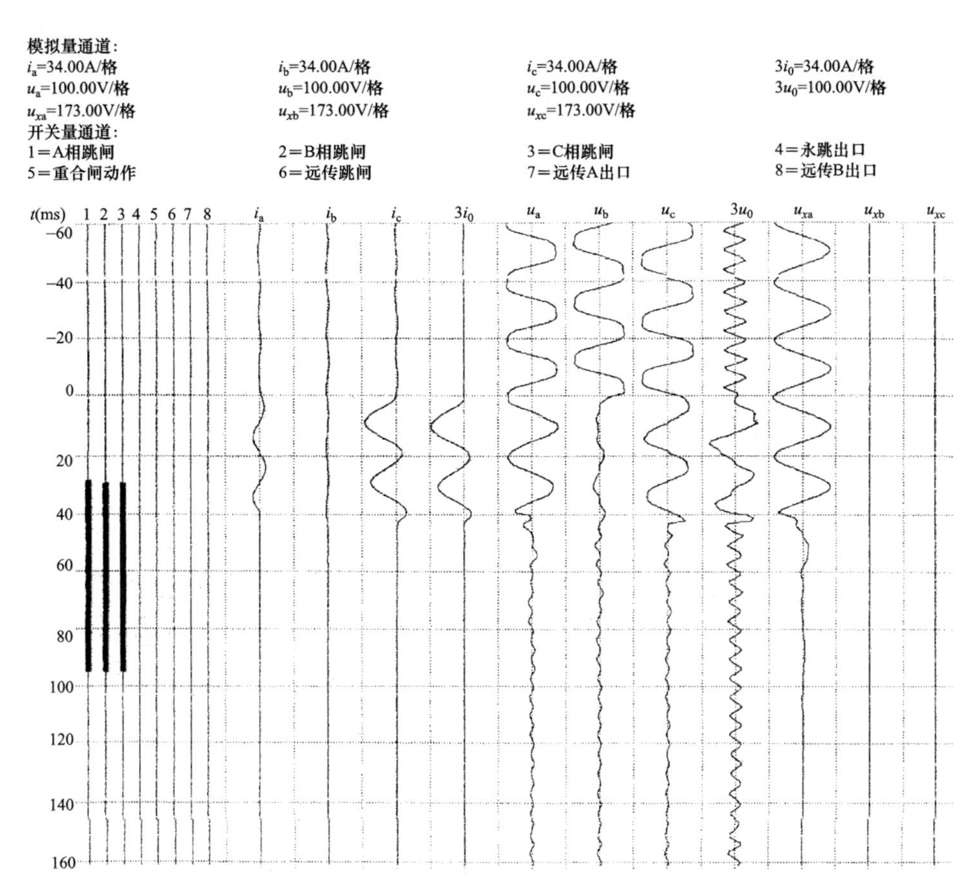

图 5-42　电压回路异常录波图（保护装置录波）

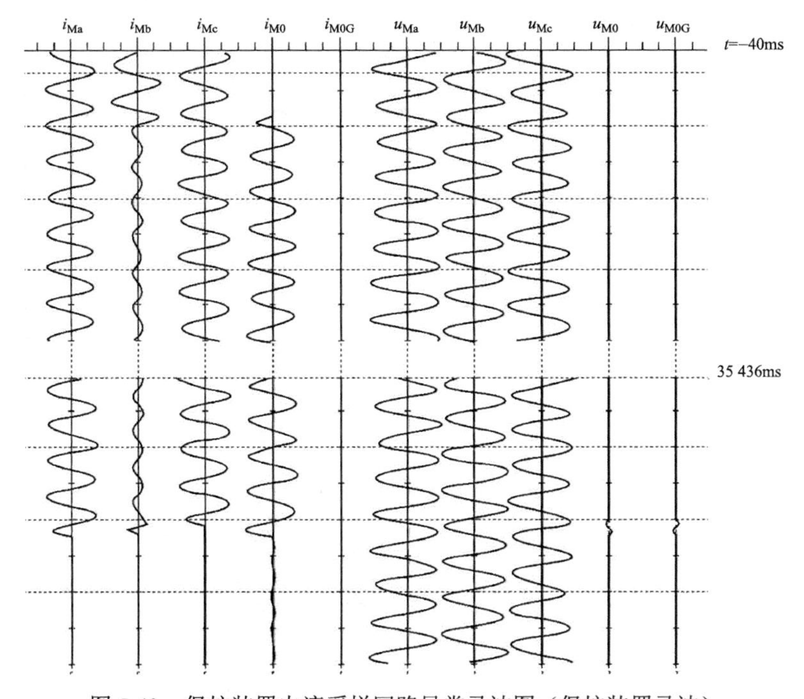

图 5-43　保护装置电流采样回路异常录波图（保护装置录波）

三、两相相间短路故障录波图

某 110kV 线路发生 C、A 相间短路故障，保护装置录波如图 5-44 所示。

动作序号	194	启动绝对时间	2010-06-25 12:29:12:502
序 号	动作相	动作相对时间	动作元件
01		00019ms	距离Ⅰ段动作
02		02080ms	重合闸动作

故障测距结果	0011.8km
故障相别	A、C
故障相电流值	019.50A
故障零序电流	000.05A

启动时开入量状态

序号	名称	状态	序号	名称	状态
01	距离保护	1	15	Ⅱ段母线电压	0
02	零序保护Ⅰ段	1	16	跳闸位置	0
03	零序保护Ⅱ段	1	17	合闸位置 1	1
04	零序保护Ⅲ段	1	18	合闸位置 2	0
05	零序保护Ⅳ段	1	19	收相邻线	0
06	不对称相继速动	0	20	投距离保护 S	1
07	双回线相继速动	0	21	投零序Ⅰ段 S	1
08	低频保护	0	22	投零序Ⅱ段 S	1
09	闭锁重合	0	23	投零序Ⅲ段 S	1
10	双回线通道试验	0	24	投零序Ⅳ段 S	1
11	合后位置	1	25	不对称速动 S	0
12	跳闸压力	0	26	双回线速动 S	0
13	合闸压力	0	27	投低频保护 S	0
14	Ⅰ段母线电压	1	28	投闭锁重合 S	0

启动后变位报告

序号	时间	名称	变位	序号	时间	名称	变位
01	00034ms	合闸位置 1	1→0	03	02096ms	跳闸位置	1→0
02	00083ms	跳闸位置	0→1	04	02189ms	合闸位置 1	0→1

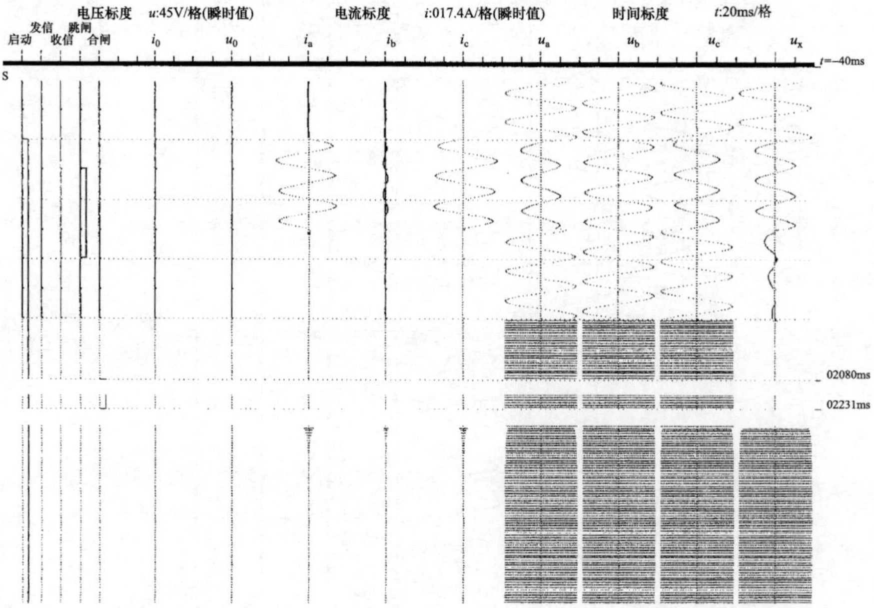

电压标度 u:45V/格(瞬时值) 电流标度 i:017.4A/格(瞬时值) 时间标度 t:20ms/格

启动 发信 收信 跳闸 合闸 i_0 u_0 i_a i_b i_c u_a u_b u_c u_x

t=-40ms

S

02080ms

02231ms

图 5-44 C、A 相间短路故障录波图（保护装置录波）

四、两相相间接地短路故障录波图

某 220kV 线路发生 A、B 相间接地短路故障，保护装置故障录波如图 5-45 所示。

RCS-901A (2.10)超高压线路成套保护装置——动作报告

厂站名: 线路: 装置地址: 028 管理序号: 00063401 打印时间: 10-07-04 13:50

动作序号	121	启动绝对时间	2010-07-04 03:29:50:309

序号	动作相	动作相对时间	动作元件
01	A、B、C	00015ms	距离加速
02	A、B、C	00023ms	距离I段动作
03	A、B、C	00031ms	纵联变化量方向

故障测距结果	0003.3km
故障相别	A、B
故障相电流值	013.32A
故障零序电流	009.47A

启动时开入量状态

序号	名称		状态	序号	名称		状态
01	纵联保护	:	1	12	远控投入	:	0
02	距离保护	:	1	13	A 相跳闸位置	:	0
03	零序保护	:	1	14	B 相跳闸位置	:	0
04	重合闸方式 1	:	1	15	C 相跳闸位置	:	0
05	重合闸方式 2	:	1	16	合闸压力降低	:	0
06	闭重三跳	:	1	17	收信	:	0
07	通道试验	:	0	18	主保护压板 S	:	1
08	其他保护停信	:	0	19	距离压板 S	:	1
09	跳闸启动重合	:	0	20	零序压板 S	:	1
10	三跳启动重合	:	0	21	闭重三跳 S	:	0
11	收发信机告警	:	0	22		:	

启动后变位报告

序号	时间	名称	变位	序号	时间	名称	变位
01	00004ms	收信	0→1	04	03725ms	B 相跳闸位置	0→1
02	00022ms	收信	1→0	05	03725ms	C 相跳闸位置	0→1
03	00506ms	合闸压力降低	0→1	06	03726ms	A 相跳闸位置	0→1

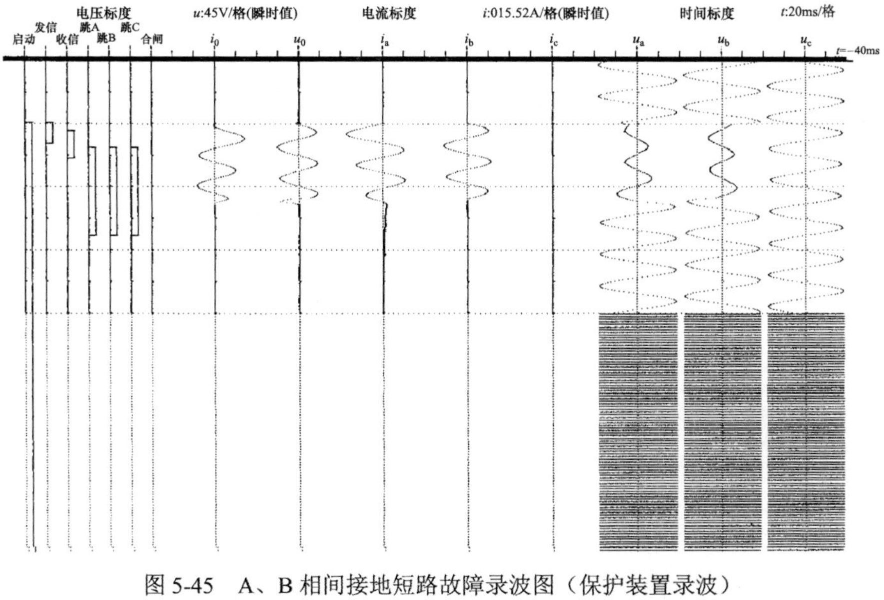

图 5-45 A、B 相间接地短路故障录波图（保护装置录波）

五、三相短路故障录波图

某 110kV 线路合闸送电时发生三相短路故障，其保护装置故障录波如图 5-46 所示。

PSL621C 数字式保护装置

故障报告

2009 年 12 月 24 日　11 时 19 分 52 秒 006 毫秒

000000ms	距离保护启动		(距离保护	)	[CPU1]
000000ms	零序保护启动		(零序保护及重合闸	)	[CPU2]
000031ms	距离手合加速永跳	(0.042+j0.174) Ω	(距离保护	)	[CPU1]
000032ms	故障类型和测距	三相故障 2.00km	(距离保护	)	[CPU1]
000097ms	零序不灵 I 段永跳	电流=9.264A	(零序保护及重合闸	)	[CPU2]
000254ms	零序保护整组复归		(零序保护及重合闸	)	[CPU2]
005150ms	距离保护整组复归		(距离保护	)	[CPU1]

PSL621C 数字式保护装置

故障录波

保护类型：距离保护

2009 年 12 月 24 日　11 时 19 分 52 秒 006 毫秒

模拟量通道：

i_a=71.00A/格	i_b=71.00A/格	i_c=71.00A/格	$3i_0$=71.00A/格
u_a=100.00V/格	u_b=100.00V/格	u_c=100.00V/格	$3u_0$=100.00V/格
u_x=173.00V/格			

开关量通道：

1=三跳	2=永跳	3=重合	4=跳位
5=合位	6=邻线允许加速开入	7=允许邻线加速开出	

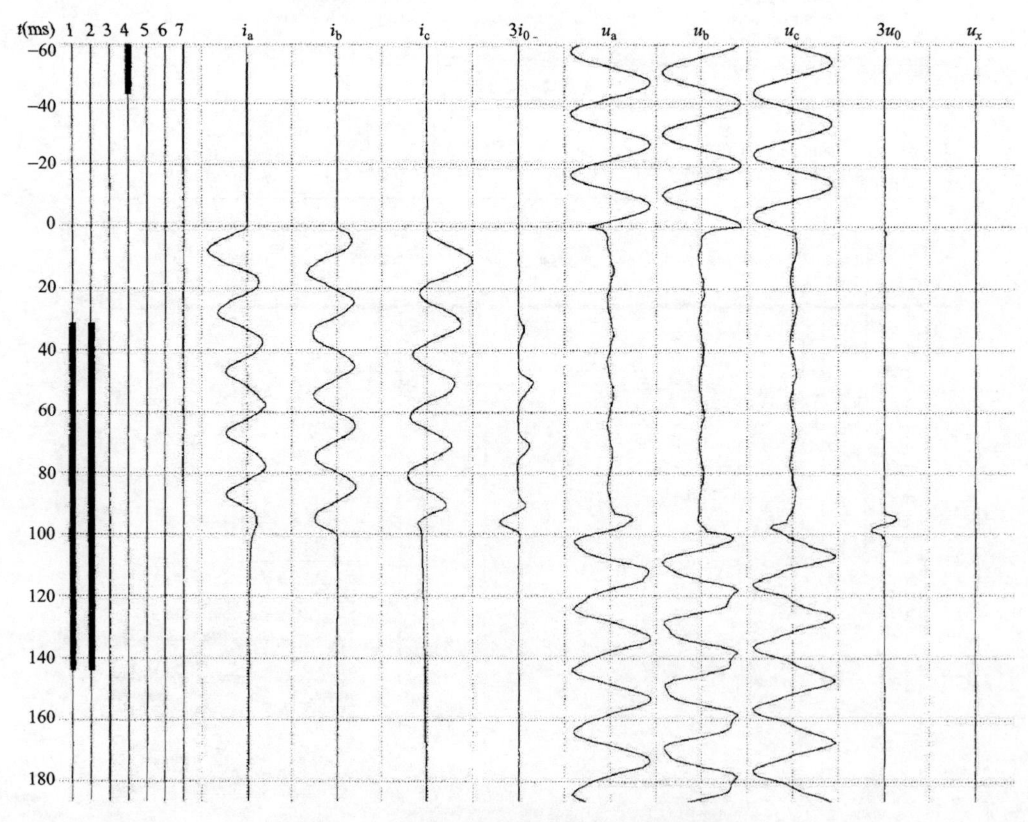

图 5-46　三相短路故障录波图（保护装置录波）

六、220kV 断路器断口电弧重燃的录波图

图 5-47 为 220kV 联络线发生 B 相单相接地故障后，保护正确动作，B 相断路器跳闸，故障电流消失后约 28ms 断路器断口发生电弧重燃，故障电流又持续约 10ms 后熄灭。

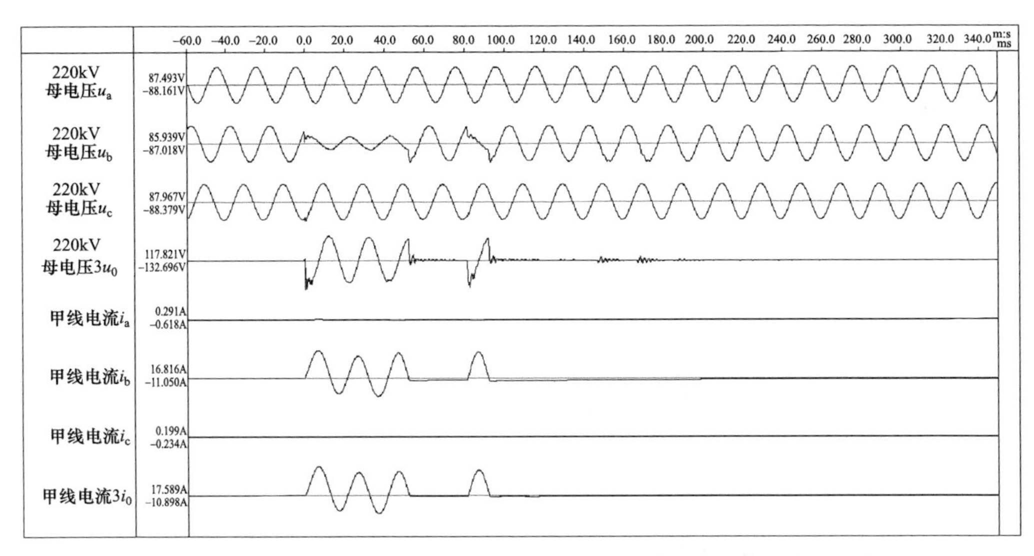

图 5-47 220kV 线路 B 相断路器电弧重燃录波图（专用故障录波器录波）

七、500kV 线路污闪故障的录波图

某 500kV 甲线 M 侧区内出口处三相隔离开关支持绝缘子发生不同程度的污闪故障，线路保护正确动作，图 5-48、图 5-49 为甲线两侧故障录波图。（图中电压量采自线路 TV）

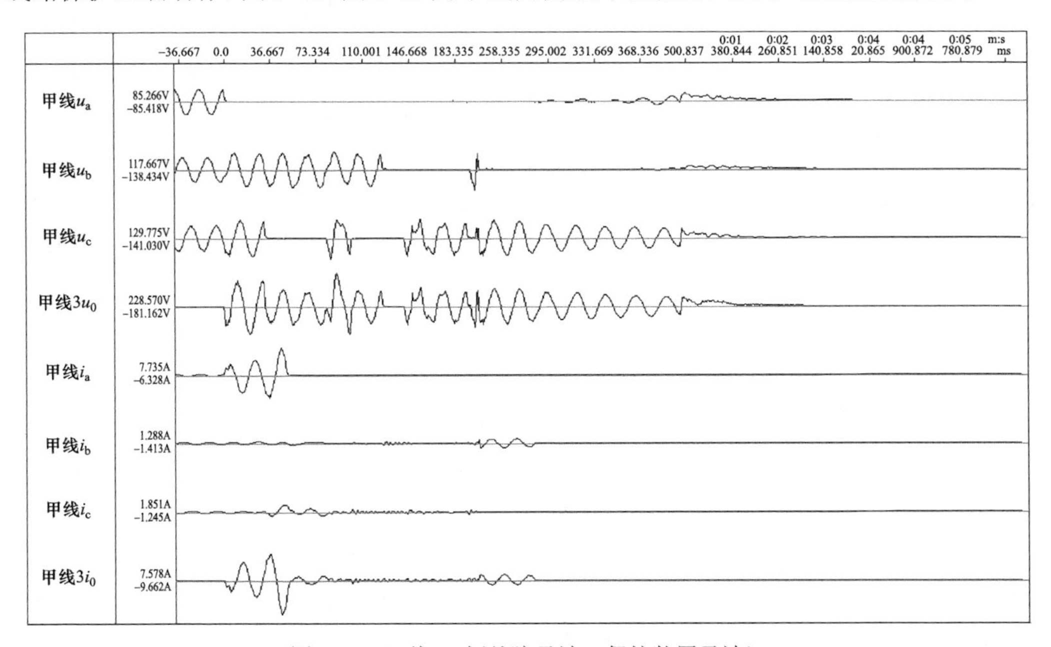

图 5-48 甲线 M 侧故障录波（保护装置录波）

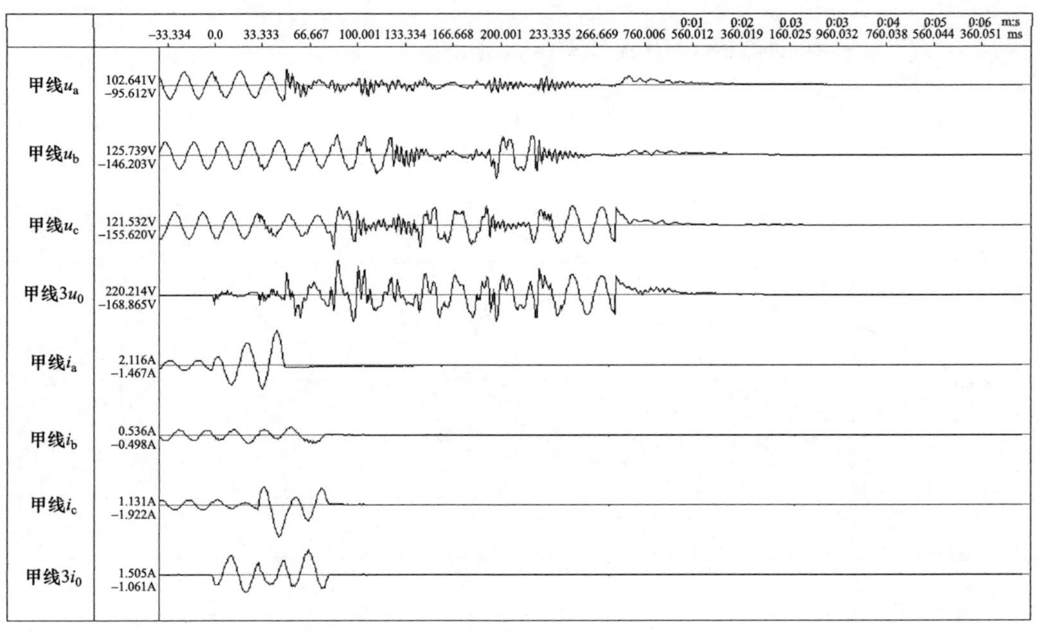
图 5-49　甲线 N 侧故障录波（保护装置录波）

八、平行双回线功率倒向时的录波图

220kV 双回Ⅰ、Ⅱ线并列运行，线路长度约 20.5km，系统接线如图 5-50 所示。某日Ⅰ线距 N 侧约 1km 处发生 B、C 相间短路故障，Ⅰ线 N 侧两套线路保护的快速距离Ⅰ段保护最先动作，2QF 断路器三相跳闸，Ⅰ线 M 侧两套线路保护的分相电流差动保护动作，1QF 断路器三相跳闸，2QF 比 1QF 先跳开约 10ms，因此在Ⅱ线上发生短路功率倒向，图中实箭头线为 2QF 未跳开前Ⅱ线上的短路功率方向，虚箭头线为 2QF 先跳开后Ⅱ线上的短路功率方向。Ⅰ、Ⅱ线两侧站内专用故障录波器录波如图 5-51、图 5-52 所示，图中Ⅱ线 B、C 相电流录波 50～60ms 时间段为倒向电流录波。

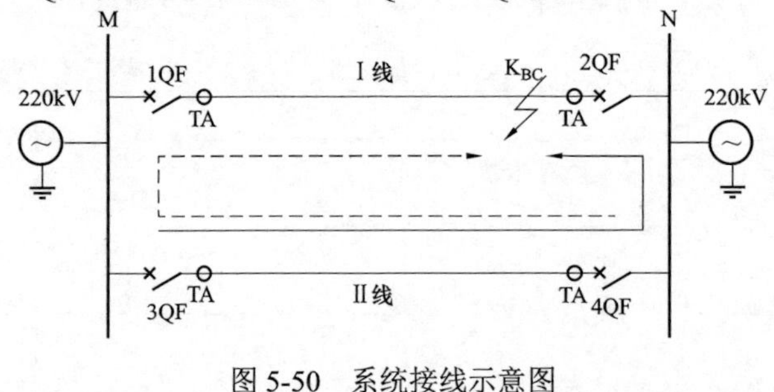

图 5-50　系统接线示意图

九、变压器冲击启动的励磁涌流录波图

某 220kV 变压器启动，在 220kV 侧对变压器进行冲击，其励磁涌流如图 5-53 所示。变压器联结组别为 YNynd11，额定电压为 225.5kV/118kV/38kV，额定容量为 180MVA。差动保护在 Y 侧进行相位补偿，并滤除零序电流。通过图 5-53 可以比较出励磁涌流在相电流中和差流中的区别，最明显的区别是 A 相相涌流为对称性涌流，而差流中没有对称性涌流。因此差流中的涌流不是真实的涌流，应为两相相涌流之差。同时由图 5-53 还可以发现，在变压器三相励磁涌流的形成过程中，会出现一定的零序电流。

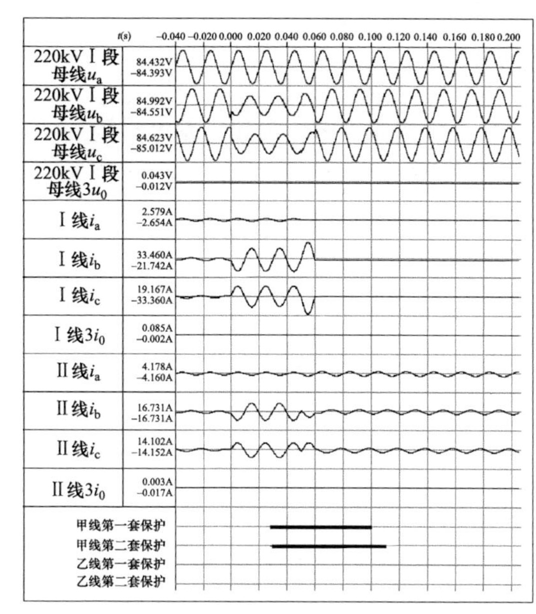

图 5-51　M 侧Ⅰ、Ⅱ线故障录波图

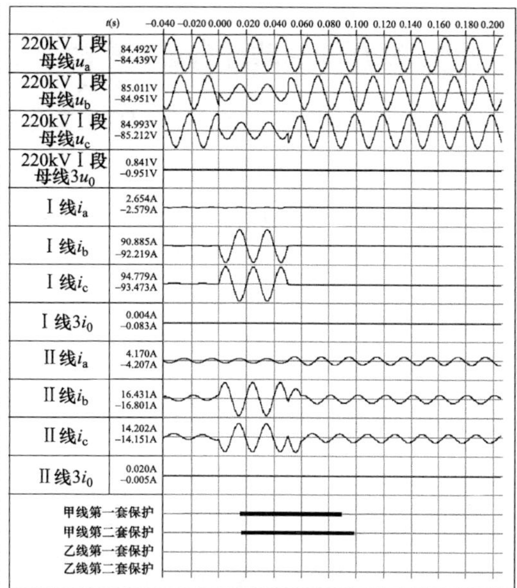

图 5-52　N 侧Ⅰ、Ⅱ线故障录波图

录波波形

通道说明：

QD　启动　　TZ　跳闸　　i_{Ha}　高压侧 A 相电流

i_{Hb}　高压侧 B 相电流　　i_{Hc}　高压侧 C 相电流　　i_{H0}　高压侧零序电流

i_{Da}　A 相差流　　i_{Db}　B 相差流　　i_{Dc}　C 相差流

$3i_{D0}$　零序差流

电流标度：4.98　A/格　　　时间标度：20ms/格

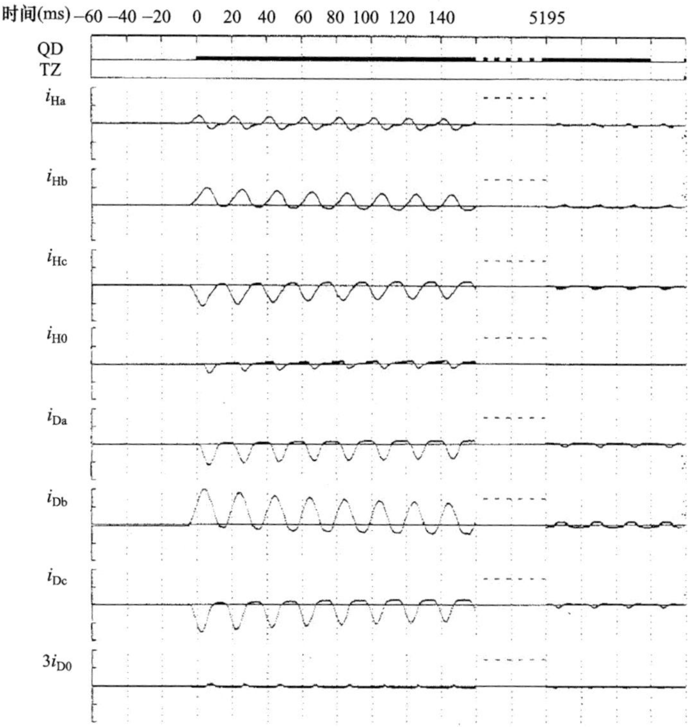

时间(ms) −60 −40 −20　0　20　40　60　80　100　120　140　　5195

QD

TZ

i_{Ha}

i_{Hb}

i_{Hc}

i_{H0}

i_{Da}

i_{Db}

i_{Dc}

$3i_{D0}$

图 5-53　变压器励磁涌流录波图（保护装置录波）

十、变压器启动冲击过程中故障录波图

某 220kV 变压器启动，冲击时系统接线如图 5-54 所示，图中虚线为充电路径。冲击时 B 相发生故障，录波如图 5-55 所示，变压器 110kV 侧 B 相电流由开始的励磁涌流转变为故障电流，同时 B 相电压明显下降。故障点在变压器 220kV 侧 B 相 TV 内。（变压器 220kV 侧设三相专用 TV）。

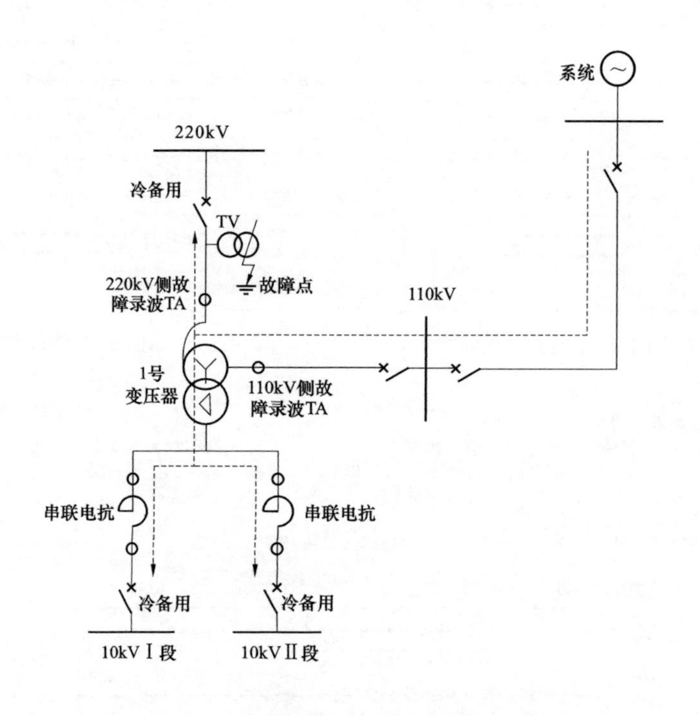

图 5-54　变压器启动冲击接线示意图

十一、系统全相振荡录波图

系统静态稳定破坏导致振荡，在此期间某 220kV 联络线 M、N 两侧变电站专用故障录波器采集到的振荡录波如图 5-56、图 5-57 所示。从图中电流、电压录波的两个连续的最低值之间的时间长度可以知道，振荡周期约为 370ms。M 侧电压波形的最低值小于 N 侧电压波形的最低值，说明 M 侧距离振荡中心比较近，同时还可以说明三相振荡是对称的，无零序电流。（图中由于时间轴压缩，因此线路两侧电流的反相关系不能清楚表达。）

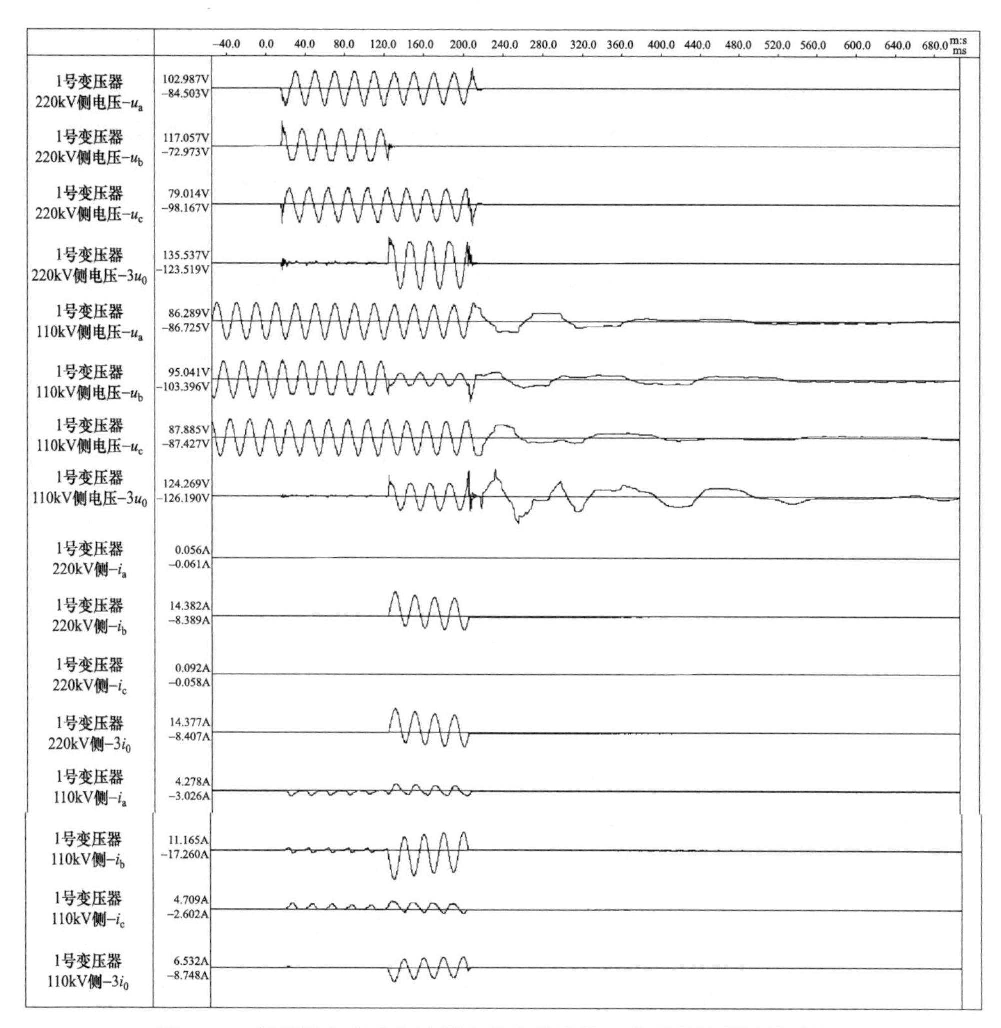

图 5-55　变压器启动冲击过程中故障录波图（专用故障录波器录波）

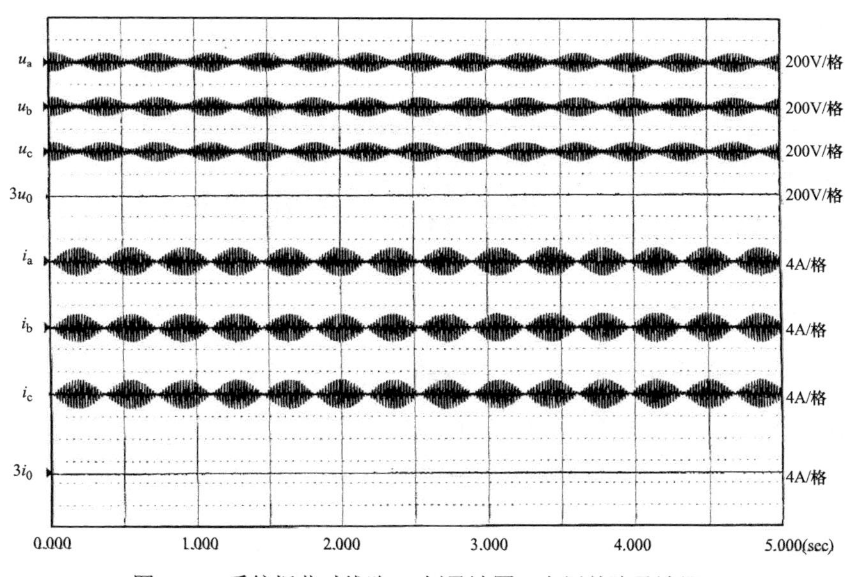

图 5-56　系统振荡时线路 M 侧录波图（专用故障录波器）

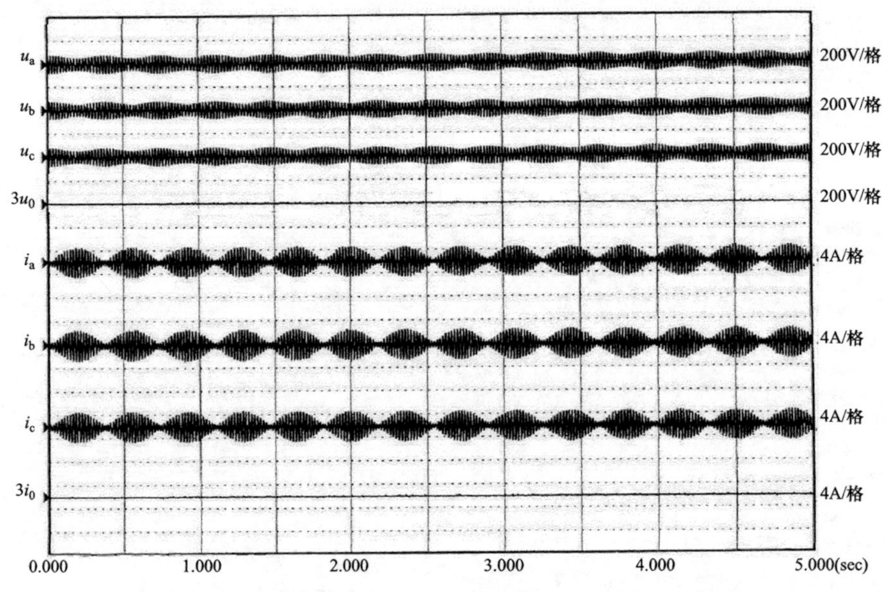

图 5-57　系统振荡时线路 N 侧录波图（专用故障录波器）

十二、220kV 线路高阻接地故障录波图

甲线为 220kV 系统联络线，某日甲线 A 相发生高阻接地故障，线路 M、N 两侧故障录波如图 5-58、图 5-59 所示。线路主保护为允许式纵联方向保护。N 侧零序过电流Ⅳ段保护约在故障发生后 3.4s 动作，M 侧纵联保护在对侧断路器三相跳开后相继动作，但选相失败，直接三跳。值得注意的是在故障中两侧断路器均未跳开时，故障相 A 相的电流 N 侧是增大的，而 M 侧是减小的。重负荷线路发生高阻接地故障，电流增大的一侧一般是送电侧，减小的一侧一般为受电侧。故障电流与负荷电流相当，三相电压基本保持不变，出现零序电流，但零序电压很小，以上为高阻接地故障的特征。

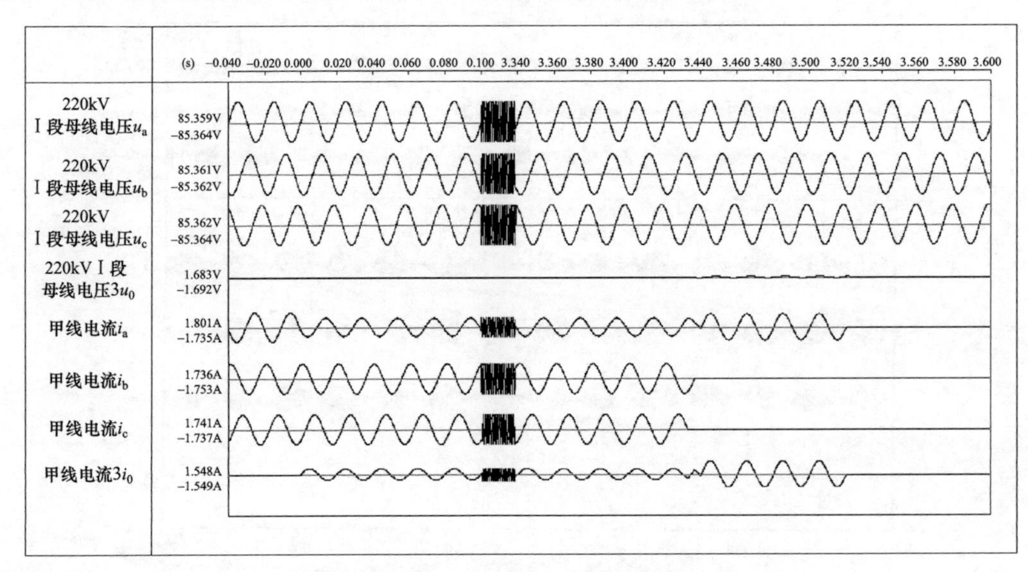

图 5-58　线路 M 侧录波图（专用故障录波器）

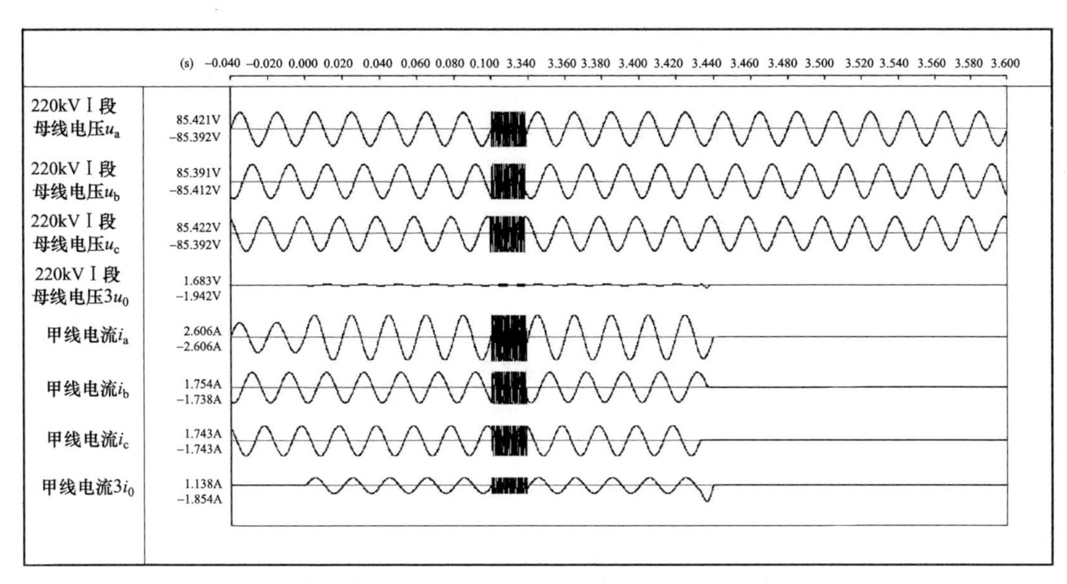

图 5-59　线路 N 侧录波图（专用故障录波器）

十三、小电流接地系统铁磁谐振录波图

某 10kV 系统发生 B、C 两相接地故障后导致的铁磁谐振，母线电压录波如图 5-60 所示。

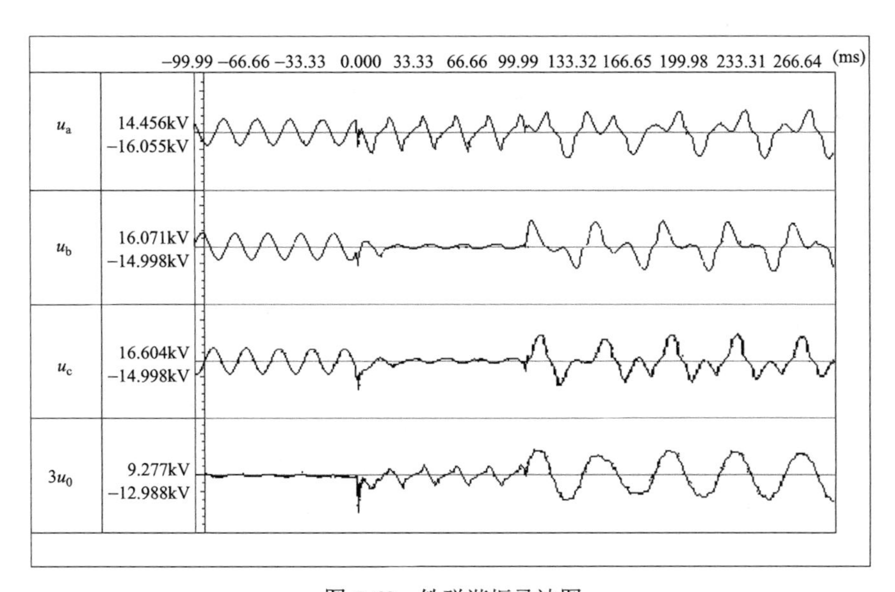

图 5-60　铁磁谐振录波图

参 考 文 献

[1] 国家电力调度通信中心. 国家电网公司继电保护培训教材（上、下册）. 北京：中国电力出版社，2009.

[2] 国家电力调度通信中心. 电力系统继电保护实用技术问答. 2 版. 北京：中国电力出版社，2000.

[3] 江苏省电力公司. 电力系统继电保护原理与实用技术. 北京：中国电力出版社，2006.

[4] 朱声石. 高压电网继电保护原理与技术. 4 版. 北京：中国电力出版社，2014.

[5] 许正亚. 变压器及中低压网络数字式保护. 北京：中国水利水电出版社，2004.

[6] 崔家佩，孟庆炎，陈永芳，等. 电力系统继电保护与安全自动装置整定计算. 北京：中国电力出版社，1993.

[7] 薛峰. 电网继电保护事故处理及案例分析. 北京：中国电力出版社，2012.